高等学校教材

材料表面技术原理与应用

崔国栋 张程菘 陈大志 杨川 编著

Technical Principles
and Applications
of Material Surface

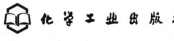

化学工业出版社

·北京·

内容简介

《材料表面技术原理与应用》对材料三大类表面技术的基本原理进行了归纳与论述，从每类技术中选出一些典型技术进行详细分析，并列出一些常用表面技术规范。在部分章节中以具体零部件为例，尝试与其他学科交叉实现表面工艺的设计。经过表面技术处理的零部件，一般均存在残余应力，也会出现失效情况，本书介绍了残余应力定性分析方法及一些失效案例。对一些表面技术工艺中存在的污染问题也给予了较详细的说明。

《材料表面技术原理与应用》可供高等院校研究生、本科生或高职高专学生作为教材使用，适用于材料科学与工程、机械制造等与表面技术有关的专业，也可作为从事表面技术工作的科技人员的参考书。

图书在版编目（CIP）数据

材料表面技术原理与应用/崔国栋等编著. —北京：化学工业出版社，2022.6
ISBN 978-7-122-41039-9

Ⅰ.①材… Ⅱ.①崔… Ⅲ.①金属表面处理-高等学校-教材 Ⅳ.①TG17

中国版本图书馆 CIP 数据核字（2022）第 049766 号

责任编辑：陶艳玲	文字编辑：林 丹 骆倩文
责任校对：宋 玮	装帧设计：史利平

出版发行：化学工业出版社（北京市东城区青年湖南街 13 号 邮政编码 100011）
印　　装：大厂聚鑫印刷有限责任公司
787mm×1092mm　1/16　印张 19¼　字数 475 千字　2022 年 8 月北京第 1 版第 1 次印刷

购书咨询：010-64518888　　　　　　售后服务：010-64518899
网　　址：http://www.cip.com.cn
凡购买本书，如有缺损质量问题，本社销售中心负责调换。

定　　价：69.00 元

前言

表面技术是处理材料表面的一门技术，是直接与各种表面现象或过程有关的，目的是使材料表面获得需要的某种性能，能为人类造福或被人们利用的技术。

几千年前，我国人民就会利用表面技术提高零部件的某些性能，只不过当时是将其作为一门技艺代代相传的，没有将其上升为一门学问。表面技术的迅速发展是从19世纪工业革命开始的，人们在广泛使用和不断试验摸索的过程中积累了丰富的经验，进而有力地促进了表面科学的形成。表面技术真正引起人们高度重视并发展成为一门新型学科的时间是20世纪80年代，人们于20世纪80年代初期提出了表面工程的概念。

现代表面技术的基础理论是表面科学，它包括表面分析技术、表面物理、表面化学三个分支。表面技术的基本理论包括表面的原子排列结构、原子类型和电子能态结构等，是揭示表面现象的微观实质和各种动力学过程的必要手段。表面物理和表面化学分别是研究任何两相之间的界面上发生的物理和化学过程的科学。从理论体系来看，表面技术的基础理论包括微观理论和宏观理论，一方面在原子、分子尺度上研究表面的组成、原子结构和输运现象、电子结构与运动及其对表面宏观性质的影响；另一方面在宏观尺度上，从能量的角度研究各种表面现象。

表面技术不仅有重要的基础研究意义，而且蕴含着许多先进技术，具有广泛的应用前景。表面技术的应用理论包括表面失效分析、摩擦与磨损理论、表面腐蚀与防护理论、表面结合与复合理论等，这些理论对表面技术的发展和应用有着直接和重要的影响。

西南交通大学在20世纪90年代就为材料专业本科生开设了表面技术课程并延续至今。1992年，以吴大兴教授为主编，编写出了《材料表面改性讲义》。2000年，针对材料表面技术课程开设了对应的实验课程。2005年，崔国栋高级工程师编写了《材料表面技术实验指导书》，并沿用至今。2014年，杨川、高国庆、崔国栋共同编著了《金属材料表面技术原理与工艺》，该书是表面技术课程主要参考教材。

在多年的研究基础和实践教学过程中，笔者对表面技术的教学形成如下一些理念：

① 材料表面技术是理论性与实践性非常强的技术，在教学过程中即使有一些实验，学生也不可能熟练掌握哪怕是少数几种表面技术工艺细节。所以，大学阶段的学习，可仅以学生掌握基本原理及培养应用意识为目的，以便在将来实践中起到指导性作用。

② 目前一般将表面技术分为三大类，不同技术既然归属于一类就必有"共

性"。教学应该以这些"共性"为主，教学重点是分析出共性内容，使学生掌握其共性原理。教材中对典型工艺进行详细分析也是为了加深学生对共性原理的认识。

③ 应将课程定位为工科类"设计型"课程，而不是文科类"叙述型"课程，在教学中应该体现这种思路。表面技术的应用，最后必然要落实到具体零部件上，而零部件是设计出来的。所以教学应与设计过程联系，说明表面技术的具体应用。学生今后应用表面技术时，也应该有"设计"的理念。

④ 教学中应尽量多结合基础知识分析表面技术。一方面使学生掌握表面技术基础，另一方面使学生认识到如何利用基础理论开发新型表面技术。

⑤ 经过表面技术处理后的零部件，一般均存在内应力（残余应力），这些应力是影响表面性能的重要因素。学生应认识到其重要性，并掌握其分析方法（定性）。经过表面技术处理后的零部件也会出现失效情况，这些均应该在教学中有所体现。

本书是在前期编写的《金属材料表面技术原理与工艺》《材料表面技术实验指导书》《材料表面改性讲义》基础上编写的，共分为 7 章，进一步丰富了表面淬火、表面化学热处理等内容，增加了带答案提示的总习题集和表面技术课程相关的综合实验设计等内容。全书完成后，请杨川教授对本书作了认真和细致的审校。

本书在编写过程中引用并参考了许多专家、学者出版的相关专著、教材及论文，在此向他们致以真诚的谢意。

本书出版得到了西南交通大学本科教育教材建设研究经费的支持，在此真诚致谢。

由于编著者水平有限，书中的疏漏和不妥之处在所难免，殷切希望专家和读者批评指正。

编著者

2022 年 1 月

目录

第 3 章

利用扩散与相变
原理设计表面改
性工艺

61

第 4 章

————

薄膜技术

————

133

第 5 章

涂镀层技术

211

第 6 章

复合表面处理
技术

264

第 7 章

金属粉体材料的
表面改性处理及
应用

274

第 **1** 章

绪论

1.1 从表面技术到表面工程

　　表面技术（surface technology）是处理材料表面的一门技术，目的是希望材料表面获得需要的某种性能。这类技术并非是近代科学的产物，早在远古时期人类就采用了这项技术。

　　中国祖先将表面技术作为一门绝技，用于生产中已经有几千年的辉煌历史。例如，3000多年前，我们的祖先就会使用油漆（称大漆）防护一些器皿及工件的表面。与目前状况完全类似，一些先进的技术均首先应用于国防工业，我们的祖先也是将先进技术用于战争器件。1965 年在湖北江陵望山 1 号墓出土的越王勾践剑表面无明显锈蚀（见图 1-1），仍可以切断19 层白纸。

图 1-1　越王勾践剑照片

　　研究表明剑本身的主要成分是铜-锡，还含有少量的 Al、Fe、Ni。不锈的一个原因是青铜本身不易腐蚀，同时剑长期在地下与空气隔绝，有良好的环境。另一个重要原因是剑表面经过硫化处理形成了硫化物。

　　无独有偶，1994 年 3 月在秦始皇二号墓中发现了一把青铜剑，出土后该宝剑光亮如新，锋利无比，据说还可以切断头发，见图 1-2，在地下沉睡 2000 多年的宝剑不被腐蚀实属奇迹。研究发现宝剑不锈的一个重要原因是在宝剑表面镀了一层特殊的钝化膜，并且该钝化膜中含有铬与硫。我们的祖先在当时的条件下是如何在青铜剑表面形成这种钝化膜的，至今尚无明确答案。

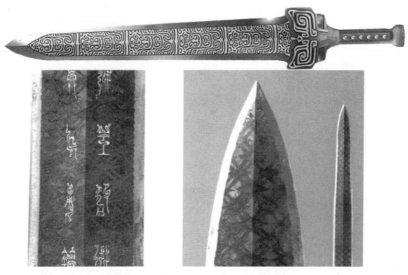

图 1-2　秦始皇二号墓出土的青铜剑

　　我国在战国时代就掌握了淬火技术并将其用于兵器制备中，如在辽阳三道壕出土的西汉时代的宝剑是经过淬火处理的，图 1-3 是宝剑的金相组织照片。我国明代科学家宋应星所著的《天工开物》一书中介绍了渗碳淬火表面技术。

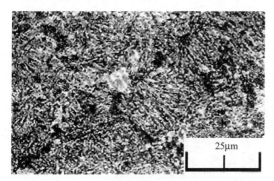

图 1-3　三道壕出土的宝剑的金相组织照片[1]

图 1-4　印度新德里顾特卜塔

　　国外也有类似案例。印度新德里有一称为顾特卜塔的铁塔（见图 1-4），据说至今已经有千年历史，至今没有锈蚀。经研究证明其主要原因是该铁塔表面有一层 Fe-N 化合物。

　　可见国内外对于表面技术的应用均已有很久的历史，均有各自的独到之处。而表面技术真正引起人们高度重视并发展为一个新型学科的时间却是在 20 世纪 80 年代，并于 80 年代初期提出了表面工程（surface engineering）的概念[2]。

　　1984 年英国伯明翰大学 Bell 教授在英国建立了第一个表面工程学会，并创办了《表面工程》杂志。1985 年召开了第一届国际表面工程学术会议。

　　1986 年国际热处理学会在分析了表面工程的现状并预测了其发展趋势后，决定将学会更名为国际热处理与表面工程联合会。

　　1987 年中国机械工程学会成立了表面工程研究所。1988 年《中国表面工程》杂志创刊。

表面工程定义如下：表面工程是将材料表面与基体一起作为一个系统进行设计，利用表面改性技术、薄膜技术与涂镀层技术使材料表面获得材料本身原来没有而又希望具有的某种性能的系统工程[2]。

此定义涵盖的核心概念可以归纳为下面几点。

① 表面工程是一个具有设计性的系统工程，设计的目的是使材料表面获得具有人们希望得到的某些特殊性能。

② 此处的"设计"涵盖的内容应该非常广泛，工艺设计、基体材料的选择、设备设计、质量保证体系设计及工艺控制、过程控制等均应属于"设计"范畴。

③ 表面工程中的核心内容是表面改性技术、薄膜技术与涂镀层技术这三类表面技术。

④ 既然是设计工程，最后必须经过实践检验设计效果，所以对设计后，产品的失效分析也应该属于表面工程内容。

可见表面工程是一个跨学科的系统工程体系，其核心内容是表面技术。

表面技术定义如下：通过各种工艺手段改变材料表面的组织结构，从而赋予材料表面具有与心部不同的特殊性能的技术。

根据表面工程定义，表面技术可以分成表面改性技术、薄膜技术、涂镀层技术三大类。经过表面技术处理后的材料表面组织一定会与心部不同，这种分类主要是根据表面组织形成的原理不同及应用范围差别而进行的。

表面改性技术的特点是：通过基体材料表面发生相变，或表面成分变化加相变，或形变，或通过化学反应改变表面的成分、组织结构与性能。此类技术在应用方面的特点是：提高材料表面的力学性能，例如提高疲劳性能、耐磨损性能等，尤其是提高疲劳性能。

表面改性技术的发展与工艺设计基于材料的相变理论、形变理论、扩散理论及材料表面的化学反应理论等。这类技术主要包括：表面形变强化技术、表面相变强化技术、表面扩散渗入技术及离子注入强化技术、表面化学反应技术等。

薄膜技术的特点是：利用近代发展起来的新技术，使外来物质在基体材料表面形成一层薄膜。而薄膜（表面组织）形成特点一般是：通过外来物质沉积到基体材料表面，通过沉积物质间反应形成薄膜，而并非是通过基体材料表面相变、形变得到的，这是与表面改性技术的主要差别。在近代工业生产中虽然也采用薄膜技术提高材料表面的力学性能、抗腐蚀性能等，但是薄膜技术主要应用于电子信息领域，薄膜材料最重要的应用是将其作为功能材料使用。有些学者提出"没有薄膜技术就没有今天的计算机技术"。近年来一些学者将薄膜技术用于生物材料，提高生物材料表面的性能（如血液相容性），获得了良好的效果。

薄膜技术涉及的基础理论非常广泛，与固体物理理论、物理化学理论、界面理论、化学反应理论等密切相关。薄膜技术主要包括物理气相沉积技术与化学气相沉积技术，这类技术是表面技术中最重要的一类。近年来表面技术受到了极大重视，这与此类技术的发展有密切联系。薄膜技术在当今高科技产业中占据举足轻重的地位。需要说明的是：薄膜的厚度有不同定义，一般在 100nm 至微米级之间。有的研究者认为薄膜尺寸在微米以下，有的研究者以 $25\mu m$ 为界限，小于 $25\mu m$ 的为薄膜，大于 $25\mu m$ 的为厚膜。

涂镀层技术的特点是：利用经典技术或现代技术或两者结合，在基体材料表面形成一层或多层结构与基体材料不同的组织（称为涂层）。在这类技术中，有些是外来物质与基体材料发生反应甚至基体材料表面发生相变（如热浸镀技术），从这点看此类技术与表面改性技术有类似之处。有些技术又与薄膜技术类似，外来物质与基体材料不发生反应，类似厚膜涂覆在基体表面。但所获得的涂层比薄膜厚得多，在数微米至几毫米之间，这是这些技术与薄膜技术的区别。此类技术主要应用于防护功能方面，例如防腐蚀、抗高温氧化等。

这类技术主要包括：电沉积技术（俗称电镀技术）、热浸镀技术、热喷涂技术及涂料技术等。

此类技术的基础理论与电沉积理论、液态材料形核长大理论、高分子物理理论、高分子化学理论等密切相关。

1.2 表面技术在现代工业中发挥巨大作用的原因

表面技术为什么会受到人们重视？为什么会发展成表面工程这样一个新兴学科？为什么表面工程这个新兴学科会出现在 20 世纪 80 年代？这些现象的出现并非偶然，是人类历史发展的必然产物，与生产实践发展有必然的内在联系，是有着深刻的历史原因的，具体归纳为如下几点。

1.2.1 采用表面技术可以解决某些零部件采用单一材料无法满足的性能要求

人类在长期的生产实践中很早就意识到，对许多零部件表面与心部的性能要求是完全不同的。现代生产中人们越来越认识到采用表面技术与整体材料性能匹配的重要性，为说明此问题举例如下。

图 1-5　齿轮相互咬合照片

例 1-1：齿轮类零件损坏形式分析与解决方案。齿轮传动是现代机械传动中应用最广泛的一种传动模式。在工作状态下齿之间要发生摩擦，同时轮齿为传递动力要承受一定的弯曲载荷，而且这种载荷是交变载荷，见图 1-5。在这种服役条件下，齿轮的损坏方式主要是：齿面的过度磨损、齿面点蚀与轮齿断裂。齿面点蚀实际是在接触应力作用下的疲劳破坏。为保证齿轮表面耐磨性能与硬度，应该采用高碳钢制作，采用淬火＋低温回火工艺，获得高碳马氏体＋碳化物组织。

但是齿轮作为传递力的零部件，根部会受到弯曲应力，在变速时往往受到冲击载荷，因此为保证这种性能，又要求轮齿有一定抵抗断裂的能力及韧性，即达到一定的强度与韧性配合。从这点出发应该采用中碳钢调质处理，或低碳钢淬火＋低温回火处理，得到韧性较高的回火索氏体组织或板条马氏体组织。这就产生了矛盾，如果不采用表面技术就难以解决这个矛盾。

解决这个矛盾可以有多种设计方案，主要根据齿轮受力分析，选取较佳的方案。方案之一是采用中碳钢或者中碳合金钢制造齿轮，一般采用下面的工艺路线：

粗加工→调质→精加工→齿面感应加热淬火＋低温回火→磨削加工

通过调质处理的材料心部为回火索氏体组织，有良好的综合力学性能，硬度在 HRC30 左右，表面通过感应加热淬火＋低温回火提高表面硬度，使表面的硬度在 HRC50 左右，达到了材料表面与心部性能不一致的要求。

1.2.2　节约贵重材料，大幅度提高性价比

在很多情况下，苛刻的环境与服役条件对表面组织性能要求很高，而对于心部性能要求并不高。这时如果采用贵重材料制作零部件，有时虽然可以解决问题，但往往效果不佳，还导致成本大幅度升高。例如对于腐蚀失效零部件就是如此，举例说明如下。

例 1-2：铁路防腐蚀弹条的研制。列车在钢轨上运行，而钢轨是通过螺旋道钉、弹条扣件等部件固定在水泥轨枕上的。在某些环境下如隧道内部、沿海地区、化工厂附近等地域，由于环境恶劣，弹条扣件发生严重腐蚀，严重影响行车安全。在某化工厂附近固定钢轨的弹条扣件的腐蚀情况见图 1-6。

2年时间弹条直径从13mm
腐蚀到9.0mm

图 1-6　在某化工厂附近固定钢轨的弹条扣件的腐蚀情况照片

弹条一旦发生腐蚀就必须更换，不但耗费资金还影响列车运行安全。如何解决此问题？可以采用表面技术解决，也有人提出采用不锈钢材料制造弹条，暂且不论不锈钢材料是否能够满足力学性能要求，仅从经济角度进行分析，对比采用不锈钢材料与采用表面技术处理带来的经济效益（见表 1-1）。

表 1-1　铁路弹条采用不锈钢材料制造与表面技术处理制造的经济效益对比分析

弹条类型	价格	5年时间	效益分析
普通弹条	3.0 元/件	需要换 5 次； 费用 15 元	
不锈钢弹条	12 元/件 原材料价格约为弹簧钢的 4 倍	认为 5 年不需要更换； 12 元	5 年产生效益 3.0 元
普通弹条＋表面技术处理	4.5 元/件	实践证明采用这种技术可以 保证 5 年不需要更换；4.5 元	5 年产生效益 10.5 元

由表 1-1 可以看出，采用表面技术解决铁路弹条防腐蚀问题，可以带来显著的经济效益。如果采用不锈钢不但成本高，还会存在其他问题，例如不锈钢一般很难保证弹性要求，还存在加工成型困难的问题。

目前，一些铁路弹条采用低温液体多元共渗技术解决防腐问题。在 $450\sim480℃$ 温度范围进行液体共渗处理，获得大幅度提高防腐蚀性能的效果，该技术已经大量应用于地铁弹条的防腐蚀处理、出口弹条的防腐蚀处理等，获得了良好的经济与社会效益。铁路弹条经过低

温液体多元共渗后的形貌与表面组织照片见图1-7。

(a) 弹条经过低温液体多元共渗后的外貌

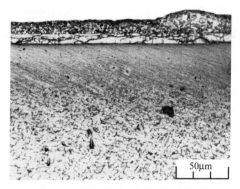
50μm

(b) 弹条经过低温液体多元共渗后的表面组织

图1-7 铁路弹条经过低温液体多元共渗后的形貌与表面组织照片

1.2.3 电子信息技术飞速发展的需要

上述问题自有大规模工业生产时就存在，人们早就有所认识，并且提出了解决方案，所以很早就开发出了各类表面技术解决这些问题。例如我国古代就采用了渗碳技术和氮化技术。为什么20世纪80年代人们对表面技术格外重视，以致发展出一个表面工程新型学科？

回顾计算机发展历史可知，在20世纪60年代出现了实用化的计算机技术，到70年代出现了大规模集成电路，此后电子信息技术飞速发展。为满足计算机技术发展的需要，必须要各种薄膜材料给予支持。电子信息技术中需要的一些薄膜材料见表1-2。

表1-2 电子信息技术中需要的一些薄膜材料

类别	薄膜材料
半导体薄膜	Si，Ge，SiC，GaAs，ZnO，ZnSe；20余种
导电薄膜	Au，Al，Cu，Ni，SnO_2，TiO_2，Ai-Si；20余种
电阻薄膜	Cr，NiCr，SiCr，TiN，TiCr；20余种

同时为制备这些薄膜及满足工业生产的需要，在20世纪70年代出现了三束技术。即利用激光束、电子束、离子束高能量、可控性好、加工精细的独特优点，开发出了多种薄膜制备技术及表面改性技术，在工业上获得了巨大成功。因此在20世纪70～80年代，出现了电子信息技术需要薄膜制备技术支撑而求发展，且电子信息技术的飞速发展又带动薄膜新型制备技术层出不穷的格局。这应该是在20世纪80年代表面技术飞速发展、引起人们高度重视的关键原因。

1.2.4 节能、开发新能源的需求

能源问题是世界性的大问题，如何节能及开发新能源越来越受到人们的重视。在热工设备上涂覆隔热层，可以大幅度减少热损失并起到节能的作用。在核发电中，原子核反应器在运行时必须采用高温抗氧化涂料将核燃料与受热介质严格隔开。

众所周知，太阳能是取之不尽的能源，并且对环境无任何污染，为有效利用太阳能必须

采用表面技术，举例如下。

  例1-3：太阳能电池设计。半导体材料分为 p 形半导体与 n 形半导体，将两者连接构成 p-n 结半导体。太阳能电池是利用半导体材料的特性将光能转换为电能的。n 型半导体靠电子导电，p 型半导体靠空穴导电，n 型半导体如果丧失电子将出现正电中心，p 型半导体如果丧失空穴将出负电中心，见图1-8。

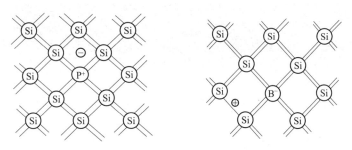

图1-8 p 形半导体与 n 形半导体导电原理图

  在光照射情况下，p 形半导体与 n 形半导体中均产生电子与空穴，p 区中电子越界面进入 n 区，n 区中空穴越界面进入 p 区。p 端电势升高，n 端电势降低，建立稳定电势差；p-n 结与外界导通形成电流，光照不停电流不止；p-n 结起到电源作用，见图1-9。这就是所谓的光生伏特，构成了太阳能电池。太阳能电池采用薄膜材料有很大的优势，因为薄膜较薄（厚度为 $1.0\mu m$ 左右），所以具有很高的光吸收率，基体镀膜后电池就同时形成了，大幅度节约了电池的制造成本。薄膜可以低温形成，因此可以采用廉价材料为衬底（玻璃）降低能耗与成本，可见采用薄膜材料制备太阳能电池有巨大优势。

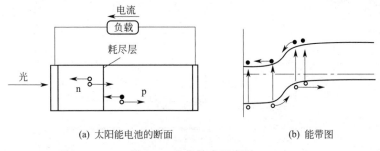

(a) 太阳能电池的断面   (b) 能带图

图1-9 光伏效应示意图

  从上述分析可见，正是这种现代化生产的需求，尤其是电子信息技术发展、节能及新能源技术的出现，离不开现代表面技术的发展，这就是20世纪80年代出现研究表面技术的热潮和表面工程新型学科的主要原因。

1.3 表面工程中的设计概念

  为了说明表面工程中的设计概念，列举具体的实际案例进行说明。

  例1-4：静电复印机中的设计问题。静电复印机是目前生活学习中一种重要的工具，其关键的部件是硒鼓，见图1-10。

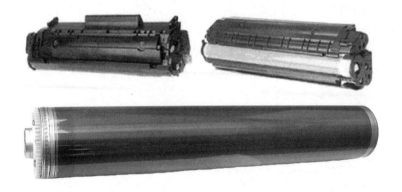

图 1-10　复印机中硒鼓实物照片

　　为什么采用复印机可以将稿件上的各类文字图案原封不动地"搬运"到另一张纸上？这里的首要问题是明确复印的实质。要求复印的稿件可能各不相同，有些是文字，有些是图画，有些是工程图纸。但是所有的稿件均有共同特征，即它们均可以认为是由不同形状的黑区与白区组成的。因此复印的实质是：将原稿件上不同形状的黑区和白区，原封不动地搬到另一张纸上。复印机中有一些关键部件与材料：硒鼓、炭粉、纸、原稿件。其中硒鼓是最关键的部件。在 1938 年发现了硒（Se）的特性，其导电性能与光照强度成正比。硒是一种半导体材料和光导材料，在无光照射时，无定型的硒的电阻率高达 $10^{12} \sim 10^{13} \Omega \cdot cm$。

　　根据硒的这种特性设计出了硒鼓，方法是用表面技术中的镀膜方法将硒材料镀在一个基体为铝的滚筒上。并且采用高压放电方法使硒膜的表面带上正电荷，复印机中硒鼓及复印原理示意图如图 1-11 所示。

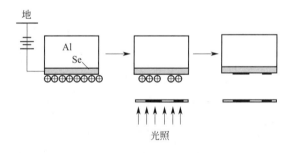

图 1-11　复印机中硒鼓及复印原理示意图

　　在复印时，稿纸下面有强光照射，光线通过稿件照射到硒鼓上。稿件是由不同形状的黑区与白区组成的，因此当光照射稿件时通过黑区的光线势必要减弱，而通过白区的光线较强，即照射到硒鼓上的光的强度是不一致的。通过稿件黑区照射到硒鼓区域硒膜的导电性上升少，而通过稿件白区照射到硒鼓区域硒膜的导电性上升多。导电性上升多，意味自由电子数目增加，所以硒膜导电性上升多的区域硒膜上的存储的电荷放电消失得多，吸收炭粉就少。通过稿件黑区照射到硒鼓区域硒膜由于导电性上升少，所以炭粉吸收就多。这样就将稿件上不同形状的黑区与白区搬运到硒鼓上（见图 1-11）。随后将特制的复印纸压在硒鼓表面，随硒鼓的转动就在复印纸上形成一幅与稿件完全相同的图像（黑区＋白区），因此达到了复印的目的。

在硒鼓的制造中可以分析出表面技术的设计问题如下。

① 可否直接用硒材料制备硒鼓？

这种做法显然是不妥的。由于硒本身的价格较高，如果直接用硒制备硒鼓，复印的成本必然大幅度上升。更重要的是硒为半导体材料，由于化学键与金属材料完全不同，导致其很脆而难以加工成鼓。

② 为什么采用铝作为基体材料？

在复印过程中硒鼓本身受力不高，所以强度要求不高，采用铝就可以满足要求，并可以减轻重量。还有一个重要问题，在镀膜时，硒膜与铝的结合力是满足要求的。

由此例可见，表面技术在现代科技中具有不可替代的作用，并可以看到在采用表面技术解决实际问题时，合理"设计"的重要性。这种设计仅是"定性"的设计，在第 2 章与第 3 章中有案例说明一些表面技术的"定量"设计。

1.4 表面技术的发展与环境保护

当今环境下开发新技术的基本宗旨是：节能、环保、降低生产成本、提高产品质量、实现可持续发展。表面技术涵盖领域非常广泛，各个分支的发展过程也非常复杂，因此对于表面技术发展趋势难以全面论述。同时表面技术是实用性非常强的技术，随生产的需要而发展。下面仅从几个侧面简述表面技术一些值得重视的研究方向与发展趋势。

1.4.1 开发各种材料表面防腐蚀新技术是重要的研究方向

表面技术可以改善表面多种功能，例如提高表面硬度、耐磨性能、疲劳性能、耐热性能、绝缘性能、抗氧化性能等。今后提高材料表面防腐蚀性能将占据重要的地位，开发各种材料表面防腐蚀的新技术是非常重要的方向，这是由世界生产发展总趋势决定的。在 20 世纪末，日本表面技术学会召集多位学者在北海道大学对 21 世纪表面技术发展动向进行研讨，会上重点强调了防腐蚀技术的重要性[3]。会上，认为 21 世纪必须要考虑到生产方式的改变，目前在材料的防腐蚀技术中电镀技术占据很重要的地位，由于该技术存在污染且防腐蚀性能并不是很理想，所以开发新的表面防腐蚀技术是必然发展趋势。

地球有 70％是海洋，由于海洋内有大量能源及各类水下动物，今后人类的生活空间将从陆地逐渐向海洋发展。在海洋环境下材料的腐蚀是非常重要的问题，不解决此问题各类海洋装备的寿命就难以维持。世界各国在海洋领域的争夺是 21 世纪政治的一大特点，这是防腐蚀技术作为今后重要发展方向的依据之一。

同时，人类在 21 世纪大力向空间发展，在太空建立宇宙空间站需要长时间运转，在太空环境下对材料表面防腐蚀提出了苛刻要求。对于宇宙飞行器有许多需要研究的问题，其中表面热防护、防氧化、防腐蚀是重要课题。目前宇宙飞行器要求高性能、长寿命，这对材料提出了更高的要求[4,5]。

例如制作太空装备的材料需要重量轻，因此采用轻金属材料。为满足空间飞行器应用，开发出一种 2219 高性能铝合金材料，其化学成分见表 1-3。

表 1-3　2219 高性能铝合金材料的化学成分

Cu	Fe	Si	Zn	Mg	Mn	V	Zr	Ti
5.8~6.8	0.3	0.2	0.1	0.1	0.2~0.4	0.05~0.15	0.10~0.25	0.1

　　研究表明：这种铝合金材料有高的韧性与良好的焊接性能，本来是用于制备宇宙飞行器一些结构的非常理想的材料，但是由于内部含铜量高，组织中铝与铜组成腐蚀电池，加速了材料的腐蚀，使其防腐蚀性能大幅度降低，极大程度限制了使用，最好的解决方法是利用表面防腐蚀技术提高材料的防腐蚀性能。目前采用铝的阳极氧化技术处理可以提高材料的防腐蚀性能，但是仍不理想。

　　已经明确宇宙环境有原子状态氢，一些高分子材料由于比强度高，本来是低轨道下非常有希望使用的理想材料，但是现在发现这些材料在原子氢作用下恶化。2009 年 7 月曾进行宇宙暴露环境下的试验，定量测定宇宙环境下的重离子、原子状态下的氢、等离子体、高能粒子等，并对宇宙材料与电子部件进行评价。本次试验获得了大量的基础数据，为宇宙飞行器设计奠定了基础。试验表明，在宇宙环境与材料相互作用的条件下，目前急需解决的问题之一就是材料的抗原子氢作用能力。

　　日本新日铁公司最近开发出一种材料，在原子氢作用下表面有一层抗原子氢腐蚀的膜，膜被损坏后，材料本身具有自修复功能，具有优良的抗原子氢作用能力。太阳能电池基片上真空蒸镀 100nm 的膜，在宇宙空间暴露一年时间，一些区域膜脱落，原因是原子态氢渗入膜缺陷中。

　　我国一些重大的工程均要求长寿命，地铁工程一般要求主要构件 50 年寿命，据说三峡工程主要构件要求 100 年寿命。在如此长的时间内如何防止材料不因为腐蚀而失效，是非常严峻的课题。下面，以铁路发展为例进行说明。

　　在世界上，铁路被各国定义为最重要的基础设施，铁路是国民经济的大动脉，曾被孙中山先生认为是强国富民的首选，毛主席认为铁路是发展国民经济的先行官。2004 年国务院审议通过了我国铁路历史上第一个《中长期铁路网规划》，确定到 2020 年我国铁路营业里程达到 10 万公里，其中客运专线 1.2 万公里以上，复线率和电化率均达到 50%。在这个规划的推动下，我国大力推进了高速铁路建设，近年来高速铁路给中国人民带来的福利有目共睹，使广大人民群众对中国铁路寄予厚望。可以断言今后十年高速铁路给我国带来的社会与经济效益是无法估量的。

　　高速铁路的发展经历了不同阶段。在 20 世纪初，德国高速列车的试验速度就达到了209.3km/h；20 世纪中期法国创造了 331km/h 的试验速度。20 世纪 60 年代日本开创了新干线铁路，实现了高速铁路实际运营。1981 年法国高速列车的试验速度提高到了 380km/h；1988 年德国高速列车的试验速度提高到了 406.9km/h；半年后法国又将高速列车的试验速度提高到了 482.4km/h。1990 年法国高速列车的试验速度先后达到了 510.6km/h 与515.3km/h，创造了世界纪录。目前世界投入运营的高速铁路总长 2 万余千米，其中，中国运营的高速铁路为 11000 余千米。

　　中国高速铁路建设虽然起步较晚，但是在学习、引进、消化、吸收、创新的建设思路下已经走到世界前列，开发出了自主知识产权的高速铁路体系，并且已经走出国门。在高速铁路建设中如何解决材料的腐蚀问题同样是非常重要的研究课题。

　　例如，高速列车的一个设计理念是为了速度快必须车体轻，所以希望采用一些轻金属材料作为列车的主要构件。例如将原来普遍使用的结构钢车厢采用铝合金制造。按照设计要求，高速铁路车辆中重要部件的设计寿命是 30 年。而一些铝合金本身的防腐蚀性能是较差的，所以如何解决铝合金的腐蚀问题是现实课题。

近年来一些学者提出采用高强镁合金应用于轨道列车装备制造。镁合金的密度为 1.7g/cm^3，仅为铝合金的 62%，且具有强度较高、室温下有良好的塑性、在受到高速冲击时也不会脆断等一系列的优良性能。目前镁合金已经用于高速列车的桌椅等次要部件，如果今后大量用于高速车辆装备中，同样也要解决腐蚀问题。一些文献报道采用微弧氧化方法是对镁及铝合金进行防护的有效手段。美国通用公司已经将中国的微弧氧化技术列为汽车用镁合金表面处理的主流技术[6]。

车轴是高速列车的关键部件，一般采用中碳合金钢制造，为减轻重量均采用空心结构，称为空心轴。疲劳寿命是车轴的最关键性能指标，由于车轴常年暴露在大气环境中，必然会受到腐蚀损伤。众所周知，如果在车轴表面形成腐蚀坑，就很容易在此处形成疲劳源，所以腐蚀与疲劳问题实际是共存的。

高速列车中其他同样重要的部件如弹簧、转向架构架等同样要求高的疲劳寿命，也同样会受到腐蚀作用，所以也是腐蚀与疲劳问题共存。对于转向架构架，已经知道防腐蚀的重要性，目前采用涂料技术对其进行防腐蚀。但是由于列车高速运行，风沙与涂料剧烈摩擦，列车运行不长时间，防腐蚀涂料就被磨损掉，腐蚀很容易发生，导致疲劳问题出现，所以涂料技术难以解决腐蚀问题。因此如何有效防止转向架构架腐蚀是急需解决的工程问题。

图 1-12(a) 是转向架中一个重要部件的疲劳断裂断口的形貌，发现疲劳裂纹源在腐蚀严重之处形成。图 1-12(b) 是码头附近大型设备中的紧固件的腐蚀情况。

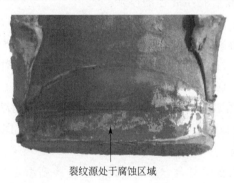

(a) 转向架中一个重要部件的疲劳断裂断口的形貌　　　　(b) 码头附近大型设备中的紧固件的腐蚀情况

图 1-12　裂纹源处于腐蚀区域及紧固件的腐蚀情况

综上所述可知：重大工程均要求长寿命。从上述一些案例可知，必须充分认识到材料在长期服役过程中腐蚀问题的重要性。因此将开发先进表面防腐蚀技术作为今后的重要方向是有充分依据的。

1.4.2　应重视新型复合表面技术的研发

在表面技术发展过程中人们认识到，单一的表面技术往往有局限性，一般仅能提高材料的某一种性能。例如电沉积技术一般仅能提高防腐蚀性能而不能提高疲劳性能，渗碳技术可以提高疲劳性能却又不能提高防腐蚀性能。近年来综合运用两种或多种表面技术的复合技术展现出突出的效果，复合表面处理技术也成为今后发展的一个重要方向。实践证明如果设计合理，将两种表面技术复合，可以获得 1＋1＞2 的效果[7]。

例如上述的材料防腐蚀问题，很多情况下与疲劳问题是联系在一起的。先进表面技术获得的防腐蚀表面层应该具备以下性质：与基体有牢固的结合力，最好是提高防腐蚀性能的同时，又可以提高疲劳性能、耐磨性能等，并且应该是低成本，对环境无污染。如何才能达到此目的？目前看来采用复合表面技术是较好的途径。

早期就有资料介绍[8]，工件表面先沉积一层 Al 膜，加热扩散后进行离子氮化，再进行氧化处理，表面硬度与耐磨性能均大幅度提高。这样的实例有很多，例如渗钛与离子氮化复合，获得表面 TiN 涂层，可以同时提高耐磨性能与防腐蚀性能。热喷涂与激光表面强化复合、化学热处理与电沉积复合、表面强化层与固体润滑膜复合、金属涂层与非金属涂层复合等，均有获得良好效果的实例。

以离子束表面改性技术的发展为例，说明复合表面技术的重要性。早在 20 世纪 50 年代人们就采用离子注入方法将 B、N、Al、P、Ga、Sr、In、Sn 等的离子注入半导体中作为施主或受主中心而形成 p-n 结，离子注入已成功地应用于半导体器件。离子注入技术与热扩散法和外延法相比具有以下特点。

① 可控性好，掺杂浓度和杂质分布都能按预定的要求，通过调节注入离子束流、能量和注入时间而得到精确控制，可制备理想的杂质分布且工艺灵活。

② 可实现杂质浓度超固溶度掺杂，离子注入横向扩展小，提高了集成电路的集成度。

③ 可实现低温掺杂，特别适用于易分解的化合物半导体的掺杂。

目前离子注入已普遍应用于超大规模集成电路及新型半导体器件的生产。由于离子注入技术的优越性，在 20 世纪 70 年代人们就设想将离子注入技术应用于金属及非金属材料表面改性。实践证明离子注入技术在表面改性方面同样取得了良好效果，例如利用离子注入技术，将氮原子注入轴承表面以大幅度提高轴承寿命。因此离子注入技术在表面改性方面应用引起了人们的广泛关注。但是离子注入技术存在注入单一元素性能提高有限、表面溅射率大、注入时间长、处理层很薄（通常为 $0.5\mu m$ 以下）及离子束具有视线性（line-of-sight）等缺陷，限制了该技术的应用。

为解决这些问题，采用镀膜技术与离子注入技术复合方法，开发出了许多新型工艺。例如离子束混合技术是在材料表面先镀一层薄膜，然后用离子束轰击，使其与基底金属混合而形成表面亚稳过饱和固溶体和非晶材料的复合技术。

与一般离子注入技术相比，离子束混合技术解决了单一离子注入高浓度时表面溅射率大、注入时间长的缺点，可采用较小剂量的注入离子轰击镀膜层而实现高的掺杂浓度，在基底上镀有不同元素的膜就可以实现多种元素的混合，因而克服了研制多种离子混合的困难。

在复合思路指引下已经开发出了多种复合技术，极大推动离子束技术在表面改性方面的作用，使离子束表面改性技术发展成为实用化强、应用范围广的高科技表面改性技术。

复合技术还包括表面层不同材料的复合，例如 Al 涂层有良好的防腐蚀性能，但是耐磨性能差，可以在涂层中加入一些 Al_2O_3、SiC 等颗粒提高耐磨性能。要获得这种组织必须要有复合技术，例如可以采用喷涂技术实现[7]。

1.4.3 几种值得注意的表面改性技术

表面改性技术很大一部分原属于热处理技术的范畴。美国在 2004 年规划了到 2020 年热处理发展的路线图，该路线图实际上就是对未来热处理发展的一份规划书。在路线图中规划到 2020 年实现的总体目标为：能量消耗减少 80%，工艺周期缩短 50%，生产成本降低 75%，热处理产品实现零畸变和最低质量分散度，加热炉使用寿命提高到原来的 10 倍，加热炉价格降低 50%，实现生产零污染。

其中对于属于表面改性的热处理技术也做出了规划，该规划可以认为是表面改性技术发展趋势的一个方面。在美国热处理技术发展路线图中提出需要重点研究的课题如下。

① 利用地下水循环的感应加热淬火技术。其思路是：对于感应加热淬火采用地下水闭路循环，使用时用深井泵抽取地下水，经过净化后再返回地下。目前美国已经有一些公司采用此技术进行生产，每日的水费仅以美分计算。开发这类技术的出发点是降低生产成本、实现可持续发展。

② 同时开发智能化感应淬火闭环控制系统。利用神经网络技术控制原理，全面控制选材、相变、加热工艺、渗层。开发的软件具有优化零件强度/重量比的功能。开发这类技术的目的是全面提高产品质量。

③ 1010℃以上的高温渗碳技术。真空渗碳技术的成熟与低压渗碳技术的发展，为实现高温渗碳创造了条件。为配合高温渗碳工艺开发了抗晶粒长大的渗碳钢。开发这类技术的目的是缩短生产周期、节约能源。

④ 预测渗碳淬火时残余应力状态的软件，开发可以代替渗碳的材料与工艺。

⑤ 缩短氮化的周期。

分析美国制订的路线图可知美国非常重视传统表面改性技术（如渗碳、氮化、感应加热淬火等）的更新与改造，使其发挥更好的作用。之所以重视这些传统表面改性技术，主要原因可能就是这些技术目前仍然发挥着重大作用，同时对环境无污染。

近年来表面改性技术中的一些新技术也引起了人们的关注[9]。

① 低压渗碳技术与低压乙炔渗碳技术。该技术有效解决了真空渗碳技术积累炭黑的问题。早期的真空渗碳技术为满足大装炉量需求，将渗碳气体的压力由 1~3kPa 提高到 50kPa，并且加大风扇的搅拌，由此大量炭黑堆积炉内，使真空渗碳技术的推广受到阻碍。低压渗碳技术与低压乙炔渗碳技术为真空渗碳技术发展开辟了一条新路。

② 活性屏离子渗氮技术。该技术的特点是将高压直流电源负极接在真空室内一个铁制的网状圆筒上，工件被置于网罩中间，见图 1-13。

当直流高压被接通，反应室内低压气体部分被电离成离子，形成等离子体。离子轰击铁圆筒表面将圆筒加热。在离子轰击下，圆筒表面不断有铁或铁氮化合物粒子被溅射下来。这个圆筒起到两个作用：一是通过圆筒加热后的辐射热将工件加热到要求温度；二是向工件提供铁或铁氮微粒。这些微粒吸附于工件表面后向内部扩

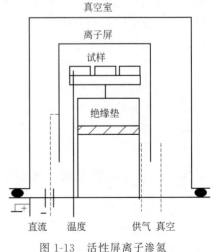

图 1-13 活性屏离子渗氮
技术装置示意图[9]

散以达到渗氮目的。

直流离子氮化有很多优点，但是也存在一些问题。例如工件打弧、工件尖角处容易过热、空心阴极效应等。直流离子氮化的这些缺点，限制了其应用范围，例如不同形状的工件在同一炉进行离子氮化处理会表现出性能极不均匀。而采用活性屏离子渗氮技术就解决了直流离子氮化中存在的问题，其原因是气体离子并不直接轰击工件而是轰击圆筒。

有资料介绍[8]在低温（673～873K）进行离子氮化可以大幅度提高工件的防腐蚀性能，采用活性屏离子渗氮技术实现低温离子氮化对提高工件的防腐蚀性能来说不失为一条途径。

奥氏体不锈钢有良好的防腐蚀性能，但是硬度、强度、疲劳性能均较低，为解决此问题开发出了一种 Kolsterising 技术。该技术的核心是对奥氏体不锈钢进行低温渗碳，在表面形成 20～30μm 的碳扩散层，其硬度可以达到 1200HV，疲劳寿命提高 40%，耐磨性能提高 3～5 倍。

文献［10］对于核泵零部件中应用的部件表面改性技术研究课题进行综述，认为有四种表面改性技术在核泵零部件中有重要的应用前景。

第一种是不锈钢的低温渗氮技术。不锈钢是核泵零部件中的主要采用材料，虽然耐蚀性高，但是硬度与摩擦磨损性能较差。过去采用过离子渗氮、激光渗氮等技术提高硬度，但是防腐蚀性能下降。1985 年发现如果在 400℃进行等离子体氮化不但可以提高不锈钢的硬度和耐磨性能，还可以提高不锈钢的耐孔蚀防腐性能，以后的试验也证实了该结论。10 多年前欧洲将此项技术用于核岛燃料控制升降机构部件，但是其耐酸性介质的腐蚀性能不理想。采用等离子源离子渗氮技术可以解决此问题，获得具有高硬度、高耐磨性能的表层，同时有高抗孔蚀、抗均匀腐蚀的氮化层。

第二种是代替电镀的表面涂层技术。目前我国引进的核主泵，其泵轴、紧固件的表面耐磨抗蚀涂层均是电镀铬涂层。但是六价铬严重污染环境，美国将其空气排放标准控制在 0.0005～0.005mg/m³ 范围。同时电镀铬的硬度也偏低，所以开发代替电镀铬的新涂层技术是今后的研究方向。

第三种是超硬涂层与功能涂层技术。核泵中的机械密封件是易损件，要求高的耐磨性能，同时核心的紧固件也要求减磨润滑功能。超硬涂层指超过 40GPa 的涂层材料，如金刚石、立方氮化硼等。等离子体气相沉积与磁控溅射是制备纳米复合超硬涂层的主要研究手段，离子化的磁控溅射技术的发展主要体现在两个方面，一是平衡磁场向非平衡磁场的转变，二是高功率脉冲磁控溅射技术的发展。

第四种是离子束表面强化技术。强流脉冲离子束具有超高温、超高压和强磁场等特点，可以在 1μs 的时间内在辐射表层产生强烈的远离平衡态的热效应与力学效应，造成材料表面成分、组织与性能的显著变化。采用此技术处理硬质合金材料，可以显著降低其摩擦系数，大幅度提高其耐磨性，此技术在核泵材料中有广泛的应用前景。

1.4.4 开发新型薄膜太阳能电池技术是研究热点

薄膜技术是表面技术中最关键的一类技术，是支撑信息技术发展的核心技术，其目前处于快速发展时期，发展方向多种多样，难于全面概述。当前非常热门的研究课题是太阳能电池薄膜材料，对此论述如下。

太阳能是取之不尽的清洁能源，光伏发电是利用太阳能的重要手段。近年来光伏产业的发展趋势是薄膜太阳能电池，其中铜铟镓硒薄膜尤其受到高度重视。太阳能电池一个重要的指标是光能转换为电能的转换效率，早期研究的薄膜的转换效率均不高，一般低于 10%，而近期研究出的铜铟镓硒薄膜太阳能电池的转换效率可以达到 20.4%[11]。

制备薄膜可以采用多元蒸发镀、单靶磁控溅射、离子束溅射、电沉积等方法。其中磁控溅射方法工艺简单、操作方便，可以一次成型制备出薄膜。其缺点是成本较高，同时对人体有一定的辐射作用。

电沉积方法的原理实际是普通的电镀处理，方法简单且可以实现大面积沉积（具体介绍可见 5.3），但是其工艺参数控制较难，薄膜纯度质量控制存在问题，目前获得的转换效率仅 9.4%。今后的研究课题的主要目标仍然是提高转换效率，实现大面积薄膜电池组件。这就要不断开发出更好的薄膜制备技术或不断改进及完善目前的制备技术。如何开发出新型表面技术制备薄膜太阳能电池材料是一个重要的研究方向。

1.4.5 涂镀层技术中钢板、钢梁、钢管的镀层新技术开发

涂镀层这一大类技术中含有多种不同的表面技术，很多技术是为了保护基体材料不被腐蚀。这类技术在现代工农业生产中广泛使用，其产品大量充实各类市场，仅以镀锌钢构件说明其发展趋势[12]。

热镀锌钢材料在全世界被大量使用，其包括镀锌钢板、钢梁、钢管等，目前这类产品的使用量逐年增加。这种发展趋势与汽车工业及建筑业的快速发展相关，原因是这些镀锌产品在这两个领域中被大量使用。随着海洋工业的发展，这类产品的需求量更是会大幅度飙升，因此改进原有的生产工艺及开发新的生产工艺生产钢板、钢梁、钢管是主要的研究方向。

镀锌钢板除要求良好的防腐蚀性能外，还要求良好的焊接性能及涂装性能。早期是以电镀锌为主流工艺（1970—1980 年），后为提高防腐蚀性能开发出了电镀 Zn-Ni、Zn-Fe 等工艺。但是在 1990 年后发现用电镀工艺难以再提高钢板的防腐蚀性能，因此在汽车行业采用热镀锌代替电镀并成为主流工艺。在 21 世纪初，为提高防腐蚀性能，采用了 Zn-Al 合金作为电镀液体。

对于建筑用钢板，例如车间墙壁、屋顶等用钢板，目前一般以热镀 55%Al-Zn 合金为主流工艺。因为加入 Al 后镀层表面可以形成一层 Al_2O_3 薄膜，获得了优良的防腐蚀性能。

镀锌层的防护机理目前已经明确，属于阳极保护。锌的标准电极电位为 $-0.763V$，铁的标准电极电位为 $-0.441V$，由于铁的标准电极电位高于锌，所以镀锌的防护机理是牺牲阳极防腐蚀，其防腐蚀效果与厚度相关。试验表明在 0.5mol/L 硫酸溶液中（25℃），24h 内 Zn 的腐蚀速率为 $60mg/cm^2$，Fe 的腐蚀速率为 $5mg/cm^2$；但是大气暴露试验表明，镀锌钢板的腐蚀速率是钢板的 1/100～1/10。

研究表明可将镀锌钢板的腐蚀过程分为 4 个阶段：第一阶段镀锌层完好，镀层起到良好的防护作用；第二阶段镀锌层部分消失，基体组织部分暴露，此时仍然有防护功能；第三阶段镀锌层基本消失殆尽，表面产生的腐蚀产物对钢板还有一定的保护作用；第四阶段钢板完全暴露，钢板开始快速腐蚀。

镀锌钢板有一个重要的优点，即如果局部镀层脱落，钢基体部分被暴露，此时镀锌层成为阳极，基体成为阴极，镀层仍然有一定的防护效果。如果镀层的电极电位高于基体材料，当镀层部分脱落时，镀层材料成为阴极，基体材料成为阳极，这将加快基体材料的局部

腐蚀。

根据这种机理，提出今后开发新工艺的重要思路：提高镀层的电极电位使其难以腐蚀，大幅度降低腐蚀速率；同时提高基体的电极电位使其高于镀层材料，达到即使局部镀层脱落，镀层也能起到阳极防护作用的目的。

1.4.6　表面技术中的环保问题

目前表面技术处于蓬勃发展期，在现代化生产及高科技领域起到越来越重要的作用。但是也不能否认，很多表面技术（包括目前广泛使用的一些表面技术）本身也存在问题，其中最大的问题是对环境的污染。只有了解存在的问题，才能在使用表面技术的设计过程中做出最佳的选择，尽量选择那些对环境无污染的表面技术解决生产问题。在美国热处理技术发展路线图中，对感应淬火、渗碳、渗氮这些看似"古老"的技术进行了大量的研究，其中一个重要原因就是这些技术对环境污染小，易操作，成本低。

在三类表面技术中，每类技术中均存在一些对环境有污染的工艺，对于此问题必须要有清醒的认识。为此在本章中对污染问题仅举例做出简要论述，一些对环境有严重污染的技术将在后续各章分别论述。

（1）薄膜技术中的污染问题

薄膜技术是电子信息领域重要的表面技术，当今信息技术得以飞速发展，在很大程度上依赖于薄膜技术的发展，但是在薄膜技术中也存在污染问题。为了获得薄膜可以采用化学气相沉积（CVD）技术。该技术利用气态的反应原料在高温空间发生化学反应，在基片上沉积获得薄膜（详见第4章）。

由于该技术可以实现对复杂形状零件的沉积，对于一些台阶、内孔等也能实现沉积，而在半导体制造领域这个优点是非常诱人的，因此该技术近年来处于快速发展之中。

CVD技术的基本原理是利用已知的各类化学反应在基体表面进行沉积，从而获得薄膜。例如为在基体表面获得 TiC 薄膜，利用下述化学反应：

$$TiCl_4 + CH_4 \longrightarrow TiC + 4HCl\uparrow \tag{1-1}$$

由式(1-1)可以看到，反应后的物质中有 HCl 气体。最初 CVD 技术是在常压下进行的，后发现采用减压 CVD 技术可以提高膜的均匀性及生产效率，所以一般在设备中加入抽真空的系统，排出的气体经过真空泵排除，而 HCl 气体对真空泵有严重的腐蚀作用。

最严重的是 HCl 气体任意排放到空气中对环境有严重污染，所以必须加以控制。目前采用的方法之一是在真空泵前加一个"冷井"。所谓冷井就是一个罐子内部装有液氮，因为罐子的温度非常低，排除的气体通过罐子时，将吸附 HCl，然后用水冲洗罐体。但是实践的效果并不十分理想，还是有部分 HCl 气体排放到大气中。同时冲洗罐体的废水同样对环境有污染。

在大规模生产中对于排放出的废气要求必须有后处理设备。因此对于 CVD 技术在使用前就要考虑到废气的排放问题。

CVD 技术的另一个缺点是沉积温度过高，因此，近年来利用等离子体技术开发了等离子体物理化学气相沉积（PCVD）技术。该技术虽然解决了沉积温度高的问题，但是污染问题与 CVD 技术是相同的，所以在使用时也必须引起注意。

（2）表面改性技术中的污染问题

渗金属技术作为表面改性技术中的一类技术，可以采用粉末方法将金属元素渗入到工件表面，从而提高工件的某些性能。

粉末技术的操作过程是将 Al_2O_3、SiC 惰性粉末与需要渗入的金属粉末混合，再加入一些催渗剂，将要渗入的零部件埋在粉末中，加热到一定的温度实现金属元素的渗入。

在金属元素渗入过程中由于罐体是密闭的，可以保证对环境无污染，但是在进出工件时，细小的粉末到处飞扬，产生粉尘污染，对操作工人的健康极为不利。对于这类技术的使用必须慎重，同时要有可靠的防污染措施。

综上所述，在认识到表面技术重要作用的同时，应该建立以下观念。

① 在三大类表面技术中，每一类技术均包括多种具体技术，这些具体技术中有些是对环境有污染的技术，在选择使用的表面技术时应该慎重考虑。

② 为提高某零部件性能，选择表面技术时，首先要分析的并非是性能提高、性价比高等问题，而是该技术是否对环境有污染即应该是环保问题。国家明确提出今后绝不能再走先污染再治理的发展路线，否则即使获得很高的性价比和产品性能，表面技术也难以持续发展下去，产品是没有生命力的。

如果一定要选择一些有污染的表面技术，也必须先考虑到如何采取措施防止污染环境的问题，使污染程度控制在国家标准范围内，如果防污染问题不能得到解决就应该放弃。

习题

1.钢的淬火我国人民 2000 多年前就会使用，在我国明代《天工开物》一书中就有生动介绍。其基本原理是材料加热到一定温度形成奥氏体，然后使其快速冷却相变得到马氏体。

根据这样的原理，开发出一种火焰加热表面淬火技术。其基本原理是采用气焊火焰加热材料表面，由于加热速度快，仅表面转变为奥氏体，心部还是原始组织，在此状态下快速冷却，表面发生相变获得马氏体组织，心部是原始组织，从而达到改变表面性能的目的。硬化层深度一般在 2～6mm。根据三种表面技术的定义判断：此种表面技术是属于表面改性技术、薄膜技术还是涂镀层技术？

2.在 1.3 中论述了复印机复印的基本原理。现在有 A、B 两种材料，假设其电导率与光强度的关系曲线见图 1-14。在其他条件均相同的情况下（薄膜与基体结合力、成本、加工难易程度等）选择哪种材料作为沉积膜的材料更为合理？

3.TiN 薄膜有金黄色外表，同时有高的硬度。工件表面镀 TiN 薄膜后可以提高耐磨性能，同时有诱人的外观。采用 CVD 方法沉积 TiN 薄膜是基于下面的化学反应式：

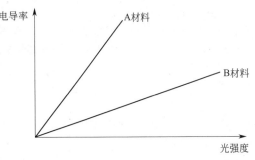

图 1-14　两种材料的电导率与光强度的关系曲线

$$TiCl_4 + 1/2N_2 + 2H_2 \longrightarrow TiN + 4HCl\uparrow$$

如果对于排除的废气不加控制，任意排放到大气中是否会对环境造成污染？

4.为某种工件选择防海洋气候的腐蚀问题的表面技术，一种是电镀锌技术，另一种是高温氮化技术。所谓高温氮化技术的过程大致如下：

向一个有排气管道的密闭容器中通入氨气，将工件置于容器中，加热到 650～750℃。

在高温下氨气发生分解：

$$NH_3 \longrightarrow [N] + 3/2H_2$$

分解出的活性氮原子渗入工件表面形成一层化合物层，达到防腐蚀的目的。排除的气体全部点火燃烧。

电镀锌技术需要用酸等清洗工件表面，镀锌溶液有氰化物镀液和无氰镀液两类；废液要向外排放。

为评价防腐蚀性能的优劣，采用盐雾试验方法，即将工件放入含盐的雾状环境下，根据出锈点的时间判断防腐蚀性能的优劣。电镀锌后的零部件盐雾试验出锈点的时间是 48h，高温氮化后的零部件盐雾试验出锈点的时间是 40h，已知处理这种工件的两种表面技术的成本相近。回答下面问题：

（1）高温氮化技术属于表面改性技术、薄膜技术与涂镀层技术中的哪一类技术？

（2）为提高防腐蚀性能应选择高温氮化技术还是电镀锌技术？简述理由。

5. 热喷涂技术是一种采用某种专用设备，将选定的固体材料熔化并雾化加速喷射到零部件表面，形成一种特制薄层的表面技术。涂层主要用于防腐蚀、耐磨、耐热等。涂层厚度一般在几毫米范围。根据三类表面技术的定义，该技术属于哪类表面技术？

 参考文献

[1] 徐祖耀.马氏体相变与马氏体.1版.北京：科学出版社，1980.

[2] 李金桂.现代表面工程设计手册.1版.北京：国防工业出版社，2000.

[3] 今井八郎.表面技术の展望と方向性.表面技术 ［日］，2001，52（1）：44-46.

[4] 高田幸路.宇宙机器の表面技术.表面技术 ［日］，2001，52（1）：7-10.

[5] 木本维雄.Surface technology on space materials and component.表面技术 ［日］2012，63（1）：3-8.

[6] 祝晓文，韩建民，崔世海，等.铝、镁合金微弧氧化技术研究进展，材料科学与工艺，2006，14（4）：4.

[7] Xu B S，Zhu S，Ma S N，et al. Advanced surface engineering and itS progress. The 3rd International Conference on surface engineering，2002.

[8] 木容.热处理研究动向.表面技术 ［日］，1999，3-10.

[9] 潘邻.值得关注的几项化学热处理技术.中国热处理，2011（4）：17-19.

[10] 雷明凯，朱小鹏，张伟，等.核泵零部件热处理与表面改性原理及应用.中国热处理，2013（1）：28-31.

[11] 陈超铭，范平，梁广兴，等.铜铟镓硒薄膜太阳能电池的研究进展.真空科学与技术学报，2013，33（10）：1011-1017.

[12] 西方笃.Recent advance in coated steel sheets and corrosion protection mechanism.表面技术 ［日］，2011，62（1）：2-7.

第**2**章

利用相变原理设计表面改性技术

表面改性技术一词最早来源于 20 世纪 80 年代的离子注入技术。该技术的特点是将元素电离成离子，经过电场加速后，离子具有很高的能量与速度从而注入材料表面。离子注入技术最早用于半导体材料以改变其物理性能。后来发展成将离子注入金属材料表面使材料表面结构发生变化，从而改变表面的力学性能。

目前表面改性技术已经不限于离子注入技术，主要包括：表面相变强化技术、表面扩散渗入＋相变强化技术、表面化学转移技术、电化学转化技术、表面形变强化技术、离子注入技术等。

为改变表面的力学性能，在生产上应用最广的是表面相变强化技术、表面扩散渗入＋相变强化技术这两类技术。

这两类技术最重要的基础是马氏体（martensite）相变理论，而马氏体相变理论中最重要的规律是马氏体相变的基本特征，这是设计这两类表面改性技术的基础。马氏体相变问题在一些前期课程中可能有所论述，由于马氏体相变的特征属于最基本的规律，鉴于其重要性，在本章首先对该内容进行简要回顾，并举例说明其应用。

2.1 马氏体相变基本特征概述及其在设计表面改性技术中的应用

表面相变强化技术、表面扩散渗入＋相变强化技术主要是依据相变的基本规律设计出来的两类表面改性技术。金属固态相变可以分为平衡转变与非平衡转变，而设计这两类表面改性技术主要是利用非平衡相变的规律。由于金属材料中使用量最大的材料是钢铁材料，所以大部分表面改性技术是根据钢铁材料中马氏体相变规律而设计的。

马氏体相变最基本的规律是马氏体相变的基本特征。正是人们对马氏体相变的基本特征有了清楚的认识，才定义出什么样的相变被称为马氏体相变。最基本的特征均是根据对试验结果的分析获得的，最重要的试验是刻痕试验与马氏体相变速度测定试验，对这两个试验分别论述如下，并说明是如何分析出最基本的特征的，最后举例说明生产中如何应用这两个特征。

（1）刻痕试验及试验现象分析

试验发现马氏体相变时能在预先磨光的表面上形成有规则的表面浮凸。所谓浮凸现象是指样品表面由于马氏体的形成而发生倾动。试验现象见图 2-1。

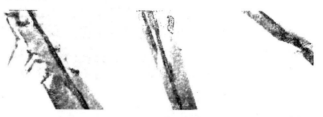

图 2-1　高碳马氏体与试样磨面相交时出现的浮凸现象[1]

试样表面原来是磨光表面，如果不腐蚀，其在光学显微镜下应该呈现白色。但在发生马氏体相变后表面在光学显微镜下呈现灰暗色，这说明由于马氏体的形成，表面不再是磨光平面，而出现"凸起"与"塌陷"的区域，只有这样才可能形成灰暗色。根据图 2-1，获得抽象出来的马氏体相变表面浮凸示意图见图 2-2。

对图 2-2 重要的试验现象进行分析可以获得以下结论。

① 试验发现：磨光的表面由于马氏体的形成出现浮凸，该现象说明了什么？此现象说明：母相转变为马氏体时一定发生了变形，否则不可能出现浮凸现象。

② 试验发现：试验前在磨光表面划一条刻线，在浮凸区域原来的直线没有弯曲，而是变成折线，并且在浮凸处并没有折断，而是形成连续的折线。该现象又说明了什么？此现象说明：在发生马氏体相变时，母相与马氏体的界面保持有一种特殊关系，这可以用图 2-3 说明。

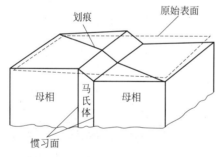

图 2-2　马氏体相变表面浮凸示意图

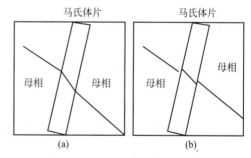

图 2-3　马氏体相变时的界面情况示意图

在马氏体相变时，新相与母相之间存在一个界面，设想如果相变时界面发生转动，一定如图 2-3（b）所示，在磨光表面浮凸处直线一定断开。试验现象是直线没有断开，因此断定在相变时界面宏观上没有发生转动与畸变，所以该界面称为"不变平面"。

正是因为界面在相变前后是一个不变的平面，所以界面上的原子既可以看成是马氏体晶格内部的原子，也可以看成是母相晶格内部的原子，显然这种界面属于共格界面。

③ 试验发现：试验前在磨光表面划一条刻线，该直线在马氏体区域没有弯曲，并且 M 区域仍为平面，该现象又说明了什么？此现象说明：母相奥氏体通过惯习面以均匀变形的方式转变成马氏体。

将上述三个试验现象合并分析可以得出：马氏体相变时发生的变形，是在一个不变平面上进行的一种均匀变形。

根据材料力学知识可以得知，在不变平面上进行均匀应变只有三种情况，如图 2-4 所示。

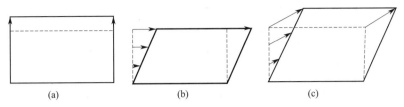

图 2-4　三种不变平面应变（箭头表示应变矢量）

图 2-4(a) 为拉伸或压缩变形，变形矢量与不变平面垂直；图 2-4(b) 为剪切变形，变形矢量与不变平面平行；图 2-4(c) 为拉伸加剪切变形，变形矢量与不变平面有一定夹角。

钢中马氏体相变发生的不变平面应变属于第三种情况，即拉伸加剪切变形，但是切变分量非常大。根据刻痕试验得出马氏体相变的第一个重要特征（也是重要的基本规律），该特征简称为切变共格、表面浮凸。

需要指出的是：此规律早期是通过对试验的宏观现象分析获得的，后来用高分辨透射电镜直接观察到了共格界面。

（2）马氏体相变速度测定试验

试验证明：Fe-C 与 Fe-Ni-C 合金的马氏体相变开始点在 $-196 \sim -20℃$ 之间，每片马氏体的形成时间为 $5 \times 10^{-7} \sim 5 \times 10^{-5}$s。Fe Ni 合金的马氏体在 $-190℃$ 的长大速率约为 10^{7}cm/s[1]。在如此低温下原子扩散速率极低，但是马氏体形成能有如此高速率，表明相变不可能以扩散的方式进行。

根据马氏体相变的第一个基本规律（切变共格、表面浮凸）也可以设想出马氏体相变的无扩散性。既然马氏体相变是一种有规律的切变过程，因此母相点阵原子从一种排列转变为另一种排列应该是有规律的移动，只有这样才能保证马氏体区域仍为平面。扩散的驱动力是化学位梯度，扩散的效果是使化学位梯度下降，因此不可能保证原子规则的迁移。

根据上述试验结果与分析得出马氏体相变的第二个重要规律，该特征简称无扩散性。但是此处需要注意，无扩散并非指原子不动，而是指相变时仅有点阵改组无成分变化，同时原子以特殊切变的方式进行迁移。

在探明马氏体相变的基本规律的情况下，给出了马氏体相变的科学定义[2]。

定义 1：马氏体相变是一种切变位移，无扩散，动力学及形态受切变应变能控制的一级固态相变结构变化。

定义 2：马氏体相变是替换原子经过无扩散结构位移，由此产生形状改变和表面浮凸，呈不变平面特征的一级、形核长大型的相变。

定义 1 与定义 2 均是以马氏体相变的最基本规律为判据，符合其规律的相变称为马氏体相变。可见只有在明确了马氏体相变的最基本规律的前提下，才可能定义马氏体相变。

马氏体相变的基本规律在实际生产中有广泛的应用，同时也是设计表面改性工艺的基础。举例说明如下。

例 2-1： 为什么经过低碳钢渗碳＋淬火后，表面可以得到高的硬度？渗碳工艺就是依据马氏体相变的基本特征设计出来的。根据"切变共格、表面浮凸"基本规律，马氏体相变时一定会发生变形，这种变形类似于形变。根据金属相变理论，在再结晶温度以下，金属会发生形变强化。从微观角度分析内部要产生大量缺陷，如位错、孪晶等，所以淬火得到的马氏体组织的硬度得以提高。试验证明在马氏体内部确实有大量的缺陷存在。

根据"无扩散"特征,马氏体成分与母相一致,所以一定会产生固溶强化。基于上述原因,马氏体具有高强度与高硬度。对钢而言,母相中的碳越多,固溶强化效果越显著。根据这样的理论,通过渗碳过程使钢表面的奥氏体中含有大量的碳,淬火后表面硬度大幅度增加。

这就提示我们:在设计表面强化工艺时为获得较高的表面硬度,应该采用中、高碳钢。

例2-2:在设计表面改性工艺时,表面组织的细化是非常重要的。在利用马氏体强化表面的表面改性工艺中,如何细化表面组织?结论是:通过细化母相组织就可以达到细化马氏体组织的目的。因为根据"切变共格、表面浮凸"的规律可知,马氏体在母相晶内形核然后长大,当马氏体片长大至晶界时,由于晶界原子排列混乱,马氏体与母相不可能再保持共格界面,因此长大一定停止。马氏体片不可能穿越晶界长大,所以晶界就限制了马氏体的长大,也就限制了马氏体的尺寸。母相晶粒越细小,马氏体组织也越细小,由此基本规律可以得知控制马氏体组织粗细的途径。

例2-3:图2-5是45钢材料经过淬火后得到的金相组织照片。从照片上可以看到两种区域,一种区域是白色内部有一些小黑点的区域,另一种区域是黑色区域。根据马氏体相变的基本规律判断获得的金相组织是何种组织?哪种区域是马氏体区域?

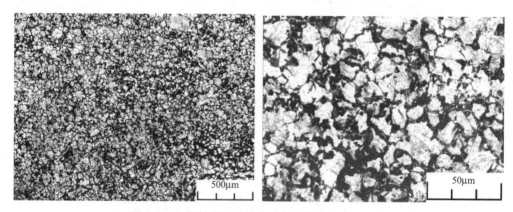

图2-5 45钢材料经过淬火后得到的金相组织照片

对于有经验的技术人员而言,当然很容易就可以做出判断,而对于初学者而言,判断金相组织往往是一件较困难的事情。掌握马氏体相变的基本规律对于判断金相组织也是十分有帮助的。在图2-5中可以明显看到,黑色区域均以网状形态出现,分布在晶界处。根据马氏体相变"切变共格、表面浮凸"的规律可知,马氏体只可能在母相晶内形核长大,所以晶界上的黑色组织一定不是马氏体组织。这种组织应该是相变时在晶界形核长大的组织转变产物。根据相变原理可知,珠光体相变及先共析铁素体相变均是在晶界形核。所以判断出晶界黑色组织应该是珠光体组织或及先共析铁素体组织。

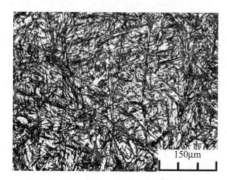

图2-6 钢渗碳后的表面组织照片

例2-4:在前期课程中应该知道钢淬火后会有残余奥氏体组织,且含碳越高残余奥氏体越多。同样在渗碳的组织中也会有残余奥氏体组织,见图2-6。在图2-6中可以看到大量的白块组织,它们就是残余奥氏体组织。问:可否通过在钢淬火时延长其在淬火介质中的时间，减少残余奥氏体组织？

显然是不可行的，这也是由马氏体相变的基本特征所决定的。因为马氏体相变的"无扩散性"，所以转变速度极快，能够转变成马氏体的奥氏体瞬间就完成了转变，在淬火介质中延长停留时间一般是没有意义的。

在利用马氏体相变规律设计表面改性工艺时，需要参考一些基本的组织形貌及性能数据。马氏体的基本组织形貌可见材料科学基础中的一些典型照片，性能数据见表 2-1。

表 2-1　钢中马氏体的性能数据

类别	形态	硬度 HRC	a_k/J	σ_b/MPa
含碳量小于 0.3%	板条马氏体	30～35	50～60	1600～1900
含碳量大于 0.5%	针状马氏体	50～62	<0	脆断

马氏体相变规律是设计表面相变强化技术的最重要的基础。除此之外，还有两个十分重要的问题必须引起注意。

① 马氏体相变特征决定了对工件进行表面相变后，工件表面必然存在一定残余应力，它们的存在对工件的使用寿命有重要影响，如何分析这些应力？是否可以进行预测？是否可以估算出最大值？这些问题对设计表面相变强化技术非常重要。

② 必须能够识别表面获得的组织是否是预期的组织。

这些问题属于设计表面改性技术的基础知识。

2.2　残余应力的产生原理与分析方法

残余应力（residual stress）的存在严重地影响构件的使用安全。材料科学基础中的一个基础规律是"材料的组织结构决定材料性能"。但是在生产实际中，材料均是制成具体的零部件（即构件）来使用的。鉴于残余应力的特殊作用，目前人们已经认识到"材料的组织结构与残余应力共同决定构件的使用寿命"，所以在设计表面技术的时候，应该尽可能对残余应力进行必要的预测，这就需要掌握残余应力的产生原理与分析方法。

产生残余应力的原因之一是工件内部存在非均匀变形。以弯曲变形为例说明残余应力产生的原因，见图 2-7，弯曲零部件在受力较小的情况下首先是在弹性范围内变形，应力呈线性分布。当弯曲力增加，最表面一层的应力增加，并且是应力最高的。当最外层的应力达到材料的屈服极限，材料本身是加工硬化材料，则应力分布如图 2-7(b) 所示。零部件弯曲后将载荷去掉，图 2-7(c) 中 oab 部分的面积与 oac 部分的面积应该相等，这就产生了残余应力，如图 2-7(d) 所示。注意此时工件内部应力分布为：ad 和 oe 段为残余压应力，do 和 ef 段为残余拉应力。如果没有其他外力作用，在试样中残余应力必须达到静力学平衡。在本例中残余应力是一维的，但是在一般的零部件中残余应力是三维的。平衡的残余应力可以通过改变试样的形状而改变，例如通过机加工方法改变试样的表面层。

由上述简单模型可以获得一些重要结论。

① 不论以何种原因在零部件中产生的残余应力，均同时存在拉应力与压应力，并且这两种应力达到平衡状态。

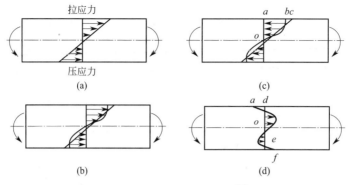

图 2-7　弯曲产生残余应力[3]

②　由模型可见，产生残余应力的基本原因是零部件内部的不均匀变形。产生不均匀变形的原因并非仅有上述的受力变形，在表面技术中各个区域不均匀相变、不均匀加热等原因，均能产生不均匀变形，因而均能产生残余应力。

③　如果零部件内部微观区域产生不均匀变形，按照上述机理同样会产生残余应力。

一般不希望表面有残余拉应力，因为其容易引起疲劳断裂，同时容易引起应力集中及应力腐蚀断裂。

在不同的表面技术中，也会在工件内部产生不均匀变形。不同表面技术产生的残余应力的机理往往有共同之处，例如材料本身固有的热胀冷缩特性导致在不同的加工工艺中均会产生残余应力。根本原因是材料的表面与心部的加热与冷却不可能同时发生，表面与心部热胀冷缩不同时，造成不均匀变形因而产生应力。在不同的表面技术中由于加热或者冷却过程中发生各种类型的相变所产生的残余应力，同样是因为材料表面与心部不可能同时发生相变导致残余应力的产生。

钢在冷却过程中会产生残余应力，接下来，首先较详细地论述钢在冷却过程中产生残余应力的原理与一般性的结论，这些结论与分析方法可以用于表面技术中残余应力的分析。

2.2.1　冷却过程中的残余应力产生原理

（1）热应力（thermal stress）的产生

由于冷却时样品表面与心部不可能同时冷却，将圆柱样品分成表层与心部（表层与心部具体尺寸无法划分，只是粗略划分）。在加热状态下表面与心部温度一致，见图 2-8（a），急速冷却时，表面温度快速降低，心部温度降低较慢，表面与心部产生温度差。表面要收缩，但是受到心部的抵制，有一个作用力作用在表面，将表层看成一个薄壁圆筒，其受到沿直径方向的作用力，作用力的方向如图 2-8（b）心部上的箭头方向所示。因此冷却初期表层受到拉应力，根据作用力与反作用力原理，心部受到压应力。

在冷却后期，表面温度基本不变，心部要收缩但是受到表面的牵制，有一个作用力作用在心部，即将心部看成一个圆柱，其受到沿直径方向的作用力，作用力的方向如图 2-8（c）表面的箭头方向所示。因此冷却后期心部受到拉应力，根据作用力与反作用力原理，表面受到压应力。因此，表面与心部热胀冷缩不同时，表面由拉应力向压应力转换，心部由压应力向拉应力转换，见图 2-8（d）。由于冷却初期心部处于高温，在应力作用下会发生变形，释放应力，所以冷却后期的应力如果没有被消除，就会作为残余应力保留在样品中。

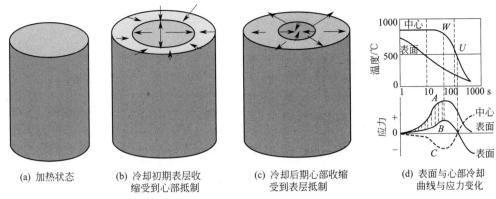

(a) 加热状态	(b) 冷却初期表层收 缩受到心部抵制	(c) 冷却后期心部收缩 受到表层抵制	(d) 表面与心部冷却 曲线与应力变化

图 2-8　冷却过程中热应力产生的模型图

因此，热应力造成的残余应力的最后结果是表面压应力与心部拉应力。试验测得热应力造成的残余拉应力的轴向拉应力最大。

将上述分析过程及残余应力分布特点进行概括，见表 2-2。

表 2-2　淬火过程中热应力残余应力的产生过程与分布特点

类型	冷却初期	冷却后期	类型	冷却初期	冷却后期
表层变形	表层收缩	基本不变	表面应力	拉应力	压应力
心部变形	基本不变	心部收缩	心部应力	压应力	拉应力(轴向最大)

可以根据上述原理分析影响因素：

① 工件尺寸增大，热应力引起的残余应力上升。

② 合金钢与碳钢的尺寸和冷速相同，合金钢导热一般比碳钢小，所以其表面与心部温度差更大，引起的热应力会更大。

（2）相变应力（transformation stress）的产生

在钢进行淬火处理时，在产生热应力的同时要发生马氏体相变，因此要产生相变应力。相变应力产生的基本原因是：冷却时奥氏体变为马氏体，由于马氏体的比体积高于奥氏体，所以高温的奥氏体相转变为低温的马氏体相时，会发生体积膨胀。采用分析热应力的方法对圆柱样品进行类似分析，见表 2-2，与产生热应力的"热胀冷缩"相反，此时变为"冷胀热缩"，这样就得到了表 2-3。

表 2-3　淬火过程中相变应力残余应力的产生过程与分布特点

类　型	冷却初期	冷却后期	类　型	冷却初期	冷却后期
表层变形	表层膨胀	基本不变	表面应力	压应力	拉应力(切向最大)
心部变形	基本不变	心部膨胀	心部应力	拉应力	压应力

同样冷却初期产生的应力使零部件变形，一般不会形成残余应力，冷却后期由于相变应力形成的残余应力在表面，又是拉应力，所以容易造成零部件开裂。

可以根据原理分析影响因素，例如分析钢中含碳量的影响。因为马氏体的比体积随含碳量的增加而增加，所以随钢中含碳量的增加，相变应力增加。

根据上述冷却过程中残余应力分析可知，定性分析残余应力一般均采用圆柱样品模型。

同时可以总结出分析冷却过程中残余应力的基本思路、基本方法与基本规律。

基本思路：产生残余应力的基本原因是零部件各个部位变形不一致，所以通过分析变形定性判断残余应力。

基本方法：①初期分析表面变形，后期分析心部变形；②应力方向与变形方向相反；③利用作用力与反作用力原理。

基本规律：①对于热应力而言，零部件中冷速快的区域（类似圆柱样品表面）形成压应力，冷速慢的区域（类似圆柱样品心部）形成拉应力；②对于相变应力而言，零部件中先转变为马氏体的区域（类似圆柱样品表面）形成拉应力，后转变为马氏体区域（类似圆柱样品心部）形成压应力。

这种分析方法与规律同样可以用于其他表面技术与加工工艺中。

2.2.2 残余应力综合分析与控制

在钢进行冷却的过程中（如淬火），很可能会同时产生相变应力与热应力，并且这两种应力的方向相反，所以在冷却过程中产生的残余应力应该是两种应力叠加的结果，称为合成应力。如何分析合成应力是一个非常复杂的问题，目前已经总结出一些定性的规律概述如下。

① 变形一般取决于冷却初期零部件心部的应力状态，开裂一般取决零部件冷却后期表面的应力状态。根据变形与开裂情况判断相变应力与热应力哪种作用大。

② 相变应力造成的残余应力在工件表面，最大残余应力的方向是切向，如果形成的裂纹为与轴的轴线平行的纵向裂纹，最大切向应力值随尺寸的增加而增加。热应力造成的残余应力在工件心部，最大残余应力的方向是轴向，如果形成的裂纹为与轴的轴线垂直的横向裂纹，最大轴向应力值随尺寸的增加而增加。

③ 相变应力与热应力均可以产生三个方向的应力，即轴向、切向与径向应力。它们的存在位置相同但作用方向相反，有互相抵消作用，两种应力均有致裂与抑裂的双重作用。

④ 合成应力可以分成三类：相变应力型、过渡型和热应力型，最大应力位置见图 2-9[4]。

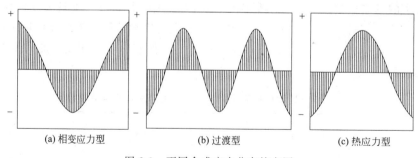

(a) 相变应力型　　　　　(b) 过渡型　　　　　(c) 热应力型

图 2-9　不同合成应力分布特点图

⑤ 合成应力造成的最大残余应力在距工件表面一定深度的区域。最大残余应力由轴向热应力与切向相变应力合成，形成的裂纹与轴的轴线成一定角度。角度越小表明相变应力作用越大，裂纹越接近表面；角度越大表明热应力作用越大，裂纹越接近心部。

⑥ 低淬透性钢快冷（$22CrMo_4$ 钢，水淬），工件尺寸小（10mm 直径），完全淬透残余应力以相变应力为主；尺寸大（100mm 直径），中心未淬透残余应力以热应力为主；尺寸中

（30mm 直径）为过渡型残余应力。或说成是：淬透性不高的普通零件在快冷条件下，最大拉应力部位随几何尺寸的变化而变化。当尺寸由小变大时，最大拉应力部位将由零件表面移到中心（尺寸小指直径在 10mm 以下，尺寸大必伴随淬不透）。

⑦ 高淬透性钢慢冷（Cr2-Ni4-Mo0.5 钢，4～75mm，油冷），只要被淬透残余应力为相变应力型残余应力，最大残余应力处于表面，且直径越大残余应力也越大。

⑧ 高淬透性钢快冷（Cr2-Ni4-Mo0.5 钢，4～75mm，水冷），直径小为相变应力型残余应力，直径大（20mm 以上）为过渡型残余应力。

⑨ 零件淬透情况下的应力状态与淬不透情况下的应力状态完全不同。可以采用上述分析方法进行分析。

⑩ 钢存在"淬火危险尺寸"，即在这种尺寸范围内的钢，淬火时非常容易淬裂。其尺寸范围是：碳钢水淬 8～15mm，低合金钢油淬 25～40mm。

⑪ 大型非淬透零件能产生热应力型淬火裂纹，淬裂的主要危险在中心或附近。对于长径比两倍以上的零件易产生横断裂纹，对于长径比接近的零件易产生纵劈裂纹。

⑫ 在预测变形与开裂时，首先要根据过冷奥氏体连续冷却转变曲线（CCT 曲线）及淬透性曲线等预测零件是否能够淬透（心部得到 50% 以上的马氏体）。零件淬透情况下的应力状态与淬不透情况下的应力状态完全不同。

⑬ 纵向裂纹一般是小尺寸零件在淬透情况下的相变应力型残余应力作用的结果。

⑭ 弧状裂纹：裂纹形貌是弧状、局部裂纹，裂纹方向与最大几何尺寸的方向近似垂直。弧状裂纹一般发生在不能淬透的碳钢零件上，并且采用了强冷却介质（水、盐水、碱水等）。

例 2-5：一件 40Cr 钢制轴类零件在淬火过程中出现了裂纹，裂纹与轴线的夹角约为 80°。试分析：

① 产生裂纹的合成应力中是以相变应力为主还是热应力为主？

② 裂纹的启裂位置是在表面？心部？还是在其他位置？

分析：

① 根据圆柱样品产生残余应力的原理与分布特点可知，在相变应力作用下产生的裂纹应该与轴线平行，在热应力作用下产生的裂纹应该与轴线垂直。现在裂纹与轴线呈 80° 夹角，说明在合成应力中热应力作用较大。

② 裂纹的启裂位置应该是最大应力位置。如果裂纹平行于轴线，说明样品在完全相变应力作用下开裂，最大应力位置在表面，启裂点也应该在圆柱表面。现在裂纹与轴线呈 80° 夹角，说明主要是热应力作用，因此启裂位置应该接近心部。

对于经过各类表面技术处理后的零部件的表面残余应力将在介绍各种表面处理工艺时进行分析。在利用原理对各类表面技术处理后的零部件的表面残余应力的分析过程中有三个问题应注意。

（1）表面处理后硬化层的深度，对残余应力有重要影响

如果样品的尺寸很大，硬化层深度较浅，可以将表层看成是工件尺寸很小的零件，利用相变应力与热应力变化规律进行分析。问题是如何定量判断"样品的直径很大，硬化层深度较浅"？将这种表面处理层近似作为小尺寸淬火零件处理。根据一些试验数据，直径 78mm，硬化层深度 2.6mm，此时表面轴向残余压应力可以达到 800MPa 左右，周向残余压应力可以达到 1000MPa 左右。此时可以认为是"直径很大，硬化层深度较浅"的情况。在具体分析中可以此例作为一个粗略的判据，与实际情况进行比较。

（2）拉应力与压应力平衡

表面处理后的零件表面可能产生拉应力，也可能产生压应力。人们往往希望得到压应力，认为这种应力状态可以提高零部件使用寿命，但是这种分析有一定的片面性。

根据残余应力产生原理可知，如果在工件表面产生压应力，则在内部某区域必然有拉应力与之平衡。例如在表层与心部间的过渡层产生拉应力，这种应力状态是否一定会提高零部件的使用寿命，取决于零部件服役条件下的实际受力状态。

如果服役状态下，最大应力区域在过渡层，且该区域存在表面处理后产生的拉应力，在此位置的服役应力与拉应力合成后接近或超过材料的强度值，仍然会造成零部件早期失效的危险。

（3）残余应力定量估算

获得残余应力的定量数据，对设计表面改性工艺的技术人员来说是非常需要的。但是经过表面处理后零部件产生的残余应力往往是三维应力，获得定量数据的计算往往是非常困难的。如何根据材料的处理工艺与性能特征粗略地估算残余应力的最大值，以例 2-6 为范例提出一种估算的分析方法。

例 2-6：已知 40Cr 材料经过淬火＋500℃回火后（调质处理）进行表面感应加热淬火。经过处理后的工件，表面与内部并没有发现裂纹，并且已知表面呈现残余压应力状态。试粗略估算表面残余压应力的上限值。

分析：40Cr 材料经过 850℃加热淬火与 500℃ 的回火处理后，材料的抗拉强度在 1100MPa 左右。在材料内部一定有拉应力与表面压应力平衡。如果表面残余压应力达到 1100MPa 以上，内部与之平衡的拉应力也应达到如此水平，零部件就会开裂。实际情况是零部件没有发生开裂现象，可以推算出表面残余压应力的上限值不会超过 1100MPa。

如果再采用一件正火状态下的同样工件，在同样感应加热条件下进行淬火处理，零部件仍然没有开裂，可以推算出表面残余压应力不会超过正火状态下 40Cr 的抗拉强度值（约 850MPa）。

通过微小塑性变形可以消除残余应力，结合图 2-10 进行说明。设试样表面为拉应力，内部为压应力，将材料拉伸曲线简化 [图 2-10（d）]，残余应力值 [图 2-10（a）] 低于屈服限 Y。如果施加一个均匀拉应力，原来的心部压应力 σ_c 就会被施加应力抵消，原来的 σ_t 将增加，如图 2-10（b）所示。当施加应力最大应力值接近材料屈服限 Y 时，由于塑性变形应力不再增加，应力分布如图 2-10（c）所示。因此当采用足够高的载荷时，应力分布就会变为均

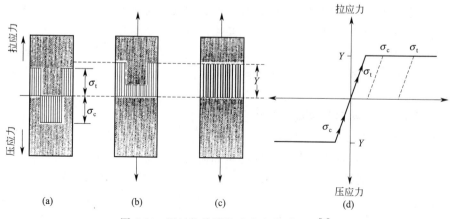

图 2-10　通过拉伸消除残余应力说明图[3]

匀分布，如果将应力去掉，弹性部分恢复，零部件就没有残余应力。

例 2-7：通过拉伸消除残余应力伸长量定量分析。如图 2-10 所示，假定残余压应力 $\sigma_c = -140\text{MPa}$，残余拉应力 $\sigma_t = 140\text{MPa}$，材料是铝，试样长度为 0.25m。计算当载荷去掉后样品没有残余应力时要求的样品伸长量。铝的屈服限为 150MPa。

分析：伸长量应该是 σ_t 接近屈服限 Y 时的变形量。因此整个应变应该等于导致压塑残余应力为零的应变与材料在即将达到屈服限应力作用下的应变之和。

总应变 $\varepsilon = \sigma_c/E + Y/E$，对于铝合金 $E = 70\text{GPa}$，所以 $\varepsilon = 140/70 \times 10^{-3} + 150/70 \times 10^{-3} = 0.00414$，因此整个真实伸长（真实拉伸曲线上伸长）量 L 就可以用下式计算：

$$L_n(L/0.25) = 0.00414 \quad 求出 L = 0.251\text{m}。$$

当应变很小时，可以采用工程应变进行计算：

$$应变 = (L - 0.25)/0.25 = 0.00414 \quad 求出 L = 0.25\text{m}。$$

2.3 表面组织金相分析方法

检验设计的表面工艺是否达到要求的效果，对表层组织进行认真的分析是非常关键的一步。这是依据材料学科的最基本原理：材料的组织结构对材料性能有决定性影响。光学显微镜是的最常用的检验材料经过表面处理的组织的最常规的分析设备。从某种意义讲，生产中采用金相分析方法判断设计的表面处理工艺是否合理，最重要的是组织分析。但是初涉及金相组织分析领域的技术人员，对于金相组织分析往往感到十分困难。在许多相关教材中，对如何正确进行金相组织分析并未进行详细阐述。

对于人眼功能而言，不论是在光学显微镜下观察到的图像，还是在各类电子显微镜下观察到的图像，实际均是由不同形状的黑区与白区组成的图案。由于各种设备成像原理不同，所以观察到的黑区与白区有物理本质的区别。因此为了能够正确地分析观察到的组织，需要掌握各种设备的成像原理。本节将依据阿贝成像原理，较详细地阐述如何利用该原理对金相组织进行合理的分析与判断。

2.3.1 阿贝成像原理

光学显微镜的结构较为复杂，均采用凸透镜放大成像，存在两种成像原理。其中一种是几何成像原理，根据光的折射原理，可以通过简单的作图方法确定凸透镜放大成像的尺寸与位置。作图时遵循下面的两条原则：

① 从物点射出的平行于主轴的光线，经过透镜后必穿过透镜的焦点。

② 从物点射出的穿过透镜中心的光线不发生折射。

根据上述原则作图，如图 2-11 所示。

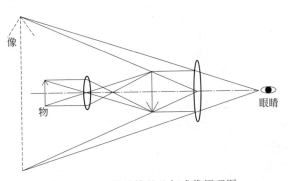

图 2-11　光学透镜的几何成像原理图

根据这样的成像原理，可以看到物体经过透镜后就放大了。同时自然可以推出一个结论：如果多加凸透镜镜片，再将图像进一步放大，似乎可通过采用多加镜片的方法实现"无限放大"。但是实践表明这种推论并不正确，这是因为上述的几何成像原理对一些宏观的物体成像是合理的，例如拍人物照等。但是由于材料的显微组织很细小，上述的几何成像原理就不适用了。

1873年阿贝在蔡司光学公司任职期间，根据波动光学理论，提出了一个相干成像的新原理，这就是阿贝成像原理。下面以珠光体组织成像为例说明该原理，典型的片状珠光体组织如图 2-12 所示。

在实际的组织观察前要进行下面一系列的工作。首先要磨制金相样品，将样品经过抛光后进行腐蚀。由于铁素体与渗碳体的电极电位不同，所以样品经过腐蚀后表面呈现出高低不平。然后再将样品放到显微镜下进行观察，将样品的表面理想化，如图 2-13 所示。

图 2-12　片状珠光体组织的光学显微镜图片

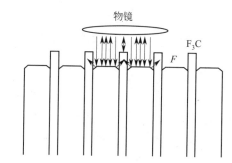

图 2-13　珠光体组织经过腐蚀后的表面形貌图

将这样表面形貌的样品放在显微镜下观察，入射的光照射到表面后，反射出来的光经过透镜成像，简化说明模型见图 2-13。将图 2-13 的组织旋转 $90°$，获得图 2-14。其中 d 表示珠光体的片间距。

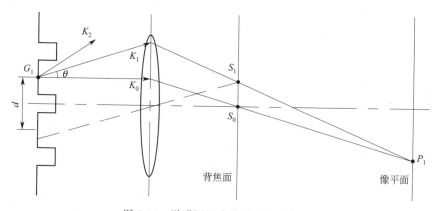

图 2-14　说明阿贝成像原理的示意图

如果珠光体的片间距 d 远大于光线波长，几何成像原理是适用的。但是 d 值很小时，从两个渗碳体片间反射出来的光，就类似于物理光学中的光从光栅中传播出来。根据光的波动原理，平行光通过光栅必然要发生衍射，分解成沿各个不同方向传播的光。物点 G_1 发出的 $K=0,1,2\cdots\cdots$ 的同方向平行光发生干涉现象，有些加强，有些减弱。

满足衍射公式：$d\sin\theta=K\lambda$，同方向的平行光衍射加强，在背焦面上形成衍射斑点。式中，d 为光栅常数，在这里代表珠光体的片间距；θ 为衍射角；λ 为入射光的波长。

同一物点 G_1 可以形成多个斑点，它们又作为波源发出次波并传播，又产生相互干涉形成像点 P_1，因此物点是经过两次衍射干涉形成像点的。物点在背焦面上首先要形成多个衍射斑点（S_0，S_1，$S_2 \cdots\cdots$），这些衍射斑点发出的次波仅代表图像的一部分。

根据这样的成像原理，推出物点与像点完全一致的必要条件是：物镜背焦面上必须得到物点发出的所有的衍射斑点（图 2-14 中背焦面上就失去了 K_2 衍射斑点）。

为了得到所有的衍射斑点，从图 2-14 可以看到，衍射角 θ 应该尽量小，根据衍射公式可以得出：

$$\sin\theta = K\lambda/d \tag{2-1}$$

从式(2-1)中可以看出，如果要求 θ 小，则应该 $d \gg \lambda$，此时衍射角基本为零，衍射线基本平行于光轴，背焦面上可以得到所有的斑点，物与像才可以得到很好的对应。在上述的分析中 d 值代表珠光体的片间距，一般情况下可以代表金相组织的细化程度。d 越小代表材料的组织也越细，这样衍射角 θ 就变得很大，由于物镜的孔径有限，所以背焦面上一定会失去一些衍射斑点，就会使物与图像有较大的差别，也就是所谓的"组织分辨不清"。同时由于衍射斑发出的次波减少，图像的亮度降低。

根据上述原理可以得出提高分辨率的最有效的方法是采用波长较短的光。一般显微镜上有滤波片，可以滤掉一些波长的光而采用紫光。但是由于显微镜是用可见光作为光源，所以其分辨率最高是 200nm。电子显微镜之所以有很高的分辨率是因为其采用电子束作为"光源"，而电子的波长仅有 0.001nm。

2.3.2　利用阿贝成像原理分析金相组织

人的眼睛可以看成是用来测定光强度的传感器。材料在显微镜下的图形是多种多样的，能够准确地分辨出各种金相组织并非易事。不同的组织是否有共性的东西存在？答案应该是肯定的。在光学显微镜下看到的材料的金相组织，本质上都是由不同形状的黑区与白区组成的图案。根据阿贝成像原理可以得出在光学显微镜下，观察到的黑区与白区的物理本质如下。

① 黑区一般是由两种以上细小的相构成的组织，或者是一些特殊的组织如孔洞、晶界等。由于组成相细小，所以公式(2-1)中的 d 值就很小，造成背焦面上失去的衍射斑点较多，发出的二次波的波源减少，导致图像较暗，构成黑色区域。

② 白区一般是由单相构成的组织。背焦面上失去的衍射斑点较少，发出的二次波的波源较多，所以图形的亮度较高。

这就是黑区与白区的来源。进一步分析可以得出：光学显微镜下看到的黑区组织一般情况下是物与像有很大差别的组织，一般情况下是细小的组织。根据材料的成分与处理工艺可以判断出组织组成相，同时可以粗略地估算出组织细小的程度。应该说明的是，上述论断仅是说明一般的情况，在特殊情况下并不适用。例如有时金相组织中的黑区与白区与腐蚀剂有关。常见案例是采用苦味酸腐蚀单相 Fe_3C 组织时，金相呈现为黑色组织。同时有时金相组织中的黑区与白区又与单相组织本身特性有关，例如铸铁中的石墨虽为单相组织，但是在光学显微镜下观察也是黑色的。

下面举例说明金相组织的分析过程与方法。

例 2-8：图 2-15 是 45 钢淬火后回火组织，经过 4% 硝酸酒精溶液腐蚀，采用黄绿光成像的 500 倍照片。利用阿贝成像原理对其组织进行分析。

图 2-15 45 钢淬火＋回火的金相组织

对图 2-15 进行仔细分析，可以将金相组织大致分成两类不同区域。

第一类：形状不规则的白色区域，该区域所占面积较大，在白色区域中隐约可以看到黑色或者浅灰色的小点。

第二类：形状不规则的黑色区域，该区域所占面积较小，内部隐约可以看到一些白色的小点。

根据阿贝成像原理对黑色区域分析如下：黑色区域一定是由两种以上的相组成的组织，由于不同相间的距离太小，所以表现为黑色区域。不同相间的距离可以根据公式(2-2) 进行估算：

$$d = \frac{0.5\lambda}{NA} \tag{2-2}$$

式中，d 代表显微镜能分辨出的两个物点间的距离；λ 代表光的波长；N、A 代表物镜的数值孔径。

400 倍的照片的物镜的 NA 为 0.65，黄绿光的波长是 550nm，求出 d 大约为 420nm。也就是说如果两个相间的距离大于 420nm，在显微镜下应该可以看清楚组织组成相。但是现在只能看到一片黑色区域，说明两个不同相间的距离小于 420nm。所以对于黑色区域可以有初步结论：黑色区域是由两种以上细小的相组成的组织。

根据阿贝成像原理对白色区域分析如下：白色区域中可以观察到黑色小点，说明白色区域也是由两种相组成的。由于不同相间的距离较大，背焦面上失去的衍射斑点相对较少，所以图形的亮度较高，不同相间的距离应该大于 420nm。对于白色区域也可以得到初步结论：白色区域是由两种以上较粗大的相组成的组织。

白色区域与黑色区域由何种相组成？只能结合材料成分与具体热处理工艺进行理论分析。根据已经知道的材料成分与热处理工艺，可以进一步分析如下：钢淬火后得到的是马氏体组织，回火时要从马氏体中析出碳化物。白色区域原来是马氏体组织，从中析出的碳化物数量较少，不同相间的距离较大，因此表现为白色区域，该区域可能还存在少量残余奥氏体。而黑色区域原来也应是马氏体组织，但是由于碳化物析出量较多且细小，不同相间的距离很小，所以表现为黑色区域。根据热处理组织与性能关系可以进一步得出结论：白色区域的硬度应该高于黑色区域。

例 2-9：采用 G20CrNi2MoA 制作轴承圈，采用的加工工艺如下：

锻造→正火→粗加工→渗碳＋淬火＋200℃回火→磨削。获得的渗碳层金相组织见图 2-16。对其组织进行分析。

可以将图 2-16 中的组织分成两类不同形态的区域。第一类是形状不规则的白色区域，第二类是块状的黑色区域，有些视场下黑色区域呈条状。在一些大块的黑色区域中可见到一些小的白色点状物。

对白色区域分析如下：据阿贝成像原理可推知白色块状组织应该是单相组织。在钢中的单相组织主要有先共析组织（如铁素体、魏氏组织等）、奥氏体、淬火马氏体与碳化物等。材料是低碳钢经过渗碳＋淬火＋

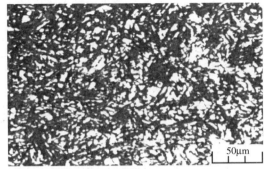

图 2-16　G20CrNi2MoA 渗碳淬火
回火后的组织照片（400 倍）

200℃回火得到的组织，白色块状组织不可能是碳化物，因为渗碳过程中不可能控制如此高的碳势，获得如此大量的碳化物。同时判断白色块状组织也不可能是先共析铁素体，因为表面经过渗碳后含碳量很高，先共析铁素体只能呈网状从晶界析出，而观察到的白色组织基本是呈块状与条状。因此判断白色组织由残余奥氏体与回火时基本没有析出碳化物的马氏体组成。

对黑色区域分析如下：据阿贝成像原理可推知黑色块状组织应该由细小的多相组织构成，仔细观察可见很多黑色区域基体上分布许多小白颗粒区域。根据工艺可以判断出，黑色区域应该是回火后组织，即从马氏体中析出细小碳化物的组织。由于回火过程中析出的碳化物非常细小，所以背焦面上失去的衍射斑点相对多，所以图形的亮度低，表现出黑色区域。根据马氏体相变原理，该区域也可能存在少量残余奥氏体。

由上面两个例题可见，正确进行金相组织分析需要三个条件：

① 需要掌握基本原理（如阿贝成像原理等）。

② 需要掌握材料的加工处理与相变过程，了解获得的相结构。

③ 需要积累实践经验。

2.4 表面相变强化工艺设计与典型工艺分析

表面相变强化技术在表面改性技术中占据重要位置，在生产中获得了广泛应用，这类表面改性技术的一个突出优点就是对环境没有污染。

在现代化生产中由于有了此类技术，人们可以采用钢铁材料作为基体，通过表面技术的设计，解决大量生产难题，获得满足服役要求的各类零部件。这类技术包含许多具体工艺，例如感应加热表面淬火、火焰加热表面淬火、浴炉加热表面淬火、电解液加热表面淬火、激光相变硬化、太阳能加热表面淬火等，对这些工艺进行分析可知，这些工艺有相同之处与不同之处。

相同之处：对于钢铁材料而言，所有这些工艺均是以马氏体相变的基本原理为基础，进行表面改性工艺的设计，达到强化表面的目的。正是这些相同点，决定了工艺的设计思想的一致性、表面组织细化分析原理的一致性、残余应力产生原理的一致性，同时决定了材料的成分与冷却方式的一致性。

不同之处：所有这些工艺的最大区别在于加热原理不同及加热速度不同。正是这些不同点，决定了硬化层厚度的不一致、残余应力大小的不一致及组织细化程度的不一致。

掌握了工艺的相同之处与不同之处就可以对将要实施的工艺效果进行一些预测，为选择设计合适的表面改性工艺奠定基础。

2.4.1 工艺设计的基本思路与一般规律

（1）表面相变强化工艺设计的基本思想

利用快速加热的方法，实现快速加热材料表面，当热还没有传递到心部时，快速冷却使表面得到马氏体组织（或非平衡组织），心部保持原来的组织。实现表面与心部组织的不一致，从而实现表面与心部具有不同性能。根据基本思想设计出下面的常用工艺路线：

下料→粗加工→调质(保证心部性能)→精加工→表面淬火→低温回火→磨削→成品

（2）基本思想实现的条件

保证表面已经达到相变温度而心部还远低于相变温度，保持原始组织状态，关键是加热装备能够提供高的热流密度。一般箱式电阻炉的热流密度约为 $8400J/(cm^2 \cdot h)$（约为 $2.3W/cm^2$），在这种能量密度下，加热 20mm 直径的钢棒，在其横截面上，表面与心部的温差仅 $5\sim6℃$，不可能实现表面相变强化。根据大量实践数据，提出了表面相变强化加热需要的基本条件。

（3）能量密度的基本条件

要实现表面相变强化加热装置提供的能量密度要满足大于 $10^2 W/cm^2$ 的条件。表面加热工艺可按照加热装置不同分类，见表 2-4[5]。表 2-4 中提出的定量数据对于设计表面改性工艺是非常有用的。

表 2-4　不同快速加热方法提供的能量密度数据

类别	表面淬火工艺方法	能量密度/(W/cm²)	最大输出功率/kW	硬化层深度/mm
I	感应加热表面淬火	$10\sim15000$		
	工频加热表面淬火	$10\sim100$	1000	大件>15
	中频加热表面淬火	$<5\times10^2$	1000	$2\sim6$
	高频加热表面淬火	$2\times10^2\sim10^3$	500	$0.25\sim0.5$
	高频脉冲加热表面淬火	$(1\sim3)\times10^4$	100	$0.25\sim0.5$
II	火焰加热表面淬火	$10\sim1000$	—	$2\sim10$
III	电阻加热表面淬火 接触电阻加热表面淬火 电解液加热表面淬火	$10^2\sim10^3$	$<20\sim50$	<0.3
IV	激光加热表面淬火	$<10^9$，一般 $10^3\sim10^4$	$2\sim10$	<0.2
V	电子束加热表面淬火	$<10^9$，一般 $10^3\sim10^4$	>2	<0.2
VI	太阳能加热表面淬火	$(4\sim5)\times10^3$	<2	<1

（4）快速加热条件下表面组织细化的原因分析

快速加热钢表面，然后进行淬火，表面获得的马氏体组织一般是非常细小的，其原因可以根据奥氏体转变动力学图与奥氏体形成及长大理论进行分析。

目前已经明确了钢中由平衡组织向奥氏体转变的机理，转变是形核与长大相变，奥氏体在界面形核，长大速度受碳在奥氏体中扩散的控制。对于形核与长大推出理论分析公式

形核率：

$$N = C_1 \exp(-Q/KT) \exp(-\Delta G^*/KT) \tag{2-3}$$

长大速率：

$$V = C_0 \exp(-Q/KT)(dc/dx)(1/C_b) \tag{2-4}$$

式中，Q 为碳扩散激活能；ΔG^* 为形核功；C_b 为 A 与 F 或 A 与 Fe_3C 的浓度差；C_1 与 C_0 均是常数；dc/dx 为碳的浓度梯度；K 为玻尔兹曼常数；T 为奥氏体相变温度。

由式(2-3) 与式(2-4) 可见，当奥氏体相变温度提高，形核率与长大速率均提高。由于相变温度与形核率及长大速率均是指数关系，所以温度对形核率与长大速率的影响非常大。同时可以看到在式(2-3) 中温度存在两个指数项内，而在式(2-4) 中温度仅存在一个指数项内。这就说明相变温度对形核率的影响比对长大速率的影响要大得多。意味着如果相变温度提高将细化奥氏体的起始晶粒尺寸。当然如果延长高温时间，细小的起始晶粒将快速长大。

图 2-17 是珠光体向奥氏体转变的动力学图。图中带箭头的射线斜率代表加热速度，斜线与曲线的交点代表相变温度。可见加热速度越快，奥氏体发生相变的温度就越高，因此奥氏体的起始晶粒度就越小。在奥氏体起始晶粒没有长大之前就实施快速冷却，根据马氏体转变的基本规律可以知道，将获得细小的马氏体组织。

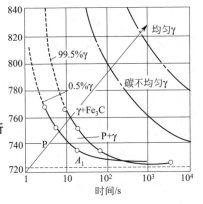

图 2-17　共析钢奥氏体转变动力学图

(5) 快速加热条件下表面产生残余压应力的原因分析

实现表面相变强化的基础理论是马氏体相变理论，根据在 2.2 中已经总结出的分析残余应力的方法对残余应力进行分析。在实现表面淬火时一定会产生热应力与相变应力，根据 2.2 中总结出的方法，热应力与相变应力的变化见表 2-5 与表 2-6。

表 2-5　表面淬火过程中热应力残余应力的产生过程与分布特点

类型	冷却初期	冷却后期	类型	冷却初期	冷却后期
表层变形	表层收缩	基本不变	表面应力	拉应力	拉应力
心部变形	基本不变	心部基本不变	心部应力	压应力	压应力

表 2-6　表面淬火过程中相变应力残余应力的产生过程与分布特点

类型	冷却初期	冷却后期	类型	冷却初期	冷却后期
表层变形	表层膨胀	基本不变	表面应力	压应力	压应力
心部变形	基本不变	心部基本不变	心部应力	拉应力	拉应力

在 2.2 中已经论述，冷却后期形成的应力将成为残余应力留在工件内部。由表 2-5 与表 2-6 可见，在冷却后期表面热应力状态与相变应力状态是相反的，合成应力是压应力还是拉应力取决于哪种应力作用更大。

由 2.2.2 中总结出的规律⑥可知，由于表面相变强化层一般均是较薄的，可以近似看成

小尺寸的工件，所以合成应力应该是以相变应力为主的。根据表 2-6 可以判断出，经过表面相变强化后的零部件表面一般是压应力状态。获得的压应力定量数据一般与硬化层深度、加热速度、冷速的快慢等因素有密切关系。对确定的某一种表面相变强化工艺而言，其共同规律是：当硬化层深度增加时，残余应力相应增加，当硬化层深度增加到一定值时，残余应力达到最大值，随后随硬化层深度继续增加残余应力降低。

在设计具体表面相变强化工艺或选用某种具体工艺时，硬化层深度、组织细化程度、残余应力值是值得关心及预测的重要参量。

2.4.2 感应加热淬火工艺设计与分析

2.4.2.1 感应加热的基本原理

感应加热是将工件置于一个由铜管制作的、与工件外形类似的感应线圈（也称感应器）内部。如对轴类零件加热，就用铜管绕制成一个有一定高度的圆形感应线圈，将轴类零件置于感应线圈内，如图 2-18 所示。

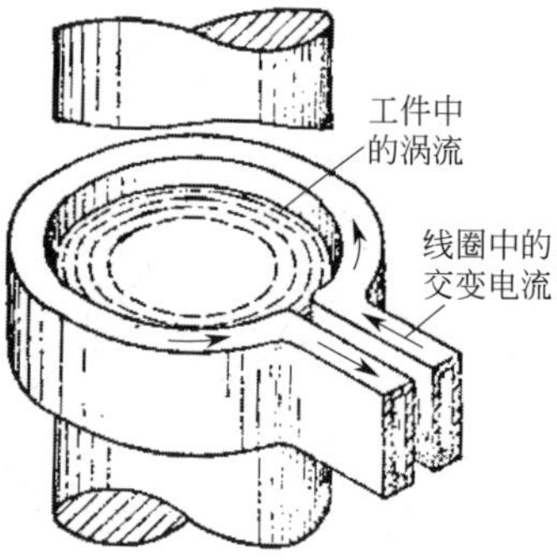

在感应线圈内部通入交变的电流，电流方向如图 2-18 所示。根据电磁感应定律，在工件横截面上必然产生磁场，即有磁力线沿轴线由下而上地穿过工件的横截面，因此引起整个横截面的磁通发生变化。根据电磁感应定律有下面公式：

$$e = -K\,\mathrm{d}\Phi/\mathrm{d}t \tag{2-5}$$

图 2-18 感应加热原理示意图

式中，e 是由于磁通变化产生的感应电动势瞬时值；K 是比例系数；$\mathrm{d}\Phi/\mathrm{d}t$ 是磁通的变化率；负号表示磁通变化方向与感应电动势方向相反。

感应电动势的存在会产生感应电流，称之为涡流：

$$I_f = e/z = e/(R^2 + X_L^2)^{1/2} \tag{2-6}$$

式中，z 是零件内涡流回路的电抗；R 是零件的阻抗；X_L 是零件的感抗。

对于金属而言，由于 z 很小，所以涡流可以达到很高的值。而涡流与加热零件的热量存在下面关系：

$$Q = 0.24 I_f^2 R t \tag{2-7}$$

式中，t 为时间。

由式（2-7）可见，加热零件的热量与涡流的平方成正比。由于涡流可以达到很高的值，所以可以满足能量密度大于 $10^2\,\mathrm{W/cm^2}$ 的条件，实现表面快速加热。应用电磁感应原理除可以实现快速加热表面外，还存在下面一些特点。

特点 1：产生涡流的强度由零件表面向内部逐渐减小，即涡流主要集中在零件的表面，称为表面效应或集肤效应。

由于表面效应的存在，本来数值就很高的涡流又大部分集中在零件表面，更容易实现快速加热表面。表面效应产生的原因，可以用下面模型直观地解释。

如图 2-19 所示，在圆柱表面由于磁通变化产生涡流。磁通变化可以用磁力线描述。设想磁力线由上穿出纸面（如图 2-19 中×所示），根据电磁感应定律，每条磁力线产生的涡流的方向如图 2-19 所示。在图 2-19 中示意地画出 5 条磁力线，中间一条磁力线产生的涡流与周围 4 条磁力线产生的涡流的方向是相逆的，表明中间磁力线产生的涡流强度大幅度降低。因此推知，在零件中心由于磁通变化产生的涡流强度是很低的，而边缘区域产生的涡流强度是很高的，因此形成了表面效应。

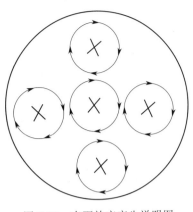

图 2-19　表面效应产生说明图

特点 2：淬硬层深度可以预先估算。根据表面效应的特点可知，表面被加热的深度取决于电流穿透深度。工程上规定：当涡流强度从表面向内层降低到 $1/e \times I_f$ 时，该处距表面的距离称为电流穿透深度，可用 Δ 表示。对于感应加热可以从理论上推出电流穿透深度的表达式：

$$\Delta = 56.386(\rho/\mu f)^{1/2} \tag{2-8}$$

式中，f 为电流的频率，Hz；μ 为材料的磁导率，H/m；ρ 为材料的电阻率，$\Omega \cdot$ cm。

一般淬硬层深度是小于电流穿透深度的。这是因为金属零件导热性很好，加热表面时有大量热向工件内部传递。由于表面效应的存在，涡流分布很陡，接近电流穿透深度处的电流强度较低，发出的热量较小，造成表面与内部温差很大。由于金属良好的导热性，其快速将部分热量传入零件的内部，因此在电流穿透深度处，不一定达到奥氏体化。所以淬硬层深度一般均是小于电流穿透深度的。

虽然如此，但是仍可以获得定性规律，即电流穿透深度越深，淬硬层深度也越深。由此实现预先估算淬硬层深度。

由式(2-8) 可见，为了控制淬硬层深度，调节电流频率是十分有效的，因此以频率为关键指标设计出各种不同频率的感应加热设备，见表 2-7。

表 2-7　感应加热淬火用交流电流频率

名　称	高频设备	超音频设备	中频设备	工频设备
频率范围/Hz	$(100\sim500)\times10^3$	$(20\sim100)\times10^3$	$(1.5\sim10)\times10^3$	50

电流穿透深度与材料的磁导率、电阻率有密切的关系。

特点 3：加热过程中最大涡流强度从表面向心部移动。因为金属的磁导率、电阻均是随温度变化的，尤其是磁导率在居里温度以上或以下要发生巨变，直接影响加热过程。所以随加热层温度的变化，涡流的分布及功率消耗也将发生重大变化。图 2-20 是钢板在感应加热时涡流在工件表面的分布曲线[5]。

图 2-20 中曲线 1 是加热开始时的电流密度分布曲线，此时表面温度处于室温，虚线表示室温下电流穿透深度，用 Δ_{20}、Δ_{800} 表示。当表面温度升到居里温度以上时，磁导率急剧下降，这一层的电流明显变小，而内层温度仍处于居里温度之下，因此在内层居里温度交界处出现涡流最大值，如图 2-20 中曲线 2 所示。也就是说最大涡流强度随加热过程的进行向零件内部迁移，电流穿透深度自然也增加。这表明当表面温度升到居里温度以上时，电流穿透深度增加，导致淬硬层深度增加，同时表层的加热功率实现"自动降低"，因此工件表面就不容易过烧。

2.4.2.2　感应加热淬火主要工艺参数控制

对于采用感应加热淬火强化表面的工件，一般采用下面的工艺路线：

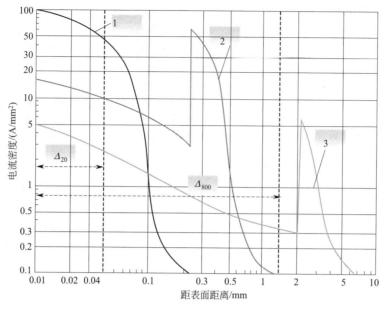

$(f=2\times10^6 Hz)^{[6]}$

1—开始加热时的电流密度分布；2—20℃时电流进入深度；3—800℃时电流透入深度

图 2-20　钢板感应加热过程中涡流密度变化[5]

下料→粗加工→调质→精加工→表面感应加热淬火→磨削→成品

（1）基体材料与预先热处理

钢铁材料利用马氏体强化表面。根据马氏体相变基本规律可知，为保证表面有一定硬度必须有一定的含碳量，同时为保证心部良好的综合力学性能，含碳量又不能很高，所以选择的材料一般是中碳钢或中碳合金钢。预先热处理往往采用调质处理，因为在保证淬透的情况下，调质处理后的组织比一般正火组织有更好的强韧性。在设计预先热处理工艺时应该注意两点：一是如果心部性能要求不高时，采用正火处理即可。二是如果零件的尺寸非常大，必须考虑淬透性的影响，在零件不能淬透的情况下，采用调质处理是无益的。

（2）根据零件尺寸与硬化层要求，合理选择设备频率

根据频率与硬化层深度的基本规律可知硬化层深度深，频率就应该降低，给出表 2-8 供参考。

表 2-8　硬化层深度与设备频率的关系[7]

频率/Hz	硬化层深度/mm						
	1.0	1.5	2.0	3.0	4.0	6.0	10.0
最高频率	250000	100000	60000	30000	15000	8000	2500
最低频率	15000	7000	4000	1500	1000	500	150
最佳频率	60000	25000	15000	7000	4000	1500	500

选择频率时还要考虑零件的尺寸，零件的尺寸越大，感应器的效率越高，因此直径大的工件允许采用低频率，直径小的零件考虑采用偏高频率。

（3）根据零件尺寸与硬化层要求，合理选择比功率

比功率 ΔP 是指零件单位面积上提供的电功率（kW/cm^2）。比功率太小，加热速度减小，导致加热不足，需要延长加热时间，这样就会导致硬化层厚度增加，过渡区增加；比功率过高，加热速度增加，加热时间必须缩短，否则表层将过热，这样又会导致硬化层厚度降低，所以必须有合适的比功率。提供给零件的比功率很难精确计算，粗略估算是用设备的功率进行估算。

$$\Delta P_{\text{工}} = P_{\text{设}} / A \tag{2-9}$$

式中，$P_{\text{设}}$ 是设备的功率；A 是零件需要加热的面积。

由于感应加热设备和感应器有相当大的能量损失，所以真正的比功率远小于式(2-9) 的计算值，需要在计算值的基础上乘一个系数 μ（其值大约为 0.5）。表 2-9 为轴类零件硬化层与比功率的关系，表 2-10 为不同模数齿轮的设备比功率。

表 2-9　轴类零件硬化层与比功率的关系[7]

频率 /kHz	硬化层深度 /mm	设备比功率/(kW/mm²)		
		低	中	高
500	0.4～1.1	0.011	0.016	0.019
	1.1～2.3	0.005	0.008	0.012
10	1.5～2.3	0.012	0.016	0.025
	2.3～3.0	0.008	0.016	0.023
	3.0～4.0	0.008	0.016	0.022
3	2.3～3.0	0.016	0.023	0.026
	3.0～4.0	0.008	0.022	0.025
	4.0～5.0	0.008	0.016	0.022
1	5.0～7.0	0.008	0.016	0.019
	7.0～9.0	0.008	0.016	0.019

表 2-10　不同模数齿轮的设备比功率（$f = 200 \sim 300$kHz）

齿轮模数	1～2	2.5～3.5	3.75～4	5～6
设备比功率/(kW/mm²)	2～4	1～2	0.5～1.0	0.3～0.6

（4）感应器（induction coil）的设计原则

感应器是采用感应加热强化表面的必要部件，感应器设计的效果直接关系到产品的质量。在设计感应器时，应首先保证工件表面有符合要求的均匀硬化层分布，一般感应器均选用紫铜制作。

设计时需遵循下列的原则。

① 感应圈的几何形状主要由零件所需硬化部位的几何形状、尺寸及选择的加热方式所决定。根据感应加热原理，当零件被加热的表面与感应圈的形状相对应时，感应圈中的高频电流的"走向"与受热零件表面涡流的"走向"对应，但是方向相反，达到互相耦合的效果。感应器往往用铜管绕制而成，铜管内部通冷却水。常用感应器的形状见图 2-21。

② 根据采用的加热设备的频率、功率及零件尺寸、硬化层要求进行加热面积的计算。在设备功率 $P_{\text{散}}$ 一定的条件下，一次允许加热的最大面积 A 由下式决定：

$$A = P_{\text{散}} / \Delta P_{\text{毂}} \leqslant \Delta_{\text{散}} \, \eta / \Delta P_{\text{I}}$$

式中，$\Delta P_{\text{毂}}$ 是设备比功率；η 是设备效率。

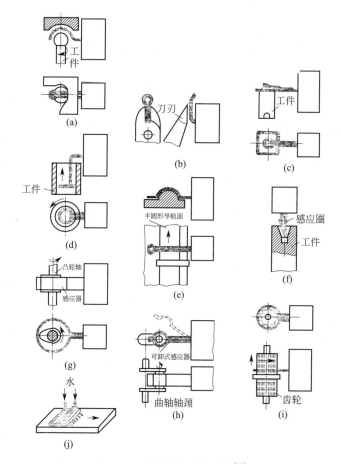

图 2-21　常用感应器的形状[5]

（a）球接头表面淬火；（b）刀刃表面淬火；（c）锻锤头表面淬火；（d）内孔表面淬火；（e）圆弧导轨面表面淬火；
（f）锥孔表面淬火；（g）凸轮表面淬火；（h）曲轴轴颈表面淬火；（i）小齿轮表面淬火；（j）平面表面淬火

在此条件下，如加热圆柱形零件，感应圈的极限高度（h_i）应由下式决定：

$$h_i \leqslant \eta P_{散} / PD\Delta P_{I}$$

式中，D 是零件直径。

③ 为提高感应器加热的效率，应尽量减小感应圈与零件之间的间隙。应充分利用高频电流在导体内的邻近效应（高频电流通过相邻的两个导体时改变电流在导体内分布的现象）和环形效应（基本原理也是邻近效应）。为了提高感应器效率可减少磁力线的逸散，在内孔、平面及异形表面加强中可在这类感应器上施放磁导体。

④ 为了安全考虑，在感应器外部一般缠绕一些绝缘胶带。

⑤ 加热温度与回火工艺。前面已经论述了感应加热时由于加热速度快，相变点上升，所以不能依据常规热处理确定加热温度。主要根据材料、原始组织、硬度要求及变形要求进行调整。在感应加热中温度测定是较困难的，目前一般采用红外测温仪进行测定，但是有较大误差。生产中一般通过控制感应加热时间来控制加热温度。

感应淬火后一般要在 150～200℃温度下进行回火，有时利用控制冷却时间，使硬化层以外的残余热量传导到硬化层以达到一定回火的目的。这种自回火的优点是简化工艺过程，对于防止淬火裂纹有一定好处，但是工艺不好掌握。

2.4.2.3　组织性能与残余应力

由于工件经过感应加热，其温度分布是表面温度最高，随后向内部逐渐降低，所以淬火后组织分布也是渐变的。可以将表面淬火组织分成以下几个区域。

第Ⅰ区，温度高于 A_{c3}，淬火后得到全部马氏体（称为完全淬火层）。第Ⅱ区，温度在 $A_{c3}\sim A_{c1}$ 之间，淬火后一般得到马氏体＋未熔铁素体（称为过渡层），有时会出现沿晶界析出的共析转变产物。第Ⅲ区，心部组织。感应加热淬火后典型金相组织照片见图 2-22。

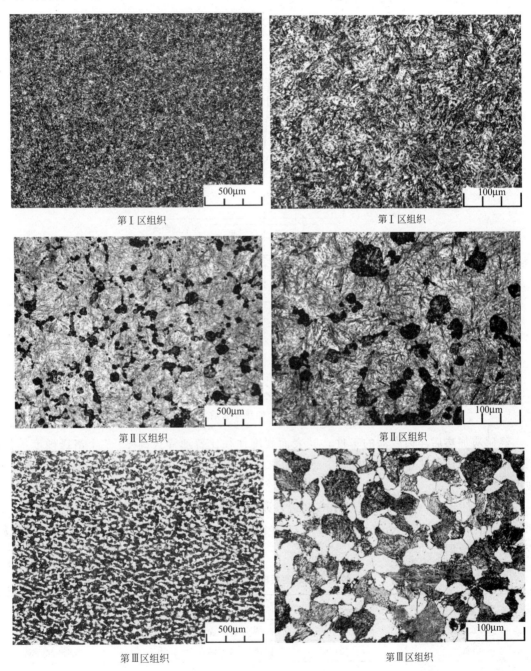

第Ⅰ区组织　　　　　　　　　　　　第Ⅰ区组织

第Ⅱ区组织　　　　　　　　　　　　第Ⅱ区组织

第Ⅲ区组织　　　　　　　　　　　　第Ⅲ区组织

图 2-22　45 钢高频淬火表面典型金相组织照片

组织分布特点决定了从表面到心部的性能也是逐渐变化的。图 2-23 为不同材料感应加热淬火后的硬度变化曲线。由图 2-23 中 T8 钢高频表面淬火后的组织和硬度分布可见，T8 钢的过渡区在相同温度分布下比 45 钢要窄。

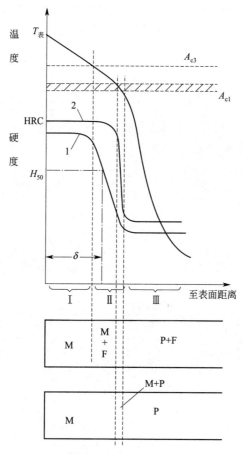

（曲线 1 是 45 钢；曲线 2 是 T8 钢；δ 为硬化层；Ⅰ、Ⅱ、Ⅲ分别表示不同硬化区）

图 2-23　45 钢与 T8 钢感应加热淬火后的硬度变化曲线

经感应加热后淬火冷却的工件，其表面硬度往往比普通淬火高 2～3 个洛氏硬度单位，工件的耐磨性往往比普通淬火要高。感应加热淬火的最大优点是可以大幅度提高工件的疲劳强度。

如某厂生产的汽车半轴用 40MnB 制造，原来采用整体调质，以后改为调质后高频整体硬化（硬化深度为 4～7mm），寿命提高了 20 倍之多。表 2-11 是 40Cr 钢经不同处理后的疲劳强度定量数据。

表 2-11　40Cr 钢经不同处理后的疲劳强度比较（光滑试样）[7]

处理状态	屈服强度 σ_{-1}/(kgf/mm^2)	处理状态	屈服强度 σ_{-1}/(kgf/mm^2)
正火	20	调质，表面淬火 $\delta=0.9$mm	33
调质	24	调质，表面淬火 $\delta=1.5$mm	48
调质，表面淬火 $\delta=0.5$mm	29		

注：1kgf=9.80665N。

利用 2.2.1 节中总结出的方法对感应加热后的残余应力进行分析。总结出的基本分析方法如下。

① 初期分析表面变形，后期分析心部变形。

② 应力方向与变形方向相反。

③ 利用作用力与反作用力原理。

利用此方法对感应加热淬火后的残余应力的举例分析如下。

例 2-10：采用感应加热淬火处理直径为 20mm 的圆柱杆件（40Cr 材料）。硬化层深度为 1.5mm，判断表面残余应力状态。在感应加热淬火前，材料经过 850℃ 加热淬火与 500℃ 的回火处理（调质处理），其目的是保证心部力学性能。

利用总结出的规律进行分析：将硬化层认为是表面层，其余部分认为是心部。利用 2.2.1 节中总结出的方法与规律进行分析。

冷却初期：表面收缩受到心部抵制，热应力的特点为表面拉应力、心部压应力；相变应力与热应力相反，其特点为表面压应力、心部拉应力。

冷却后期：因为仅加热圆柱杆的表层，所以不论是热应力还是相变应力，均不存在冷却后期由于心部冷却引起的应力反向问题。

也就是说对表层而言，热应力产生的残余应力的分布特点应该是：表层拉应力而内层（或者说心部）压应力。相变应力产生的残余应力的分布特点是：表层压应力而内层拉应力。合成应力的特点到底是拉应力还是压应力？这与样品的直径和硬化层深度有很大关系。

如果样品的直径很大，硬化层深度较浅，可以将表层看成是工件尺寸很小的零件，根据 2.2.2 节中总结的规律，在样品尺寸很小时合成残余应力的特点是相变应力型的，所以表面残余应力的特点应该是压应力型，这个分析与一般的试验结果是吻合的。随着样品直径的减少、硬化层深度的增加，表面压应力就会不断减少，在相同尺寸下零件的含碳量对残余应力也有影响，见图 2-24。

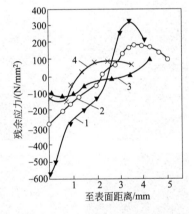

图 2-24 含碳量对感应加热淬火后的残余应力的影响

1—C 0.83%；2—C 0.46%；
3—C 0.26%；4—C 0.10%

当工件表面上只有一部分被淬火时，在淬硬区与未淬硬区的交界处，将产生有害的拉应力，降低工件在此处的强度。因此，在高频淬火时，像齿轮与曲轴这样一些零件，要注意齿廓与齿底、曲轴轴颈变截面交界处的硬化层分布，这些区域是工件危险截面，见图 2-25(a)。

当曲轴工作时，表面淬火交界处的残余拉应力与工件负载所产生的应力叠加在一起，可能超过钢的弹性极限，引起工件在轴肩附近的破坏，或者造成疲劳极限的下降。为此，可通过感应器，将淬硬层延展到危险截面的范围以外或用滚压、喷丸等方法使圆角表面区域产生压应力，见图 2-25(b)。

因感应加热的速度很快，目前还无法及时和精确地测量被加热工件的表面温度，这就很难通过控制温度来控制淬火加热的时机。在实际工程应用中，往往针对给定的感应加热器、工件和技术条件，粗略计算感应淬火时间，根据加热时间来控制淬火时的温度而获得要求的表面淬火层。表面淬火后通过测试硬度的方法来判断表面淬火的质量是否达到要求。除了硬

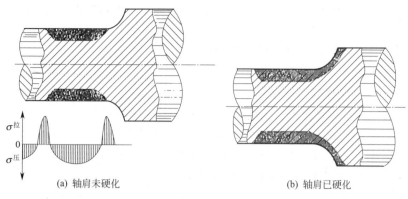

(a) 轴肩未硬化   (b) 轴肩已硬化

图 2-25　零件感应加热淬火后交界区域的应力分布示意图

度外，表面感应淬火后的组织也会对工件的实际使用性能产生重要的影响，根据 JB/T 9204—2008 标准，对感应加热淬火后的表层金相组织进行了分级，结合表层金属组织的级别来判断是否达到表面淬火的要求。中碳钢表面淬火后不同级别的表层金相组织见图 2-26，相应的金相组织说明见表 2-12。

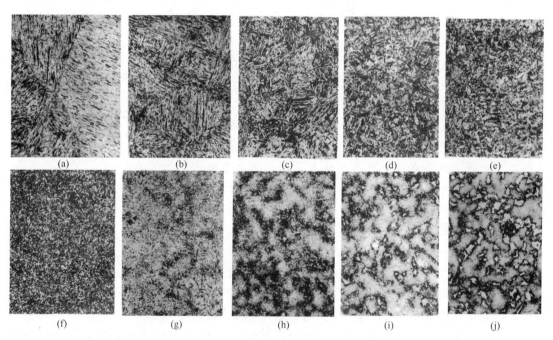

图 2-26　中碳钢表面淬火后不同级别的表层金相组织

表 2-12　图 2-26 中的金相组织说明（摘自 JB/T 9204—2008）

级别	组织特征	晶粒平均面积/mm^2	对应的晶粒度	图号
1	粗马氏体	0.06	1	（a）
2	较粗马氏体	0.015	3	（b）
3	马氏体	0.001	6～7	（c）
4	较细马氏体	0.00026	8～9	（d）
5	细马氏体	0.00013	9～10	（e）

级别	组织特征	晶粒平均面积/mm²	对应的晶粒度	图号
6	微细马氏体	0.0001	10	(f)
7	微细马氏体,其含碳量不均匀	0.0001	10	(g)
8	微细马氏体,其含碳量不均匀,并有少量极细珠光体(屈氏体)+少量铁素体(<5%)	0.0001	10	(h)
9	微细马氏体+网状极细珠光体(屈氏体)+未熔铁素体(<10%)	0.0001	10	(i)
10	微细马氏体+网状极细珠光体(屈氏体)+大块状未熔铁素体(>10%)	0.0001	10	(j)

由图 2-26 和表 2-12 可知,1 级和 2 级的马氏体较粗大(这是感应加热温度较高造成的),属于过热组织,这种组织的马氏体虽然保持了较高的硬度、强度,但韧性、塑性较差,尤其是低温冲击韧性会大幅度下降。3～6 级的组织是正常的表面淬火马氏体组织,组织细小且均匀,尤其以 5 级、6 级组织为最佳。7 级、8 级金相组织是奥氏体化不充分造成的,主要是因为加热温度虽然较高,达到了钢的完全奥氏体转变点(A_{C3})以上,但相对于正常的淬火温度偏低,造成奥氏体化不充分,出现了碳含量的偏析,甚至产生了淬火屈氏体组织(图 2-26 中黑色集中处),这会影响淬火后的表面硬度和强度。9 级、10 级金相组织中因有未熔铁素体(白色块状)存在,属于明显的欠热组织,即加热温度位于奥氏体和铁素体的双相区(A_{C1} 和 A_{C3} 之间),并未加热到完全奥氏体区,这种组织的硬度和强度将明显不足,达不到表面淬火的目的。

根据热处理能量消耗计算,感应加热平均耗能约为 $300kW \cdot h/t$,远低于表面气体渗氮(约 $500kW \cdot h/t$)或渗碳+淬火+低温回火处理(约 $500kW \cdot h/t$)。感应加热热处理具有加热速度快、效率高、环保节能等优点,在零部件的加工制造方面的应用越来越广泛。例如,铁路扣件系统中的弹条就是采用中频感应加热后加工成型和淬火处理的;直径较小的高强度螺栓也是采用感应加热加工的。少量齿轮、齿圈、轴承等产品也逐步采用感应加热表面淬火工艺取代传统的渗氮、渗碳工艺。

在感应加热表面淬火工艺中,感应加热设备的频率是一个很重要的参数,直接影响着加热层的深度,也就直接影响表面淬火后的硬化层深度,感应加热频率与有效硬化层深度的关系见图 2-27。图 2-27 中的数据仅供参考,在实际生产过程中,要结合实际情况和设计要求合理选择感应加热设备的频率和功率等参数,用最低能耗达到最佳效果。

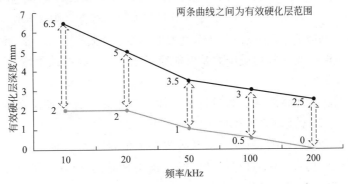

图 2-27　感应加热频率与有效硬化层深度的关系

2.4.3 激光表面相变强化工艺

激光表面相变强化工艺是利用激光加热工件表面，依据相变理论进行强化表面，组织发生相变的基本规律、残余应力产生、晶粒细化原理等基本规律均符合 2.4.1 节中论述的基本规律。激光表面相变强化工艺与其他表面技术不同的关键点在于加热原理不同。

激光技术是 20 世纪 60 年代初出现的一门新型技术，特制激光器发出的激光与普通光源发出的光相比，具有一系列独特的性质，使得激光在多方面获得了应用。

(1) 激光的本质与形成

光是一种电磁波，光既有波动性又有粒子性，具有波粒二象性。在传播过程中表现波动所具有的衍射、干涉等一系列特征。当粒子（如原子）中的电子从高能级向低能级跃迁时，多余能量就以电磁波方式发出，因而就会发光。

原子在没有外界影响下，处在高能级的电子会自发地向低能级跃迁而发光，这种发光过程叫做自发辐射。

原子中处于高能级的电子在外来光子的激发下，由高能级向低能级跃迁而发光，这种发光过程叫做受激辐射。

受激辐射有一个非常显著的特点：所产生的光子和外来光子具有完全相同的频率、相位、振动方向和传播方向。

正是由于这样一个特点，在受激辐射中通过一个光子的作用，会得到两个特征完全相同的光子，如果这两个光子再引起其他原子产生受激辐射，又能得到更多的特征相同的光子。如此类推，就会产生这样一个现象：在一个入射光子的作用下，可以产生大量特征完全相同的光子，这个现象叫做光放大。虽然这些光子由不同原子发出，但是由于各原子发出的光频率、相位、振动方向和传播方向都相同，这些光子会发生干涉、衍射等现象。光放大是产生激光的必要条件。

当光照射到物质上时，虽然可能发生受激辐射，但是同时也存在另外一个过程。这就是当光子照射到原子上时，低能级的电子跃迁到高能级上，外来的光子就被吸收，这时就不会产生受激辐射。因此根据外来光与物质的相互作用，可以归纳出以下几点。

① 外来光照射到物质上，会发生受激辐射与吸收两种过程，吸收是受激辐射的逆过程。

② 光照射到物质的原子上，将有部分原子发生受激辐射，而另一部分原子则发生吸收。前者称为高能原子（原子中处于高能级的电子多，容易发生受激辐射），后者称为低能原子（原子中处于低能级的电子多，容易发生吸收）。最终的结果是发生受激辐射还是吸收，显然就取决于物质中发生受激辐射的原子（高能原子）与发生吸收的原子（低能原子）哪一种数量多。

③ 按照自然规律，在一般物质中总是低能原子数目高于高能原子数目，称为正常分布，所以主要发生吸收现象。

④ 如果物质能够实现高能原子数目比低能原子数目多，称为粒子数反转分布。只有在粒子数反转的物质中，才能够实现光放大产生激光。

为了使工作物质实现粒子数反转可以从外界输入能量（如光照、放电等），把低能级上的原子激发到高能级上去，这个过程叫做激励（也叫泵浦）。但是，仅仅从外界进行激励是不够的，还必须选取能实现粒子数反转的工作物质。

目前已经明确，原子中电子可以长时间处于基态，而处于激发态的时间很短，仅为 10^{-8}s 左右。除基态和激发态外有些物质还具有亚稳态，它不如基态稳定，但比激发态要稳定得多，如红宝石中的铬离子（Cr^{3+}），它的亚稳态寿命为几毫秒。氢原子、氖原子、氩原子、钕离子、二氧化碳等粒子中都存在亚稳态。具有亚稳态的工作物质可能实现粒子数反转，从而为产生激光创造条件。以红宝石为例说明这种物质产生激光的原理[8]。

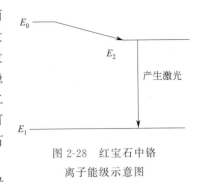

图 2-28 红宝石中铬
离子能级示意图

红宝石是在人工制造的刚玉（Al_2O_3）中，掺入少量的铬离子（Cr^{3+}）而构成的晶体。在红宝石中，起发光作用的是铬离子，其能级示意图见图 2-28。当红宝石受到强光照射时，铬离子中的电子被激励，转到高能态，造成粒子反转。处于高能态的电子可以通过两种方式返回基态。一种方式是直接返回基态，同时发出光子，由此产生的光不能构成激光。另一种方式是受激的高能电子首先衰变为亚稳态，停留 3ns 后返回基态并发出光子。对于电子运动而言 3ns 是较长的时间了，因此在亚稳态就会积聚不少的电子，当有一些电子同时自发从亚稳态返回基态时，会带动更多电子返回基态，从而产生越来越多的光子，产生光放大，此时还不构成激光。

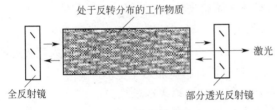

图 2-29 光学谐振腔

为构成激光还必须有一个光学谐振腔，图 2-29 是光学谐振腔的示意图。最简单的光学谐振腔由两个放置在工作物质两边的平面反射镜组成，这两个反射镜互相严格平行，其中一个是全反射镜，另一个是部分透光的反射镜。谐振腔的作用有以下几个方面。

光在粒子数反转的工作物质中传播时得到光放大，当光到达反射镜时，又反射回来穿过工作物质，进一步得到光放大，这样往返地传播，使谐振腔内的光子数不断增加，从而获得很强的光，这种现象叫做光振荡，但是光在工作物质中传播时还有损耗（包括光的输出、工作物质对光的吸收等）。当光的放大作用克服了光的损耗作用时，就形成了稳定的光振荡。此时，从部分透光反射镜透射出的光很强，构成激光，激光构成下面特性。

① 方向性与单色性好　激光几乎是一束平行光，它的方向性很好。激光光束在几千米之外的扩散直径不到几厘米，同时由于基本同波长，所以激光的颜色很纯，即单色性很好。

② 能量集中　普通光源（如白炽灯）发出的光射向四面八方，能量分散，即使通过透镜也只能会聚它的一部分光，而且还不能将这部分光会聚在一个很小的范围内。而激光器发出的激光，由于方向性很好，几乎是一束平行光，通过透镜后，可以会聚在一个很小的范围内，即激光具有能量在空间高度集中的特性。例如功率较大的激光器发出的激光，能在透镜焦点附近产生几千摄氏度以至几万摄氏度的高温，完全满足快速加热表面所需的能量条件，因此成为表面改性技术的一种新能源。

③ 相干性好　激光器的发光过程是受激辐射，它发出的光是相干光，所以激光具有相干性，激光的相干性也有很重要的应用。

（2）激光相变强化表面加热的原理与工艺

根据激光形成的原理与特性，设计出强化表面的设备，其原理如图 2-30 所示。

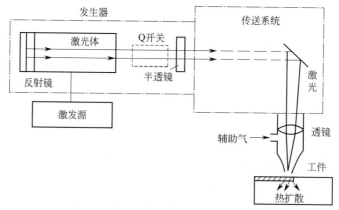

图 2-30　激光相变强化表面加热设备原理图

　　根据激光形成原理，在激光源作用下谐振腔内的光在粒子反转的工作介质中传播，得到光放大。部分激光通过半透镜，在 45°反射镜的作用下将激光改变方向，通过透镜射在工件上，激光束可以在工件表面进行扫描。

　　目前工业上采用的激光器有 YAG 激光器与 CO_2 激光器。前者是采用固体材料制成的激光器，其工作物质是掺有钕离子的钇铝石榴石晶体（$Y_3Al_5O_{12}:Nd^{3+}$），其连续输出的功率大多数为 500W 左右，最高可达到 1kW。CO_2 激光器是气体激光器，以 CO_2 为工作介质，其连续输出功率较高，1～5kW 的激光器属于中等功率的激光器，5～20kW 的激光器属于高功率激光器。CO_2 激光器的波长为 $10.6\mu m$，电光转换效率可达到 15%～20%。激光束提供大于 $100W/cm^2$ 的高密度能量，实现表面快速加热。但是其加热原理与感应加热完全不同。

　　激光射在金属表面，可与金属表面进行交互作用，其加热表面的原理如下。

　　激光是一种高能量光，当激光束照射到金属工件表面，光子与金属中自由电子碰撞，将光子能量传递给电子，大量的传导电子实现带间跃迁，使工件表面层电子能级提高。激发态电子与原子点阵碰撞的能量弛豫时间约为 $10^{-12}s$，因此在激光束的能量作用下，工件表面晶格发生热振荡，表面薄层温度迅速升高。

　　根据激光加热表面的原理可以得出下面推论。

　　① 由于激光的光子穿入金属能力低，所以被加热的层深度很浅，一般硬化层深度在 $10^{-5}m$ 数量级。

　　② 激光加热的速度与金属表面吸收激光光子的能量有密切关系，吸收的能量越多，加热效率就会越高。

　　激光加热表面后是如何冷却的？其原理如下。

　　由于激光加热是扫描式加热方式，即加热时依靠光斑移动加热表面，同时加热深度浅，所以属于微小区域的局部快速加热。由于金属的导热性很好，所以当激光束离开扫描区域，在周围大块冷态金属作用下，该加热区域将迅速冷却，冷速可以达到 10^4～$10^7℃/s$。根据马氏体相变基本规律可知，对钢铁材料而言，在如此高的冷却速度下，表面组织一定会转变为马氏体组织。

　　根据激光加热原理推出功率密度计算公式：

$$P_0 = 4P/p(D_0)^2 \tag{2-10}$$

　　式中，P 是激光器的功率（1～5kW）；D_0 是光斑直径（1～3mm）。

　　根据公式(2-10)计算，加热功率在 10^4～$10^5 W/cm^2$ 范围，远大于 $100W/cm^2$。

（3）激光相变强化表面组织、性能与残余应力分析

用感应加热获得的组织、性能、残余应力的数据作为基本数据，与其他相变强化表面技术进行比较分析得出差异，为选用合适的表面处理工艺奠定基础。

① 与感应加热淬火相比，激光加热淬火后马氏体更加细化　因为激光加热的能量密度远高于感应加热的能量密度，所以其加热速度更快、奥氏体转变温度更高、奥氏体起始晶粒度更加细化。由于高温停留时间很短，奥氏体起始晶粒没有来得及长大就淬火冷却。根据马氏体相变的基本规律，马氏体针不会穿越晶界，所以马氏体组织更为细化，见图 2-31。

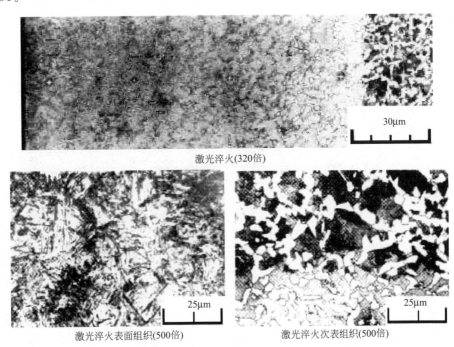

激光淬火(320倍)

激光淬火表面组织(500倍)　　　　　激光淬火次表组织(500倍)

图 2-31　激光淬火后金相组织照片

② 与感应加热淬火相比，激光加热淬火后硬化层中的残余应力分析　利用与感应加热淬火残余应力分析类似的方法来分析激光加热淬火后硬化层中的残余应力。得出的结论是激光加热淬火后硬化层表面应该是压应力。问题是获得的压应力与感应加热淬火相比是提高还是降低？可以利用残余应力产生的原理分析如下。

根据热应力与相变应力产生的原理可知，在硬化层中既存在相变应力也存在热应力，并且两种应力作用方向相反。由于激光加热淬火提供的能量密度比感应加热淬火更高，硬化层深度更浅，冷却速度更快，与感应加热淬火相比，其相变应力的作用更为突出。因此表面压应力应该更高。分析结论与试验结果是吻合的。激光相变硬化后硬化层表面的压应力可以达到 400MPa 以上[9]，而一般感应加热淬火后硬化层表面残余压应力为 200MPa 左右。因此激光相变硬化零部件疲劳强度更高。

（4）激光加热淬火前的预处理

根据激光加热原理可知，实现快速加热表面的先决条件是工件表面能够吸收激光光子的能量，使金属材料表面晶格发生热振荡。在室温下，所有金属对 $10.6\mu m$ 波长的激光均会产生强烈的反射效果。反射率变化 1%，吸收能量密度将改变 10%，金属材料的反射率高达

70%～80%。当金属表面温度达到熔点时，反射率降至50%。因为激光相变硬化不可能加热到熔点，所以激光中大量能量被反射掉了。为了提高金属的吸收效果，在进行激光相变硬化前要对金属表面进行黑化处理，提高吸收能量。黑化方法有如下几种。

① 涂碳素墨汁　该方法较简单但是涂层易剥落，效果较差。

② 磷化处理　磷化是一种化学转移膜技术。在工件表面形成一层均匀的磷化膜，其对激光吸收较多。

③ 氧化法　在工件表面形成一层均匀的Fe_2O_3氧化膜，或含氧化铁与磷酸铁的混合膜。

④ 激光专用涂料　这些涂料是为激光处理专门研制的涂料，有较好的效果。但是涂层厚度与均匀性控制比较困难。表2-13是不同材料激光表面淬火的工艺参数、硬化层深度和表面硬度数据。

表 2-13　不同材料激光表面淬火的工艺参数、硬化层深度和表面硬度[9]

材料种类	材料牌号	激光功率/W	功率密度/($\times 10^3$W/cm^2)	扫描速度/(mm/s)	硬化宽度/mm	硬化深度/mm	硬度 HV	硬度 HRC
碳钢	20	1000	4.5	25		0.2～0.36	344～380	
	20	500	90	12	2.33	0.25	542	
	AIST1018	1000		16.9	0.25	0.25		45
	45		63	48	3.8	0.83～1.4		
	T8	500	1.2	20	1.31	0.17	1017	
	T10	500	10	35	1.4	0.65	841	
	T10A	1200	3.4	10.9		0.38	926	
	T12	1200	8.0	10.9			1221	
合金结构钢	20CrMnTi	1000	4.5	25		0.324～0.39	462～535	
	40Cr	1000	3.2	18		0.28～0.6	770～776	
	40CrNiMo	1000		19	2.5	0.4		57～59
	SAE4340	1000			2.5	0.4		57～59
	SAE8620	1000			2.3	0.36		50
	50CrV	<1500		32.3～47.2	3.6～3.8	0.35～0.47		66～67
	33CrNiMoA	1000	2	14.7		0.29	617	
合金工模具钢	GCr15	1300	6.5	19.00	4.4	0.4		67
	GCr15	500		8.00	1.00	0.3		64～66
	GCr15	1200	3.4	19.00		0.45	941	
	GCr15	1600	4.6	14.7		0.53	877	65.6
	GCr15	1000	3.2	20		0.16～0.28	494～473	
	SAE52100	1000			1.3	0.18		60～64
	9CrSi	1000	2.3	15		0.234～0.52	577～915	
	W18Cr4V	1200	8.0	14.7			974	
	W18Cr4V	1000	3.2	15.0		0.518	927～1000	
	W18Cr4V	500	15.0	15.0	0.81	0.10	946	
	W3Mo2Cr4VSi	500	6.0	30	1.07	0.50	980	
铸铁	灰口铸铁	1000			2.5～3.5	0.35	780～830	
	HT20-40	500	12.0	20	0.99	0.09	605～915	
	灰口铸铁	1000	2.0	1407		0.29	678	
	灰口铸铁	1000	6.5	19.0		0.40		63
	灰口铸铁	1000		25	3.8	0.50		60
	合金铸铁	2000	62	32	3.1	0.78～1.14	626	
	可锻铸铁	500	38.5	25.4	1.8～2	0.3	HB160～230	
	QT60-2	500	12	10	1.74	0.35	800～1056	

2.5 表面相变强化工艺设计案例

采用何种表面改性工艺实际是一个设计过程，以轴类零件为例说明设计过程。

轴类零件在大型装备中具有非常重要的作用，设备中的齿轮、蜗轮、皮带轮等许多零件均由轴来支撑。轴类零件起支撑作用，还要传递扭矩，它本身的质量对于整个装备的质量有重要影响。轴类零件一般要求有较高的综合力学性能（即强度、塑性与韧性均较高），同时它往往是在交变载荷下工作的，所以疲劳性能是保证质量的关键要素。

目前很多轴类零件均采用中碳钢或中碳合金钢制造，最常采用的热处理工艺是调质处理工艺，这是因为设计者认为调质处理后的轴有良好的综合力学性能。所谓良好的综合力学性能一般指材料同时达到下面性能指标：硬度 HRC $25\sim35$；强度 σ_b：$700\sim1000$MPa；延伸率 δ 达到 $15\%\sim30\%$；冲击韧性 a_k 达到 $80\sim130$J。从材料学角度分析，实际上许多轴类零件采用调质处理并不合理，难以达到理想的效果。

多数轴类零件在弯曲应力与扭转应力综合作用下服役，最大应力在最外层。实践证明这类轴类零件在大多数情况下，由于疲劳裂纹引起断裂，而疲劳裂纹往往出现在表面。这个事实说明，很多情况下可以采用表面技术代替传统的调质处理工艺，达到提高寿命、降低生产成本的目的。

需要注意的是，利用相变原理设计表面改性工艺，必须综合应用多个学科知识，必须依据相变、加热等原理。以轴类零件为典型零件进行分析。

对轴的设计要求如下。

① 要有足够的疲劳强度与静强度。

② 要有足够的刚度，即使用过程中不能发生变形。例如与齿轮连接的轴，如果发生严重的变形，就会使齿轮接触情况变坏，导致传动不平稳、齿轮容易损坏。同时又使与轴连接的轴承产生附加应力，引起轴承的损坏。

③ 结构合理、振动小，不能有偏心状态或动平衡不好。这样就会使轴旋转时引起振动，高速轴更是如此。

为保证上述要求需要从结构尺寸设计、材料选择、热处理及表面处理设计、强度核算等几个方面进行。在设计时首先要根据轴传递力的情况进行受力分析。

例 2-11：图 2-32 是某大型设备上的一根传动轴，在服役期间轴受到反复弯曲载荷作用。根据轴受力情况计算，轴的变截面处的弯矩 $M=95$kgf·m（1kgf·m$=0.098$N·m）。设计人员采用 45 钢材料制作，设计的热处理工艺为调质处理，查手册得知 45 钢调质后的性能数据（表 2-14）。

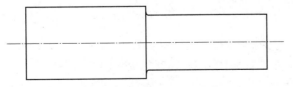

图 2-32 某设备上的传动轴

(计算机画图，大径 50mm，小径 45mm，变截面处圆弧 $r=3$)

表 2-14　45 钢调质与正火性能数据

热处理	抗拉强度 σ_b/MPa	屈服强度 σ_s/MPa	拉-拉疲劳强度 σ_{-1}/MPa	弯曲疲劳强度 σ_{-1}/MPa
调质	680	490	338	287
正火	600	340	260	

注：不同资料获得的疲劳强度数据有较大差别。

轴经过磨削加工，设计时取安全系数为 1.5。分析设计的材料与热处理工艺是否合适。如果不合适如何改进？分析计算如下。

首先根据受力情况，利用力学知识求出变截面处受到的最大工作应力，材料力学公式为：

$$\sigma_{max} = M/W = 95 \times 100/(3.14 \times 4.5^3/32) = 1062.4(kg/cm^2) \qquad (2\text{-}11)$$

式中，M 为施加在轴上的弯矩；W 为轴的截面惯性矩。

根据轴的外形参考附录中表格确定各类系数。$D/d = 50/45 = 1.1$；$r/d = 1.5/45 = 0.033$。

① 有效应力集中系数 $K_\sigma = 1.82$；

② 尺寸系数用内插方法得出：（用 σ_b 等于 50 公斤级及 120 公斤级数据；单位是 kg/mm^2）

$$\varepsilon_\sigma = 0.73 + [(120-60.8)/(120-50)] \times (0.84-0.73) = 0.82 \qquad (2\text{-}12)$$

③ 车轴经过磨削加工，并且不在腐蚀环境工作，所以加工系数 B 与腐蚀系数 B_1 均取 1.0。

根据力学可以求出要求的材料的弯曲疲劳强度值：

$$[\sigma_{-1}]_w = n \times K_\sigma \times \sigma_{max}/\varepsilon_\sigma \times B \times B_1 = 1.5 \times 1.82 \times 1062.4/0.82 = 3537(kg/cm^2) = 361(MPa)$$

根据弯曲疲劳强度与拉-拉疲劳强度的关系可知，调质态 45 钢 $[\sigma_{-1}]_w = 316MPa$。

可见按照机械设计的计算方法，可以采用 45 钢调质处理制作此轴。但是如果设计成正火＋局部高频淬火＋回火工艺技术路线，应该更为合理。原因见例 2-12。

为了说明表面改性技术设计的重要性，以机械设计原理中某设计案例为例，进行深入分析。

例 2-12： 已知齿轮轴安装在某设备中，设备结构简图如图 2-33 所示。在服役条件下输入的扭矩 $M_n = 2200kg \cdot cm$，功率由直齿圆锥齿轮传入，由斜齿圆柱齿轮输出。

已知第 Ⅱ 根轴的输入扭矩 $M_n = 2200kg \cdot cm$，功率由直齿圆锥齿轮传入，由斜齿圆柱齿轮输出，锥齿轮的平均分度圆直径 $d_{m2} = 207mm$，分度圆锥角 $\phi_2 = 74°3'20''$，齿轮轴设计见图 2-34，在 B 截面处轴直径为 45mm，C 截面直径为 62.5mm。根据齿轮设计原理可利用以上数据计算出作用于锥齿轮的各种力：

$$圆周力 \; P_2 = \frac{2M_n}{d_{m2}} = \frac{2 \times 2200}{20.7} = 213(kg)$$

$$径向力 \; P_{r2} = P_2 \tan\alpha_0 \cos\phi_2 = 213\tan20°\cos74°3'20'' = 21.3(kg)$$

$$轴向力 \; P_{a2} = P_2 \tan\alpha_0 \sin\phi_2 = 75(kg)$$

斜齿轮的分度圆直径 $d_{f3} = 70mm$，螺旋角 $\beta_f = 25°50'$；作用于斜齿轮上的各种力为：

$$圆周力 \; P_3 = \frac{2M_n}{d_{f3}} = \frac{2 \times 2200}{7} = 628.6(kg)$$

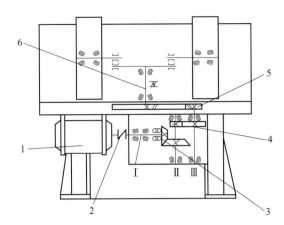

图 2-33　某机械装备简图

1—电动机；2—第 0 级传动；3—第 1 级传动；4—第 2 级传动；5—第 3 级传动；6—主轴

$$径向力\ P_{r3}=\frac{P_3}{\cos\beta_f}\tan\alpha_{on}=\frac{628.6}{\cos25°50'}\times\tan20°=254(kg)$$

$$轴向力\ P_{n3}=P_3\tan\beta_f=304(kg)$$

轴选用材料 45 钢调质处理。根据机械设计手册查得 45 钢调质处理后的弯曲疲劳极限：

$$[\sigma_{-1}]_w=600kg\ /cm^2$$

（注：不同资料查出的疲劳强度值有较大差别。）

要求校核轴的强度是否满足要求。根据机械原理按照下面步骤进行校核计算。

（1）根据该轴的结构图绘出轴的受力简图（图 2-34），标出跨距尺寸

$$l_1=43mm，l_2=90mm，l_3=73mm$$

根据跨距利用材料力学理论求出 yox 平面［图 2-34(c)］：

$$R_{Dy}=440kg，R_{Ay}=168.7kg$$

求出 zox 平面内的支座反力［图 2-34(e)］：

$$R_{DZ}=67kg，R_{AZ}=213-250+67=30(kg)$$

（2）根据计算结果绘出弯矩图

在 zox 平面内［图 2-34(f)］：

$M_{By}=R_{AZ}l_1=30\times4.3=129$（kg・cm）；$M_{Cy}$ 右 $=-R_{DZ}l_3=-67\times7.3=-489.1$（kg・cm）

C 截面上，M_{Cy} 左 $=-M_{Cy}$ 右 $-M=-489.1-1052=-1541.1$（kg・cm）

在 zoy 平面内：

$M_{Cz}=-R_{Dy}l_3=-440\times7.3=-3212$（kg・cm）；$M_{BZ}$ 左 $=-R_{Ay}l_1=-168.7\times4.3=$ -725.4（kg・cm）

B 截面上，M_{BZ} 右 $=M_{BZ}$ 左 $-M=-725.4-776.3=-1501.7$（kg・cm）

（3）求合成弯矩

从 yox 和 zox 平面的弯矩图可以看出危险截面 C 截面和 B 截面，所以只需求出 C 截面和 B 截面内合成弯矩即可：

$$M_C=\sqrt{3212^2+1541.1^2}=\sqrt{10316944+2374989.2}=3563(kg・cm)$$

$$M_B=\sqrt{1501.7^2+129^2}=\sqrt{2271743}=1507（kg・cm）$$

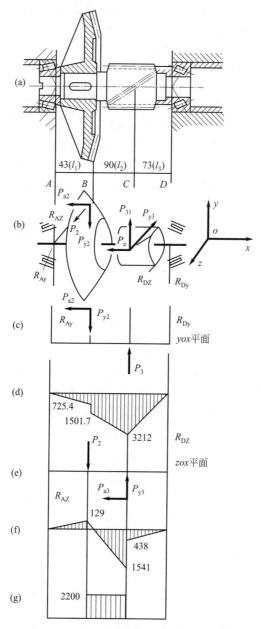

图 2-34　校核强度时采用的零件说明图

（4）求当量弯矩

B 截面和 C 截面之间的扭矩，按已知条件为 $M_n = 2200\mathrm{kg \cdot cm}$［图 2-34(g)］，

按脉动循环应力取 $a = \dfrac{600}{1050} \approx 0.6$，

$$M'_C = \sqrt{3563^2 + (0.6 \times 2200)^2} = 3780(\mathrm{kg \cdot cm})$$

$$M'_B = \sqrt{1507^2 + (0.6 \times 2200)^2} = 2003(\mathrm{kg \cdot cm})$$

（5）验算轴的直径

根据机械设计原理，B 截面的直径 d_B 验算公式为：

$$d_{\mathrm{B}} \geqslant \sqrt[3]{\frac{M'_{\mathrm{B}}}{0.1[\sigma_{-1}]_{\mathrm{W}}}} = \sqrt[3]{\frac{2003}{0.1 \times 600}} = \sqrt[3]{33.4} = 3.2(\mathrm{cm})$$

B 截面处的实际直径为 45mm，截面上有一键槽，实际有效直径应降低 4%，即 43.2mm，仍大于 32mm，故 B 截面也安全。

同样公式验算 C 截面直径为 $d_C > 3.97$cm；而轴 C 截面直径为 62.5mm，所以也是安全的。

结论：采用 45 钢调质处理工艺，在上述设计尺寸下可以保证轴的使用寿命。

从机械设计角度分析上述设计应该是合理的，但是如果从材料学角度分析，这种设计有值得改进之处。在设计中应该考虑材料的淬透性问题。

利用 45 钢淬透性曲线估算淬透层深度与横截面上的硬度分布。

B 截面的直径为 45mm，45 钢淬透性曲线及在水中冷却时末端淬火试样至水冷端距离与冷却速度间的关系曲线见图 2-35 与图 2-36。

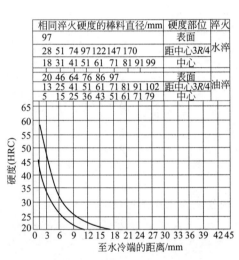

图 2-35　45 钢淬透性曲线[10]

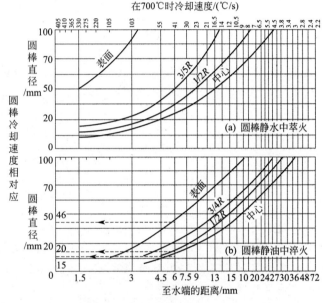

图 2-36　末端淬火试样至水冷端距离、圆棒
直径、圆棒不同位置冷速间的关系曲线[10]

试验用同一钢种制作的不同大小尺寸样品，在淬火状态下，不同位置硬度相同时，在该位置的冷速也相同。反之在指定钢中某处，如果处于特定冷速下，便可得到与之相应的淬火硬度值。因此采用不同直径的钢棒，选择特定淬火温度，在不同淬火介质中冷却，便可以求出各个圆棒上各点在末端淬火试样上对应的硬度值。这样就得到图 2-36 所示的钢棒直径、冷却速度与末端淬火试样距水冷端距离三者间的关系曲线。

45mm 是轴在 B 截面的最终尺寸，因为淬火处理不可避免会发生变形，而案例中的轴较长，所以必须要考虑预留加工量。因此在淬火时直径要保留在 50mm 左右，对于 50mm 直径的钢棒利用图 2-36 可得出下面数据。

轴表面　　　　　　　　　　　　相当末端淬火试样距离水冷端 1.5mm 位置处

轴 3/4 半径处（距中心 18.75mm）　相当末端淬火试样距离水冷端 6.0mm 位置处

轴 1/2 半径处（距中心 12.50mm）　　　相当末端淬火试样距离水冷端 9.0mm 位置处
轴的中心　　　　　　　　　　　　　　相当末端淬火试样距离水冷端 12mm 位置处

再利用图 2-35 所示的 45 钢淬透性曲线可得表 2-15。

表 2-15　50mm 直径的 45 钢圆棒水中淬火后不同位置的硬度

轴横截面不同位置	淬透性曲线上此处硬度 HRC	轴横截面不同位置	淬透性曲线上此处硬度 HRC
轴表面	45～56	轴 1/2 半径处（距中心 12.50mm）	21～25
轴 3/4 半径处（距中心 18.75mm）	25～30	轴的中心	19～22

利用表 2-15 中数据绘图，见图 2-37。

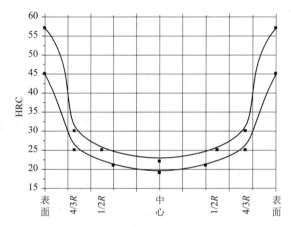

图 2-37　50mm 直径的 45 钢圆棒水中淬火后横截面硬度分布曲线

注：根据上限与下限值获得两条曲线

根据淬透性获得的数据分析如下。

① 案例中采用 45 钢制作齿轮轴，经过淬火后，在轴横截面上硬度随距离变化很大。回火后各个不同位置的组织与性能是不一样的（图 2-37）。但是在设计时却认为性能是一致的，这样处理会产生误差。

② 设计手册中的性能数据，均是用小试样淬火测定的，均是在完全淬透情况下回火获得的调质处理后的数据。而实际工件是大尺寸工件，所以性能数据会有误差。例如 $[\sigma_{-1}]_w$ 应该是小尺寸试样的弯曲疲劳强度，50mm 直径的 45 钢圆棒调质后的弯曲疲劳强度要低于此值。

③ 轴最表面淬火后的性能应该与小试样基本一致。但是由于变形影响，最表面及距表面一定深度能淬透的部分，随后要被切削加工掉，所以没有实际意义。

④ 齿轮轴成型后，最表面位置是距离 50mm 圆棒中心 22.5mm 处的位置。从图 2-37 估算出此处硬度为 HRC27～31，其下限与正火处理硬度值接近，根据材料力学性能原理，材料的强度与硬度之间有经验公式可以进行换算，一般是正比关系，所以强度值与正火处理也基本近似。

⑤ 根据上面分析可知，C 截面直径为 62.5mm，尺寸增加调质处理后性能与正火处理更为接近。调质处理消耗能源、延长工时，同时淬火还存在淬裂的风险，带来的效果却并不显著。

基于上面分析利用表面技术将上述传统的设计进行修改。

因为齿轮轴的失效方式应该是疲劳破坏，而疲劳源最容易出现在表面，所以对齿轮轴采用正火（原材料是热轧态相当于正火态）＋感应淬火＋低温回火处理。

这样改进不但可以节约能源、缩短工期、降低成本且性能更为可靠。

对于圆弧处采用感应加热有一定难度，可以与设计人员协商，延长安装齿轮处的轴长度，感应淬火后，再加一个轴套然后安装齿轮。

设计人员最常用的热处理工艺是调质工艺，从上例可知，在设计表面改性工艺时，也往往采用调质处理作为前处理，但是对其合理性应进行认真分析。

调质处理的目的主要是保证心部有良好的综合力学性能，在采用调质工艺时应该注意以下几点。

① 对于尺寸较大的工件，应该考虑淬透性问题，如果工件尺寸大、材料淬透性很低，采用调质处理没有意义。

② 即使对于能够淬透的工件也需要具体分析。20～40mm 直径的 45 钢正火与调质性能对比见表 2-16。

表 2-16　20～40mm 直径的 45 钢正火与调质性能对比[11]

类型	σ_b/MPa	δ/%	a_k/(kg·m/cm^2)	HB
正火	700～800	15～20	50～80	163～220
调质	750～850	20～25	80～120	210～250

由表 2-16 对比数据可见，调质与正火相比，最大优点是冲击韧性大幅度提高，强度和硬度与正火相差并不大。如果零件要求疲劳性能、表面硬度高，同时对心部韧性要求也较高，采用调质处理是有利的，否则采用调质处理并不一定有很大优势。疲劳源一般在表面形成，通过表面淬火一般可以保证疲劳性能，心部是否处于调质状态，对表面疲劳性能及表面硬度影响并不大。因此采用正火作为预先热处理就可以满足要求，这样不但可以节约能源、缩短生产周期，还可以避免淬火带来的变形与淬裂的风险。

2.6　非钢铁材料表面相变强化工艺设计与贝氏体组织应用

应该说明除在钢中可以出现非平衡的马氏体转变外，在其他合金中也有可能出现非平衡转变。因此在其他合金中也有可能依据上述原理设计表面改性工艺，以提高表面性能。

一般来说根据合金相图，如果发现合金具有共析转变（图 2-38），就有可能设计出表面相变强化工艺。

基本思路是采用快速加热方法，先将表面加热到 γ 相区，然后快速冷却。冷却速度快将抑制共析转变的发生，从而发生亚稳转变，类似于钢淬火时发生的转变。由此可见只要具有共析转变的合金，就有可能设计出表面改性工艺强化表面。应该说明的是，利用相图仅是判断对合金进行表面改性工艺设计的可能性，这种工艺是否有工业应用价值，需要实践结果的验证。据实际案例说明如下。

例 2-13：氮化＋表面淬火工艺分析。图 2-39 是 Fe-N 相图，从图中可见在 590℃有共析转变。因此设想如果表面的氮含量为共析点成分，然后快速加热到γ相区（γ是以面心立方结构 Fe 为基，内部溶氮原子，称为含氮奥氏体），然后快速冷却，就可能得到强化表面。

在此思路基础上，开发出氮化＋表面快速加热淬火工艺。氮化工艺是在一定温度下（500～550℃）将氮原子渗入工件表面，这样工件表面就成为 Fe-N 合金（含一定的碳），根据相图分析，有可能实现快速加热强化表面。

目前采用的快速加热方法是感应加热。表层受到快速加热后，氮化层中的氮原子向内部扩散，同时发生相变，表面形成含氮奥氏体组

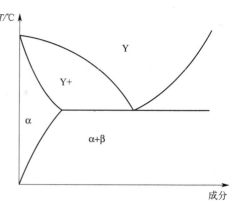

图 2-38 具有共析转变相图及设计
表面相变强化工艺的可能性

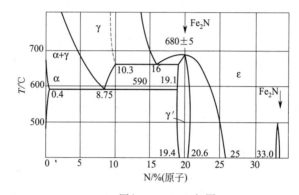

图 2-39 Fe-N 相图

织，心部仍然保持原始组织（如调质处理组织），此时快速冷却，抑制共析转变使表面层发生马氏体相变，表面层得到含氮的马氏体组织。这种表面强化工艺有如下优点。

① 用于快速加热表面组织细化，所以表面获得非常细小的含氮马氏体组织。

② 与单一的感应淬火相比，表面有更高的残余压应力，对疲劳性能更有利，这是因为含氮马氏体的 M_s 点更低。

③ 与单一的氮化相比，硬化层深度大幅度增加。

几种钢经过不同类型热处理后的硬化层深度与表面硬度见表 2-17[13]。

表 2-17 几种钢经过不同类型热处理后的硬化层深度与表面硬度

钢种	硬化层深度/mm		表面硬度 HRC		
	渗氮	感应淬火	渗氮	感应淬火	渗氮＋感应淬火
20	1.14	3.81	24	44	57
30	1.12	3.43	25	53	65
40	1.14	3.43	33	60	66
T8	1.09	3.56	35	64	69
40CrNiMo	0.89	2.79	49	62	68

注：渗氮后表面 HRC 仅 24～49，这是因为渗层薄，测定的 HRC 是表面硬化层与心部复合硬度值。如果采用显微硬度测定表面硬度值后再换算成 HRC，应该高于表中数据。

1.浴炉表面强化技术的基本方法是将盐（如氯化钡）熔化，将工件放入熔化的盐浴中。利用液体状态的熔盐传热非常快的特点达到快速加热工件表面，然后淬火得到马氏体组织的目的。

设某浴炉的加热功率接近 $100W/cm^2$，而高频感应加热功率为 $300W/cm^2$，请回答下面问题：

（1）如果均要求钢件表面淬火强化层的深度为 1.5mm，哪种方法加热时间较长？

（2）如果两种方法均得到 1.5mm 深度的淬火强化层，哪种方法得到的组织更细小？

（3）采用浴炉表面强化后，表面得到的是压应力还是拉应力？

2.参考 Fe-N 平衡相图（图 2-42），对 N 原子数百分含量为 8.75％的 Fe-N 合金，设计一个利用非平衡组织强化表面的工艺。

［确定加热温度、冷却方式（快冷或慢冷）、加热方式（快速或慢速）］

3.图 2-40 是 42CrMo 钢淬火＋550℃回火金相组织，对金相组织进行分析后回答下面问题：

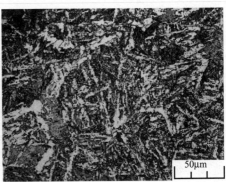

图 2-40　42GrMo 钢淬火＋550℃回火金相-组织照片

（1）基本形貌分析。

（2）根据材料与工艺分析每个基本形貌区域代表什么组织。

（3）组织有无异常？原因是什么？

4.图 2-41 是一件轴类零件在淬火过程中出现的裂纹形貌。裂纹与轴线的交角约为30°。试分析：

（1）致裂应力是相变应力？热应力？还是合成应力？简述理由。

（2）最大应力位置是在表面？心部？还是在其他位置？简述理由。

5.图 2-42 是 Zr-Ta 二元合金平衡相图，根据相图分析：

（1）从理论上分析可否通过快速加热方法在表面获得非平衡组织强化表面。

（2）如果不可行说明理由，如果可行请说明采用合金的成分的大致范围、快速加热表面要达到的温度的大致范围。

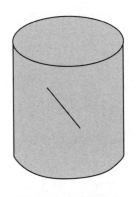

图 2-41　轴类零件淬火后裂纹分布示意图

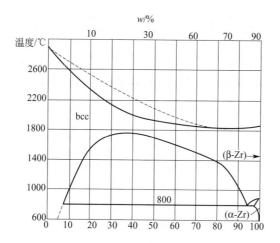

图 2-42　Zr-Ta 二元合金平衡相图

参考文献

[1]　徐祖耀.马氏体相变与马氏体.北京：科学出版社，1980.

[2]　徐祖耀.马氏体相变研究的进展和展望.金属学报，1991，27（3）：161-172.

[3]　Serope Kalpakjian，Steven R. Schmid. Manufacturing Process for Engineering Materials. 4th ed. London：Prentice Hall Press，2008.

[4]　孙盛玉，戴雅康.热处理裂纹分析图谱.大连：大连出版社，2002：1-9.

[5]　安运铮.热处理工艺学.7 版.北京：机械工业出版社，1988：117.

[6]　钱苗根，姚寿山，张少宗.现代表面技术.北京：机械工业出版社，2002.

[7]　钢铁热处理编写组.钢铁热处理原理及应用.上海：上海科学技术出版社，1977.

[8]　田莳.材料物理性能.1 版.北京：北京航空航天大学出版社，2004.

[9]　李金桂.现代表面工程设计手册.北京：国防工业出版社，2000.

[10]　傅代直，林慧国.钢的淬透性手册.北京：机械工业出版社，1973.

[11]　金属材料及热处理编写组.金属材料及热处理.上海：上海人民出版社，1974.

[12]　杨川，高国庆，崔国栋.金属材料零部件失效分析案例.北京：国防工业出版社，2012：31-35.

[13]　雷廷权，傅家骐.金属热处理工艺方法 500 种.2 版.北京：机械工业出版社，2004：246-247.

第 3 章

利用扩散与相变原理设计表面改性工艺

3.1 基本原理概述

综合利用扩散与相变原理进行表面改性的基本思路：在特定的条件下，将一些原子渗入基体材料，使材料表面的化学成分发生改变，根据相图，表面成分的改变会引起相变规律的改变，进而导致表面性能的改变。扩散理论是这类表面改性技术的基础理论之一。

依据这种表面改性基本思路，在技术上还可以分成两种类型。

第一类：通过扩散仅改变表面成分，然后配合相变改变表面性能。也就是说在扩散过程中基体的表面层仅有成分改变。这类技术中的典型技术就是渗碳技术。

第二类：在元素渗入过程中就发生相变（反应扩散），从而改变表面性能。这类技术中的典型技术就是渗氮技术。第二类技术中含有的技术种类远多于第一类技术。因此反应扩散原理有重要作用。

对于上述两类技术，一般认为是通过下面三个阶段形成表面改性层的（更详细可分成五个阶段）。

① 渗剂反应产生活性原子；

② 活性原子吸附在零件表面，随后被基体吸收溶入基体形成固溶体或化合物；

③ 活性原子向内部扩散。

由这类技术的设计思想与表面渗层的形成过程可知，在设计工艺时必须解决下面两个理论问题。

① 必须有介质作为渗剂分解出活性原子，才能实现渗入工件表面改变表面成分。如何产生活性原子？

② 有了活性原子也不一定就会与基体发生反应扩散，如何判别发生反应扩散的可能性？

判别渗剂可否产生活性原子可以依据下面思路从理论上进行分析。

产生活性原子的常用方法是将渗剂加热，由于温度升高，渗剂发生热分解反应产生活性原子。例如在一定温度下，氨气、乙醇等均会发生这类反应：

$$2NH_3 \rightleftharpoons 3H_2 + 2[N] \tag{3-1}$$

$$C_2H_5OH \longrightarrow CO + 3H_2 + [C] \tag{3-2}$$

很多情况下氨分解出活性氮原子是在钢表面催化下完成的。

如果不能生成活性原子自然谈不上反应扩散。即使在热力学上认为生成某种活性原子的化学反应是可能的，但能否进行反应扩散还取决于扩散条件是否满足。

很多情况下活性原子均是在活化剂作用下产生的。活化剂一般均为卤化物，如 NH_4Cl、NH_4Br 等。活化剂的作用原理如下：加热时卤化物分解，由卤化物生成的氨与氢排除容器内的空气造成还原性气氛，发生下面反应（以 NH_4Cl 为例）：

$$NH_4Cl \Longleftrightarrow NH_3 + HCl \tag{3-3}$$

$$2HCl + B \Longleftrightarrow BCl_2 + H_2 \tag{3-4}$$

式中，B 表示欲渗入的金属。

设：A 表示基体金属，B 表示欲渗入的金属（设为 2 价）。

生成活性原子的化学反应不外乎下面三种：

置换反应 $\qquad A + BCl_2(g) \Longleftrightarrow ACl_2 + [B] \tag{3-5}$

还原反应 $\qquad BCl_2 + H_2 \Longleftrightarrow 2HCl + [B] \tag{3-6}$

热分解反应 $\qquad BCl_2 \Longleftrightarrow Cl_2 + [B] \tag{3-7}$

判别可否产生活性原子 [B] 实际上就是判断式(3-5)、式(3-6)、式(3-7) 的化学反应可否进行。显然可利用热力学分析进行判别。可以将化学反应分成下面两类：

(1) 置换反应

$$A + BCl_2 \Longleftrightarrow ACl_2 + [B] \tag{3-8}$$

它可看作下列 2 个生成金属氯化物的反应之差：

$$A + Cl_2 \Longleftrightarrow ACl_2 \tag{3-9}$$

$$B + Cl_2 \Longleftrightarrow BCl_2 \tag{3-10}$$

式(3-9)、式(3-10) 的平衡常数 $K_{P,1}$、$K_{P,2}$ 分别为：

$$K_{P,1} = \frac{P_{ACl_2}}{a_A P_{Cl_2}} \tag{3-11}$$

$$K_{P,2} = \frac{P_{BCl_2}}{a_B P_{Cl_2}} \tag{3-12}$$

式中，a 为固体物质活度；P 为气体物质分压。

再求置换反应式(3-8) 中的平衡常数 $K_{P,置换}$：

$$K_{P,置换} = \frac{a_B P_{ACl_2}}{a_A P_{BCl_2}} = \frac{K_{P,1}}{K_{P,2}} \tag{3-13}$$

或写成：

$$\lg K_{P,置换} = \lg K_{P,1} - \lg K_{P,2} \tag{3-14}$$

由式(3-14) 可看出，置换反应平衡常数恰好等于两个金属氯气反应的平衡常数的对数值之差。而平衡常数可由反应自由能 $\Delta F^\ominus$ 计算出来。

$$\Delta F^\ominus = -RT \ln K_P = -4.575 T \lg K_P \tag{3-15}$$

式中，T 是绝对温度；R 是气体常数。

假定 a_A 值近似等于 a_B 值，则式(3-13) 成为：

$$K_{P,置换} = P_{ACl_2} / P_{BCl_2} \tag{3-16}$$

如果式(3-14) 的差值为 -1，可知 $K_{P,1}$ 是 $K_{P,2}$ 的 1/10，而从式(3-16) 看，就意味

P_{ACl_2} 是 P_{BCl_2} 的 $1/10$。

$$\lg K_{P,置换} = \lg K_{P,1} - \lg K_{P,2} \geqslant -2 \tag{3-17}$$

根据式(3-17) 即可利用自由能数据判别置换反应产生活性原子的可能性。

(2) 还原反应

上述分析同样可应用于还原反应：

$$BCl_2 + H_2 \Longrightarrow 2HCl + [B] \tag{3-18}$$

它可以看作下列两个反应之差：

$$H_2 + Cl_2 \Longrightarrow 2HCl \tag{3-19}$$

$$B + Cl_2 \Longrightarrow BCl_2 \tag{3-20}$$

还原反应式(3-18) 的平衡常数为：

$$K_{P,还原} = \frac{a_B P_{HCl}^2}{P_{BCl_2} P_{H_2}} = \frac{K_{P_{H_2}}}{K_{P_B}} \tag{3-21}$$

如果 H_2 是在大气压力下，则 $P_{H_2} = 1$，如果无置换反应发生，则 $a_B \approx 1$，可写成：

$$K_{P,还原} = \frac{P_{HCl}^2}{P_{BCl_2}} = \frac{K_{P_{H_2}}}{K_{P_B}} \tag{3-22}$$

或

$$\lg K_{P,还原} = \lg K_{P_{H_2}} - \lg K_{P_B} \tag{3-23}$$

在还原反应中要求：

$$\lg K_{P,还原} = \lg K_{P_{H_2}} - \lg K_{P_B} \geqslant 2 \tag{3-24}$$

对于上述第 2 个问题"如何判别发生反应扩散的可能性？"，在 3.5 节中将结合具体工艺分析论述。理论分析得出的仅是可能性，是否能实现必须要通过试验的验证。

有了活性原子后必须通过扩散进入工件内部，扩散过程中的基本规律见 3.2 节。

3.2 扩散基本规律

3.2.1 纯扩散理论

扩散过程中基体材料仅有浓度变化，不发生相变。一般利用扩散第二定律 [式(3-1)] 求解：

$$\frac{\partial c}{\partial t} = D \frac{\partial^2 c}{\partial x^2} \tag{3-25}$$

式中，c 为某一位置处的浓度；t 为扩散时间；x 为扩散距离；D 为扩散系数。

常见误差解公式见式(3-26)。纯扩散理论用于表面处理工艺（最常用的是渗碳工艺）的设计。在较简化的情况下常采用误差解作为渗碳工艺过程中的定量计算公式：

$$\frac{c_x - c_0}{c_s - c_0} = 1 - erf\left(\frac{x}{2\sqrt{Dt}}\right) \tag{3-26}$$

式中，x 为与表面某一位置处的距离；c_x 为 x 处碳浓度；D 为扩散系数；t 为扩散时间；c_0 为原始碳浓度；c_s 为表面碳浓度。

边界条件：$x=0$ 及 $t>0$，$c_x=c_s$，$x=\infty$（无穷大），及 $t<0$，$c_x=c_0$

初始条件：$t=0$ 及 $0<x<\infty$，$c_x=c_0$

$\mathrm{erf}\left(\dfrac{x}{2\sqrt{Dt}}\right)$ 是一个定积分，称为误差函数（error function）。

$$\mathrm{erf}(\beta)=\frac{2}{\sqrt{\pi}}\int_0^{\beta}\mathrm{e}^{-x^2}\mathrm{d}x$$

误差解虽然作为定量公式，计算出的定量数据与试验结果有较大差距，但是用于定性分析还是很有实用价值的。举例分析如下。

讨论题 1：渗碳过程中，影响渗入速度（或渗层深度）的最重要因素是什么？

由误差解公式及扩散理论可知，温度是影响渗入速度最主要的因素。根据扩散理论：

$$D=D_0\exp(-Q/RT) \tag{3-27}$$

式中，D_0 为常数；Q 为扩散激活能；R 为理想气体常数；T 为绝对温度。

由式（3-27）可见扩散系数与温度呈指数关系。所以温度上升可以大幅度提高扩散系数。根据误差解公式可知，D 大幅度上升导致扩散速度、渗层深度的大幅度增加。

讨论题 2：可否应用尽量提高温度的方法提高渗碳速度？

这种方法是不可能的。因为温度上升到熔点将会引起材料熔化，显然难以实现渗碳的目的。即使温度在熔点以下，也存在奥氏体晶粒长大的问题。因此一般渗碳温度均在 930℃ 左右，同时为避免奥氏体晶粒粗大，还要添加一些细化晶粒的合金元素。

讨论题 3：在温度一定的条件下，可否通过延长时间的方法大幅度增加渗层深度？

这种方法一般也是难以实现的。首先明确如何确定渗层深度。

一般将从表面到维氏硬度为 HV550 处之间的距离定义为渗层深度。

渗碳淬火后主要是马氏体组织。根据马氏体相变基本规律可知，马氏体硬度取决于内部含碳量。维氏硬度为 HV550 对应于特定的含碳量值（有些资料认为该值大约为 0.4%）。根据式（3-26）可知，在确定渗层深度的情况下，式（3-26）左侧分子中的 c_x 是定值，因此左侧就是一个固定的数值，当然右侧也必须是固定的数值，即 $x/[2(Dt)^{1/2}]$ 就是一个常数。此时的 x 就是渗层深度 H。又因为一定温度下扩散系数是常数，因此获得下面的平方根定律：

$$H=K(t)^{1/2} \tag{3-28}$$

由式（3-28）可知，随时间延长扩散速度越来越慢，所以采用延长时间的方法大幅度增加渗层深度是困难的。但是有些情况下渗层要求非常深，在没有其他方法的情况下，也只能依靠延长时间来增加渗层深度。如要获得 4~5mm 的渗层深度，渗碳时间可能达到 5~7 天。

扩散第二定律、误差函数应用举例。

例 3-1：某含碳量为 0.25%（质量分数，下同）的低碳钢在 950℃ 下进行气体渗碳处理，表面碳浓度为 $c_s=1.20\%$。请问经过多长时间渗碳后，在距离样品表面 0.50mm 处的碳浓度为 0.80%。

已知：在 950℃ 条件下，碳在钢中的扩散系数 $D=1.6\times10^{-11}\ \mathrm{m}^2/\mathrm{s}$。

根据式（3-26）和已知条件，$c_0=0.25\%$，$c_s=1.20\%$，$c_x=0.80\%$，$x=0.50\mathrm{mm}=5\times10^{-4}\ \mathrm{m}$，$D=1.6\times10^{-11}\ \mathrm{m}^2/\mathrm{s}$。

$$\frac{c_x-c_0}{c_s-c_0}=\frac{0.80-0.25}{1.20-0.25}=1-\mathrm{erf}\left(\frac{5\times10^{-4}}{2\sqrt{1.6\times10^{-11}\,t}}\right)$$

$$0.4210 = \mathrm{erf}\left(\frac{62.5}{\sqrt{t}}\right)$$

查误差函数表有：

z	$\mathrm{erf}(z)$
0.35	0.3794
z	0.4210
0.40	0.4284

$$\frac{z-0.35}{0.40-0.35} = \frac{0.4210-0.3794}{0.4284-0.3794}$$

$$z = 0.392$$

$$\frac{62.5}{\sqrt{t}} = 0.392$$

$$t = \left(\frac{62.5}{0.392}\right)^2 = 25420(\mathrm{s}) = 7.1\mathrm{h}$$

3.2.2 反应扩散理论

反应扩散是指基体材料发生相变形成新相的扩散。

例3-2：工业纯铁800℃渗碳，表面保持1.0%C，分析从表面到心部的组织变化。按照Fe-C相图进行分析。在相图中画出800℃的温度线，分析从表面1.0%C到心部的组织变化，似乎可以得到下面组织变化表格。

奥氏体	奥氏体＋铁素体	铁素体	纯铁＋铁素体	心部纯铁

表面→心部

但是这种分析是错误的。原因是反应扩散与纯扩散的特点不同，不能用纯扩散规律分析浓度变化与组织变化。

扩散进行过程中（恒温）二元合金中不出现两种相共存。

采用数学方法进行逆否命题证明；上述规律的逆否命题是：

二元合金中如果出现两种相共存区，扩散就不能进行。

利用相律分析：

$$F = C - P + 2 \tag{3-29}$$

式中，F 为自由度；C 为成分组元数；P 为相数。

在恒温恒压条件下，相律变为：

$$F = C - P \tag{3-30}$$

在纯铁中如果有碳扩散进入基体，就会变成二元合金，即 $C=2$；如果出现二相区域，则该区域相数就变成2，即 $P=2$，代入式(3-30)，$F=0$，自由度等于零，意味成分不可能再变化，即如果出现二相区域扩散就不会进行，逆否命题得到证明。

推论1：随距离变化浓度曲线不连续（突变）。

例3-3：分析工业纯铁800℃渗碳表面1.0%C时，纯铁中碳的浓度分布曲线（图3-1）。根据Fe-C相图纯铁表面的浓度为1.0%，在奥氏体中的浓度分布按照Fe-C相图成分变化，随距离增加而连续下降。由于不存在二相区域，所以在成分曲线中从奥氏体区域跳跃到铁素体区域。根据相图可知，在800℃时，

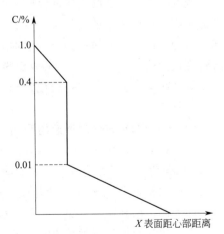

图3-1　在800℃碳在纯铁
中扩散浓度曲线分析

铁素体区域最高浓度为 0.4%，所以从奥氏体区域跳跃到 0.4%，在铁素体区域成分又连续下降。

推论 2：反应扩散时成分突变导致组织突变。

这是反应扩散得到的组织与纯扩散得到的组织的本质区别。

由图 3-2 可见反应扩散由于成分突变导致表面组织突变。反应扩散化合物层与基体有明显的界线，见图 3-2(a)。

(a) N-C 共渗后由于反应扩散表面得到的 ε 相   (b) 20 钢渗碳后空冷得到的金相组织

图 3-2 反应扩散后金相组织与渗碳后金相组织照片

在扩散理论中有一些试验规律与半经验公式，它们对设计工艺是有一定帮助的，论述如下。

(1) 逆扩散现象

一般渗镀过程是渗剂中所产生的活性原子由表面向内部扩散然后形成化合物。但近年来发现由于某种原因基体中原子也可以从内部向表面扩散而形成化合物。

例如当活性钒原子渗入钢表面可形成硬质极高的 VC，在此过程中有两个实验事实。

① VC 层厚度随着基体钢中含碳量的增加而增加，如果基体中含碳量小于 0.3%，则形不成 VC。

② 在 VC 层下面往往有一个贫碳区。

现在认为 VC 是按下述过程形成的：当 V 原子渗入钢表面后首先形成固溶体，由于 V 降低了碳在奥氏体中的化学位，造成碳在钢表面的化学位低于内部，所以使基体中的碳从内部向表面扩散。当基体中的碳较多时，扩散到表面的碳也较多，就会超过 V 在奥氏体中的溶解度而形成 VC。由于 VC 形成后吸收了较多的碳，所以在 VC 下面形成贫碳区。这就是所谓的逆扩散现象。一些强碳化物形成元素（V、Ti、Nb）渗入钢基体形成化合物层可能均与逆扩散现象有关。

(2) 快速加热方法对渗速的影响

现已证明采用快速短时加热方法可使渗速大大提高。例如一般 900～1000℃ 渗硼 4h 可得 0.3mm 渗层。但如果将工件表面涂上无定形硼粉与硅酸盐混合膏剂，再涂上加热膏（成分为还原剂粉末），干燥后点火燃烧，1200℃ 处理 60s 可得 0.5mm 渗层。同样将渗硼膏剂涂在工件表面，用高频感应加热几秒可得 0.3～0.5mm 渗层。

现在认为当加热速度很快时，奥氏体晶粒非常细小，晶界大量增多，因此扩散速度大大加快。

（3）半经验规律

① 在元素周期表中，渗入元素与基体元素距离越远，则渗入元素扩散越快。

② 渗入元素与基体元素半径差别越大，则渗入元素扩散系数越大。

③ 基体金属熔点越低，则渗入元素扩散越快。

掌握处理这些规律对分析控制渗镀速度、解释试验结果有一定帮助，但也有试验证明在某些情况下并不正确。

（4）多元共渗（multicomponent thermochemical treatment）的某些特点

所谓多元共渗是指同时或顺次渗入 2 种以上元素的处理过程。它能给予金属表面更高的性能。但多元共渗规律与单元素渗镀是不一样的。这主要来自各元素之间的相互作用，它将对渗层形成、组织结构带来一系列变化，现分述如下。

渗镀时由于各渗入元素在渗剂中直接接触，更重要的是在气相中相互发生作用的结果，会影响到实际上用于扩散的活性原子的数量及活性。一般来说，在二元共渗时随着一组元的加入相应也就减少了活化态的另一组元的含量。因此在多元共渗时，可通过改变共渗剂的组成，控制某些元素的扩散速度与扩散深度。如果各渗入元素之间能形成稳定的化合物或固溶度很小的金属间化合物时，那么活性原子在未渗入基体之前，在气相中就会相互反应形成化合物，因此大大减少了用于扩散的活性原子数量，所以使渗剂活性降低。因此如果渗剂中两个渗入元素的比例恰好符合化合物成分时，则可能完全不能形成渗层，或只形成很薄的一层，如果渗剂中某一渗入元素的量多于形成化合物所需的量，就只会发生单元渗入，这意味着：

① 虽然 A 组元单渗时可与基体形成渗层，B 组元单渗时也可与基体形成渗层，但并不能保证 A、B 共渗时可形成二元渗层。

② 在多元共渗时，渗剂中各元素的比例相当重要，如果仅发生单元素渗入，或根本得不到渗层，说明元素中有相互影响。这时可添加第三种元素改变渗剂中两种元素的相互作用。例如 B+Cr 共渗时由于 B、Cr 元素的相互作用，使渗剂活性急剧下降，几乎不能形成渗层。此时如果向渗剂中加入 5% Al 则可形成 B、Cr、Al 三元共渗的渗层。

多元共渗时，金属表面对活性原子的吸附量取决于温度，气相介质中渗剂元素的分压、平衡常数及与欲渗金属的化学亲和力，这些因素中最重要的是气相介质中渗剂元素的分压。多元混合渗剂中任何组元的吸附量随其分压的增高而增加，一组元加入渗剂中会减少其他组元的吸附，因此通过改变渗剂中的成分就可改变气相介质中各组元的分压，从而控制某元素的渗速。

多元共渗时，某一组元扩散除受本组元浓度梯度影响之外，还受其他组元的浓度的影响，试验证明：在 Al+Cr、Si+Cr、Ti+Cr 三组共渗中，Cr 扩散系数随渗剂中另一组元的含量的增加而增大。这说明二元共渗剂中活性较小组元的扩散，将随活性较大组元的含量的增加而加快。

现在一般认为：不同元素同时扩散进入金属基体所形成的扩散区，与单元素扩散进入金属基体所形成的扩散区相比，如果前者使基体熔点降低较多，则可使扩散加快；反之如果使熔点升高则扩散减慢。熔点降低表明原子间相互作用减弱，因而元素扩散速度加快。

3.3 利用反应扩散方法设计表面改性工艺的思路

以相图为分析工具，利用反应扩散在材料表面形成一层与基体组织完全不同的化合物强化表面（并非马氏体）的思路，开发出表面改性技术。举例说明如下。

例 3-4：对于 20CrMo 要求表面硬度达到 HRC>65，设计表面改性工艺，一般渗碳淬火仅能使表面硬度达到 HRC62 左右，显然渗碳难以达到要求。Fe-N 相图如图 3-3 所示。

对 Fe-N 相图进行分析：如果在 500℃左右将大量的 N 原子渗入材料表面，将会发生反应扩散得到 γ′相化合物与 ε 相化合物等。化合物的硬度一般均较高，所以就可能达到 HRC>65 的要求。然后查阅资料分析 Fe-N 化合物硬度后决定具体的表面改性工艺。当然也可以采用其他相图进行分析，例如采用 Fe-B 相图进行分析。

由图 3-4 可见：如果在 900℃左右将大量的 B 原子渗入材料表面，将会发生反应扩散得到 ε 相化合物。然后查阅资料分析 Fe-B 化合物硬度后决定具体的表面改性工艺。

当然利用相图结合反应扩散规律设计表面改性工艺时，还要考虑渗层厚度要求、对基体材料影响、经济性等多方面因素。

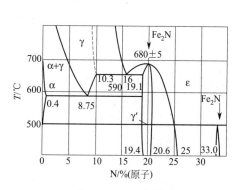

图 3-3　Fe-N 相图

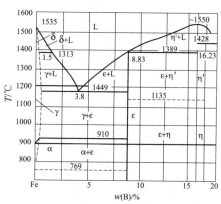

图 3-4　Fe-B 部分状态相图

3.4 利用纯扩散理论设计表面改性工艺

利用纯扩散理论设计的实用化表面技术，在大规模生产中应用的只有渗碳与碳氮共渗技术，其中最典型的就是渗碳技术。

3.4.1 钢的渗碳工艺分析

渗碳技术的特点是将低碳钢或低碳合金钢处于渗碳剂中，加热到高温后渗碳剂产生活性碳原子，使碳原子渗入工件表层，随之进行淬火及低温回火处理，基于马氏体相变基本规律可知，由于表面层是高碳马氏体，所以硬度高，而心部马氏体含碳量低，一般形成板条马氏体，所以有较好的强韧性。这种心部与表面性能不同的特点是很多零部件需要的。

渗碳技术是应用最早的表面技术，出土文物表明，早在战国时期的一些兵器就是经过渗碳处理的。至今渗碳技术也是应用最广泛的表面技术，在生产中起着十分重要的作用。古代的渗碳技术是作为一种技艺相传的，现代的渗碳技术是基于扩散理论与马氏体相变理论而设计的，目前被广泛研究的渗碳模拟技术的基础就是扩散定律。

渗碳分为固体渗碳、液体渗碳及气体渗碳，其中最为典型的是气体渗碳，以此为典型工艺进行分析。

（1）气体渗碳（gas carburizing）设备简介

气体渗碳设备可以分为井式气体渗碳设备与箱式气体渗碳设备两种类型，后者可以实现连续性生产。

图 3-5 为连续式箱式气体渗碳炉，渗碳介质为气体；图 3-6 为井式气体渗碳炉，一般采用液体介质进行渗碳。

图 3-5 连续式箱式气体渗碳炉照片

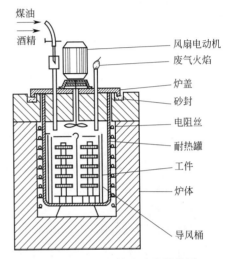

图 3-6 井式气体渗碳炉结构图

（2）渗碳的基本过程

利用上述设备可以实现工件渗碳。渗碳工艺操作比较简单。首先将炉子加热到一定温度，然后打开炉门后将工件装入炉内。连续式箱式气体渗碳炉是自动进出工件，井式气体渗碳炉是必须将炉盖打开后，用天车将工件吊入炉中。

以井式气体渗碳炉为例说明渗碳的基本过程。在设备中电阻丝用于加热升温以达到要求的温度（900～950℃），从进气管道通入的煤油与酒精混合液体进入密封的耐热罐体内，在高温下可以分解出活性碳原子，所以整个耐热罐体内部充满活性碳原子。风扇是离心式的，在风扇的搅拌下，气流从导风筒的外部向内部循环，使炉内气氛均匀。废气通过排气管道排出并被燃烧。整个炉体是由钢制的外壳、耐火材料和保温材料构成的。

在一般的渗碳炉中要加入测温用的传感器（热电偶）及测定碳势用的传感器（氧探头），以便达到温度与气氛的自动调节。

碳原子由渗碳介质提供，所以在渗碳温度下介质必须要能够分解出碳原子。以常用的碳氢化合物有机介质为例分析碳原子的产生过程。

碳氢化合物在高温下热裂解，后变成烷类饱和碳氢化合物 C_nH_{2n+2}、CO 与烯类不饱和碳氢化合物 C_nH_{2n}、H_2、CO_2、H_2O 等物质。CO、C_nH_{2n+2}、C_nH_{2n} 均可以产生碳原子，其中 CO 在高温下的反应为：

$$2CO \longrightarrow CO_2 + [C] \tag{3-31}$$

这是一个放热反应，温度升高分解碳原子的能力降低。

饱和碳氢化合物如甲烷的分解反应为：

$$CH_4 \longrightarrow 2H_2 + [C] \tag{3-32}$$

这是一个吸热反应，温度升高分解碳原子的能力增强。

显然碳氢化合物发生的反应可以利用物理化学知识进行计算，判断反应发生的可能性。

应该注意的是：在碳氢化合物分解出的物质中，CO_2、H_2O 是脱碳气氛，可以造成工件表面脱碳。井式气体渗碳炉的渗碳工艺曲线见图 3-7。

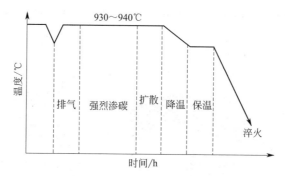

图 3-7　井式气体渗碳炉的渗碳工艺曲线

由图 3-7 可见，渗碳过程主要分为排气、强烈渗碳、扩散及降温 4 个阶段。

排气阶段：工件入炉带入大量空气，需要尽快排出空气。所以加大渗剂用量，使炉内氧化性气氛迅速减少。

强烈渗碳阶段（carburization period）：渗剂用量较多，炉内碳势较高，提高渗碳速度。

扩散阶段（diffusion period）：以减少渗剂用量为标志。炉内气氛渗碳能力下降，使表面的碳向内部扩散。

降温阶段：指渗碳后冷却，将直接淬火的零件降到淬火温度淬火。有时采用降温方法可以控制表面的碳浓度。工艺参数的设计原则是在不同时间控制渗剂的量，也就是控制炉内的碳势。

从上述基本过程可见：渗碳技术中的基本理论主要包括马氏体相变原理（利用马氏体强化表面）、扩散理论、物理化学原理等。

（3）渗碳质量评价指标

对渗碳件质量优劣的评价主要有下面三个指标。

① 表面含碳量：通常要求在 0.7%～1.05% 范围内。在一般情况下低碳钢取 0.9%～1.05%；Ni、Cr 合金钢取 0.7%～0.8%；其他合金钢取 0.8%～0.9% 为宜。这是根据马氏体相变原理规定的，读者可以自行分析。

② 渗层深度：根据零件的大小和零件的受力大小、疲劳强度等的要求而定。以汽车齿轮而论，规定渗层深度为模数的 15%～20%。渗层过浅极易产生压陷和剥落，使齿轮过早失效。承受较大挤压应力的齿轮类零件更是如此。可以认为，在表面碳浓度和渗层组织完全相同的情况下，增加渗层深度会提高齿轮的疲劳强度。

③ 碳浓度梯度：碳浓度梯度下降得愈平缓，则渗层的硬度梯度下降也就越小。这样渗层与心部的结合就愈牢固。

（4）影响渗碳质量的因素

影响渗碳质量的因素较多，论述如下。

① 温度与时间的影响　根据扩散原理很容易获得温度影响规律：在时间、气氛均相同的条件下，渗碳温度越高，渗层越厚，表面碳浓度越高；温度越低则效果相反。同时根据马氏体相变原理，温度又不宜过高。

同样根据扩散原理（扩散第二定律的解）很容易获得时间影响规律。碳在钢中的扩散层深度是温度和时间的函数。在温度一定的条件下，渗层深度符合平方根定律。即渗层的深度随时间的延长而增加。当时间 T 增加到一定值时，曲线便趋于平缓。这说明渗速逐渐减慢，在低温时更为明显。如经 4h 渗碳，850℃ 时的平均渗速约为 0.15mm/h，900℃ 时约为 0.2mm/h，950℃ 时约为 0.34mm/h。又如，20 号钢在 930℃ 进行气体渗碳，渗碳持续 2h，渗碳速度是 0.34mm/h；渗碳持续 10h，渗碳速度是 0.19mm/h。这就表明渗速随时间的增加而逐渐减慢，低温时减慢得更快。

以下经验公式也可用于估算[1]：

$$\delta = 0.1 \sim 0.2T \tag{3-33}$$

当渗层厚度 $\delta < 1mm$ 时，系数可取上限 $0.15 \sim 0.2$，当 $\delta > 1mm$ 时，系数可取下限 $0.1 \sim 0.15$。系数值的选取还与渗碳温度、炉气碳势、钢的成分有关。

② 炉内压力的影响　根据物理化学原理中的吕·查德里原理可以分析出炉内压力对渗碳影响的两重性。

炉内压力的大小明显地影响炉内各种化学反应的速度。因为碳原子是由饱和烃与不饱和烃的分解获得的。

$$CH_4 \longrightarrow 2H_2 + [C] \tag{3-34}$$

对于式(3-34)，降低炉内压力使反应向正方向进行，促使有机渗剂的分解，有利于提高碳势。对于式(3-35)，降低炉内压力却使炉内的反应向反方向进行。

$$2CO \Longleftrightarrow CO_2 + [C] \tag{3-35}$$

因而降低炉内压力不利于碳的吸收和溶解。而且当炉内压力过小时，不利于排除废气并使氧化性气体容易进入炉内。所以综合各方面的考虑，在气体渗碳时，炉内压力要控制在合适的范围，以控制在 $15 \sim 60mm$ 水柱高为宜。

(5) 渗碳用钢与合金元素的作用

根据扩散理论可知：钢中原始含碳量对渗碳钢的组织和性能的影响极为显著。钢中原始含碳量高，将降低渗层的碳浓度梯度，使渗速下降。根据扩散第一定律：$J = -D \dfrac{dc}{dx}$ 得知，原始含碳量的提高，使 $\dfrac{dc}{dx}$ 值变小，因而降低了碳在钢中的扩散层深度。所以在其他工艺条件相同的情况下，原始含碳量越高，所得渗层就越薄。原始含碳量对渗层的碳浓度梯度也有影响，它可以使渗层的碳浓度梯度变得平缓。原始含碳量对心部组织和性能的影响极为显著。

渗碳钢中要加入一些合金元素，其重要目的是增加淬透性与细化奥氏体晶粒。这些合金元素的加入，对渗碳质量也有重要影响。

整个渗碳过程存在着供碳和吸收碳两个主要步骤。炉气的碳势（渗剂的种类数量及其分解）表明其供碳的能力，而钢中的化学成分作为钢的内因对其吸收碳的能力有着决定性的影响，其影响规律如下。

碳化物形成元素能提高钢对碳的吸收能力，形成碳化物的能力越强，吸收碳的能力也越强，则表面碳浓度也就越高，渗层的碳浓度梯度也就越陡。同时强碳化物形成元素 Cr、

Mo、W 等，显著地提高了碳在奥氏体内的扩散激活能，因而降低了碳在奥氏体内的扩散速度。非碳化物形成元素起着降低吸收碳能力的作用，因而降低了渗层的表面碳浓度和碳浓度梯度。Si、Al、Ni、Co 等合金元素对碳在奥氏体内的扩散系数影响不显著。Si、Al 稍能降低碳在奥氏体内的扩散系数，Ni、Co 稍能提高碳在奥氏体内的扩散系数。

综合上述几方面的影响，工业上所用的渗碳钢，当含有的合金元素为 Ni、Co 等非碳化物形成元素时，渗层的表面碳浓度降低；而当含有的合金元素为 Cr、Ti、W、Mo（Mo＜0.4％）等强碳化物形成元素时，渗层的表面碳浓度增加。而对渗层深度的影响，应综合考虑，在通常采用的低合金渗碳钢中，合金元素对渗层的影响是 Cr、Mn、Mo 均能稍微增加渗层深度；而 W、Ni 均能稍微降低渗层深度；当 Si 的含量低于 1％时，对渗层深度影响不大，当 Si 的含量高于 1％时，却能显著降低渗层深度。各类典型零部件常用的渗层深度见表 3-1。

表 3-1 各类典型零部件常用的渗层深度

类 型		渗层深度/mm	应用举例
机床齿轮模数 M	1~1.25	0.3~0.5	
	1.5~1.75	0.4~0.6	
	2~2.5	0.5~0.8	
	3	0.6~0.9	
	3.5	0.7~1.0	
	4~4.5	0.8~1.1	
	5	1.1~1.5	
	＞5	1.3~2	
汽车拖拉机齿轮模数 M	2.5	0.6~0.9	
	3.5~4	0.9~1.2	
	4~5	1.2~1.5	
	5	1.4~1.8	
机床渗碳零件		0.2~0.4	厚度小于 1.2mm 的摩擦片、样板等
		0.4~0.7	厚度小于 2mm 的摩擦片、小轴、小型离合器、样板等
		0.7~1.1	轴、套筒、活塞、支撑销、离合器等
		1.1~1.5	主轴、套筒、大型离合器等
		1.5~2	镶钢导轨、大轴、模数较大的齿轮、大轴承环等
汽车拖拉机齿轮	变速齿轮	0.8~1.2	
	差速器齿轮	0.9~1.3	
	减速器齿轮	1.1~1.5	

（6）渗碳件加工技术路线、组织与性能

表面工程的基本思想是将材料基体与表面作为一个整体设计，利用表面技术使表面性能与心部性能匹配。所以在采用渗碳处理时将基体与表面层一起考虑进行设计，确定合适的加工技术路线很重要。一般采用的技术路线如下：

下料→锻造→正火→机加工→渗碳→淬火＋低温回火→精加工

20 钢渗碳后的金相组织见图 3-8。

渗碳后工件的硬度一般在 HRC58~62 范围。可以利用经验公式估算出强度值及疲劳强

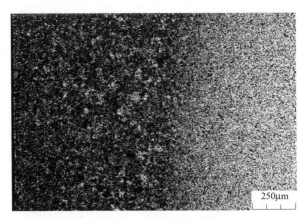

图 3-8 20 钢渗碳后的金相组织照片

度值，在机械设计中就是采用这种方法确定材料的许用应力值的。

3.4.2 渗碳过程中炉内碳势的控制

(1) 碳势（carbon potential）的概念与实际意义

碳势控制是保证渗碳质量的重要工艺参数。虽然说温度、时间、合金元素等也是影响渗碳质量的重要因素，但是在目前的技术水平下，对这些因素的控制一般不会出现问题。实践表明目前对碳势的控制并不稳定，对炉内气氛的控制比时间、温度等的控制要困难复杂得多。渗碳件出现质量问题很多情况下均是碳势控制出现问题。

碳势的定义：在渗碳过程中，渗碳气氛与奥氏体之间达到动态平衡时钢表面碳的含量（严格说是碳的活度）。

由碳势的定义可以得到下面一些重要概念。

① 在渗碳过程中，渗碳气氛中碳有活度，钢表面碳也有活度，碳势指平衡时钢表面的活度。根据物理化学原理可知，在平衡时气氛中与钢表面碳的活度是相等的，所以实际碳势就是气氛中碳的活度。

② 在渗碳过程中钢表面碳势与气氛中碳势一般不可能相等，否则处于平衡态，钢渗碳达到动态平衡，渗碳过程实际就停止了。气氛中碳势高于钢表面碳势，才能保证渗碳过程不断进行。

③ 因此气氛中碳势实际就是在一定温度下，改变钢表面碳浓度的重要参数。气氛中碳势高于钢表面碳势，气氛中碳原子就源源不断渗入钢表面，反之就会脱碳。一般来说，炉内碳势越高，则渗速就越快，渗层越厚，渗层含碳量越高，碳浓度梯度越陡。

④ 碳势定义实际上也提出了一种碳势的测定方法。可以用低碳钢箔在含碳气氛中平衡碳量获得炉内碳势的值。

为分析碳势首先要了解炉内气氛的各类反应。如前所述，在渗碳炉内分解的气体组成有：C_nH_{2n+2}、C_nH_{2n}、CO、CO_2、H_2O、H_2、O_2、N_2 等。这些物质在渗碳过程中的分解产物均会影响碳势。因此需要了解这些物质的分解反应。

C_nH_{2n+2} 是烷类饱和碳氢化合物的表示式，如 CH_4、C_2H_6、C_3H_8 等。这类物质是极强的渗碳剂。例如甲烷在铁的催化下加热至 350℃就开始分解，在 900℃以上就更易催化分解，产生活性碳原子。其反应如下：

$$CH_4 \longrightarrow 2H_2 + [C] \tag{3-36}$$

C_nH_{2n} 是烯类不饱和碳氢化合物的表示式，如 C_2H_4、C_3H_6、C_4H_8 等。它们分解时产生大量的炭黑，所以在渗碳气体中烯类的含量应愈少愈好。

CO 是具有还原性的气体，它能保护钢铁零件在高温时不氧化，而且还具有将氧化铁还原成铁的作用，但其渗碳能力远低于 CH_4。其渗碳反应是：

$$\gamma\text{-Fe} + 2CO \longrightarrow \gamma\text{-Fe(C)} + CO_2 \tag{3-37}$$

CO 将氧化亚铁还原成铁的反应是：

$$FeO + CO \longrightarrow Fe + CO_2 \tag{3-38}$$

O_2 具有强烈的氧化和脱碳的能力，其反应是：

$$2Fe + O_2 \longrightarrow 2FeO \tag{3-39}$$

$$Fe_3C + O_2 \longrightarrow 3Fe + CO_2 \tag{3-40}$$

炉内 O_2 的存在，会使炉气中 CO 和 CH_4 含量迅速下降，而使 CO_2 和 H_2O 含量迅速上升，所以渗碳炉气中对 O_2 的含量应严格控制。

H_2O 和 O_2 一样，具有强烈的氧化和脱碳的能力。其反应是：

$$Fe + H_2O \longrightarrow FeO + H_2 \tag{3-41}$$

$$Fe_3C + H_2O \longrightarrow 3Fe + H_2 + CO \tag{3-42}$$

并使炉内 CO 和 CH_4 含量迅速下降，其反应是：

$$CH_4 + H_2O \longrightarrow CO + 3H_2 \tag{3-43}$$

$$CO + H_2O \longrightarrow CO_2 + H_2 \tag{3-44}$$

所以渗碳气氛中对 H_2O 的含量应严格控制。

CO_2 也和 O_2 一样，具有强烈的氧化和脱碳的能力，其反应是：

$$Fe + CO_2 \longrightarrow FeO + CO \tag{3-45}$$

$$Fe_3C + CO_2 \longrightarrow 3Fe + 2CO \tag{3-46}$$

并使炉气中 [C] 和 CH_4 含量迅速下降，其反应是：

$$[C] + CO_2 \longrightarrow 2CO \tag{3-47}$$

$$CH_4 + CO_2 \longrightarrow 2CO + 2H_2 \tag{3-48}$$

所以渗碳气氛中对 CO_2 的含量亦要严格控制。

在以上所有化学反应中，反应进行的方向和完成的程度，除与温度有关外，还与压力和有无催化剂等因素有关。这些因素均会影响炉内的碳势，所以如何控制碳势是一个复杂的问题。

渗碳炉内的气体是多种气体的混合体。目前控制碳势的主要思路是：炉内混合气体所发生的渗碳、脱碳或氧化反应，取决于 $CO/(CO+CO_2)$ 和 $CH_4/(CH_4+H_2)$ 的比值、钢中含碳量的高低和炉气温度的综合结果。

在一定温度下要使钢件增碳至一定值，应调整炉气中 $CO/(CO+CO_2)$ 和 $CH_4/(CH_4+H_2)$ 的比值，使之与渗层表面含碳量相平衡。目前从理论上总结出的 $CO\text{-}CO_2\text{-}Fe$ 平衡图如图 3-9 所示，可以在一定程度上反映出炉气的碳势。

但实际上渗碳炉中混合气体比图中表示的气体还要复杂得多，而且在实际生产中，这些过程总是不能达到平衡。尽管如此，对于这些平衡的研究，仍然有很大的实际意义。它提供了对于渗碳过程进行控制的理论基础。

图 3-9 表明了具有不同含碳量的奥氏体与 CO-CO_2 之间的平衡关系以及混合气体压力的影响。对图 3-9 说明如下。

① 在 abc 线以下，因 CO_2 含量高，Fe 发生氧化，当然也就不存在渗碳反应。abc 线代表氧化还原的分界线。

② abed 线围成的区域为铁素体稳定区。

③ def 线左边的区域，因为 CO 的相对含量高，可能在钢中直接形成 Fe_3C。这个区域为渗碳体的稳定区。

④ cbef 线围成的区域为碳含量可变的奥氏体稳定区。当气体成分已定时，奥氏体中的含碳量由温度决定；而当温度一定时，奥氏体中的含碳量又由气体中 CO 的

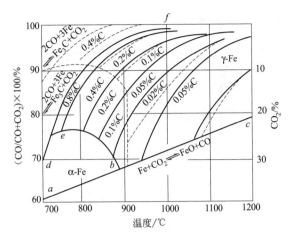

图 3-9　CO-CO_2-Fe 平衡图

实线代表　$P_{CO}+P_{CO_2}=1.0$ 大气压

虚线代表　$P_{CO}+P_{CO_2}=0.25$ 大气压

相对含量所决定；含碳量相同的奥氏体又由此区域中同一条实线所表示。由图 3-9 可知，在 930～950℃进行渗碳时，为了保证钢件表面具有 1.0%左右的含碳量，则 CO 的含量应大于 95%才有可能实现。温度越高，要求 CO 的含量越高。所以 CO 的渗碳能力是极弱的。为了提高其渗碳能力，在炉气中一定要有一定的甲烷气，它的渗碳能力强，几乎是气体渗碳中的主要增碳剂。图 3-10 为 CH_4-H_2-Fe 平衡图。

图 3-10 中 SP 左边区域为 α 相稳定区；SE 右边区域为石墨和奥氏体共存区；SE 与 SP 围成的区域为含碳可变的奥氏体区。随着温度的升高，为了得到同一含碳量的奥氏体，所需要的甲烷的相对含量将减少。在一定温度下，如增加甲烷的相对含量，将使奥氏体中的平衡碳含量迅速增加。

根据上述分析可以利用物理化学原理推导出碳势的表达式。前面已经介绍，测定碳势是考虑炉内多种气体的平衡，根据物理化学原理可以推导出碳势的表达式：

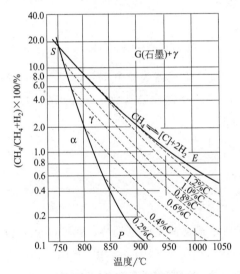

图 3-10　CH_4-H_2-Fe 平衡图

$$a_c = P_{CO}/(K_1 K_2 P_{O_2}^{0.5}) \tag{3-49}$$

式中，a_c 是炉内碳势；K_1、K_2 是化学反应的平衡常数，可以根据物理化学原理求出；P_{CO} 是炉气中 CO 的分压值（在渗碳气氛中此值可看成衡量）；P_{O_2} 是炉气中 O_2 的分压。

(2) 碳势测定方法

控制碳势有多种方法。目前最常用的方法是用氧化锆固态电池测量和控制氧势。氧化锆固态电池也称氧浓差电池或氧探头，在 20 世纪 70 年代开始用于热处理炉气测量和控制。氧探头的结构见图 3-11。测定碳势的原理说明如下。

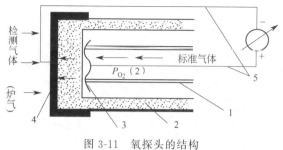

图 3-11　氧探头的结构

1—氧化铝保护管；2—氧化锆电解质；
3—标准电极；4—检测电极；5—铂导线

氧探头的核心材料是一种空位结构的 ZrO_2-CaO 的固溶体。这是一种电解质材料。该材料的特性是在 650℃ 以上具有传递氧离子的特性。在氧化锆电解质的两侧装有铂电极。在内部装有多孔性的铂网，作为标准电极（内电极）并且焊接导线导出。在外侧装有铂片，作为检测电极。两个电极间用导线连接。

在一定温度下，炉气中有 O_2 吸附在探头的外侧。此时空气（作为标准气体）进入内侧电极，在铂的催化作用下，获得电子使空气中的 O_2 变为氧离子。由于材料的特性是可以传递氧离子，所以氧离子就在氧化锆介质中移动。经过电极的催化作用，放出电子而还原成氧分子。

此时就在两个电极上发生电化学反应：

阴极　　　　　　　　　　　$O_2 + 4e \longrightarrow 2O^{2-}$

阳极　　　　　　　　$2O^{2-} - 4e \longrightarrow O_2$

从而电极两端便会产生一定值的浓差电势，此值可以被测定出。其数值大小仅与温度、被测气体和参比气体的 O_2 浓度有关：

$$E = 2.303 \frac{RT}{4F} \lg \frac{P_{O_2}}{P_{参比}} (V) \quad 或 \quad E = 0.0496 T \lg \frac{P_{O_2}}{P_{参比}} (mV) \qquad (3-50)$$

式中，P_{O_2}、$P_{参比}$ 为两个电极介质的 O_2 分压（如参比气体为空气时，$O_2 = 20.9\%$）；T 为绝对温度，K；R 为气体常数，8.314J/(mol·K)；F 为法拉第常数，96500C/mol。

这里还提出一个关于氧势 μ_{O_2} 的概念，可用下式表示：

$$\mu_{O_2} = RT \lg P_{O_2}（千卡） 或 \mu_{O_2} = 1.987 T \lg P_{O_2}$$

在 600～1200℃ 间电势和氧势有如下关系：

$$E = 10.84(\mu_{O_2} = \mu_{空气})(mV)$$

$$或 E = 10.84 \mu_{O_2} = 40(mV)$$

根据式(3-49)，由于 CO 的分压是一个恒定量，所以根据测定的电动势，就可以求出 O_2 的分压值，而根据 O_2 的分压值就可以求出碳势。不同碳势下渗碳层的金相组织见图 3-12。

(a) 碳势高出现沿晶界碳化物(网状碳化物)　　　(b) 碳势正常

图 3-12　不同碳势下渗碳层的金相组织照片

3.4.3　渗碳件残余应力分析

渗碳淬火产生的残余应力同样是复杂的，其与渗层深度、材料成分、渗碳层中含碳量、冷却速度等诸多因素有密切关系。但仍可根据 2.3.1 节中论述的采用圆柱样品进行整体淬火得出的一些基本规律进行粗略的分析。

热应力产生的残余应力的特点应该与圆柱样品进行整体淬火类似，即表面压应力、心部拉应力。对相变应力进行分析，讨论零件在淬透下的情况。

相变应力产生的残余应力的特点应该与圆柱样品进行整体淬火有重大差别。在圆柱样品整体淬火时是表面先发生马氏体相变，而心部后发生相变，从而产生了相变应力。在渗碳淬火情况下就完全不同。这是由于表层含碳量高而心部含碳量低，造成表层的马氏体开始转变点低于心部，所以心部先发生马氏体相变而表层后发生相变，顺序与整体淬火完全相反，相变应力的特点也完全反向。利用第 2 章中介绍的残余应力方法分析相变应力，得到表 3-2。

表 3-2　渗碳淬火过程中相变应力的产生过程与分布特点（淬透情况下）

类型	冷却初期	冷却后期	类型	冷却初期	冷却后期
表层变形	基本不变	表面膨胀	表面应力	拉应力	压应力
心部变形	心部膨胀	基本不变	心部应力	压应力	拉应力

可见相变应力产生的残余应力的特点仍然是：表面压应力、心部拉应力。

因此推断出渗碳淬火后合成的残余应力的特点应该是：表面压应力、心部拉应力。

渗层深度的影响规律是：随深度增加，表面残余压应力减少。

样品直径的影响规律是：随直径增加，表面残余压应力减少。

根据试验结果获得具体情况下的一些定量数据如下。

① 直径 11.3mm 的 20 钢样品，渗层深度为 0.2mm，表面径向残余压应力可达到 600MPa，轴向残余应力可以达到 400MPa。渗层深度达到 0.6mm。表面径向残余压应力减少到 400MPa，轴向残余应力为 50MPa 左右。

② 渗层深度 0.2mm 的 20 钢样品，直径为 15mm，表面径向残余压应力可达到 800MPa，轴向残余应力可以达到 600MPa。如果直径减少到 8mm，表面径向残余压应力与轴向残余应力减少到 100MPa 左右。

本节较详细介绍渗碳技术，是因为渗碳技术是目前在生产中最常用的表面改性技术之一，具有不可替代的作用。同时渗碳技术可为分析、设计其他表面改性技术提供思路，也可为改进表面改性技术提供思路。渗碳技术中各类影响因素、分析方法、获得的规律、残余应力分析方法等，在其他同类表面技术中均有重要的借鉴作用。

例如碳势概念的实质是气氛中碳元素浓度对渗层质量有重要影响。这种影响在其他类似表面改性技术中（如碳氮共渗等）也同样重要。因此在其他类似表面改性技术中，也应该同样重视气氛中渗入元素含量的影响，最好也探索出合理的控制测定方法。

同时也可以看到对于渗碳技术深入研究不能脱离物理化学、扩散、固态相变等基础理论知识。在这些基础理论的指导下才能不断创新工艺。

3.4.4　渗碳的数值模拟技术简介

如前所述，渗碳技术是非常古老的技术，但在当今现代化工业生产的时代，气体渗碳技术也是最重要的表面技术之一，其中关键原因之一是该技术对环境没有污染，所以各国研究者投入精力进行研究、改进与发展。大约从 20 世纪 70 年代开始人们就试图通过数学建模方法，利用计算机技术实现对气体渗碳过程的控制，经过几十年的发展目前已经达到实用化的程度。本节简单介绍渗碳过程数值模拟的差分方法。

渗碳数值模拟的基本方法是利用在 3.1 节中论述的扩散第二定律：

$$\frac{\partial c}{\partial t} = D \frac{\partial^2 c}{\partial x^2} \tag{3-51}$$

利用该定律计算渗碳过程中碳浓度与距离间的关系曲线，实现对渗碳过程的控制。所以数值模拟的核心问题是：求出在渗碳过程中，渗碳零件在某一时刻、某一指定位置处的碳浓度。

为达到此目的就必须对公式(3-51)求解。但是扩散第二定律是一个偏微分方程，一般情况下难以通过解微分方程的解析方法求出精确的解。所以试图通过解析方法建立模型实现对渗碳过程的控制的技术路线不能走通。

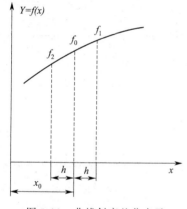

图 3-13　曲线斜率差分表示

解决此问题的基本思路是将偏微分方程转化为线性方程求解。差分方法就是其中一种。差分方法的基本思想是：将扩散第二定律及其表示边界条件的方程，近似地用线性方程表示，求解就变成求线性方程的解，对于后者不会有数学上的困难。利用计算机可以很方便地求解线性方程，所以实现了渗碳过程的模拟。首先导出差分公式。

由图 3-13 说明差分方程的导出。在数学上，连续函数 $f(x)$ 在点 x_0 处的导数比被定义为：

$$(\mathrm{d}f/\mathrm{d}x)x_0 = \lim_{h \to 0} [(f_1 - f_0)/h] \tag{3-52}$$

因此可以近似地将导数写成：

$$(\mathrm{d}f/\mathrm{d}x)x_0 = (f_1 - f_0)/h \tag{3-53}$$

式(3-53)说明可以将导数用线性函数代替，这是差分方法的基本出发点。根据这种方法可获得下面公式：

$$\left(\frac{\mathrm{d}f}{\mathrm{d}x}\right)_{x=x_0} \cong \frac{f_1 - f_0}{h} \qquad 前差 \tag{3-54}$$

$$\left(\frac{\mathrm{d}f}{\mathrm{d}x}\right)_{x=x_0} \cong \frac{f_0 - f_2}{h} \qquad 后差 \tag{3-55}$$

$$\left(\frac{\mathrm{d}f}{\mathrm{d}x}\right)_{x=x_0} \cong \frac{f_1 - f_2}{2h} \qquad 中差 \tag{3-56}$$

同理二阶导数也可用偏差公式代替：

$$\left(\frac{\mathrm{d}^2 f}{\mathrm{d}x^2}\right)_{x=x_0} = \frac{1}{h}\left(\frac{f_1-f_0}{h}-\frac{f_0-f_2}{h}\right) = \frac{1}{h^2}(f_1-2f_0+f_2) \tag{3-57}$$

式(3-54)～式(3-57)为基本差分公式。

将差分公式用于渗碳的扩散第二定律分析如下。

碳原子沿样品单方向扩散,首先将试样离散化,样品分成不同截面。可以获得网格图,见图 3-14、图 3-15。在网格图中横坐标表示距离,纵坐标表示时间。

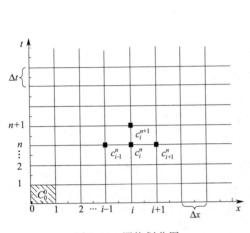

图 3-14　网格划分图

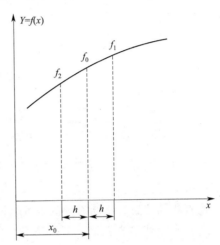

图 3-15　与网格对应的差分斜率图

图 3-14 中 c_i^n 代表样品 i 位置、n 时刻小网格区域的浓度平均值。例如 c_0^0 代表图 3-14 中网格区域的浓度平均值。注意:下标 i 代表距离,上标 n 代表时间。

如果求出了 c_i^n 就知道了任意位置、任意时刻样品中碳浓度,就是求出了方程的解,达到了模拟的目的。根据下面两个差分公式进行分析:

$$\left(\frac{\mathrm{d}f}{\mathrm{d}x}\right)_{x=x_0} \cong \frac{f_1-f_0}{h}$$

$$\left(\frac{\mathrm{d}^2 f}{\mathrm{d}x^2}\right)_{x=x_0} = \frac{1}{h^2}(f_1-2f_0+f_2)$$

分析 1:

$\dfrac{\partial c}{\partial t}$ 代表位置不变、仅时间变化时的浓度变化率,即样品某一确定截面处浓度随时间的变化率。实际就是沿网格纵线写差分公式。关键是确定 f_0,显然以 c_i^n 为 f_0 合适。

$$f_0=c_i^n \qquad h=\Delta t \qquad f_1=c_i^{n+1}$$
$$\frac{\partial c}{\partial t}=\frac{c_i^{n+1}-c_i^n}{\Delta t} \tag{3-58}$$

分析 2:

$\dfrac{\partial^2 c}{\partial x^2}$ 表示时间不变、由于样品位置变化引起的浓度变化二阶导,显然应该沿网格横线写差分公式。

$$f_0 = c_i^n \qquad h = \Delta x \qquad f_1 = c_{i+1}^n \qquad f_2 = c_{i-1}^n$$

$$\frac{\partial^2 c}{\partial x^2} = \frac{c_{i+1}^n - 2c_i^n + c_{i-1}^n}{\Delta x^2} \tag{3-59}$$

将式(3-58)、式(3-59)代入扩散第二定律：

$$\frac{c_i^{n+1} - c_i^n}{\Delta t} = D\left(\frac{c_{i-1}^{n+1} - 2c_i^{n+1} + c_{i+1}^{n+1}}{\Delta x^2}\right)$$

整理得到：

$$\frac{\Delta x^2}{\Delta t D}(c_i^{n+1} - c_i^n) = c_{i+1}^n - 2c_i^n + c_{i-1}^n$$

$$c_i^{n+1} = R(c_{i+1}^n - 2c_i^n + c_{i-1}^n) + c_i^n$$

$$R = \frac{D\Delta t}{(\Delta x)^2}$$

$$c_i^{n+1} = R(c_{i+1}^n + c_{i-1}^n) + (1-2R)c_i^n \tag{3-60}$$

式(3-60)为基本差分方程，讨论如下。

① c_i^n、c_i^{n+1}、c_{i+1}^n、c_{i-1}^n 均表示浓度，但代表不同位置、不同时刻的浓度。例如 c_i^n、c_i^{n+1} 代表相同位置、不同时刻的浓度（网格上标明）。

② 这是个代数方程组，可以获得多个代数方程。例如取：

$$i = 0, 1, \cdots, 6 \qquad n = 0, 1, 3, \cdots, 6$$

将 $i=0$ 代入式(3-60)，n 可取 0，1，$\cdots$，6 得到含 6 个方程的一个方程组。用于计算样品表面位置 6 个不同时刻的浓度值。将 $i=1$ 代入式(3-60)，n 取 0~6，又得到一个方程组，计算距表面 Δx 位置 6 个不同时刻的浓度值。以此类推得 6 个方程组，解 36 个方程。

③ 仅有式(3-60)无法求解，因为解偏微分方程必须要用边界条件与初始条件，式(3-60)为偏微分方程，代用式也要有边界条件、初始条件才能求解。

下面对表面位置用式(3-60)，将 $i=0$ 代入式(3-60)：

$$c_0^{n+1} = R(c_1^n + c_{-1}^n) + (1-2R)c_0^n \tag{3-61}$$

此处出现的 c_{-1}^n 物理意义不明确，必须消去，利用渗碳的边界条件：

$$-D\frac{\partial c}{\partial x}\bigg|_{x=0} = \beta(c_g - c|_{x=0}) \tag{3-62}$$

式中，$c|_{x=0}$ 为样品表面 $x=0$ 处的碳浓度；$-D\dfrac{\partial c}{\partial x}$ 为扩散系数与碳浓度的梯度乘积；c_g 为气氛中的碳浓度碳势；β 为碳从气相到固相物质的传递系数。

将式(3-62)中导数用差分公式代入，仍然在纵线上用差分公式，为消除 c_{-1}^n，用后差公式代入，$i=0$，$f_0 = c_0^n$，$f_2 = c_{-1}^n$，代入边界条件：

$$-D\left(\frac{c_0^n - c_{-1}^n}{\Delta x}\right) = \beta(c_g - c_0^n)$$

$$c_0^n - c_{-1}^n = -\frac{\Delta x \beta}{D}(c_g - c_0^n)$$

根据外边界条件解出 c^n_{-1}:

$$c^n_{-1} = c^n_0 + \frac{\Delta x \beta}{D}(c_g - c^n_0) \tag{3-63}$$

将式(3-63) 代入式(3-61)，因为外边界条件恰有导数可用差分公式:

$$c^{n+1}_0 = R\left[c^n_1 + c^n_0 + \frac{\Delta x \beta}{D}(c_g - c^n_0)\right] + (1-2R)c^n_0$$

$$c^{n+1}_0 = R(c^n_1 + c^n_0) + (1-2R)c^n_0 + \frac{\Delta t \beta}{\Delta x}(c_g - c^n_0)$$

$$c^{n+1}_0 = Rc^n_1 + \left(1 - R - \frac{\Delta t \beta}{\Delta x}\right)c^n_0 + \frac{\Delta t \beta}{\Delta x}c_g \tag{3-64}$$

应用式(3-60) 分析扩散到最远处（内边界），设碳仅能扩散到 $i=m-1$，代入式(3-60):

$$c^{n+1}_{m-1} = R(c^n_m + c^n_{m-2}) + (1-2R)c^n_{m-1}$$

$$= R(c_0 + c^n_{m-2}) + (1-2R)c^n_{m-1} \tag{3-65}$$

导出计算时需要 3 个差分方程:

基本方程式(3-60)　　$c^{n+1}_i = R(c^n_{i+1} + c^n_{i-1}) + (1-2R)c^n_i$ $\qquad$ (3-66)

外边界方程　　$c^{n+1}_0 = Rc^n_1 + \left(1 - R - \frac{\Delta t \beta}{\Delta x}\right)c^n_0 + \frac{\Delta t \beta}{\Delta x}c_g$ $\qquad$ (3-67)

内边界方程　　$c^{n+1}_{m-1} = R(c_0 + c^n_{m-2}) + (1-2R)c^n_{m-1}$ $\qquad$ (3-68)

讨论如下:

① 计算时要考虑方程的稳定性与收敛性: Δx 与 Δt 选取不合适，计算值摆动，计算次数增加。由方程(3-60) 看出，如果$(1-2R)<0$，某位置前一时间浓度越高，后一时间浓度越低，显然不合理。

所以要求$(1-2R) \geqslant 0$，即 $R \leqslant \frac{1}{2}$，对于二维、三维坐标系算要求 $R \leqslant \frac{1}{4}$、$R \leqslant \frac{1}{6}$。

收敛性指格子越分细，解越精确。但有时并非如此。一般只要 $R \leqslant \frac{1}{2}$ 必收敛。

② 用 3 个差分方程进行计算时，对于基本公式(3-60)，$i=0$ 与 $i=m$ 就不必再代入方程中，方程式组减少。用内边界方程时首先确定 $m-1$ 为多少，如果 $i=0$，1，2，3，4，即 $m-1=4$，所以 $M=5$ 方程组个数为 $m-2=5-2=3$（个）。为更好地理解差分方法利用例 3-5 进行说明。

例 3-5: 厚度为 5mm 的板，含碳量为 0.2%，渗碳工艺为 950℃渗碳 5h，扩散系数 $D = 2.096 \times 10^{-5} \text{mm}^2/\text{s}$，$\beta = 1.25 \times 10^{-7} \text{m/s}$，表面碳浓度 $c_g = 1.0$。求板内各位置的浓度分布。

$$n = 0,1,2,3,4,5 \quad \Delta t = \frac{5h}{5} = h = 3600\text{s}$$

$$i = 0,1,2,3,4,5 \quad \Delta x = \frac{5\text{mm}}{5} = 1.0\text{mm}$$

$$R = \frac{2.096 \times 10^{-5} \times 3600}{1.0} = 0.075 < \frac{1}{2}$$

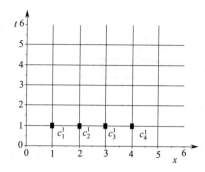

图 3-16 例 3-5 计算时的网格图

初始条件 $t=0$，$c_i^0=0.2\%$，求出 $n=1$ 时的具体浓度，到 $i=5$ 即 m 时为心部，碳最多扩散到 $m-1$ 即 $i=4$ 处为内边界，具体计算见图 3-16。

① 取 $n=0$（即取第一个 Δt，由于 Δt 很小，$t\approx0$），代入外边界方程：

$$c_0^1=Rc_1^0+\left(1-R-\frac{\Delta t\beta}{\Delta x}\right)c_0^0+\frac{\Delta t\beta}{\Delta x}c_g$$

式中，c_1^0、c_0^0 表示 $t=0$ 时最表面的含碳量，所以为 0.2%，因此有：

$$c_0^1=R\times0.2\%+\left(1-R-\frac{3600\beta}{1.0}\right)\times0.2\%+\frac{3600\beta}{1.0}\times1.0 \tag{3-69}$$

将 $n=0$ 代入内边界方程(3-68) 可得：

$$c_{m-1}^1=R(c_0+c_{m-2}^0)+(1-2R)c_{m-1}^0$$

当 $m-1=4$，c_0 为 0.2%，c_{m-2}^0、c_{m-1}^0 均为 0.2%，代入因此有：

$$c_4^1=R\times(0.2\%+0.2\%)+(1-2R)\times0.2\% \tag{3-70}$$

将 $n=0$ 代入基本方程式(3-60)，$i=0$、$i=4$ 为外边界与内边界则不必代入，所以仅用 $i=1$，2，3 代入式(3-60)，将 $i=1$，$n=0$ 代入式(3-60)，c 的上标不变而下标变化：

$$c_1^1=R(c_2^0+c_0^0)+(1-2R)c_1^0$$
$$=R\times(0.2\%+0.2\%)+(1-2R)\times0.2\% \tag{3-71}$$

将 $i=2$、$n=0$ 代入式(3-60)，求得：

$$c_2^1=R(c_3^0+c_1^0)+(1-2R)c_2^0$$
$$=R\times(0.2\%+0.2\%)+(1-2R)\times0.2\% \tag{3-72}$$

将 $i=3$、$n=0$ 代入式(3-60)，求得：

$$c_3^1=R(c_4^0+c_2^0)+(1-2R)c_3^0$$
$$=R\times(0.2\%+0.2\%)+(1-2R)\times0.2\% \tag{3-73}$$

式(3-69)～式(3-73)为共有 5 个方程的方程组，也有 c_0^1、c_1^1、c_2^1、c_3^1、c_4^1 5 个未知数。（表示在初始时刻 5 个截面处的碳浓度），所以可以求解。

② 取 $n=1$，$i=1$，2，3 代入内边界方程、外边界方程与基本方程，即 $2\Delta t$ 时刻各截面处的碳浓度为：

外边界方程 $\qquad c_0^2=Rc_1^1+\left(1-R-\dfrac{\Delta t\beta}{\Delta x}\right)c_0^1+\dfrac{\Delta t\beta}{\Delta x}\times1.0 \qquad (3\text{-}74)$

内边界方程 $\qquad c_4^2=R(0.2\%+c_3^1)+(1-2R)c_4^1 \qquad (3\text{-}75)$

基本方程 $\qquad c_1^2=R(c_2^1+c_0^1)+(1-2R)c_1^1 \qquad (3\text{-}76)$

$\qquad\qquad\qquad c_2^2=R(c_3^1+c_1^1)+(1-2R)c_2^1 \qquad (3\text{-}77)$

$\qquad\qquad\qquad c_3^2=R(c_4^1+c_2^1)+(1-2R)c_3^1 \qquad (3\text{-}78)$

式(3-74)～式(3-78)的 5 个方程构成方程组，其中 c_0^2、c_1^2、c_2^2、c_3^2、c_4^2 为未知数，而 c_0^1、c_1^1、c_2^1、c_3^1、c_4^1 是取 $n=0$、$i=1$，2，3 时已求出的数，为已知数，所以可解出 c_0^2、

c_1^2、c_2^2、c_3^2、c_4^2 这 5 个未知数，求出 $2\Delta t$ 时间 5 个截面处的碳浓度。

依次类推可以求出不同时刻、试样各个不同位置处的碳浓度。

3.5 利用反应扩散理论设计表面改性工艺

3.5.1 设计思想与基本原理

采用渗碳工艺可以使钢表面的硬度达到 HRC58～62（表 3-3）。渗碳技术的设计思想是扩散理论及马氏体相变理论。如果要使材料表面达到更高的硬度应该如何处理？对钢铁材料而言，一般情况下如果基体与合金元素形成化合物，其硬度可以大幅度提高甚至高于马氏体。因此设想如果能够通过反应扩散方法，在基体材料表面形成一层化合物，就可以达到更高的硬度。

为得到理想的化合物层必须进行工艺设计。一般按下面步骤进行。

① 根据对零件表面的性能要求和已具备的条件及成本等因素，利用相图进行分析，选择合适的化合物层（可能不止一种方案），然后决定要渗入的元素。

② 判断这些元素能否渗入零件发生反应扩散，渗入后能否得到所需渗层及化合物。

③ 确定渗镀介质、温度、时间等工艺参数，然后进行工艺试验。

④ 检验性能是否合乎要求，再把结果反馈于设计过程。

以上步骤可用图 3-17 表示。

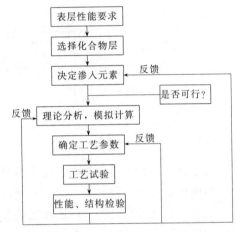

图 3-17 工艺设计框图

表 3-3 几种表面改性方法处理后表面硬化层的硬度与层深

渗镀方法	表面硬度	渗层或化合物层厚度	渗镀方法	表面硬度	渗层或化合物层厚度
渗碳	HRC58～62	0.8～1.8mm	渗铬	HV1400～1800	0.01～0.02mm
氮化	HV800～1000	0.5mm	渗铌	HV2100～2300	小于 0.01mm
渗硼	HV1600～1800	0.1～0.3mm	渗钛	HV1800～2000	小于 0.01mm
渗钒	HV1800～2100	0.005～0.015mm			

为达到目的首先要判断活性原子渗入基体后是否会发生反应扩散及发生反应扩散的难易程度。判断的方法是利用相图进行理论分析。

例 3-6：已知为防止氧化可采用铁铝化合物层如 Fe_3Al、Fe_2Al 等。这就决定了要将 Al 原子渗入钢表面。根据一般经验，渗镀温度均在 900～1100℃，所以问题是在此温度范围 Fe、Al 原子能否形成化合物？对此问题可以利用二元相图粗略判别。

根据图 3-18 的 Fe-Al 相图可见，在 900～1100℃范围随含 Al 量增加依次可形成 Fe_3Al、

FeAl、FeAl$_2$、FeAl$_3$。这表明只要有活性 Al 原子渗入钢表面，就很有可能形成 Fe-Al 相。并且也看到当 Al 原子少时可能出现 Fe$_3$Al、FeAl，如果 Al 原子很多很可能出现 Fe$_2$Al$_3$、FeAl$_3$ 等化合物。从此处得到启发，可通过控制活性 Al 原子量来控制渗层相成分和结构，从而控制性能。

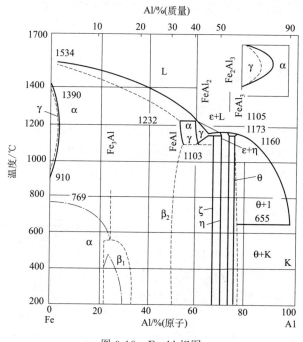

图 3-18　Fe-Al 相图

应当说明，在渗镀过程中一般不满足平衡条件，所以利用相图判别仅是近似的。在渗镀过程中能否形成化合物已有一些试验获得的结论，现叙述如下。

现在一般认为化合物的形成首先是渗入原子渗入到基体中形成固溶体，达到一定溶解度后使晶格不稳定发生变化，最后形成化合物。因此能否形成化合物，首先是能否形成固溶体。普遍认为如果渗入元素原子直径与基体金属原子直径的差 $[(D_基 - D_{渗入}/D_基) \times 100\%]$ 大于 15%，则很难形成化合物。这就是所谓的尺寸因素。

另外如果渗入元素与基体元素的化学亲和力越大，固溶体溶解度越小，就越易形成金属间化合物，这一点可利用自由能曲线定性分析。

图 3-19 中，P 为固溶体自由能曲线；G 为化合物自由能曲线；A 为基体金属元素；B 为渗入金属元素。

图 3-19 公切线上的 a 点决定了基体固溶体的溶解度。如果两种元素的化学亲和力越大，则化合物越稳定，自由曲线 G 就越低，相应溶解度就朝更小的方向移动，表明越易形成化合物。化学亲和力大小又可由电负性判别，电负性越强表明该元素的原子接受电子成为负离子的倾向越大。同一周期中由左向右元素电负性逐渐增大，同一族中由上到下电负性逐渐减小，所以可根据周期表大致判别是否

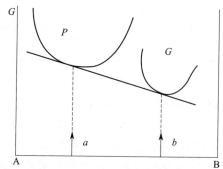

图 3-19　固溶体自由能曲线图

易形成化合物。化合物是否容易形成还和其他因素有关，但一般认为上述两个因素有重要影响。根据上述思路分析下面案例。

应该说明的是，这类表面改性技术强化原理与马氏体相变无关，完全是利用反应扩散与化合物本身的性能改变表面的组织结构。因此利用原子扩散渗入改变表面成分与结构的表面改性技术可以依据强化原理的差别分成两类。

一类是基于马氏体相变理论的强化技术，另一类是基于反应扩散与化合物本身性质的表面改性技术。

3.5.2 氮化工艺

氮化（nitriding）也称渗氮技术，特点是将固定成分的钢处于渗氮剂中，加热到一定温度后渗氮剂中产生活性氮原子，使氮原子渗入工件表层，在钢表面形成一定数量的氮化物，从而提高表面的硬度。

（1）利用 Fe-N 相图分析发生反应扩散的可能性

根据 3.5.1 中论述的设计思路，首先分析图 3-20（Fe-N 相图）。

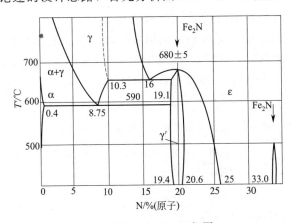

图 3-20　Fe-N 相图

由图 3-20 可见，随 Fe 中氮浓度不同可以形成不同结构的化合物。在 590℃ 以下有 α、γ′、ε 和 ζ 相四个相区；在 680℃ 以上的范围有 α、γ、ε 相三个单相区。γ′、ε、ξ 相均为可变成分，在一定的成分范围内变化；γ′ 相与 ξ 相在高温下都能溶入 ε 相中，ε 相存在的温度范围很广。成分的可变范围也很广，相当于在 Fe_3N 和 Fe_2N 之间变化。

① α 相——氮在 α-Fe 中的固溶体，类似于 $Fe-Fe_3C$ 状态图中的铁素体，体心立方点阵。由于 α 相溶解氮的能力较低，强化作用有限，故 α 相的性能与 α-Fe 基本相同。

② γ 相——氮在 γ-Fe 中的间隙固溶体。面心立方点阵，相当于 Fe-C 状态图中的奥氏体，所以也叫含氮奥氏体。氮在 γ-Fe 中的溶解能力远大于 α-Fe 中的溶解能力，也比奥氏体中溶解碳的能力大。

③ γ′ 相——是以氮化物 Fe_4N 为基的固溶体。γ′ 相是有序面心立方点阵的间隙相，也有较高的硬度。

④ ε 相——是含氮范围很宽的化合物。在 500℃ 以下，ε 相的成分大致在 Fe_3N（含氮 8.1%）与 Fe_2N（含氮 11.0%）之间变化。温度升高，ε 相在状态图上的范围扩大，成分变化的范围就越大。因而当温度缓慢地下降时，从 ε 相中析出含氮量较低的 γ′ 相。从而使 ε 相

的含氮量不断提高，有趋向 ζ 相成分的可能。

ε 相是有序密排六方点阵的间隙相。它有较高的硬度。如没有 ζ 相析出，单相的 ε 相并不脆。快冷可以防止 γ′ 相的析出和 ζ 相的形成，使表面形成单一的 ε 相；慢冷，有从 ε 相中析出 γ′ 相和形成 ζ 相的可能，因而在渗层表面易形成三相共存的多相组织。由于各相的比体积相差较大，所以当有多相共存的渗层出现时，就会使渗层变脆。

⑤ ζ（zeta）相——是以 Fe_2N 为基的固溶体。含氮量在 11.0%～11.35% 之间变化，是目前已经知道的含氮量最高的铁氮化合物。它具有正交菱形点阵的间隙相，性脆，耐腐蚀。它在含氮较高时且在缓慢冷却过程中易于形成 ζ 相。由于 ζ 相与 ε 相一样，都有很好的耐腐蚀性，故腐蚀后在金相显微镜下很难分辨出来。

应该说明的是，在钢中由于存在合金元素所以氮原子可能与合金元素形成化合物。如何判断合金元素及 Fe 哪种与氮原子形成化合物的可能性大？可以根据化学元素周期表进行判断。

一般认为在形成氮化物时，氮原子将外层电子转移到合金元素或 Fe 原子未填满的 d 层中。因此元素 d 层电子越不满，形成氮化物的能力越强。因此可以从周期表中判断元素与氮原子形成化合物的倾向大小。因此周期表中越排在铁的左方的合金元素，则与氮的亲和力愈大，所形成的氮化物也越稳定，熔点、硬度也越高。因此一般合金元素与氮原子形成氮化物的倾向比 Fe 要大。实践表明氮化物的稳定性按下列次序依次下降，即 Ti、Al、V、W、Mo、Cr、Mn、Fe 的氮化物。所以常用的氮化钢中的合金氮化物都比铁的氮化物的稳定性要高，硬度也要高。铝虽然不属于过渡金属，但铝与氮极易形成 AlN。它是六方晶格点阵，热稳定性也很高，熔点高达 2400℃，硬度也高达 HV1225～1230。各种合金氮化物的结晶构造与性能见表 3-4。

表 3-4　各种合金氮化物的结晶构造与性能

氮化物	含氮量/%	晶格类型	显微硬度（HD）[1]	氮化物生成热/(kcal/mol)[2]	熔化温度/℃
AlN	34.18	六方晶格	1225～1230	78.47±0.2	2400
TiN	22.63	面心立方晶格	1994	80.5±0.3	3205
VN	21.56	面心立方晶格	1520	60.0±5	2360
W_2N	4.39	面心立方晶格	—	17.2±3.0	—
WN	7.08	六方晶格	—	—	600（分解）
Mo_3N	4.64	正方晶格	—	—	600（离解）
Mo_2N	6.80	面心立方晶格	630	16.6±0.5	600（离解）
MoN	12.73	六方晶格	—	—	600（分解）
Cr_2N	11.86	六方晶格	1570	25.2±3.0	1650
CrN	21.21	面心立方晶格	1093	—	1500（离解）
γ相（Fe_4N）	5.90	面心立方晶格	—	2.6±2.0	650（离解）
ε相（Fe_3N）	5.71	六方晶格	—	—	—
ζ相（Fe_2N）	11.14	正交晶格	—	0.9±2.0	500（离解）

① 凡注明显微硬度用 HD 表示，使用负荷小，但一般也有用 HV 表示的。

② 1cal＝4.1868J。

根据上述对相图的分析得出结论：如果氮原子渗入钢中就可以通过反应扩散提高表面性能。钢中如果存在强氮化物元素，更容易发生反应扩散获得高硬度的合金氮化物，从而提高表面性能。正是基于这样的设计原理，开发出一些专用的氮化钢。

（2）如何产生氮原子

要发生反应扩散必须要有氮原子渗入表面，与渗碳工艺设计一样，先决条件是要产生氮原子。一般情况下是通过氨气的分解产生氮原子的。

$$2NH_3 \rightleftharpoons 3H_2 + 2[N] \tag{3-79}$$

应该说明的是，试验证明在有 Fe 的情况下，氨吸附在 Fe 表面后，Fe 可以作为催化剂促进氨的分解。读者可以自行计算氨分解的温度。

（3）氮化设备

氮化最常用的介质是氨气，通过氨气进行的氮化也被称为气体渗氮。所以设备必须要密封，以避免氨气的泄漏。排出的废气要燃烧掉。典型的井式氮化及气体多元共渗设备如图 3-21 所示。

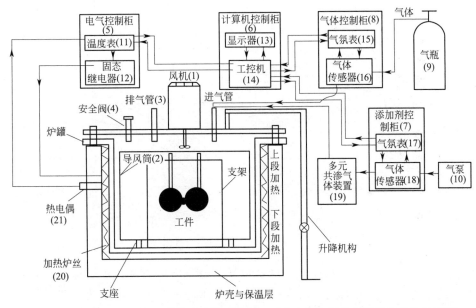

图 3-21　典型的井式氮化及气体多元共渗设备（西南交通大学自行设计的炉体结构图）

由图 3-21 可见，氮化设备与渗碳设备基本类似，但是氮化设备的密封要求比渗碳炉要高。氮化过程中必须防止氨气的泄漏。

氮化的基本过程是：氨气通过进气管道进入密封的炉体内部，在一定温度下氨气发生分解提供活性氮原子，所以整个耐热罐体内部充满活性氮原子，在一定温度下可以渗入工件表面。与渗碳设备类似，氮化炉也必须配备风机，风扇同样是离心式的风扇，在风扇的搅拌下，气流从导风筒的外部向内部循环，使炉内气氛均匀。废气通过排气管道排出并被燃烧。整个炉体是由钢制的外壳、耐火材料和保温材料构成的。

在氮化炉中要加入测温用的传感器（热电偶）及测定氮势用的传感器（氢探头），以便达到温度与气氛的自动调节的目的。

（4）氮化工艺参数设计

设计的基本依据是 Fe-N 相图与扩散理论。如前所述应该能够通过反应扩散形成氮化物。

① 氮化温度的选择　氮化温度过低从扩散角度分析显然是不利的。但是如果温度过高氮化物会粗化，硬度降低。在 500℃左右有最高硬度值。当温度超过 560～580℃时，其最高

硬度值下降速度加快。材料不同，硬度下降的温度也不完全相同。

其基本规律是：随氮化温度的提高氮化层加深，但硬度下降。硬度随氮化温度的提高而下降的现象，是由于氮化温度对氮化物弥散度的影响。氮化层的深度随着温度的提高而加深是扩散第二定律所决定的。氮化层重量增加百分数的变化规律基本上与渗层深度呈正比例关系。

② 氮化时间的确定　氮化保温时间主要决定着氮原子渗入的深度。图 3-22 为氮化温度和氮化时间对 38CrMoAlA 钢氮化层硬度和深度的影响。

由图 3-22(a) 可知，在氮化温度较低的情况下（500℃以下），氮化层硬度随时间的增加而提高。当时间延长至一定极限硬度反而下降，但是其下降极为缓慢。当氮化温度超过 500℃时，氮化温度越高，渗层达到的最高硬度所需时间就越短，所能达到的最高硬度值也越低。随时间的延长，硬度下降也就越迅速。

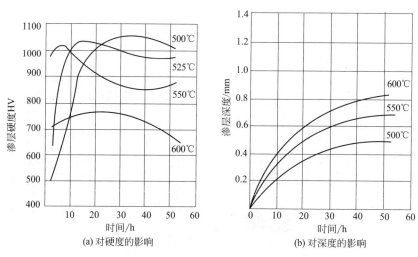

图 3-22　氮化温度和氮化时间对 38CrMoAlA 钢氮化层硬度和深度的影响

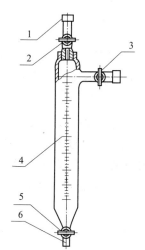

图 3-23　氨分解率测定仪示意图

1—进水管；2，3，5—二通阀；4—100 等分的刻度；6—排水管

由图 3-22(b) 可知，氮化时间增加，渗层深度总是在不断地增加着，并且呈抛物线规律，符合平方根定律。即开始增加的速度快，随着时间的延长，渗层深度增加的速度变得越来越缓慢。如在 500℃进行氮化，当渗层深度达到 0.5～0.6mm 时，延长时间几乎不再继续增加渗层深度。只有采用适当提高氮化温度的方法才能获得较深的渗层。

③ 氮势（nitrogen potential)的控制　在渗碳工艺分析中强调了碳势的重要性。同样在氮化工艺中氮势也是极为重要的参数。它的定义与碳势是类似的。

氮势的定义：在渗氮过程中，渗氮气氛与钢表面（铁素体）之间达到动态平衡时钢表面的氮含量（严格说是氮的活度）。目前氮势控制不如碳势控制成熟。很多情况下通过测定分解率控制氮势。在 20 世纪末即使是一些进口设备（如日本进口设备）也是采用测定分解率控制氮势的。

氨分解率（ammonia dissociation rate）测定仪是一个简单的玻璃仪器，如图 3-23 所示。在测定时，打开阀门 3、5，使氮化缸排出的气体流经刻度管约 1min。然后关死两个阀门，并由阀门 2 注入水。水所占体积即为未分解的氨气的体积，剩下的体积表示氨分解率。

氨分解后的废气由 H_2、N_2 与未分解的残余 NH_3 构成。由于氨非常容易溶入水中，而 N_2 与 H_2 不溶于水，所以上述测定方法表示的分解率实际是废气中 N_2+H_2 所占的体积与废气总体积的比值。

$$分解率=(N_2+H_2)体积/(N_2+H_2+NH_3)体积 \tag{3-80}$$

将渗氮气氛视为理想气体，体积比与分压比、浓度比一致。可见分解率不同，表示氮化过程中炉内氮原子的浓度不同，间接表示氮势的高低。

对于常用的氮化钢，人们在长期的生产实践中找到了比较合适的氮化温度与氨气分解率的关系。表 3-5 为氮化温度与合适的氨气分解率的关系。

表 3-5　氮化温度与合适的氨气分解率的关系[1]

氮化温度/℃	500	510	525	540	560	600
合理分解率/%	15～25	20～30	25～35	35～50	40～60	45～60

根据以上分析，在氮化过程的不同阶段采用不同分解率，可以达到控制氮势的目的。一般情况下是：在氮化的初期，通常使用大流量的氨气维持氨的低分解率（<25%），以增大氮的吸收能力。在氮化的中期，适当调节流量和压力使氨分解率维持在 25%～45% 的范围内。在氮化的后期，均采用很小的流量，这样使氨的分解率维持在 65%～80%，炉气中相对氢气浓度很高，氮的浓度相应地也下降，因而降低了氮的吸收能力。在这一时期主要以氮原子向内部扩散为主，而表面吸氮的作用实际上是很低的。所以正确地控制氨气的分解率，对表层的氮浓度、组织、硬度、脆性以及整个渗层的组织和性能的影响极大。

同时可以看到分解率只能通过控制氨流量与温度进行控制。由于氮化温度一般不能随意改变，所以实际仅能通过控制氨流量进行控制。因此在一定温度下，试图大幅度改变分解率是难以实现的。

近年来通过导氢仪（或称氢探头）测定氮势已经商业化，并开发出可控气氛氮势的氮化工艺。

根据 Fe 对氨分解有催化作用，获得下面反应式：

$$Fe+NH_3 \longrightarrow Fe[N]+3/2H_2 \tag{3-81}$$

$$K=P_{H_2}^{3/2}a_N/P_{NH_3} \tag{3-82}$$

式中，$Fe[N]$ 为氮在 Fe 中的固溶体；K 为反应的平衡常数；$P_{H_2}^{3/2}$、P_{NH_3} 为气氛中氢与氮气的分压；a_N 为氮在固溶体中的活度。

$$a_N=(N\%)f_N$$

式中，(N%) 为氮浓度；f_N 为活度系数。

根据氮势定义，可以写出氮势的表达式：

$$(N\%)=KP_{NH_3}/P_{H_2}^{3/2}=K\gamma \tag{3-83}$$

因为在一定温度下，平衡常数是定值，可见氮势与 γ 呈正比。因此可通过控制 γ 控制炉内氮势。例如为了避免氮化时表面化合物层（也称白亮层）过厚，引起工件脆化，首先找到在一定温度下，表面形成化合物层的 γ 值，然后按照此值范围控制炉内 NH_3/H_2 的值不变，从而得到要求的表面组织。

④ 氮化后冷却方式　值得提出的是，氮化与表面淬火及渗碳工艺有本质不同。氮化是通过反应扩散机理强化表面，反应扩散是在保温过程中完成的。而渗碳虽然也是元素渗入表面，但却是通过马氏体相变原理强化表面，因此必须控制冷却过程。氮化在保温结束后，断电降温一般采用炉冷方式，并且在冷却过程中仍然通入一定的氨气进行保护。一方面是为了减少变形，另一方面是为了获得银白色美观表面。

（5）渗氮质量评价指标

对氮化件质量优劣的评价与渗碳类似，主要有下面四个指标。

① 表面含氮量　表面的氮浓度不能太低，否则硬度难以达到要求，但是也不能太高，否则将出现非正常组织，工件表面脆性大。具体要求根据不同材料与用途而定。但是与渗碳不同，由于氮浓度测定难度较大，所以无法规定具体浓度值，一般是通过测定表面硬度与金相组织判断浓度是否合理。如果硬度与金相组织达到要求，则认为浓度合理。

氮化层硬度测定与碳化层不同，不能采用洛氏硬度计测定表面硬度，必须利用显微硬度仪测定硬度。有时图纸要求硬度是洛氏硬度值，此时要根据显微硬度测定结果换算成洛氏硬度。氮化后表面硬度一般高于渗碳。

② 氮化层深度　根据零件的大小和零件的受力大小、疲劳强度等的要求确定氮化层深度。

检测深度一般采用显微硬度方法或金相分析方法。对经过腐蚀的样品可以在显微镜下观察到渗层与基体交界。或者用显微硬度方法测定硬度与距表面距离的关系曲线。从表面到高于基体 HV50 处的距离为氮化层深度。

③ 氮的浓度梯度　氮的浓度梯度也应该是影响质量的关键指标之一，但是由于氮浓度测定存在一定难度，一般情况下不作为技术指标。应该说明，氮浓度分布平缓程度与氮化层性能一定有重要联系。生产中可以用规定的硬度曲线分布进行检测。

④ 氮化零件的变形　氮化一般是工件最后工序，再加上氮化是低温下进行的，氮化层很薄，不能进行磨削加工，所以不允许有太大的变形。根据残余应力形成原理，氮化件在氮化过程中仍然会产生应力引起变形（见 3.5.7 节）。在氮化过程中必须根据变形要求进行控制。例如对于变形要求严格的工件，应该降低氮化温度，炉内缓冷到很低温度再出炉等。

对氮化件变形总结出一些规律[1]。实心轴类零件一般均匀胀大，其胀大量可用式(3-84)进行估计。

$$\Delta D = (0.03 \sim 0.04)\delta \tag{3-84}$$

式中，ΔD 为工件的直径胀大量，mm；δ 为氮化层深度，mm。

对于圆筒形（如套筒）零件的氮化，其外径总是胀大，而内径却是由圆筒形零件的刚度大小而定的。即内、外层因体积膨胀而对圆筒向外的总张力大于圆筒本身在氮化温度下的刚度时（阻碍圆筒产生变形的抗力），则内、外直径发生胀大。圆筒的刚度越小，则胀大的尺寸越大。当圆筒的刚度一定时，渗层越厚，渗氮温度越高时，或渗氮保温时间越长时，均使其内、外径胀大量增大。但当内、外层因体积胀大而对圆筒向外的总张力小于圆筒本身的刚度时，则使外径胀大，而内径缩小。圆筒的刚度越大，对外径胀大影响不大，而使内径缩小量越大。

（6）氮化工艺路线、组织与性能

表面工程的基本思想是将材料基体与表面作为一个整体设计，利用表面技术使表面性能与心部性能匹配。所以在进行氮化处理时加工技术路线很重要。一般采用的技术路线如下：

下料→锻造→粗加工→调质处理→精加工→氮化(或加研磨)→成品

调质处理主要是为了保证心部性能。但是前面已经论述，调质是否能够达到目的必须具体分析，见 2.5 节。35CrMo 和 38CrMoAl 钢氮化后的金相组织见图 3-24。常用结构钢氮化后的表面硬度与深度数据见表 3-6。

(a) 35CrMo

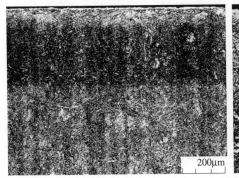

(b) 38CrMoAl

图 3-24　35CrMo 和 38CrMoAl 钢氮化后的金相组织照片

表 3-6　常用结构钢氮化后的表面硬度与深度数据[1]

钢号	氮化温度/℃	氮化时间/h	氮化层深度/mm	表面硬度 HV
40Cr	500	53	0.55～0.6	493～525
35CrMo	520	60～70	0.6～0.7	560～680
42CrMo	520	63	0.39～0.42	493～589
38CrMoAl	500	15～20	0.41～0.43	988～1048

由表 3-6 可见，氮化后工件表面硬度高于渗碳。所以一般情况下氮化后工件表面的疲劳强度应该高于渗碳。

在本节中详细分析了氮化工艺，在 3.3 节中详细分析了渗碳工艺。其目的是从中总结出共性规律，将其应用到其他表面改性工艺的设计中。

例如时间对渗层深度的影响在不同工艺中均符合平方根定律，所以试图通过延长时间大幅度增加渗层深度的设计均难以达到要求。

又如根据扩散理论可知，温度升高均会增加渗层深度，但是考虑到将材料表面与基体作为一个整体进行设计，升高温度在不同工艺中均会产生一些不利影响。

在渗碳与氮化技术中碳势与氮势的概念是重要的概念，在渗碳与氮化技术中对它们进行合理控制，对工件质量有极其重要的影响。对碳势与氮势的控制实质上就是对渗层中成分进行控制。根据渗碳与氮化的实践总结获得下述基本规律。

基本规律：渗层中成分对性能有决定性影响。这个规律适用于其他任何表面改性技术。如下述的渗硼、渗锌、TD等技术同样需要对渗层中成分进行控制。但是由于目前在工艺实施过程中对其控制有一定难度，所以没有在渗硼中提出硼势概念、渗锌中提出锌势概念等。但是应该明确对渗层中成分控制是最关键的因素，在设计表面改性工艺时应该尽量设法进行有效控制。如果性能出现问题，也应该想到可能是渗层中成分出现问题，对渗层成分进行有效分析作为解决问题的思路之一。这就是我们对渗碳、氮化过程影响因素等进行详细分析的目的所在。希望读者将其设计与分析思路用到其他表面技术中。

3.5.3 氮碳共渗

在氮碳共渗中，氨气与含碳、含氧气体混合，这些与氨气混合的气体通常以二氧化碳为主，或是能产生二氧化碳的气体溶剂。根据传统气体渗氮，氨气分解产生活性氮和氢，进而生成氮气和氢气，氢气将与二氧化碳气体发生反应生成一氧化碳和水蒸气。

$$2NH_3 \longrightarrow 2[N]+6[H] \longrightarrow N_2+3H_2$$
$$CO_2+H_2 \longrightarrow CO+H_2O$$

氨气将继续与一氧化碳反应，生成氰化氢和水蒸气。

$$NH_3+CO \longrightarrow HCN+H_2O$$

氰化氢会立即分解，产生活性氮、活性碳和氢气，这会加速氮碳共渗进程。

$$HCN \longrightarrow [N]+[C]+1/2H_2$$

在氮碳共渗过程中，氮的作用主要通过氮势来表征。在气体渗氮过程中，氨气为主要渗氮气氛，氨气分解是一个可逆反应，根据氨气分解反应，常把氨分压和氢分压的比值称作氮势，利用氮势可以预测渗氮进程和渗氮的效果。在工业生产过程中，经常采用控制氮势的方法来控制渗氮的进程。

$$NK = P_{NH_3}/P_{H_2}^{3/2}$$

同样，在氮碳共渗过程中，碳的作用可通过渗碳特征来表征，即在气体渗碳过程中，常用气氛中一氧化碳和二氧化碳的分压的比值来表示渗碳特征。

$$CK = P_{CO}/P_{CO_2}$$

氮碳共渗中的气体成分对化合物层中氮化物形成的影响见图3-25。

经实践证明，图3-25中所描述的微观结构随气氛中成分的变化趋势是正确的。在渗氮温度下，向由NH_3组成的原始渗氮气氛中添加含有CO_2的气体，有效地增加了渗氮特性（或氮势NK）和增加了由HCN分解产生活性氮的概率，由此明显增强了氮碳共渗气氛的渗氮效果。

例如，在650℃条件下，对调质处理的普通碳素结构钢（45钢）在氮碳共渗的气氛中进行氮碳共渗处理，经过2h即可形成明显的化合物层和0.2mm以上的扩散层；同样在600℃条件下，对铁素体＋珠光体基体的球墨铸铁样品进行2h的表面气体氮碳共渗处理，可获得20μm以上的化合物层和0.2mm以上的扩散层。这说明气体氮碳共渗的效果要明显优于纯氨气渗氮，渗氮的效率也得到显著提升，详见图3-26。

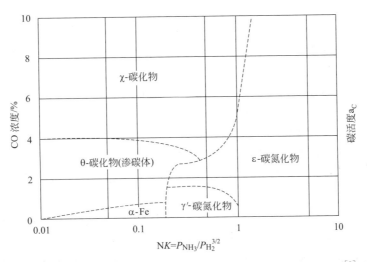

图 3-25　氮碳共渗中的气体成分对化合物层中氮化物形成的影响[3]

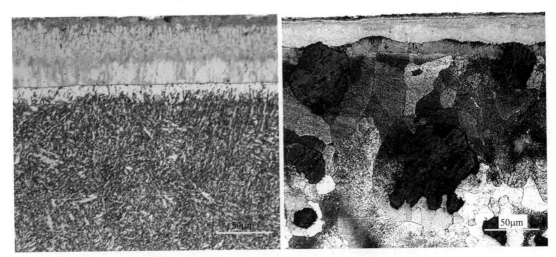

图 3-26　45 钢在 650℃下氮碳共渗 2h 获得的渗层形貌（左）
和球墨铸铁在 600℃下氮碳共渗 2h 获得的渗层形貌（右）

若在气体渗氮过程中直接使用 CO_2 气体，会增加（NH_4）$_2CO_3$ 或 NH_4HCO_3 产生的概率，大量的（NH_4）$_2CO_3$ 或 NH_4HCO_3 会在管道中凝结，易堵塞管道，严重影响渗氮进程和效果。

$$CO_2 + H_2O + NH_3 \longrightarrow (NH_4)_2CO_3 \text{ 或 } NH_4HCO_3$$

为避免这一现象的发生，在现行氮碳共渗过程中多采用能够通过化学反应释放出一氧化碳或二氧化碳的有机试剂或气体作为氮碳共渗的原材料，而不是直接采用二氧化碳。

另外，在氮碳共渗气氛中会产生大量的含氧气体，这些气体易与铁反应，在表面形成含有铁氧化物的化合物层，这些铁氧化物包括 FeO、Fe_3O_4 或 Fe_2O_3。在这些铁氧化物中，渗氮层表面若形成呈黑色的致密的磁铁矿层 Fe_3O_4，则有利于改善表面的耐蚀性和耐磨性（因为 Fe_3O_4 薄膜在磨损时会产生润滑作用，起到减磨的作用）。另外，Fe_3O_4 在氮化物层表面比在铁表面有更好的附着力，不容易起皮脱落。

综上所述，与纯渗氮相比，氮碳共渗渗速快、效率高、化合物层脆性小且致密，广泛应用于碳钢、低合金钢、工模具钢、不锈钢、高速钢、铸铁、铁基粉末冶金制品的表面改性处理，可以显著提升表面硬度、耐磨性、耐蚀性和耐疲劳性能。

3.5.4 气体氮氧共渗

气体氮氧共渗是在气体渗氮和氮碳共渗的基础上，为进一步降低成本和提高生产效率，添加含氧气氛作为渗氮催渗剂，来提高渗氮效率和效果的一种方法。添加氧来促进渗氮进程可以通过多种方法实现，广泛应用的有预氧化处理和渗氮过程中直接向炉中通入含氧气氛两种方法。

一种方法是预氧化处理，是在将工件在渗氮炉中加热至 $400\sim450℃$ 的条件下，在空气气氛或水蒸气气氛下进行表面氧化处理，获得一定厚度（一般为 $3\sim5\mu m$）的致密的 Fe_3O_4 薄膜，然后再通入氨气在渗氮的温度下进行气体渗氮处理。与未进行预氧化处理的工件相比，具有 Fe_3O_4 薄膜的工件可以大幅度提高表面氨气的吸附效果（由物理吸附向物理吸附 ＋化学吸附转变），氨气分解产生的氢气会将 Fe_3O_4 还原，在表面获得一层薄的活性 $[Fe]$，活性 $[Fe]$ 与氨气分解产生的活性 $[N]$ 会迅速反应形成固溶体或化合物，显著提升气体渗氮初期的表面氮浓度和扩散速率。

$$3Fe+2O_2 \longrightarrow Fe_3O_4 \text{ 或 } 3Fe+4H_2O \longrightarrow Fe_3O_4+4H_2$$

$$2NH_3 \longrightarrow 2[N]+3H_2 \quad 4H_2+Fe_3O_4 \longrightarrow 3[Fe]+4H_2O \quad x[Fe]+y[N] \longrightarrow Fe_xN_y$$

另一种方法是在气体渗氮的同时，向炉内通入含氧气氛，例如水蒸气或少量空气等。通入的水蒸气会促进渗氮工件表面氧化膜的形成，增加氨气的吸附效率和表面氮浓度。氨气分解产生的大量氢气又会不断地还原表面氧化膜，改善表面活性，氧化和还原的过程会交替进行，始终会保持表面具有较高的氮浓度，显著提升渗氮效率。若采用直接通入少量空气的方法，一方面空气中的氧会和氨气分解的氢气反应生成水蒸气，促进氨分解反应的进程，提高氨分解率（或氮势）；另一方面氧气也会对共渗的表面产生氧化的效果，提高氨气吸附效果和表面氮浓度，由此来提升渗氮效率。

图 3-27 为 20 钢在 650℃ 下进行气体氮氧共渗 2h 后的表面渗层形貌。由图 3-27 可知，氮氧共渗后，氧主要集中在表面，形成一层较疏松的主要成分为铁氧化物的氧化层，次表面则为氮浓度较高的氮化物层，即化合物层。

在气体氮氧共渗的过程中，要严格控制含氧气氛的比例，太小起不到明显的催渗效果，太大则易导致大量氧的渗入，在渗氮化合物层的表面形成较多疏松，使其致密性降低。另外，大量的氧易在高温下与氨气发生燃烧反应，不利于渗氮过程的安全控制，因此在气体氮氧共渗的过程中，含氧气体的量必须严格控制在合理的范围内。

3.5.5 渗硼工艺设计

根据上述设计工艺的思路，首先对图 3-4 进行分析，根据 Fe-B 相图判断形成化合物的可能性，从而设计渗硼（boronizion，boriding）工艺。

由图 3-28 可见，在硼含量很低时，在 910℃ 以下，硼原子固溶于 Fe 中形成 α 相，在 910℃ 以上形成 γ 相固溶体。当硼含量超过一定值，就会形成 Fe-B 化合物 ε 相即 Fe_2B。当

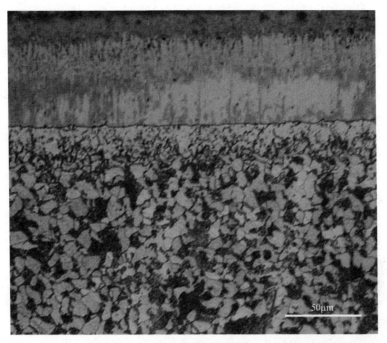

图 3-27 20 钢在 650℃下进行气体氮氧共渗 2h 后的表面渗层形貌

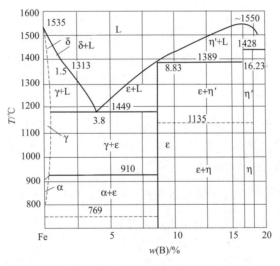

图 3-28 Fe-B 相图

硼含量达到更高值，又会形成 η 相。

查资料可知：FeB 的硬度达 HV1800 左右，Fe$_2$B 的硬度达 HV1200～1500，它们的硬度值均高于马氏体，也高于氮化层硬度。所以可以设想，如果能使硼原子渗入钢基体表面发生反应扩散，获得化合物层，就会得到比渗碳、氮化更高的硬度，一般说会有更高的耐磨性能。因此在渗碳、氮化难以满足要求的情况下考虑采用渗硼处理技术。

根据相图还可以估计化合物层形成的难易程度。由图 3-28 可见，当硼原子浓度较低时形成以 Fe 为基含硼的 α 相固溶体。如果 α 相中 B 原子的溶解度非常大，就需要足够的硼原子进入基体才能形成化合物层，一定会增加形成化合物的难度。所以一般来说，渗入元素在基体中的溶解度小，容易实现反应扩散形成化合物。

为实现反应扩散就必须要有硼原子，如何产生硼原子？最好的方法是像渗碳或氮化一样采用气体介质。目前一般采用的气体介质是乙硼烷（B_2H_6）与氢气或三氯化硼（BCl_3）与氢气。理论计算与试验均表明乙硼烷在 500℃ 就完全分解。根据相图分析，渗硼温度一般在 800℃ 以上，所以完全可以用乙硼烷作为介质，提供 B 原子。

使用乙硼烷与氢气为介质的具体工艺为[4]：$B_2H_6/H_2=1/75\sim1/25$，温度 850℃，时间 2～4h。可以获得 Fe-B 化合物层。

使用三氯化硼与氢气为介质的工艺为：$BCl_3/H_2=1/20$，温度 850℃，时间 3～64h。对于 40 钢可以获得 0.08～0.16mm 的 Fe-B 化合物层。

气体渗硼速度快，易于操作与气氛控制，但是存在重大问题。乙硼烷非常容易爆炸，生产上使用非常不安全。三氯化硼有毒且容易水解。最关键的是，由于气氛中有 Cl 与 H 的存在，会形成 HCl 气体，严重污染环境。因此难以实际应用。

目前常用的是固体介质产生硼原子。在固体渗剂中必须有提供 B 原子的物质、防黏结剂、活化剂三种物质。如前所述，活化剂一般是氯化物，防黏结剂一般为高熔点不反应的陶瓷类物质。因此可选择无定形硼粉、Al_2O_3、NH_4Cl 三种物质。

首先要分析能否产生活性原子，因为已知：

$$NH_4Cl \Longrightarrow NH_3 + HCl \tag{3-85}$$

$$2HCl + B \Longrightarrow BCl_2 + H_2 \tag{3-86}$$

$$BCl_2 + Fe(基体) \Longrightarrow FeCl_2 + [B] \tag{3-87}$$

$$BCl_2 + H_2 \Longrightarrow 2HCl + [B] \tag{3-88}$$

一般渗硼温度根据相图设计为 800～1100℃，所以要计算 ΔF，判别在此温度范围内上述反应可否进行（具体计算读者可自己进行），结果表明它们均可以进行。所以可确定这三种成分为原料。

关于渗剂配比可视具体情况而定。根据一般经验，活化剂含量一般在 3%～5%，而硼粉如果量太少，则活性原子也少，但如果太多会形成较多 FeB，脆性增大，另外也会增加渗剂成本。所以一般选用下面的配方：

$$35\%\sim40\%无定形硼粉 + 4\%\sim6\%NH_4Cl + Al_2O_3 \ 余量$$

现在的问题是如果没有无定形硼粉，或没有 Al_2O_3，能否用其他物质代替呢？根据 3.5 节中论述的原理可知，完全可以用其他物质代替。因为无定形硼粉的作用是提供 B 原子，其他物质只要能起到此作用当然也可以代用，例如采用 B_4C。采用上述计算方法进行判断，理论与实践均证明采用 B_4C 代替无定形硼粉是完全可以的。

再分析 Al_2O_3 的作用，它的作用主要是防止渗剂黏结工件，因此对防黏结剂的要求是在高温下稳定，不参加化学反应。其他物质只要满足此性能也可以代用，例如采用 SiC。所以也可采用下面的渗剂：

$$30\%B_4C + 3\%\sim5\%NH_4Cl + SiC 粉余量$$

关于温度、时间的确定原则前面已有论述。渗硼温度一般为 850～1000℃，温度太低则渗速慢，如果温度太高则基体组织会恶化。由于渗层厚度符合抛物线规律，所以过分延长时间无益，一般为 4～6h。

具体操作是：将固体渗剂与工件均埋在一个密封的罐子内，装入加热炉中加热，就可实现对工件渗硼。

与氮化类似，渗硼层质量仍然取决于表面硼含量、硼的浓度分布及渗层厚度。但是固体方法难以仿照气体方法，在过程中控制气氛的成分。目前只能根据硬度分布曲线与金相组织判断浓度变化，调整渗剂成分。钢渗硼层的金相组织照片见图3-29。

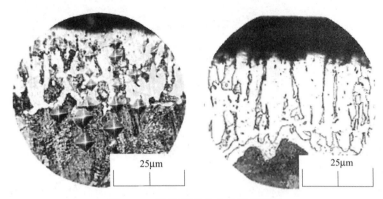

图3-29　钢渗硼层的金相组织照片

3.5.6　固体粉末渗锌

与渗硼工艺类似，采用固体渗剂通过相图分析及配制固体渗剂，可以实现众多的金属元素渗入工件表面，达到表面改性的目的。这种方法称为粉末渗金属方法。下面以粉末渗锌（powder sherardizing）为例说明基本过程。其设备原理图见图3-30。

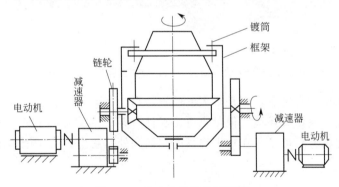

图3-30　粉末渗锌设备原理图

渗剂为粉末状，其主要成分是：锌粉（8%～15%）＋氯化铵（3%～4%）＋氧化铝粉（余量）。

锌粉的主要作用是提供锌原子，氯化铵一般是作为催渗剂加入的，在一定温度下氯化铵可以与锌形成锌的氯化物，然后由锌的氯化物分解出活性锌原子。在许多粉末渗金属配方的设计中，均加入氯化铵。氧化铝粉是惰性物质，工件埋入其中实现锌原子的渗入，防止粉末烧结成块体。具体工艺过程是：首先将工件与粉末放入密封镀筒中，加热到一定温度，保温一定的时间后将工件取出。在渗入过程中镀筒可以实现旋转。渗入的温度为380～450℃，时间为3～5h，粉末渗锌后表面的金相组织照片见图3-31。

粉末渗锌的优点之一是渗入的温度很低，一般不会破坏基体热处理状态。其优点之二是

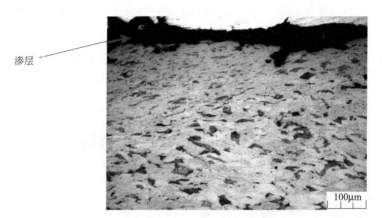

图 3-31 粉末渗锌后表面的金相组织照片

可以在粉末中混入其他金属粉末如铝粉等，实现多种元素的渗入。采用粉末方法进行多种元素渗入是较方便的。

目前粉末渗锌主要用于零部件的防腐蚀。在进行防腐蚀时往往还需要进行表面涂装处理，如涂覆一些油漆类的涂料。试验表明仅进行粉末渗锌处理的工件，抗腐蚀性能并不理想，在标准盐雾试验条件下一般 72～96h 就会出现大量的红锈，见图 3-32。

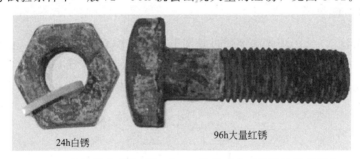

图 3-32 螺栓粉末渗锌后经过 96h 盐雾试验后的锈蚀情况照片

粉末渗锌技术虽然有优点，但是最大的问题是粉尘污染。在粉末锌渗入过程中由于罐体是密闭的，可以保证不污染环境。但是当进出工件时无法控制粉末飞扬。虽然设备上设计了排尘系统，但是现场考察可见，在粉末渗锌的车间到处是粉尘。这是固体渗金属方法的一个重大缺陷。

3.5.7 盐浴渗金属方法：TD 技术

由于马氏体本身硬度有限，所以为提高硬度、耐磨性人们选用了金属间化合物。早期利用的是氮化物，开发出了氮化技术（1923 年）。20 世纪 50 年代发现硼化物有更优异的硬度与耐磨性，又出现了渗硼技术。以后又发现 VC、NbC、CrC 及 TiC 等金属间化物的耐磨性远远优于硼化物，所以又出现了渗金属技术。

20 世纪 70 年代日本丰田公司开发出了一种液体渗金属技术，简称为 TD（thermal diffusion carbide coation process）技术，颇受人们重视。其特点是用硼砂作为液体溶液，内部加入金属粉末，将工件放入硼砂溶液中，实现金属原子渗入工件表面。工艺设计过程与前述工艺类似，以渗钒为例进行说明。

（1）Fe-V 与 V-C 相图分析

由于钒原子直径较大，所以要想渗入钢基体一定需要较高的温度。因此分析高温下钒原子与铁的相互作用情况。

由图 3-33（a）可见，在 1000℃ 左右的高温下，V 在 Fe 中有一定的溶解度（2% 左右），形成含钒的奥氏体组织。如果 V 含量再高就会形成 FeV 相。再分析图 3-33（b）可知，V 中溶解微量的 C 就可以形成 V_2C 等化合物。V 是强碳化物形成元素，当 V 渗入到钢基体中，如果有足够 C 存在，则 V 就不会与 Fe 形成化合物而是首先与 C 形成碳化物。所以在硼砂浴中渗钒将会在工件表面得到碳化物。碳化物本身的高硬度、高耐磨性能可以大幅度提高工件的耐磨性能。

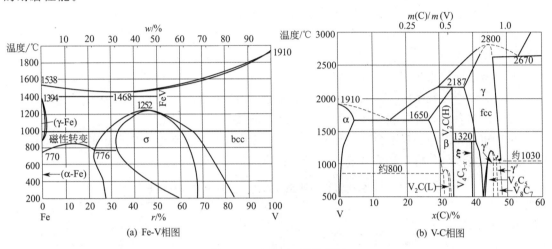

图 3-33　Fe-V 与 C-V 相图

（2）渗入介质、设备与工艺过程

所用设备可以采用井式加热炉，内部安装耐热钢罐体，将硼砂等介质加入到罐体中。提供 V 原子的介质可以用 Fe-V 粉或 V_2O_5，硼砂浴中加热后分解出 V 原子。常用的配方是：

$$10\% \sim 20\% \text{ Fe-V 粉} + \text{硼砂余量}$$

加热温度一般为 950～1100℃，保温时间为 3～4h。

实践表明耐热钢罐体容易与硼砂反应而损坏，所以目前常采用盐炉设备。工件表面会黏结一些残留物，可以采用氢氧化钠水溶液清洗。

（3）基体材料要求与金相组织

图 3-34 是钢渗钒层的金相组织照片。

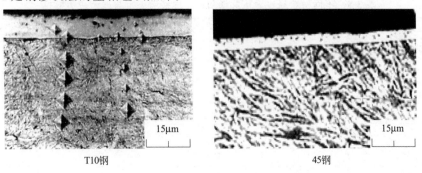

图 3-34　钢渗钒层的金相组织照片

一般认为 VC 的形成过程如下：在硼砂浴中 Fe-V 粉发生溶解，产生活性的 V 原子。V 原子向钢表面扩散，溶入奥氏体中并与其中的碳原子结合形成 VC。这样表面的碳含量下降，促使基体内部的碳原子向表面扩散，使 VC 层不断增厚。因此获得较厚 VC 层的先决条件是基体中有较多碳原子，即需要采用高碳钢。如果用含碳量低的钢 VC 层就薄些，见图 3-34。

3.5.8 氮化与渗金属过程中产生的残余应力

氮化及渗金属过程中并不伴随马氏体相变，所以产生应力的机理与淬火不同。例如氮化时仅是表层 0.2～0.8mm 范围内的组织变化产生应力。产生应力有两种原因。

一是氮化过程中形成氮化层，氮化层的比体积比基体材料大；二是氮化层的热膨胀系数比基体材料大。因为氮化后一般是炉冷，所以热膨胀系数的影响是次要的。主要分析表层组织变化产生的应力。

在分析表面淬火过程中的残余应力时，可知由于表面变为马氏体，比体积增加，发生体积膨胀，所以产生残余应力。而氮化时也是由于表面比体积增加造成残余应力，因此氮化过程中的表面残余应力分布规律应与表面淬火有类似之处。

同时知道在冷却过程不会产生相变。组织变化应力是在氮化过程中产生的，可以用残余应力产生模型进行分析，结果见表 3-7，表明氮化后表面一般是压应力[2]。

表 3-7　氮化过程中残余应力的产生过程与分布特点

类型	氮化初期 （氮化层尚未形成或形成极少）	氮化后期 （氮化层形成）	类　型	氮化初期 （氮化层尚未形成或形成极少）	氮化后期 （氮化层形成）
表层变形	基本不变	表面膨胀	表面应力	基本为零	压应力
心部变形	基本不变	基本不变	心部应力	基本为零	拉应力

直径 20mm 的 34CrAl6 钢圆柱样品，氮化后残余压应力可以达到 800MPa 左右。

根据这样的思路可以分析氮碳共渗（见 3.8 节）、渗金属产生的残余应力问题。

氮碳共渗（也称软氮化）与渗氮基本类似，仅是在渗入氮原子的同时渗入少量碳原子，也是通过反应扩散得到化合物层强化表面的。氮碳共渗后表面得到是氮碳化合物，例如 Fe_3N 等。根据晶体结构可以计算出 Fe_3N 的比体积为 $0.146cm^3/g$，钢基体的比体积约为 $0.128cm^3/g$，可见化合物层的比体积高于钢基体，所以表面产生压应力。实际测试结果见表 3-8。

表 3-8　不同材料经过氮碳共渗后的弯曲疲劳强度与残余应力数据

工艺	层深/mm	弯曲疲劳强度/MPa	表面压应力/MPa	材料
盐浴硫氮碳共渗	0.22	555	−341	（45 钢）
气体氮碳共渗	0.22	540		（45 钢）
离子渗氮	0.20	452	−244	（45 钢）
气体渗氮	0.43	595	−78	（45 钢）
没有处理		400		（45 钢）
盐浴硫氮碳共渗	0.18	186	−243	（QT600-3）
气体氮碳共渗	0.16	184	−243	（QT600-3）

工艺	层深/mm	弯曲疲劳强度/MPa	表面压应力/MPa	材料
离子渗氮	0.15	176	−122	（QT600-3）
气体渗氮		112		（QT600-3）
没有处理		112		（QT600-3）
离子渗氮	0.45	725	−122	25Cr2MoV
没有处理		526		25Cr2MoV

渗金属也是通过反应扩散得到化合物层的，所以其形成残余应力的机理与渗氮完全类似。可以根据化合物层的晶体结构计算其比体积从而判断表面的应力状态。举例分析如下。

例 3-7：T10 钢渗钒后的表面残余应力分析。T10 钢渗钒化合物层的金相组织照片见图 3-35[5]。

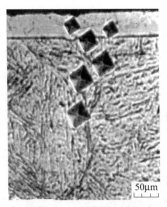  

(a) 化合物层的金相组织照片　　　(b) 化合物层的TEM明场像　　　(c) 化合物层的TEM暗场像

图 3-35　T10 钢渗钒化合物层的金相组织照片

渗钒获得的化合物层可能是 VC 或 V_8C_7 等化合物。设定化合物为 VC，根据钢的晶体学参数与 VC 的晶体学参数计算比体积，查得其晶体学参数如下。

对于钢：相结构主要是铁素体，为体心立方结构，点阵常数为 0.286nm，一个晶胞内有 2 个铁原子。铁原子的质量为 $55.8 \times 1.66 \times 10^{-24}$g。

计算出钢的比体积为 $0.126 \text{cm}^3/\text{g}$，与实际测定值基本一致。

对于 VC：根据 X 光衍射卡片查出，VC 为立方晶系，点阵常数为 0.43nm，一个点阵内有 4 个化学式。每个化学式的质量为 $(50.9+12) \times 1.66 \times 10^{-24}$g。

计算出 VC 的比体积为 $0.190 \text{cm}^3/\text{g}$。

由于 VC 的比体积高于钢，所以钢进行渗钒处理后，若获得 VC 化合物层，则表面应该获得压应力。由于 VC 的比体积高于氮化时的化合物，所以渗钒获得的压应力可能高于氮化。气体氮碳共渗测定的压应力是 −243MPa，所以估算渗钒后表面的压应力高于此值。

例 3-8：根据氮化残余应力产生规律，分析为什么圆筒件变形总是外径胀大？根据氮化件残余应力特点可知：氮化层为压应力，则在过渡层一定有一个拉应力与之平衡。对于圆筒件而言，外径表面由于有氮化层存在，表面是压应力，在过渡层一定有一个与之平衡的拉应力，其氮化残余应力的分布情况如图 3-36 所示。

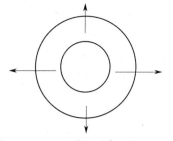

图 3-36　圆筒件氮化
残余应力的分布情况

由图 3-36 可见，在这种应力状态下，外径应该胀大。

材料的刚度与形状、尺寸大小有关。对圆筒形零件来说，其刚度与零件的壁厚有关。当外径一定时，圆筒的壁越厚，则刚度越大，阻碍圆筒产生变形的抗力也越大，于是内径只能向内部扩展，因而使内径缩小。

对于只氮化圆筒外表面的情况，它与上面的情形大致相同。外表面总是胀大，而内表面的直径变化就不像内、外层都氮化的变化那么明显。这是由于此时内表面没有发生体积胀大的内在因素，而只是由于外表层体积胀大对圆筒产生一个向外扩大的倾向。当这个力不足以引起圆筒的胀大时，内径的变化就很小。但当这个力足以引起圆筒的胀大时，内径也随之胀大。其胀大量与圆筒的刚度（壁厚）、内径大小、渗层厚度有关。刚度越小，其胀大量越大；内径越大，渗层越厚，其内径胀大量也越大。

而对于只氮化圆筒内表面的情况，它与前两种情形又有所不同。因为这时只有内表面的体积膨胀对圆筒壁产生一个张力，而且当壁很厚时，即内外壁的面积相差很大时，内层体积膨胀产生的张力是有限的。只有当壁很薄的条件下，产生的张力才有可能使圆筒发生变形（膨大）。此时内、外表面也是胀大的。当壁厚达到一定值时，产生张力不足以引起圆筒的胀大时，内层就只好向内表面增大（使内径缩小），而外径变化不大（一般均稍有增大）。

所以对圆筒形零件的变形可以作如下的概括。即当圆筒内层张力之和＋圆筒外层张力之和＞圆筒本身的抗力（圆筒的刚性之阻力）时，圆筒内外壁均产生胀大，而内径缩小。所以对薄壁圆筒的内、外层均进行氮化时，易发生内、外径均胀大的情况。而厚壁圆筒则易发生内径缩小而外径胀大的情况。对于外层进行氮化而内壁不进行氮化的圆筒形零件，一般情况下是外径胀大，而内径稍有胀大。只有在壁极薄的情况下，才会使内、外径均以大致相同的胀量发生胀大。而对于外壁不进行氮化只在内壁进行氮化的圆筒形零件，一般是内径缩小（往里胀大），而外径稍有胀大。只有在圆筒很薄的条件下，才会使内、外径均以大致相同的胀量发生胀大。

上述案例均是前人经过实践的设计案例。通过这些案例的分析，读者对如何设计扩散＋相变表面改性工艺可能有更深刻的认识。设计这类工艺时，首先是对相图进行深入分析，然后根据物理化学等原理设计产生需要渗入原子的方法，如果可能，最好是采用气体方法。还应该对渗层的应力状态进行分析。这也是设计一个新型工艺应采用的基本思路。希望此处的分析方法能够在读者今后的创新工艺设计上起到一定作用。

3.6 工艺设计案例

利用扩散理论或反应扩散理论设计的表面改性工艺，可以解决大量生产中的难题。实践表明一个合理的设计必须要综合应用多学科知识，同时必须要经过实践的检验与不断修正。举例说明如下。

3.6.1 案例1 齿轮表面改性工艺设计

齿轮是现代工业生产中关键的基础部件，以减速器中的齿轮设计为例进行分析。减速器中关键的零部件是齿轮。某减速器采用齿轮实现减速后，发现其中一个齿轮经常出现不耐磨及齿面剥落早期失效现象。分析原因是该齿轮没有经过表面技术处理。因此设想在不改变减速器整体结构的条件下，重新选择材料，并设计出合适的表面技术对齿轮进行处理，从而提高齿轮的寿命。

为进行合理选材与表面技术的设计必须了解实际工况，获得下面信息：

减速器属于一种轻型减速器，传动齿轮是标准圆柱直齿轮，齿轮模数为6，齿数为18，外齿合传递动力。该齿轮与另一配合齿轮间的中心距是30cm。所传递的最大功率 $N = 1.5kW$，减速器的传动比为40:1，电机转数为940r/min，齿轮传动比 $i = 2.833$。

在了解上述信息后对齿轮选材并设计采用表面处理技术。分下面几步进行。

(1) 明确齿轮的失效原因与材料性能要求

在服役工况下，齿轮根部受到很大的交变弯曲应力，在换挡及启动时要受到一定的冲击力。齿面相互滚动与滑动并受到接触压应力作用，所以齿面最容易引起剥落与磨损。齿轮的损坏形式主要有齿面磨损、轮齿断裂、齿面剥落等。因此对于齿轮材料的性能要求是高的弯曲疲劳强度与接触疲劳强度，同时表面要有高耐磨性能，心部要有足够的强度与韧性。

在选择材料设计表面处理工艺时，首先要求出作用在齿轮上的外加应力，然后要求选择材料与设计表面处理工艺。基本出发点是材料的接触疲劳强度、弯曲疲劳强度均要高于外加应力。

(2) 根据模数、扭矩求出作用在齿轮上的交变弯曲应力 σ_w

需要利用机械设计理论进行计算。根据机械设计理论对于标准齿轮有下面公式：

$$m = \{7.2M_n/Z^2 \times (i \pm 1) \times \Psi \times Y \times [\sigma_w]\}^{1/3} \tag{3-89}$$

式中，m 为齿轮模数；M_n 为扭矩；Z 为齿数；i 为齿轮传动比，2.833；Y 为齿形系数，根据齿数查《机械设计手册》可以获得在本例中为0.378；Ψ 为齿宽系数，经验数据推荐值如下：轻型减速器为 0.2~0.4，一般减速器为 0.4，中载荷中速减速器为 0.4~0.6，重型减速器为 0.6~0.8，在本例中取 0.3；($i \pm 1$) 中外齿合用"+"，内齿合用"−"，在本例中由于是外齿合所以用"+"。

公式(3-89)中 $[\sigma_w]$ 在机械设计理论中认为是许用应力，在式(3-89)中要求 m 大于右侧的值。在等号成立的条件下，可认为是弯曲载荷。为计算弯曲应力首先要求出扭矩 M_n。根据机械设计理论（$1kgf \cdot cm = 9.80665 \times 10^{-2}J$）：

$$M_n = 97500N\eta_{减}/n_1 \ (kgf \cdot cm) \tag{3-90}$$

式中，N 为最大功率，1.5kW；$\eta_{减}$ 为减速器传动比，40:1；$n_1 =$ 电机转数/减速器传动比 $= 940/(40:1) = 23.5$ (r/min)。

将上述数据代入式(3-90)，求得 $M_n = 612kgf \cdot cm$

将上述的数据代入式(3-89)，注意单位统一，再进行适当的变换有：

$$\sigma_w = 6^3/[(7.2 \times 612/18^2) \times (2.833+1) \times 0.3 \times 0.378]$$
$$= 36.5(MPa)$$

（3）根据弯曲应力选材并确定表面处理工艺

选材与确定表面处理工艺的基本出发点如下。

求出的弯曲应力作用在齿轮上，使齿根受到交变的弯曲载荷，所以齿轮的寿命与材料的疲劳强度有密切关系。为保证齿轮的寿命，外加交变弯曲应力应该小于材料的许用应力$[\sigma_w]$，而材料的许用应力取决于材料的疲劳强度。根据机械设计理论，对于双向受载的齿轮用公式（3-91）计算许用应力：

$$[\sigma_w] = \sigma_{-1}/n \times K_\sigma \tag{3-91}$$

式中，σ_{-1}为材料的疲劳强度；n为安全系数，一般取$1.5 \sim 2.5$；K_σ为齿根有效应力集中系数，一般在$1.2 \sim 1.45$之间。

对于本案例为了确保齿轮有长寿命，K_σ与n均取上限值，用求出的弯曲应力代入式（3-91），求出材料所要求的最低疲劳强度值：

$$\sigma_{-1} = 53.1 \times 2.5 \times 1.45 = 192 (\text{MPa}) \tag{3-92}$$

此数据是选材与确定表面处理工艺的依据，材料的疲劳强度必须高于192MPa。

为达到疲劳强度要求可以有多种选择材料及表面处理工艺的方法。根据经验做出下面选择。

材料：20Cr；表面处理工艺：渗碳。

具体加工路线：

下料→锻造→正火→机加工→渗碳＋淬火＋低温回火→磨削→成品

因为弯曲交变载荷作用在齿轮根部，要求心部有高的疲劳强度。在保证材料能够淬透的情况下，判断材料心部板条马氏体组织是否可以满足疲劳强度要求。可以采用实测材料的疲劳强度，但是在一般情况下是根据材料拉伸强度σ_b的数据估算疲劳强度的。对于钢铁材料有下面估算公式（$1\text{kgf/cm}^2 = 9.80665 \times 10^4 \text{Pa}$）：

$$\sigma_{-1} = 0.43\sigma_b \quad (\text{kgf/cm}^2) \tag{3-93}$$

$$\sigma_{-1} = 0.353\sigma_b + 12.2 \quad (\text{kgf/mm}^2) \tag{3-94}$$

对于板条马氏体σ_b可达到$1200 \sim 1600$MPa，代入式（3-93）、式（3-94）估算出材料的疲劳强度均可满足要求。

（4）需用接触应力校核

齿轮除在交变弯曲应力作用下发生损坏外，还会在接触应力作用下发生接触疲劳破坏。齿轮加载后由于材料的弹性变形，将原来齿面上的线接触变为面接触。由于接触面积非常小，所以接触区域的应力值就非常高。该区域的应力称为接触应力。所以仅满足弯曲疲劳强度要求还难以保证齿轮的寿命，还必须满足接触应力小于材料的接触疲劳强度。

根据机械设计理论接触应力采用式（3-95）计算：

$$\sigma_j = (1400/A) \times [(i \pm 1)^3 \times M_n/b \times i]^{1/2} \quad (\text{kgf/cm}^2) \tag{3-95}$$

式中，σ_j为接触应力；A为两齿轮间的中心距，30cm；i为齿轮传动比，2.833；b为齿轮有效宽度（齿轮上的齿沿轴向的长度），cm；（$i \pm 1$）中外齿合用"＋"，内齿合用"－"，在本例中由于是外齿合所以用"＋"；$b = \Psi A$，Ψ为齿宽系数，本例中取0.3；M_n为扭矩，在本例中为612 kgf·cm。

将这些数据代入式（3-95），得到：

$$\sigma_j = (1400/30) \times [(2.833+1)^3 \times 612/(30 \times 0.3) \times 2.833]^{1/2} = 486(\text{MPa})$$

因此获得定量数据：材料本身的接触疲劳强度必须高于 486MPa。

根据材料的接触疲劳强度求出材料的许用应力值，也是利用经验公式估算许用应力。一般认为许用接触应力 $[\sigma_j]$ 与材料表面的硬度呈正比，所以获得一系列估算经验公式。对于渗碳零部件有下面的公式：

$$[\sigma_j] = 140\text{HRC}(\text{kgf/cm}^2) \tag{3-96}$$

渗碳后材料表面的硬度可以达到 HRC58～62，代入式(3-96) 估算出表面的许用应力可以达到 812MPa，可见是满足要求的。

通过上述一系列的定量分析获得结论：采用 20Cr 材料，选择进行渗碳表面处理技术应该可以解决齿轮寿命偏低的问题。

但是针对渗碳工艺还有一个重要的技术指标必须进行确定，这就是渗层的深度。

（5）渗层深度的确定

接触应力是三维应力，并且随深度变化。根据弹性力学可以求出 3 个主应力，与之对应有 3 个主切应力，它们分别作用在与主应力作用面互成 45° 的平面上。其中在深度 $0.786a$ 处剪应力最大。此处的 a 是齿轮加载后，将原来齿面上的线接触变为面接触时，接触面的半宽度。应力最大值为 $0.33\sigma_{最大}$。该结论说明下面事实。

塑性变形并非从表面开始而是从次表面开始，即发生剥落的裂纹源处于次表面。这就要求渗碳必须有一定的渗层深度。如何控制渗层的深度，有一些经验公式如下。

① 材料的切变强度/最大剪应力＞0.55 可以避免发生剥落。

② 材料心部的硬度大于 HRC35～42 可以有效避免渗碳后硬化层剥落。

③ 渗层深度 $\delta >$（15%～20%）m（m 是齿轮的模数）可以防止剥落。

④ 渗层深度 $\delta > 3.15a$ 可以防止剥落。

渗层深度的定义：从表面到显微硬度为 HV550 之间的距离。

利用判据③，在本例中模数等于 6，所以渗层深度为 0.9～1.2mm。

通过上述一系列分析获得技术指标如下：

① 材料的心部必须淬透得到板条马氏体组织，强度保证不低于 1200MPa；根据硬度与强度间的关系（可查表获得），心部硬度不低于 HRC38。

② 材料表面必须获得细小的隐针马氏体＋碳化物组织；要求 HRC 为 58～62。

③ 渗层深度要大于 0.9mm。

至此为止，为本例中齿轮选定了材料与表面处理工艺。

从本例可以总结出下面的结论：

① 合理选择表面处理技术提高零部件的性能，确实是一个"设计"问题，必须用到多学科知识。

② 在"设计"过程中常用到各类经验公式，所以不可避免地会有误差。因此需要经过实践检验，不断进行改进。

③ 在对一些特殊零部件采用表面技术进行"设计"时可能没有各类经验公式，只能定性地进行设计，然后通过实践不断改进。但是对机械类零部件一般均以失效分析作为设计的基础。只有如此才能提出合理的技术指标。

④ "设计"过程会有多种方案可供选择，需要根据实际情况、性价比进行优化，获得较理想的实施方案。例如在本例中采用渗碳技术会带来变形，因此后续要进行磨削加工。经过

磨削加工后，反而将最硬的表面层去掉了，是否可以设计其他表面技术来解决此问题，均是值得考虑的。

3.6.2　案例2　导线夹制备工艺的设计

（1）问题的提出

导线夹是一种低压电器产品，主要用途是装卡电线。导线夹实物照片如图 3-37 所示。

20 世纪 80 年代初期，我国市场上的导线夹主要依靠进口。针对这种现状，国内某压电器厂对国外导线夹产品进行了国产化研制。所采用的制备工艺如下：

Q235 钢下料→模具挤压成型→打孔→电镀锌处理

制备出的导线夹的几何尺寸、表面质量等均满足要求。但是需要对导线夹进行性能检验。其方法如图 3-38 所示，旋紧螺栓施加一定夹紧力后，给导线施加一定的力拉拽导线，不能将导线拉出。该厂生产的产品进行此试验的情况如下：

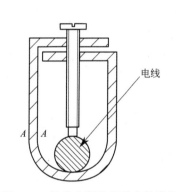

图 3-37　导线夹实物照片　　　图 3-38　导线夹断开后受力示意图

如果螺栓旋得不太紧，在很低拉伸力的作用下就将导线拉出。如果为提高夹紧力，加大旋紧螺栓的力，导线夹就会变形。提出的问题是：国产的导线夹性能达不到要求，如何设计制备工艺，才能使导线夹达到国外同类产品的水平？

（2）导线夹受力分析

对导线夹进行认真分析可知：当螺栓旋紧后，就受力状态而言，导线夹相当于是一个悬臂梁，将图 3-37 所示的导线夹断开后如图 3-38 所示。

在力的作用下导线夹片发生弯曲变形，如果是一个"弹簧片"则可以依靠材料本身的弹性将导线压紧。该厂制备的导线夹之所以不能满足拉力要求，关键原因是导线夹本身的弹力不够。

（3）制备工艺设计

根据材料科学基础的知识可知，为提高导线夹本身的弹性，应该选择类似弹簧钢的材料，然后采用淬火与中温回火处理，得到回火屈氏体组织，保证导线夹的弹力。因此设计下面的制备工艺：

60 钢下料→模具挤压成型→打孔→淬火＋回火处理→电镀锌处理

实践表明这样的制备路线是行不通的。因为导线夹的形状是很复杂的。60 钢含碳量很高，变形能力差，很容易在挤压成型过程中产生裂纹。同时采用挤压成型需要制备模具，由于含碳量高，模具本身的寿命也会大幅度降低。

由导线夹受力分析可知，在受力状态下导线夹受到弯曲载荷，最表面受到的应力最大，因此只要导线夹片表面一定深度是"弹簧钢"即可。所以科学的制备方案是采用表面技术，设计如下方案：

Q235钢下料→模具挤压成型→打孔→渗碳（或碳氮共渗）＋淬火＋回火处理→电镀锌处理

国外导线夹退火后的金相组织照片见图3-39。

由图3-39可见，国外导线夹就是采用渗碳方法解决弹性问题的。不同尺寸国外导线夹的渗层深度见表3-9。

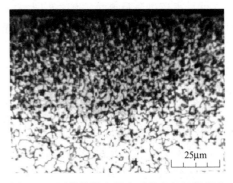

图3-39　国外导线夹退火后的金相组织照片

表3-9　不同尺寸国外导线夹的渗层深度

国外不同尺寸样品	层深/mm	国外不同尺寸样品	层深/mm
$35mm^2$	0.23～0.30	$10mm^2$	0.25
$16mm^2$	0.30	$6mm^2$	0.20～0.25

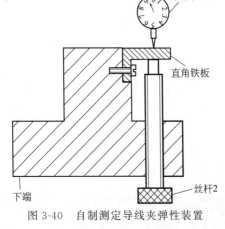

图3-40　自制测定导线夹弹性装置

（4）表面改性工艺试验

为衡量不同表面改性工艺处理后导线夹弹性的优劣，设计如下的装置进行测定。利用自行设计夹具和千分表，测定不同尺寸国外与国产导线夹产品的弹性情况。自制测定导线夹弹性装置见图3-40。

测量方法如下：把样品沿图3-38的 A—A 断开，用一"直角铁板"把它上紧在卡具底座上，把夹具下端固紧在台钳上，拧动丝杆2，使其产生位移，用千分表测出位移，然后松开丝杆2，"直角铁板"要回弹，可测出当位移达到多大时发生塑性变形和塑性变形量。

① 采用渗碳工艺提高弹性试验结果　根据国外导线夹的分析结果，对国产导线夹增加渗碳淬火＋回火处理工艺。

渗碳温度为930℃，时间为4h，渗碳后直接淬火，其回火温度为450℃。渗层组织为回火屈氏体。测定硬度分布见表3-10，弹性测定结果见表3-11。

表3-10　渗碳处理后国产 $16mm^2$ 导线夹的显微硬度测定结果

距表面距离/mm	0	0.084	0.168	0.269	0.370	0.471	0.555
$HV_{0.05}$	500	473	412	232	118	118	118

表3-11　渗碳处理后国产 $16mm^2$ 导线夹的弹性数据

位移/mm	0.02	0.04	0.06	0.07	0.09
塑变/mm	0.002	0.004	0.008	0.013	0.014

可见渗碳处理后硬度、弹性均大大提高，但是弹性与国外导线夹相比还是有一定差距的。同时由于渗碳温度较高，出炉淬火时表面有一定氧化皮，对以后的电镀锌工艺有不利影响。

② 设计中温气体碳氮共渗工艺代替渗碳工艺　设计的理由如下。

a. 处理温度低于渗碳：采用气体碳氮共渗直接淬火可以比渗碳直接淬火获得更细小的奥氏体晶粒，有利于弹性的提高。同时与渗碳相比工时消耗可以节省1/3。

b. 碳氮共渗处理后，样品的静弯强度和表面硬度均优于渗碳，这是因为同时在表面得到含氮、碳的马氏体，有利于提高弹性。

c. 可大大减少表面氧化现象；变形、开裂倾向大大减少。

d. 节约能源，资料表明，与气体渗碳相比，动力消耗节约40%。

但碳氮共渗与渗碳相比也有以下缺点：如冲击韧性低于渗碳，渗层深度不可能超过0.8mm，碳氮共渗后如果采用低温回火会有较多的残余奥氏体影响性能等。由于导线夹使用过程中不受冲击，且渗层深度也不必大于0.8mm，这些缺点对导线夹而言并不存在。

碳氮共渗工艺设计：其渗介质采用煤油和共渗溶液。

共渗溶液配制：甲醇90%、尿素5%、甲酰胺5%，混合后搅拌均匀。

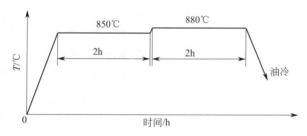

图 3-41　国产导线夹碳氮共渗工艺曲线

850℃大滴量溶液是为分解大量 [N] 原子，在较低温度下被工件大量吸收，扩大 γ 区，以便高温可溶更多 [C]，再升温到 880℃时，大滴量煤油使大量 [C] 原子溶入 λ、γ 区，且温度高提高扩散系数，使 [C]、[N] 原子扩散加快，因此渗速加快，且表面 [N] 原子量并不高。按上面工艺所得渗层的深度为 0.40~0.5mm，含碳量约为 0.6%。

按图 3-41 处理工艺所得的金相组织见图 3-42，弹性测定结果见表 3-12。

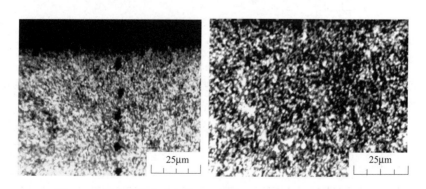

图 3-42　国产导线夹碳氮共渗＋淬火＋回火后的金相组织照片

通过对比可知：碳氮共渗后表层组织为回火屈氏体，与国外产品相似，但由于碳氮共渗后淬透性增大，很深的区域可以得到部分板条马氏体，使很深的区域的性能优于国外产品，所以弹性达到或超过国外产品。因此采用碳氮共渗工艺可保证产品质量。

表 3-12　国外导线夹与国产导线夹碳氮共渗后的弹性对比

国外产品	位移/mm	塑变/mm	国产产品	位移/mm	塑变/mm
35mm²	0.01	0	35mm²	0.01	0.0
	0.02	0.001		0.02	0.0
	0.03	0.0015		0.03	0.0
	0.04	0.002		0.04	0.001
	0.05	0.003		0.05	0.002
	0.06	0.0035		0.06	0.0025
	0.07	0.004		0.07	0.0030
	0.08	0.005		0.08	0.0040
	0.09	0.007		0.09	0.0050
	0.10	0.009		0.10	0.0060
16mm²	0.01	0	16mm²	0.01	0
	0.02	0.002		0.02	0
	0.03	0.0025		0.03	0
	0.04	0.003		0.04	0.001
	0.05	0.004		0.05	0.002
	0.06	0.006		0.06	0.0025
	0.07	0.007		0.07	0.003
	0.08	0.0075		0.08	0.004
	0.09	0.009		0.09	0.0045
	0.10	0.01		0.10	0.0050

(5) 确定设计方案一

① 导线夹选用 Q235 材料，设计下面的工艺路线

下料→模具挤压成型→ 打孔→碳氮共渗→淬火＋回火→电镀锌→成品

② 检验标准　渗层深度：0.25～0.3mm；表层硬度：$HV_{0.05}400～500$；渗层 1/2 处硬度：$HV_{0.05}250～300$；渗层组织为：回火屈氏体；心部组织为：板条马氏体＋铁素体。

(6) 全新设计方案二

上述设计方案基本与国外的设计方案类似，是否还有更好的设计方案？答案是肯定的。可以利用反应扩散设计表面化合物层来提高导线夹片的弹性。这是一种全新的设计思路。依据导线夹受力分析如下。

在导线夹表面形成化合物层后，一般来说化合物本身的弹性模量 E 远高于钢基体的弹性模量 E。导线夹在受力时，表面与心部变形就有很大不同，迫使基体减少伸长，起到弹性力作用。所以采用 Q235 钢，设计下面的制备工艺：

下料→模具挤压成型→打孔→反应扩散形成 Fe-N 多元化合物层→电镀锌→成品

采用 Fe-N 多元化合物层的原因是，形成 Fe-N 化合物的温度低，可以大幅度减少导线夹变形，同时由于化合物本身就有良好的抗腐蚀性能，可以大幅度提高导线夹的抗腐蚀性能。如果用户允许，完全可以去掉电镀锌处理（根据行业习惯，很多电器产品要求必须进行电镀锌处理）。

实践表明采用这种创新设计方案，可获得良好的经济与社会效益。

3.6.3　案例3　对小模数齿轮设计多元共渗代替渗碳的技术方案

某设备中用的是模数为3的齿轮，已知作用在齿面上的接触应力为500MPa。原来的工艺路线是：

20Cr下料→正火→粗加工→渗碳+淬火回火→磨削→成品

要求渗碳后进行淬火与回火，硬度为HRC58～62，渗层深度大于0.6mm。但是在使用过程中发现，采用渗碳处理由于变形较大，需要进行磨削加工，将最表面的硬化层加工掉，会降低齿轮的寿命。可否设计其他变形小的表面改性技术代替渗碳工艺？

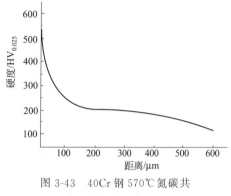

图3-43　40Cr钢570℃氮碳共渗后的硬度分布曲线

分析：为了代替渗碳减少变形，只能采用低温表面改性技术，考虑采用氮碳共渗工艺代替渗碳工艺。首先查到40Cr钢570℃氮碳共渗后的硬度分布曲线，如图3-43所示。

最表面硬度可以达到HV600，换算成洛氏硬度约为HRC58。根据机械设计中的经验公式估算材料的许用接触应力：

$$[\sigma_j] = 140 HRC (kgf/cm^2) \quad (3-97)$$

将表面的硬度值代入式(3-97)估算出表面的许用接触应力约为800MPa，可以满足要求。虽然表面硬度可以满足要求，但并不能说明氮碳共渗工艺可行。因为实践表明齿轮的失效方式一般是接触疲劳，齿轮的变形损坏并非是从表面开始的，而是从次表面开始的，即发生剥落的裂纹源处于次表面。这就要求经过表面处理后的齿轮必须有足够的渗层深度。可以根据一些经验公式确定硬化层深度，常用的经验公式如下。

① 渗层深度$\delta > (15\% \sim 20\%)m$（$m$是齿轮的模数）可以防止剥落。因此要求渗层深度大于0.45mm。渗层深度的定义是从表面到显微硬度为HV550之间的距离。

② 材料心部的硬度大于HRC35～42可以有效避免渗碳后硬化层剥落。

也就是说要求氮碳共渗后在0.45mm处硬度应该达到HV550，由图3-43可知，40Cr钢氮碳共渗后的硬度不能满足此要求，所以采用氮碳共渗代替渗碳不可行。

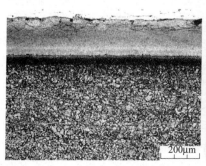
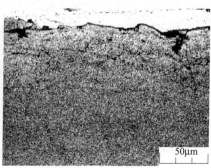

图3-44　低碳钢超厚多元共渗获得的金相组织照片

如果选用采用 40Cr 钢经过调质处理，硬度为 HRC30～35，然后进行超厚多元共渗工艺就可能满足此要求。低碳钢超厚多元共渗获得的金相组织照片见图 3-44。超厚多元共渗层的硬度分布曲线见图 3-45。

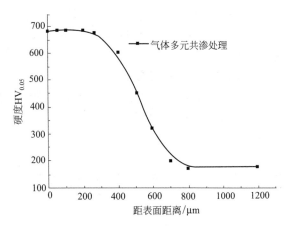

图 3-45　超厚多元共渗层的硬度分布曲线

由图 3-45 可见，表面硬度为 HV700 满足许用接触疲劳应力要求，0.5mm 处硬度为 HV450，虽然没能达到 HV550，但是根据"材料心部的硬度大于 HRC35～42 可以有效避免渗碳后硬化层剥落"的经验公式，认为有可能避免裂纹在此表面发生。实践表明对于小模数齿轮采用超厚多元共渗技术处理可获得良好的效益。

从此案例可知，对原有设计工艺进行改进，是否会获得良好的效果，必须经过实践检验。但是事先进行这种"定量设计"再去实践，无疑会增加成功的可能性，减少失败的概率。

3.6.4　案例 4　利用 TD 方法提高热作模具寿命

某厂采用 50CrMnMo 材料制作热模具，模具形状比较简单（类似圆筒形），公差要求不太严格。采用的加工路线如下：

锻造→退火→粗加工→加工成型→淬火＋回火→精加工

淬火工艺：加热温度 850℃油冷却、回火温度 520℃。

由于模具的寿命较低，厂方希望采用表面处理方法提高寿命。

根据分析认为采用 TD 处理渗 V 是比较好的方案。由于 TD 方法渗钒的温度在 950～1150℃范围，所以存在一些矛盾：

如果先进行淬火＋回火再进行 TD 处理破坏了 50CrMnMo 材料的基体组织。如果先进行 TD 处理再进行淬火＋回火，由于淬火应力可能使 VC 层开裂，同时还会使 VC 氧化。另外由于淬火变形需要对模具进行模具，而 TD 方法获得的 VC 层的深度仅 20μm 左右，这样将会使渗层被磨削掉。

因此采用下面的技术路线加以解决。

将材料换成 H13 模具钢（4Cr5MoSiV1），H13 钢连续冷却转变图见图 3-46。

由图 3-46 可见，由于 C 曲线大大右移，所以空冷就可以使基体得到马氏体组织。而且由图 3-46 可见，H13 钢的淬火温度就在 1000℃左右，与 TD 处理温度基本一致。基于上述分析设计出模具加工与热处理的技术路线：

下料→锻造→退火→粗加工→精加工成型→TD 处理→空冷→回火→精修模具

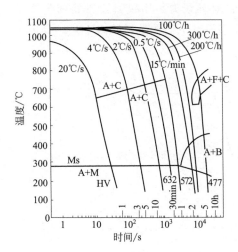

图 3-46　H13 钢连续冷却转变图

TD 处理：硼砂＋8％Fe-V 粉；1050℃×3h；空冷。

TD 处理过程中表面形成 VC，同时心部奥氏体化，在随后的空冷过程中，基体就转变为马氏体。由于冷速低所以变形不大，再加上模具公差要求不严格，所以可以满足要求（有时进行微量研磨），这样处理后模具寿命可提高 5 倍左右。

通过此设计案例再次看到，设计表面改性工艺时，必须将材料表面与整体作为一个系统进行设计，才能获得良好的效果。

3.7 几种典型的表面改性工艺

3.7.1 碳氮共渗技术

将碳原子与氮原子同时渗入钢的表面，然后再进行淬火与回火的工艺称为碳氮共渗（carbonitriding）。最常用的碳氮共渗工艺是气体碳氮共渗，其处理温度在 780～880℃ 范围。

采用液体介质：煤油＋甲醇中溶入尿素、甲酰胺等。采用滴入方式介质入炉。

当介质滴入炉中后，在一定温度下发生分解：煤油热分解成甲烷（CH_4）和一氧化碳（CO），而甲烷、一氧化碳分解出大量活性碳原子。

$$2CO \longrightarrow CO_2 + [C] \tag{3-98}$$

$$CH_4 \longrightarrow 2H_2 + [C] \tag{3-99}$$

$$CO + H_2 \longrightarrow H_2O + [C] \tag{3-100}$$

甲醇也能分解出一定活性碳原子：

$$CH_3OH \longrightarrow CO + 2H_2 \tag{3-101}$$

甲醇中溶入尿素 $[CO(NH_2)_2]$ 和甲酰胺 $[HCONH_2]$ 均能分解出活性氮原子：

$$CO(NH_2)_2 \longrightarrow CO + 2[N] + 2H_2 \tag{3-102}$$

因此炉内含有大量活性 $[C]$、$[N]$ 原子。

分解出的活性 $[C]$、$[N]$ 原子很快被钢表面吸收并达到饱和状态。钢表面活性 $[C]$、$[N]$ 原子在一定温度下向深处扩散，形成一定渗层，对导线夹采用碳氮共渗处理主要是利用其温度低、渗速快和淬透性高的特点，所以根据原理设计下面的碳氮共渗工艺，具体工艺曲线见图 3-47。

共渗后硬度一般在 HRC 57～62，渗层深度为 0.4～0.5mm。

3.7.2 真空渗碳[6]

真空渗碳（vacuum carburizing）与普通气体渗碳相比存在渗速快、表面不出现黑色组织、对于深孔与盲孔也可以获得满意渗碳层的优点，因此受到了人们的重视。真空渗碳的工艺过程如下。

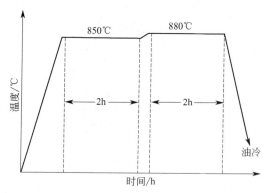

图 3-47　碳氮共渗工艺曲线

① 零件的清洗　如果工件表面存在油污等杂质会严重影响抽真空的速度，同时影响渗碳质量，所以必须认真清洗。一般采用汽油等作为清洗剂。

② 抽真空并加热　工件在室温入炉后（一般气体渗碳可以到温入炉）开始抽真空。当达到一定真空度［如 0.5Torr（1Torr＝1.33322×10^2Pa）］开始加热。一般是到达渗碳温度之后再在此温度下保持一段时间，这个阶段称为"均热"。其主要目的是：使渗碳零件内外机不同部位的温度均匀，这对获得均匀的渗层是很重要的。均热时间可以粗略估算：在955℃以下的温度加热时，有效几何尺寸为 25mm 的零件约需 1h 的均热时间。可以依据此推算不同尺寸工件的均热时间。

③ 渗碳温度与渗碳介质　真空渗碳温度在 900～1100℃之间。高的渗碳温度可获得高的渗碳速度、短的渗碳时间。可将渗碳阶段分成渗碳期和扩散期。目前国内外使用的渗碳介质主要是甲烷和丙烷气。一般要求纯度在 96％以上，当纯度低时产生的炭黑量便增多。

在选取渗碳温度时主要需考虑的是渗碳层深度、变形度的要求和晶粒度等。当零件外形较简单、要求渗层深以及变形量不严格时可采用高温渗碳。

在均热之后，可以按不同方式通入渗碳气体，有以下几种方式。一种是一段式，即在渗碳期向炉内以一定流量通入甲烷或丙烷并达到一定的压力。扩散期是在渗碳期结束之后，将渗碳气体抽走并使炉内抽空至工作真空度，并在此条件下继续加热一段时间的处理阶段。另一种方式是脉冲式。这是一种将渗碳气以脉冲方式送入炉内并排出，在一个脉冲时间内既渗碳又扩散的方法。

渗碳方式的选择原则：一般尽量选择一段式。对具有窄缝、长形盲孔（如柴油机长型喷油嘴针阀体，其长度 t 与内孔直径 d 之比 $t/d>6$）的内表面，对内表面又有渗碳深度、浓度和均匀度要求的零件则宜采用脉冲式渗碳方式。

④ 渗碳气压力与时间　渗碳流量与压力是决定碳势的关键因素。高的渗碳压力使渗速加快，有利于炉内各零件之间及零件本身各部位之间的渗层均匀性。渗碳炉中装有搅拌风扇，可加快渗碳速度及使渗碳层更为有利。但高压强的渗碳气将容易产生较多的炭黑。因此，在保证渗层均匀性的前提下一般尽可能选择低的渗碳压力。对一段式渗碳工艺而言，当以丙烷作为渗碳气体时，则压强可在 100～175Torr 范围之内。对脉冲式渗碳工艺而言，由于渗碳效果主要受脉冲式的充气和抽气（可称为"物理搅拌作用"）的影响，搅拌风扇的机械搅拌作用则较小，因此，渗碳气的压强可小些。渗碳时间可以依据平方根定律等进行估算。

在特定的条件下测得的有效渗碳层深度-总渗碳时间关系曲线、表面碳浓度-总渗碳时间-渗碳期时间以及其他根据实际需要测得的曲线是生产实践中不可缺少的依据。

⑤ 渗碳后的热处理　一般真空渗碳炉具有对零件在渗碳之后进行气淬及油淬的能力。这样，零件在渗碳之后即可不出炉并进行气冷或油冷获得马氏体组织，不必再次进行淬火处理了。例如，在高温渗碳之后，为细化晶粒可后续进行气冷（至相变温度以下）→加热→淬火工艺。

由于碳钢、合金渗碳钢等各种钢的渗碳能力不同，因此在实际生产中必须根据钢号并结合零件的形状及装炉量等条件通过工艺试验确定工艺参数。

3.7.3　二段及三段氮化

二段氮化又称双程氮化[1]。图 3-48 和图 3-49 是 38CrMoAlA 钢一段和二段氮化加退氮工艺曲线。

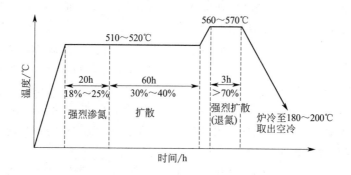

图 3-48　38CrMoAlA 钢一段氮化加退氮工艺曲线

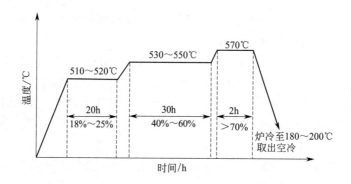

图 3-49　38CrMoAlA 钢二段氮化加退氮工艺曲线

二段氮化的设计思想是：第一阶段温度较低，氨分解率也较低，使工件表面形成细小的氮化物颗粒，从而保证零件有较高的硬度。第二阶段升高温度，氨分解率也提高，目的是使氮的扩散速度加快，从而缩短氮化时间，提高生产率。

由于第一阶段形成的氮化物稳定性高，在第二阶段提高温度并不会引起氮化物显著聚集。因而硬度下降不多，且使氮化层的硬度梯度分布趋于平缓。

二段氮化温度高，氮化变形亦有所增大，硬度也有所下降。但它比一段氮化渗速快，生产周期短，硬度梯度较平缓，所以适用于氮化深度较大的零件，如磨床主轴、镗床刀杆、坐标镗床主轴等。

三段氮化又称三程氮化。图 3-50 是 38CrMoAlA 钢三段氮化工艺曲线。

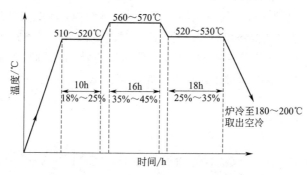

图 3-50　38CrMoAlA 钢三段氮化工艺曲线

三段氮化的第一段温度较低，以保证较高的硬度。第二段的温度比双程氮化可稍高一些，以进一步提高氮化速度。但是由于温度提高降低了表面硬度，所以再次降温。在第三段温度又下降至相当于第一段温度或稍高，提高表面硬度。

3.7.4　提高钢件抗腐蚀能力的氮化法

氮化物尤其是ε相不但有较高硬度，且在自来水、潮湿空气、气体燃料、气体燃烧产物、过热水蒸气、苯、不洁油、弱碱溶液等介质中均有一定程度的抗腐蚀能力。为了提高碳钢、合金钢在这些介质中的抗腐蚀能力，对这些钢可进行抗蚀氮化。

氮化后工件表面形成致密的、化学稳定性较高的ε相层组织（或ε+ζ相层组织）。ζ相层的深度一般为0.015～0.04mm，它具有较高的抗腐蚀性能，同时也能在不同程度上提高工件的耐磨性和抗疲劳强度。

抗蚀氮化通常采用600～700℃、时间0.5～1h、氨分解率为45%～65%的氮化工艺，也有采用500～600℃、时间0.5～1.5h、氨分解率为25%～50%的氮化工艺。时间太短，ε相不易形成，或者太薄，就没有抗腐蚀能力，时间太长或温度太高，则ε相中的脆性增加。抗蚀氮化温度与时间的范围可参照图3-51。

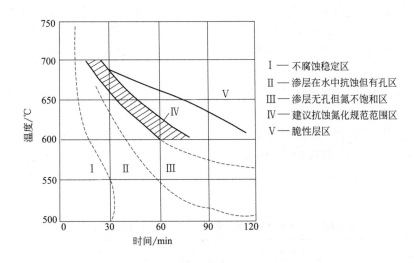

Ⅰ——不腐蚀稳定区
Ⅱ——渗层在水中抗蚀但有孔区
Ⅲ——渗层无孔但氮不饱和区
Ⅳ——建议抗蚀氮化规范范围区
Ⅴ——脆性层区

图3-51　抗蚀氮化温度与时间的范围

在决定氮化温度的时候，还必需考虑原来调质处理或其他前处理的方式、温度和组织；尽可能保持其原来的组织和性能。如果零件对力学性能无甚突出的要求，在较高的处理温度下也不致损失其力学性能时，应尽可能采用在较高温度下进行氮化处理。

3.7.5　TD方法渗金属

TD方法的原理是：首先将硼砂放入坩埚中熔化，然后升到预定温度（约950℃），加入含所要渗入元素的金属粉末（加入前150～200℃烘干）并搅拌均匀，再将工件放入保持一段时间即可。此方法中活性原子的产生是硼砂与金属粉末作用的结果。其具体工艺参数可见表3-13。

表 3-13　TD 法的配方与工艺规范

渗入金属	渗剂成分	温度/℃	时间/h
钒	无水硼砂 80%～90%＋10%～20%（Fe-V 粉）	900～1000	4～6
钛	无水硼砂 80%～90%＋10%～20%（Fe-Ti 粉）	900～1000	4～6
铌	无水硼砂 80%～90%＋10%～20%（Fe-Nb 粉）	900～1000	4～6

按上述工艺，所得化合物深度为 $8～15\mu m$，耐磨性优异。关于 TD 法要说明以下几点。

① TD 法所得化合物层是逆扩散得到的，所以一般适用于高碳钢。

② 金属粉末如果量太少，活性原子少，渗速慢，但太多则液体流动性差，所以应根据具体情况选择。

③ TD 处理后可直接淬火以提高基体硬度。

④ 工件经 TD 处理后一般用 5%NaOH 水溶液煮洗去掉残盐。

⑤ 盐浴经多次使用后活性降低，可加入 2%Al 粉增加活性。

3.7.6　抗蚀、抗氧化表面改性工艺设计

许多零件与装备是由于腐蚀、氧化而失效的，所以发展了许多抗氧化、耐蚀钢种，如不锈钢。但这些钢含大量合金元素，成本昂贵。分析腐蚀、氧化现象可知这主要是表面问题。只要表层抗氧化、抗蚀就可以保证零件不失效，所以用表面处理提高耐蚀性、抗氧化性可大大降低成本，有巨大的经济效益。

为提高耐蚀性、抗氧化性，化合物层可选用铁铝化合物、铁锌化合物，含 Cr、Ti 的金属间化合物等。因此发展了渗锌、渗铝、渗铬、渗钛等工艺。

这些工艺的设计思路与耐磨渗镀工艺类似。粉末法的渗剂中同样有提为供渗入元素的物质、活化剂和防黏结剂。同样用热力学计算判别渗剂活性，渗镀温度一般为 900～1000℃，时间一般为 4～6h，这些不再重复叙述。表 3-14 是钢铁常用渗 Zn、渗 Al、渗 Cr、渗 Ti 的工艺参数。

表 3-14　钢铁常用渗 Zn、渗 Al、渗 Cr、渗 Ti 的工艺参数

名称	渗剂成分	温度/℃	时间/h
渗 Zn	60%Zn 粉＋40%Al_2O_3＋2%NH_4Cl	380～410	2～4
渗 Al	60%Fe-Al 粉＋38%Al_2O_3＋2%NH_4Cl	900～1050	4～6
渗 Cr	50%Fe-Cr 粉＋48%Al_2O_3＋2%NH_4Cl	1050～1100	4～8
渗 Ti	75%Fe-Ti 粉＋24%Al_2O_3＋2%NH_4Cl	1000～1200	4～6

根据渗镀工艺的设计思路可知，只要渗剂含有提供渗入元素的物质，并能在渗镀温度下分解出活性原子即可。因此目前所用的配方不仅如表 3-14 所示，例如对低碳钢渗 Ti 工艺也可用下述配方：

$$75\%（Fe-Ti）粉＋15\%萤石粉＋6\%盐酸$$

因此在实际工作中可根据已有条件和所掌握的资料选用合适的配方，或自制配方。此处需要说明的是，虽然笼统地说，上述四种渗镀法均可用于抗蚀、抗氧化，但它们是有差别的。

渗镀锌能提高钢在水、硫化氢及油类中的抗蚀能力，并且由于处理温度低，所以工件变

形小，特别适用于防止钢铁在大气和海水中腐蚀，但渗层不抗高温氧化。

渗镀铝层既可抗大气腐蚀，又耐高温下硫化物腐蚀，并且有较高的抗氧化性。渗 Al 后的钢件可在 700℃ 长期使用不氧化，并且在大气中的抗腐蚀性比渗 Zn 优越，所以它很适用于高温下抗氧化和抗腐蚀的零件。目前它广泛用于炉管、燃烧器、换热器、冶炼所用吹氧管。因此这是一种很有实用价值的渗镀工艺，目前以渗 Al 为基又发展了性能更加优异的多元共渗，如 Al+Si 共渗。

渗铬层既具有抗腐蚀性，又有抗高温氧化性，同时又有较高的耐磨性。钢经过渗 Cr 后的高温抗氧化性优于渗 Al，甚至高于 Cr13 不锈钢。同时它在 700～800℃ 硝酸蒸气、硫酸蒸气中也有较高的抗腐蚀性。在此条件下如果与没有经过渗 Cr 的钢相比抗腐蚀性提高约 100 倍。所以它适用于更高温度下（相对于渗 Al）要求有较高抗氧化性、抗腐蚀性且耐磨的零件，但它的渗层比渗 Al 要薄得多。渗 Al 后一般得到 0.15～0.25mm 的 Fe-Al 化合物层，而渗 Cr 后化合物层为 10～20μm。

渗钛工艺目前实际应用不多，它处理后的性能特点是有较高的耐磨性，且对提高钢在海水中的抗腐蚀性是很有效的。因此目前该工艺船舶工业上也有应用。如船用螺旋推进器经渗 Ti 后寿命提高 3～5 倍。

因此，在实际工作中要根据渗锌、渗铝、渗铬、渗钛等工艺的不同特点和零件工作情况进行选用。

根据前述设计思路可知，只要能产生活性原子，并符合渗层形成条件就可形成渗层。因此，除上述粉末法之外，也可选用其他方法，如液体法、气体法等。下面简单介绍一下如何根据粉末法渗镀原理设计气体渗金属的设计思想。

以渗 Cr 为例进行分析。首先分析固体粉末法渗 Cr 工艺。在高温下粉末混合物中发生以下反应：

$$NH_4Cl \Longrightarrow NH_3 + HCl \qquad (3\text{-}103)$$

HCl 在高温下与铬粉反应：

$$2HCl + Cr \Longrightarrow CrCl_2 + H_2 \qquad (3\text{-}104)$$

而 $CrCl_2$ 和加热的钢表面接触进而与 Fe 发生置换反应：

$$CrCl_2 + Fe \Longrightarrow FeCl_2 + [Cr] \qquad (3\text{-}105)$$

当 H_2 较多时也可进行以下反应：

$$CrCl_2 + H_2 \Longrightarrow 2HCl + [Cr] \qquad (3\text{-}106)$$

上述反应的 ΔF 均小于 0（读者可自行计算），因此可产生活性 Cr 原子渗入钢表面。根据分析可以看出粉末法渗镀实际上的主要反应也是气相反应。因此启发人们创造条件用气体法渗金属（如渗 Cr、渗 Al、渗 B 等）。

气体渗铬法是先将 H_2 通入加热发烟的浓盐酸中，使之饱和产生 HCl，然后将 HCl 通入管式炉内。在管式炉进气口处放置金属 Cr 或 Fe-Cr 合金块（加热 950℃），当 HCl 通过时便发生反应：

$$2HCl + Cr \Longrightarrow CrCl_2 + H_2 \qquad (3\text{-}107)$$

生成的 $CrCl_2$ 通过钢件表面的置换反应和还原反应产生活性铬原子并向内部扩散。

根据这样的思想可自行设计其他气体法渗金属工艺如渗 Al、渗 Ti 等。

气体法与粉末法相比有如下优点。

① 劳动强度低，无粉尘危害；

② 一般情况渗速快，渗层均匀；

③ 工件表面光洁度高；

④ 对小孔或异形结构件也能获得质量优良的渗层。

3.7.7 多元共渗工艺设计

以设计硼铝多元共渗（multicomponent thermochemical treatment）工艺为例进行说明。热压铸模具一般要求硬、耐磨、有一定的红硬性，由于使用温度一般是 400～500℃，所以要有一定的抗氧化性。根据前述方法，采用 Fe-Al 化合物可满足抗氧化性要求，而采用 Fe-B 化合物可满足硬度、耐磨性、红硬性要求。因此渗层中如果既有 Fe-Al 相又有 Fe-B 相即可满足要求。因此设想 B+Al 共同渗入，所以可在渗剂中同时加入含 B 与含 Al 的物质，再加入一些活化剂、防黏结剂制成渗剂，例如：

2％无定形 B 粉＋30％Fe-Al 粉＋45％Al_2O_3＋5％NH_4Cl　950℃，4h

但如前所述，共渗时由于渗剂中原子的相互作用往往不易得到理想渗层，因此设计顺次渗工艺。先用 5％B_4C＋45％Al_2O_3＋5％NH_4Cl，1000℃渗 4h。

这样得到的就是渗层最外分布 $FeAl_3$、$FeAl_5$ 的混合物，HV800～900，次层 Fe_2Al_3＋FeAl，底层 Fe_2B。因此共渗层有高硬度、耐磨性且有突出的热稳定性，此种工艺可使压铸 Cu、压铸 Al 的热压铸寿命提高 2～3 倍。

多元共渗机理及热力学计算均不成熟，所以主要靠试验确定合适的工艺。

3.7.8 快速电加热渗铝 [7]

快速电加热渗铝是用渗铝膏剂涂覆在工件表面，然后利用高频感应将零件快速加热，使其表面形成渗铝层。实践表明，采用这种方法渗铝能使渗铝周期从几十小时缩短到几分钟甚至几十秒。目前一般认为由于在快速加热过程中晶粒细化，加快了扩散速度，所以渗速加快。

根据快速加热原理可知，为实现感应加热必须要制备与形状耦合的感应器，所以对于形状复杂的工件，难以采用此方法。

用于快速电加热渗铝的活性膏剂是含铝铁或铝粉和冰晶石（Na_3AlF_6）及其他成分的粉末混合物调制的膏剂。如 80％FeAl＋20％Na_3AlF_6 或 75％铝粉＋25％Na_3AlF_6。

用水解乙酸乙酯稀释各种成分的混合物，使之成为膏剂，涂在渗铝零件上的膏剂厚度一般为 3～5mm，然后在 70～100℃干燥 20～30min，随即在 950～1200℃保温 1～10min。为了防止活性膏剂氧化，应用专门的涂料涂在膏剂上。涂料为熔化温度不同（490～1100℃）的玻璃混合物。在加热过程中，玻璃粉末渐渐熔化形成一层氧化的保护膜，快速电加热渗铝的渗层金相组织见图 3-52。

渗铝层一般具有以下性能。

① 优良的抗氧化性能　钢铁及耐热合金渗铝后，其抗氧化性能显著提高。一般来说，钢渗铝后，与原来未渗铝的同种钢相比，其使用温度约可提高 200℃。例如，普通碳素钢使用温度上限为 500℃，渗铝后可使用到 700℃，甚至达到 800℃。1Cr8Ni9Ti 钢的使用温度上限为 800～850℃，渗铝后可使用到 1000～1050℃。此外，镍基或钴基合金渗铝后，由于在

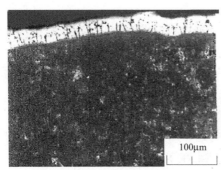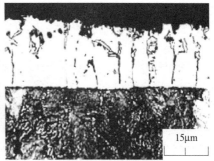

$100\mu m$　　　　$15\mu m$

图 3-52　快速电加热渗铝的渗层金相组织

高温氧化性介质中加热时表面将形成致密而坚固的 Al_2O_3 防护层，故其抗高温氧化性能也可得到显著的提高。

② 高的耐腐蚀性能　渗铝层在很多腐蚀介质中具有良好的耐腐蚀性，并在金属防腐蚀应用方面取得了明显效果。渗铝是目前提高钢材耐硫化物腐蚀最有效的手段之一，特别是在高温硫化物介质中。试验证明，渗铝的碳钢和不锈钢无论是在含硫的氧化性气氛中，还是在高温硫化氢介质中，都显示了很好的耐腐蚀性。也已证实，在大气条件下渗铝钢比热镀锌钢具有更好的耐腐蚀性。例如，渗铝钢在工厂地区大气暴露 4 年，其腐蚀量是热镀锌钢的 1/10，而在海洋地区暴露 2 年，其腐蚀量是热镀锌钢的 1/5。试验还指出，渗铝钢在各种大气环境下的使用寿命与渗铝层的厚度有一定的关系。

渗铝层除了具有较高的抗高温氧化性能外，它还能提高钢在含 V_2O_5 及 Na_2SO_4 的燃气中的耐腐蚀性能，因此受到了人们的高度重视。欧美各国多采用渗铝解决燃气轮机叶片的高温腐蚀问题。

3.8　表面改性技术中的污染问题

在 3.5 节中介绍了粉末渗金属技术。该技术的突出特点是需要渗入的元素均可以通过此方法渗入到工件表面，可以实现对多种金属的渗入从而实现表面改性。

近年来一些单位将粉末渗锌技术用于生产实践中，用于提高零部件的防腐蚀性能。粉末渗锌的基本过程是：将锌粉与 Al_2O_3、SiC 惰性粉末混合在一起，添加一些氯化铵等催渗剂。将混合的粉末置于一个圆形罐体中，同时将工件放入粉末之中。将罐体加热到 400℃ 左右，同时罐体旋转保温一定时间后将工件取出，设备照片见图 3-53。

在锌渗入过程中由于罐体是密闭的，可以保证对环境无污染，但是在进出工件时，细小的粉末到处飞扬，虽然设备上设计了排尘系统但是仍然难免车间到处是粉尘，对操作工人的健康极为不利。细小的粉尘在空气中还存在爆

图 3-53　粉末渗锌技术设备照片

炸的危险性。

另一个问题是废的粉末如何处理。目前也没有找到很好的处理方案。粉末渗锌技术是英国110年前就开发出来的，当时认为其最大优点是渗入温度较低、可以实现焊接。但是目前国外并没有大规模应用，基本原因就是污染问题。因此应该考虑选用其他无污染的技术代替粉末技术。

在采用气体与液体为介质的表面改性技术中，也存在一些污染问题。举例说明如下：低温氮碳共渗（也称为软氮化）技术也存在污染问题。因为在实施工艺过程中必然要有渗碳的气氛与渗氮的气氛同时存在，因此将不可避免地产生氢氰酸（HCN）。这是一种有毒气氛，因此必须要注意进行防范，达到国家规定排放标准。

在氮碳共渗过程中常用的方法是用氨气作为氮原子来源，用甲醇等作为碳原子来源，甲醇在渗入过程中将产生 CO、CH_4 等气体，所以发生反应：

$$NH_3 + CO \longrightarrow HCN + H_2O \tag{3-108}$$

$$NH_3 + CH_4 \longrightarrow HCN + 3H_2 \tag{3-109}$$

这就是有毒气体氢氰酸的来源。有些单位采用尿素作为碳原子与氮原子的来源，产生的氢氰酸的量更高。

为降低氢氰酸的量可以采用以下措施。

① 降低甲醇的用量可以明显降低氢氰酸的含量。

② 工件入炉前进行清洗，减少油污即减少碳来源，可以降低氢氰酸含量。

③ 炉子密封性好，排出的废气进行充分燃烧。工艺结束后先排气再出炉。

采用这样的措施可以大幅度降低氢氰酸排放量，达到国家要求的排放标准。

在设计各类表面改性技术时务必首先考虑其是否对环境有污染。

3.9 稀土化学热处理技术

传统的化学热处理技术，均存在一定的不足，例如，传统渗碳技术由于处理温度较高、时间较长，淬火后工件变形较大，且能耗高；传统渗氮技术则由于氮扩散缓慢而渗速不佳，有研究表明，32Cr3MoVA钢材料在560℃下渗氮72h才可获得厚度约0.7mm的渗氮层[8,9]。如何克服上述不足，同时还能够提高热处理零件的质量和寿命，是材料热处理工作者潜心研究的问题。将稀土元素引入化学热处理使得上述问题逐步得到解决。哈尔滨工业大学的研究者们于1982年首次提出稀土化学热处理的概念，发现了稀土共渗过程中的催渗作用和微合金化作用。众多研究表明，在相同的化学热处理条件下，稀土元素的添加可明显加快化学热处理进程。经过30多年的理论和实践研究，将稀土引入到化学热处理的各个领域，完善并形成了一整套的"稀土化学热处理技术"，包括稀土渗氮、稀土氮碳共渗、稀土渗硼等。"稀土化学热处理技术"的出现是稀土应用于材料科学上的重大突破。我国稀土资源丰富，发展稀土化学热处理技术具有不可比拟的优势和巨大的工程价值。本节将对稀土化学热处理技术（包括稀土渗碳及碳氮共渗、稀土渗氮及氮碳共渗）的原理及工艺作详细的介绍。

3.9.1　稀土渗碳及碳氮共渗

稀土的催化作用首先发现于稀土渗碳中，经多年实践，已在各类轴和齿轮零件上广泛应用。渗碳过程中稀土以稀土渗剂的形式随渗碳介质一同添加到炉内，在炉内促进渗碳介质裂解，提高表面碳势，从而提升渗速。目前常用的稀土渗剂有液体和固体两种，液体稀土渗剂以含稀土的甲醇溶液为主，固体稀土渗剂则主要为稀土氧化物。表 3-15 列出了稀土渗碳与常规渗碳在工艺和渗碳效果上的对比。在工艺方面，稀土渗碳具有碳势更高、渗碳温度更低的特点。渗碳效果方面则表现为在相同渗碳温度下，稀土渗碳层更深；在相同渗层深度下，稀土渗碳的温度更低，这样有利于控制淬火变形。此外，稀土渗碳层的组织更加细小，残余奥氏体含量少，力学性能显著提高。

表 3-15　稀土渗碳与常规渗碳在工艺和渗碳效果上的对比

项目	常规渗碳	稀土渗碳
工艺	渗碳温度:920~940℃ 碳势:c_p=0.8%~1.05%	渗碳温度:860~900℃ 碳势:c_p=1.20%
渗碳效果	渗层组织:粗大针状马氏体＋粗大碳化物＋大量残余奥氏体; 性能普通; 工件变形大	渗层组织:细小板条马氏体＋细小弥散碳化物＋微量残余奥氏体; 性能优异; 工件变形小

图 3-54 为 20CrMnTi 钢稀土渗碳与常规渗碳后渗层组织及 8620 钢渗碳层元素浓度分布对比。由渗层金相照片可以看出，稀土的加入对渗层中碳化物的形貌影响显著，常规渗碳层中沿

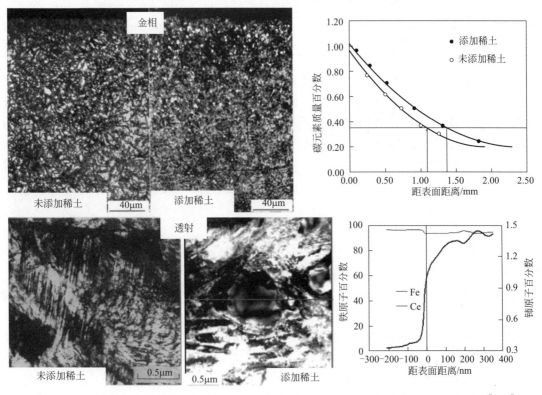

图 3-54　20CrMnTi 钢稀土渗碳与常规渗碳后渗层组织及 8620 钢渗碳层元素浓度分布对比[10-12]

晶界析出粗大爪状碳化物，严重时甚至形成网状碳化物，同时存在大量残余奥氏体；而稀土渗碳层中弥散析出细小碳化物，少或者无残余奥氏体。采用 TEM 对渗碳层的精细微观组织进行观察可以发现，稀土渗碳层中的马氏体为细小板条马氏体，与常规渗碳层中的粗大针状马氏体有所不同。这是由于稀土的引入导致渗层中弥散析出大量的碳化物，碳化物析出使得周围奥氏体基体碳浓度降低而转变为板条马氏体。对渗层中的碳元素及稀土元素的分布进行测试可以发现，相同条件下稀土渗碳层中的碳元素扩散更深，稀土元素主要分布在弥散析出的细小碳化物中。

迄今为止，针对不同类型钢铁材料的稀土渗碳及碳氮共渗试验均取得了满意的效果，如表 3-16 所示。稀土无论以何种方式添加均表现出良好的催化效果，对于离子注入及固体渗碳均具有一定的催化作用。可以说稀土在渗碳过程中的催化作用是一个普遍的现象。

表 3-16　不同类型钢铁材料稀土渗碳工艺及渗碳效果对比[13-18]

材料	稀土渗碳工艺	渗碳效果
20Cr2Ni4A[13]	气体渗碳； 稀土渗剂:稀土甲醇溶液	(1)渗速提升 20%； (2)稀土渗碳层硬度分布更平缓
12Cr2Ni4A[14]	真空渗碳； 稀土通过离子注入添加	(1)渗速提升约 15%； (2)碳扩散系数提高 17%～26%； (3)稀土渗碳层中的碳化物更加细小
21NiCrMo2[15]	气体渗碳； 稀土以固体形式添加	(1)稀土渗碳层表面硬度更高； (2)稀土渗碳层组织细小
20CrMnMo[16]	气体碳氮共渗； 稀土渗剂:稀土甲醇溶液	(1)稀土碳氮共渗层表面硬度较高； (2)渗速提升约 20%； (3)稀土提高冲击韧性
35 钢[17]	盐浴碳氮共渗； 将稀土 La 添加到盐浴中	(1)稀土提高化合物层厚度； (2)稀土降低渗层磨损率

基于稀土渗碳的试验结果，闫牧夫等研究了稀土对渗碳过程碳扩散系数和传递系数的影响[18]。通过对 20 钢常规气体渗碳和稀土渗碳层深的测定，计算出稀土渗碳时碳在奥氏体中的平均扩散系数。从渗碳增重动力学出发，推导出渗碳过程混合控制阶段界面传递系数的计算公式。结果表明，稀土的加入不会改变气体渗碳的动力学规律，但会导致碳在奥氏体中的平均扩散系数增加约 50%（即 900℃稀土渗碳碳原子扩散系数为常规渗碳的 1.5 倍）。这是稀土元素加速渗碳过程的主要原因之一。通过渗碳增重动力学数学公式：

$$\frac{\Delta M}{A} = \frac{2\rho D(c_p - c_0)}{3\beta}[\beta\sqrt{3t/D} - \ln(\beta\sqrt{3t/D})]$$

式中，D 为碳的扩散系数，cm^2/s；c_0 为钢的原始含碳量，%；c_p 为炉内气氛碳势，%；β 为碳的界面传递系数，cm/s；ρ 为钢的密度，g/cm^3。

计算得到 20 钢在 900℃、碳势为 1.10% 的条件下，在添加稀土的气氛中渗碳后，传递系数增加了 117%。

稀土渗碳层组织上的改变必然引起性能上的变化，研究表明，稀土渗碳层的各项性能均优于常规渗碳层。以重载齿轮用 20Cr2Ni4A 钢为例（表 3-17），稀土渗碳后磨损率降低 68.4%，弯曲疲劳寿命提高 1.5 倍以上（50% 可靠），弯曲疲劳极限提高 64.6%（50% 可靠），接触疲劳寿命提高 6 倍以上（50% 可靠），接触疲劳极限提高 21%（50% 可靠）。

表 3-17　20Cr2Ni4A 钢稀土渗碳与常规渗碳的性能对比

性能		稀土渗碳	常规渗碳
磨损率(100N)[19]		$6.06×10^{-6}$ g/m	$19.18×10^{-6}$ g/m
弯曲疲劳寿命[20]	应力级 693MPa	$0.99×10^5$	$0.39×10^5$
	应力级 564MPa	$13.26×10^5$	$1.1×10^5$
弯曲疲劳极限[20]		556.6MPa	338.2MPa
接触疲劳寿命[21]	2300MPa 级	$4.45×10^6$	$6.41×10^5$
	2100MPa 级	$1.1×10^7$	$1.53×10^6$
接触疲劳极限[21]		1788MPa	1474MPa

对于渗碳过程中稀土元素的催化机理，目前广泛接受的是刘志儒等提出的"稀土化学热处理创新理论"[22]。该理论建立在碳原子的 Cottrell 气团的假设之上，认为稀土原子扩散进入铁的晶格后造成晶格畸变。该晶格畸变吸引附近的碳原子富集，形成以稀土稀固溶体为核心的 Cottrell 气团（图 3-55），使钢中颗料相的缺陷密度增殖与扩张，从而改变了间隙碳原子在其中的扩散机制，提高了扩散系数及扩散通量。因此，稀土元素的引入对于活性碳原子的产生、吸附和扩散均具有促进作用，主要表现如下[23]：

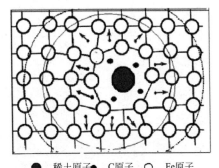

● 稀土原子　● C原子　○ Fe原子

图 3-55　稀土渗碳碳原子 Cottrell 气团模型[22]

① 稀土元素促进渗剂分解　稀土元素电负性很低，具有很高的化学活性，有利于渗剂中的碳氢化合物分解，使气氛中的活性碳原子数量增加。

② 稀土元素促进固气界面物理化学反应　稀土元素是一种表面活性元素，其本身的负电位值较低，渗碳时，将夺取钢材表面氧化铁中的氧而使铁还原，从而起到净化和活化金属表面的作用，使其更容易接纳气氛中的活性碳原子；另外，大的稀土原子溶入铁的晶格中引起严重的表面晶格畸变，利于活性碳原子的吸附。

③ 稀土元素促进碳、氮原子的扩散　稀土元素加入渗剂中，将促进碳、氮原子由表面向内部的扩散过程，原因之一是稀土元素可以提高工件表面的表面能，造成了工件表面高的碳、氮浓度梯度；原因之二是稀土元素渗入到钢的表面，造成了严重的点阵畸变，形成以稀土稀固溶体为核心的 Cottrell 气团，有利于碳原子的短程扩散，加速扩散进程，如图 3-56 所示。

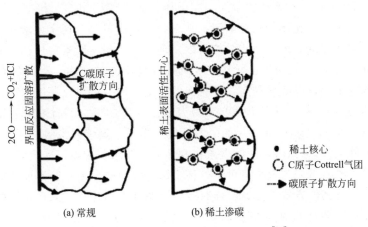

● 稀土核心
⊙ C原子Cottrell 气团
⤏ 碳原子扩散方向

(a) 常规　　　　(b) 稀土渗碳

图 3-56　常规与稀土渗碳的扩散模式[11]

稀土能提高渗速和提升性能已是一个不争的事实，因此，稀土渗碳技术在齿轮上得到了广泛应用。目前齿轮生产制造过程中主要存在的问题有：①渗碳效率低；②渗碳后变形大；③渗层组织不合格，存在碳化物、残余奥氏体超差的问题。稀土渗碳技术可以从根本上解决以上问题，起到立竿见影的效果。目前已针对20CrMnTi、20Cr2Ni4A、20CrMoH等齿轮钢进行了稀土渗碳试验研究，均取得了较好的效果。表3-18为稀土渗碳工艺在齿轮中的应用举例[24,25]。

表 3-18　稀土渗碳工艺在齿轮中的应用举例[24,25]

分类	渗层深度/mm	渗碳设备与工艺特征	特点	效益
超小模数	0.4～0.8	周期作业炉,830～860℃稀土渗碳取代碳氮共渗	变形小,表面硬度高,耐磨性好	—
小模数	0.7～1.2	周期作业炉,860～880℃稀土低温高浓度渗碳	变形小,最佳金相组织适用于变速箱齿轮出口配套	周期短,不磨齿,节电>30%,降低成本
中小模数	1.1～1.5	周期炉或连续炉,880～900℃稀土渗碳,周期与920℃常规渗碳相近,易获得优良金相组织,使用性能高	变形小,金相可控,宜生产出口变速箱齿轮	温度低,渗速快,节能显著,齿轮品质提高
中模数	1.4～1.8	周期炉或连续炉,900～920℃稀土可控渗碳	金相可控,耐磨性、疲劳性高	渗速提高20%,节电>15%
中大模数	1.7～2.2	周期炉或连续炉,930℃稀土可控渗碳,金相组织中过共析区有大量细小弥散颗粒状碳化物	高耐磨性,高接触疲劳,高使用寿命	渗速提高15%～20%,节能,提高齿面承载能力,延寿
大模数	2.5～4.0	井式炉,930～940℃稀土多台阶变温变碳势可控快速渗碳	重新二次加热淬火,磨齿	缩短工艺时间
超大模数	5.0～7.0	井式炉,930～940℃稀土多台阶变温变碳势可控快速渗碳	重新二次加热淬火,磨齿	缩短工艺时间

3.9.2　稀土渗氮及氮碳共渗

稀土催化在渗碳及碳氮共渗过程中获得巨大成功，我们不禁会联想，是否可以将稀土元素的催化作用应用于低温的渗氮及氮碳共渗过程呢？答案是肯定的，学者们进行了大量的稀土渗氮及氮碳共渗试验，获得了令人满意的效果，证明稀土元素在低温的渗氮及氮碳共渗过程中同样具有催化活性。

图3-57为M50NiL钢有无稀土添加等离子体氮碳共渗层组织、相结构及硬度分布的对比。稀土渗剂采用稀土氯化物的乙醇溶液。从金相照片中可见，稀土元素同样可以使得渗层厚度略微增加。对比氮碳共渗表面相结构可以发现，加入稀土元素后使得表面的氮浓度更高（XRD衍射峰向左偏移），说明稀土元素在表面具有富集氮的作用。渗层的硬度分布曲线与金相一致，加入稀土后可以明显提高共渗表面的硬度，同时可以显著增加渗层的厚度，有效硬化层厚度增加约14%[26]。表面硬度的提高及渗层厚度的增加同时带来了渗层耐磨性的提高，如图3-58所示，稀土氮碳共渗层的耐磨性优于无稀土氮碳共渗层。

类似的稀土催化渗氮/氮碳共渗的现象在众多的钢铁材料中得以实现，表3-19列出了不同钢铁材料的稀土渗氮工艺与效果。可见，稀土渗氮及氮碳共渗工艺不仅在等离子状态下有效，对于盐浴渗氮及其他方式的渗氮同样有效，证明稀土催化渗氮的现象同样广泛存在。稀土催化渗氮的优势主要体现在：①提高渗层表面硬度；②增加渗层深度，提高渗氮效率；③提高渗层的耐磨性、耐蚀性等各项性能。

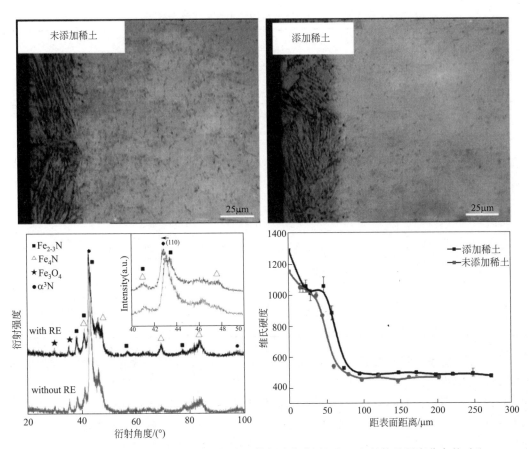

图 3-57　M50NiL 钢有无稀土添加等离子体氮碳共渗层组织、相结构及硬度分布的对比

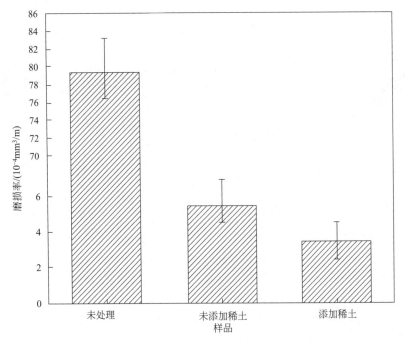

图 3-58　M50NiL 钢有无稀土添加等离子体氮碳共渗层磨损率的对比

表 3-19　不同钢铁材料的稀土渗氮工艺与效果

材料	稀土渗氮/氮碳共渗工艺	渗氮/氮碳共渗效果
30CrMnSiA[27]	等离子体稀土渗氮； 稀土渗剂：稀土氯化物的乙醇溶液	(1)表面硬度提高100HV； (2)磨损率相比于无稀土降低4%～14%； (3)耐蚀性相比于无稀土进一步提升
AISI 1035[28]	盐浴稀土渗氮； 稀土添加到盐浴中	(1)氮扩散系数提高约2倍； (2)添加稀土后表面氮浓度更高
38CrMoAl[29]	等离子体渗碳氮； 稀土以纯稀土镧离子溅射的形式添加	(1)渗层深度提升69.6%； (2)磨损率相比于无稀土降低15%～18%
17-4PH[30]	等离子体稀土渗氮； 稀土渗剂：稀土氯化物的乙醇溶液	(1)渗层深度提升29%； (2)磨损率相比于无稀土降低92%； (3)稀土渗层无脆性
M50NiL	气体渗氮； 稀土钙钛矿氧化物涂敷于渗氮表面	(1)渗层深度提升约20%； (2)稀土渗层无脆性
AISI 4140[31]	气体渗氮； 稀土钙钛矿氧化物涂敷于渗氮表面	(1)渗层深度提升14%～28%； (2)475℃渗氮磨损率相比于无稀土降低90%以上； (3)耐蚀性相比于无稀土进一步提升

　　需要注意的是，稀土渗氮存在最佳稀土添加量的问题，渗层深度通常随稀土添加量的增加先增加后减小，过多的稀土不但不会起催化作用，相反会出现抑制渗氮的现象。图3-59为30CrMnSiA钢等离子体稀土氮碳共渗不同稀土添加量下渗层硬度分布及渗层增重。可见随着稀土添加量的增加（工艺1到工艺5），渗层增重先增加后减小，说明稀土存在最佳添加量，在最佳添加量下，渗入到渗层中的氮原子最多，渗层相应最厚[32]。

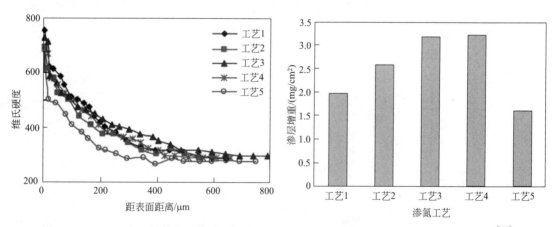

图 3-59　30CrMnSiA钢等离子体稀土氮碳共渗不同稀土添加量下渗层硬度分布及渗层增重[32]

　　尽管在对各种钢铁材料进行稀土渗氮及氮碳共渗时普遍发现催化现象，但是依旧存在一些相互矛盾的事情，例如，稀土渗氮在多数情况下促进氮化物的生成，而在少数情况下却抑制氮化物的生成，如图3-60所示[27,29]。可见，对于30CrMnSiA钢而言，稀土的加入增加了氮化物（$Fe_{2-3}N$和Fe_4N）的含量，而对于38CrMoAl钢而言，却降低了氮化物的含量。尽管两者的材料不同、稀土添加方式不同，但至少可以肯定的是如果继续采用稀土渗碳中的稀土作用机理去解释稀土渗氮是不合适的。原因有两个：其一，稀土渗氮过程中稀土并非一定增加表面氮浓度（图3-60中38CrMoAl钢的稀土渗氮结果可证明）；其二，由于渗氮是在低温下进行的，目前尚无证据表明稀土可以在低温下渗入铁的晶格中。

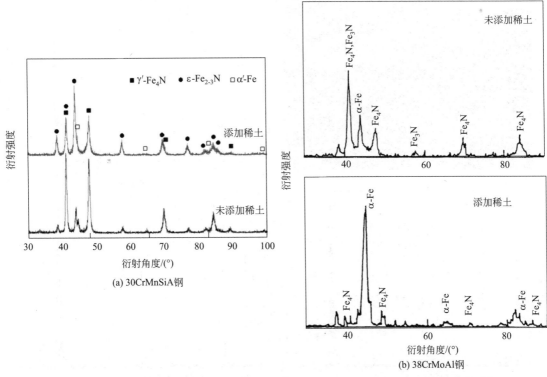

图 3-60　30CrMnSiA 钢与 38CrMoAl 钢有无稀土添加离子渗氮表面相结构对比[27,29]

在解释稀土催化渗氮机理时，最重要的是回答稀土是以何种形式起催化作用的这一问题。从目前的研究结果来看，并未明确确定稀土在渗氮过程中的存在形式，通常认为稀土可以像渗碳一样渗入基体内部，因而在采用理论计算方法解释稀土催化渗氮机理的时候都是基于这一假设的，然而并没有在试验上观察到这一现象。例如很多试验仅在表面检测到了稀土元素，而在表面以下的渗层中并未检测到稀土，如图 3-61 所示[28]。可见虽然检测到稀土元素存在于最表层，但是依旧无法说明稀土是以何种化合物的形式存在的，XRD 结果中未观察到任何形式的稀土化合物。

令人兴奋的是在随后的稀土渗氮/氮碳共渗研究中，人们陆续在稀土共渗表面发现了一些稀土的氧化物，这对于进一步加深对稀土催化渗氮的认识起推动作用。例如，在对 M50NiL 钢进行稀土氮碳共渗时，采用稀土氯化物的乙醇溶液作为催渗剂，结果在稀土共渗表面观察到了一些白色小亮点，经能谱分析判定为稀土的氧化物，由此推测稀土的氧化物可能具有催化活性，如图 3-62 所示[26]。

采用离子溅射纯镧方式添加稀土，对纯铁进行等离子体渗氮时发现了有意思的结果。经稀土渗氮后纯铁的渗层厚度有显著提升（纯铁的渗层厚度通过针状 Fe_4N 的析出来判断），由图 3-63 可见，稀土渗层的表面检测到了一种钙钛矿结构的稀土氧化物 $LaFeO_3$，有理由相信，该稀土氧化物与催化效果密切相关[33]。至此，我们对于稀土催化渗氮的认识更加清晰了。

进一步采用溶胶-凝胶方法将 $LaFeO_3$ 化合物以薄膜的形式制备在 AISI 4140 钢表面，并对其进行气体渗氮，以评价 $LaFeO_3$ 化合物的催化渗氮效果，经过对比发现，$LaFeO_3$ 的确具有催化活性，如图 3-64 所示[31]。至此，找到了一种潜在的稀土催化剂，后面的研究也将

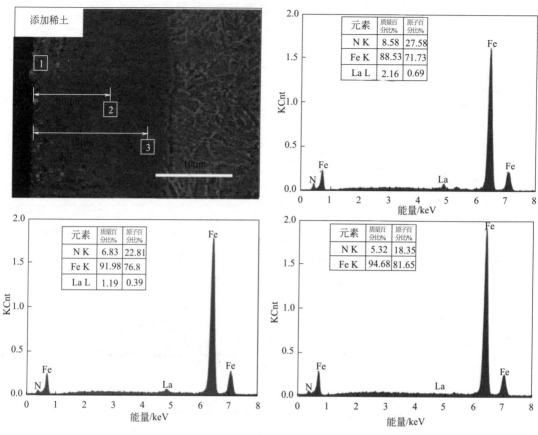

图 3-61　AISI 1035 钢盐浴稀土渗氮渗层元素分析

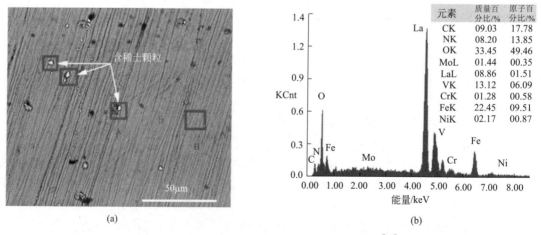

图 3-62　M50NiL 钢盐浴稀土渗氮渗层元素分析[26]

围绕这种钙钛矿型的稀土化合物的催化活性展开。$LaFeO_3$ 的催化机理：认为 $LaFeO_3$ 起到了优化渗氮表面吸附氮和结合氮的比例，从而加速了渗氮过程，如图 3-65 所示。众所周知，渗氮过程与渗碳过程类似，可分为三个阶段：①NH_3 的吸附；②NH_3 分解产生活性氮原子；③氮原子扩散。以上三个反应过程中任何一个过程变慢都将会影响到整个反应的进程，类似于"木桶效应"，为了让整个反应过程顺利进行，三个阶段的速度存在最佳配合。因此，

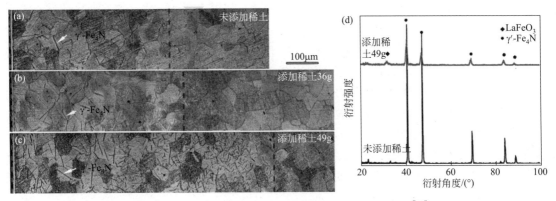

图 3-63　纯铁等离子体稀土渗氮渗层组织及表面相结构[33]

LaFeO₃ 的催化作用在此得到体现。由图 3-65 可见，LaFeO₃ 的加入使得吸附氮与结合氮达到最佳配合，吸附氮代表吸附在渗氮表面的氮浓度，而结合氮代表与 Fe 等金属原子成键的氮原子，氮原子往材料内部渗入的前提是有足够的氮原子发生吸附与反应。

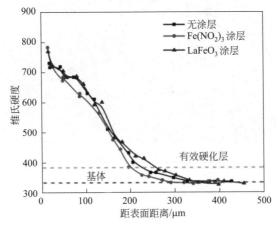

图 3-64　AISI 4140 钢气体稀土渗氮渗层硬度分布[31]

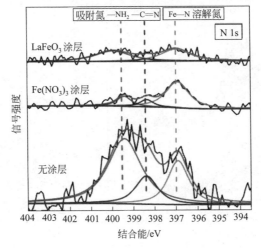

图 3-65　AISI 4140 钢气体稀土渗氮表面 N1s 的高分辨 XPS 谱图[31]

进一步在低氮势条件下（低气压、低气体流量）研究 $LaFeO_3$ 化合物的催化活性，发现 $LaFeO_3$ 在低氮势下的催化效果更加明显，且低氮势条件下 $LaFeO_3$ 有利于表面氮化物的生成，如图 3-66 所示[32]，这说明 $LaFeO_3$ 有利于提高表面的氮浓度，高氮势是深层渗氮的必要条件之一。另外，采用氩离子溅射渗氮表面，对比溅射前后表面原子化学状态的变化可以发现，对于有 $LaFeO_3$ 薄膜的渗氮表面，N1s 的高分辨 XPS 谱峰的位置在溅射前后发生偏移，这说明表面上的氮原子的活性高于无稀土添加渗氮表面，尤其是 Fe—N 键的结合能发生改变，说明 Fe—N 键的强度较弱，氮的扩散会更容易一些，如图 3-67 所示[34]。总结上述的试验结果可以发现，$LaFeO_3$ 在提高表面氮浓度的同时，通过促进氮的扩散，从吸附、反应及扩散各方面均可加强反应进度，进而实现催化作用。

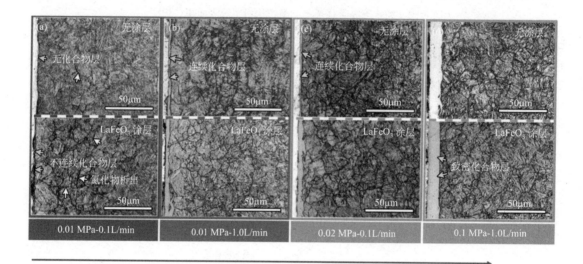

图 3-66　AISI 4140 钢气体稀土渗氮组织随氮势的变化[34]

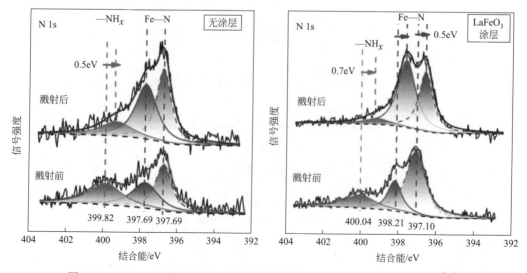

图 3-67　AISI 4140 钢有无稀土低压气体渗氮表面 N1s 的高分辨 XPS 谱图[34]

1.某厂渗碳希望渗层奥氏体中碳浓度控制在 0.9% 左右。该厂没有先进设备控制碳势,采用了图 3-68 的工艺,认为这种工艺可以控制奥氏体中的含碳量,试分析理由。(提示:利用 Fe-C 相图分析)

2.某厂采用两种不同工艺对齿轮进行渗碳,得到两种碳浓度分布曲线(图 3-69),试分析渗碳淬火后,哪种工艺的过渡区的拉应力大?

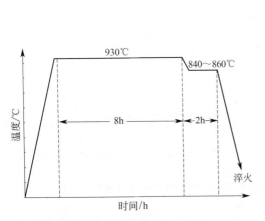

图 3-68 预泛渗碳淬火工艺曲线

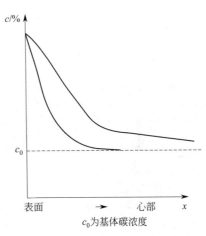

图 3-69 渗碳层碳浓度分布曲线

3.根据马氏体相变原理分析为何渗碳件表面碳浓度一般控制在 $0.7\%\sim1.05\%$ 范围内?

4.20 钢工件在 930℃渗碳,要求距离表面 0.5mm 处的含碳量达到 0.4%。假定渗碳过程中工件表面碳浓度始终为 0.9%,碳在 930℃的扩散系数 $D=1.28\times10^{-11}\mathrm{nm}^2/\mathrm{s}$,计算渗碳所需时间。

5.20 钢制作的齿轮在 930℃渗碳 5h,齿轮表面含碳量为 0.90%,碳在 930℃的扩散系数 $D=1.28\times10^{-11}\mathrm{nm}^2/\mathrm{s}$,计算距离表面 0.5mm 处的含碳量。

参考文献

[1] 王国佐,王万智.钢的化学热处理.1 版.北京:中国铁道出版社,1980.

[2] 米古茂.残余应力的产生和对策.朱荆璞,邵会孟,译.北京:机械工业出版社,1983:143-153.

[3] George E T. Steel heat treatment:metallurgy and technologies. 2nd ed. Lodon:Taylor 8C Francis Group,2006.

[4] 雷廷权,傅家骐.金属热处理工艺方法 500 种.北京:机械工业出版社,2004:412-413.

[5] 吴大兴,杨川,高国庆,等.对硼砂盐液中钢件渗钒机理的研究.铁道学报,1988(2):110-112.

[6] 马登杰,韩立民.真空热处理原理与工艺.北京:机械工业出版社,1986:173-176.

[7] 卢燕平,于福洲.渗镀.北京:机械工业出版社,1985,69-72.

[8] 闫牧夫,刘志儒,朱法义.稀土化学热处理进展.金属热处理,2003,28(3):1-6.

[9] Gao Y K. Influence of deep-nitriding and shot peening on rolling contact fatigue performance of 32Cr3MoVA Steel. Journal of Materials Engineering and Performance,2008,17:455-459.

[10] Yan M F,Liu Z R. Study on microstructure and microhardness in surface layer of 20CrMnTi steel car-

burized at 880℃ with and without RE. Materials Chemistry and Physics，2001，72：97-100.

［11］ Yan M F，Pan W，Bell T，et al. The effect of rare earth catalyst on carburizing kinetics in a sealed quench furnace with endothermic atmosphere. Applied Surface Science，2001，173：91-94.

［12］ 刘志儒，闫牧夫，刘成友，等.稀土伪双相快速渗碳组织超细化理论与技术.金属热处理，2011，36（4）：109-115.

［13］ 赵文军，刘国强，王金栋，等.20Cr2Ni4A齿轮钢高温渗碳工艺.金属热处理，2015，40（12）：142-145.

［14］ Dong M L，Cui X F，Zhang Y H，et al. Vacuum carburization of 12Cr2Ni4A low carbon alloy steel with lanthanum and cerium ion implantation. Journal of Rare Earths，2017，35（11）：1164-1170.

［15］ Dragomir D，Cojocaru M，Drugă L，et al. Influence of rare earth metals on carburizing kinetics of 21NiCrMo2 steel. Advanced Materials Research，2015，1114：206-213.

［16］ 蔡小勇，陈启武，戴品强，等.20CrMnMo钢稀土碳氮共渗工艺的研究.热加工工艺，2018，47（6）：233-235.

［17］ 戴明阳，周正寿，沈志远，等.稀土La对35钢盐浴碳氮共渗涂层结构与性能的影响.粉末冶金材料科学与工程，2016，21（1）：72-77.

［18］ 闫牧夫，刘志儒.稀土对渗碳过程碳扩散系数和传递系数的影响.中国稀土学报，2001，19（1）：9-11.

［19］ 刘志儒，朱法义，蔡成红，等.稀土低温高浓度气体渗碳工艺及其在20Cr2Ni4A钢上的应用.金属热处理，1994（11），15-19.

［20］ 朱法义，蔡成红，闫牧夫，等.20Cr2Ni4A钢制齿轮稀土低温高浓度渗碳后弯曲疲劳强度的研究.材料科学与工艺，1994，2（3）：61-67.

［21］ 朱法义，蔡成红，闫牧夫，等.20Cr2Ni4A钢稀土渗碳的组织及齿轮的接触疲劳强度.金属热处理学报，1994，15（4）：31-37.

［22］ 刘志儒，闫牧夫，罗群，等.稀土与碳氮原子共渗及其微合金化创新理论.材料热处理学报，2011，32（7）：121-129.

［23］ 刘志儒，闫牧夫，刘成友，等.齿轮稀土碳共渗工艺.热处理技术与装备，2016，27（2）：14-21.

［24］ 闫牧夫，刘志儒，王勇，等.采用稀土共渗技术解决汽车齿轮渗碳存在的问题（上）.机械工人，2005（9）：35-38.

［25］ 闫牧夫，刘志儒，王勇，等.采用稀土共渗技术解决汽车齿轮渗碳存在的问题（下）.机械工人，2005（10）：41-45.

［26］ Sun Z，Zhang C S，Yan M F. Microstructure and mechanical properties of M50NiL steel plasma nitrocarburized with and without rare earths addition. Materials and Design，2014，55：128-136.

［27］ Tang L N，Yan M F. Effects of rare earths addition on the microstructure，wear and corrosion resistances of plasma nitrided 30CrMnSiA steel. Surface and Coatings Technology，2012，206：2363-2370.

［28］ Dai M Y，Li C Y，Hu J. The enhancement effect and kinetics of rare earth assisted salt bath nitriding. Journal of Alloys and Compounds，2016，688：350-356.

［29］ Peng J，Dong H，Bell T，et al. Effect of rare earth elements on plasma nitriding of 38CrMoAl steel. Surface Engineering，1996，12（2）：147-151.

［30］ Liu R L，Yan M F，Wu D L. Microstructure and mechanical properties of 17-4PH steel plasma nitrocarburized with and without rare earths addition. Journal of Materials Processing Technology，2010，2010（5）：784-790.

［31］ Chen X，Bao X Y，Xiao Y，et al. Low-temperature gas nitriding of AISI 4140 steel accelerated by $LaFeO_3$ perovskite oxide. Applied Surface Science，2019，466：989-999.

［32］ Tang L，Yan M F，Microstructure and mechanical properties of surface layers of 30CrMnSiA steel plasma nitrocarburized with rare earth addition. Journal of Rare Earth，2012，30（12）：1281-1286.

［33］ 张程菘.铁基合金等离子体稀土氮碳共渗组织超细化与深层扩散机制.哈尔滨：哈尔滨工业大学，2015.

［34］ Zhang C S，Wang Y，Chen X，et al. Catalytic behavior of $LaFeO_3$ pervoskite oxide during low-pressure gas nitriding. Applied Surface Science，2020，506：145045.

第**4**章

薄膜技术

4.1 薄膜的定义与薄膜形成

4.1.1 薄膜的定义及其在现代科技中的作用

薄膜技术在表面技术中占据举足轻重的地位，可以说表面技术的飞速发展，主要是由于薄膜技术在高科技领域中的广泛应用。薄膜一般是指固态材料，从广义上说是一种二维固体材料，即它的厚度方向的尺寸比其他两个方向的尺寸要小得多。至于多厚的材料算是薄膜并没有明确的定义。有的研究者认为厚度在 $1.0\mu m$ 以下的二维材料称为薄膜，也有研究者以 $25\mu m$ 为界限，小于 $25\mu m$ 的为薄膜，大于 $25\mu m$ 的为厚膜。

为什么这类材料及制备这类材料的技术引起人们如此重视，主要原因如下。

① 薄膜技术对电子信息产业的发展起到关键作用。互联网中数据采集、电子回路、集成电路等电子信息技术都需要数量巨大的元器件，而且要求这些元器件必须小型化、微型化。只有采用薄膜材料才能制备这类微型器件。实践证明，利用薄膜制造出的器件不仅可以保持原有功能，并且还可以使功能得到强化。因此薄膜材料与薄膜制备技术成为电子信息技术中的关键技术。鉴于此，有些学者提出了"没有薄膜技术就没有今天的计算机技术"的观点。

目前集成电路等电子器件向更高集成度、更高性能化发展，要求其特征尺寸由微米线宽度向纳米线宽度发展，极大推动了人们研制新型的薄膜材料及新型的制备技术。

② 随着器件尺寸的减少，要求对薄膜材料不断进行深入研究，人们发现随着尺寸的减少，薄膜材料显示出与块体材料完全不同的全新物理现象。例如理论分析表明，随着薄膜厚度的减少，其导电率将明显低于块体材料，原因是薄膜材料的表面积与体积的比值很大，其表面对电子运输现象产生了重要影响，同时发现薄膜材料的熔点明显低于块体材料。另外表面效应使薄膜材料的电阻温度系数、霍尔系数等关键参数，均与块体材料不同。也就是说，薄膜材料除具备块体材料的共性外，还具备一些特性。这种特殊物理现象的出现，自然引起了人们广泛的研究兴趣。

③ 目前对于一些新材料的开发，往往是从这种材料的薄膜开始的，所以开发薄膜材料成为开发新材料的一种重要手段。因此薄膜技术渗透到目前各个高科技领域，如航天航空、

生物材料、能源材料等。

④ 能源问题是人们最为关心的问题，利用太阳能作为新型能源转化为电能，引起了人们极大的兴趣。太阳能电池是热门研究课题，而利用薄膜制备太阳能电池进行光电转换具有独特的优势。在机器人中各类传感器、生物芯片、LED 固体照明，均需要薄膜技术作为支撑。

⑤ 生物技术是 21 世纪最有生命力的技术，而近年来研究发现采用薄膜技术可以提高生物材料的关键表面性能（如血液相容性），薄膜技术具有其他技术不可替代的地位。

综上所述可以有下面结论：在当今重要的热门研究应用领域中，均有薄膜技术的一席之地，因此确立了薄膜技术在表面技术中的核心地位。

4.1.2 薄膜形成过程简介[1]

薄膜一般是气体分子沉积在基片表面形成的。经历了气体分子在基片上的吸附、表面扩散、形核与长大几个过程，最后形成连续的薄膜。关于薄膜形成的具体微观机制有不同的物理模型，本节仅做一些简单介绍。

关于吸附一般均采用物理化学中关于吸附的理论，将吸附分为化学吸附与物理吸附。在薄膜成型过程中，对于不同的基片与气体分子，有时可能是化学吸附，有时可能是物理吸附。对于不同吸附均有一些理论模型计算吸附量、吸附时间等具体物理量。

在第 3 章曾论述，活性原子被工件表面吸附后会向工件内部扩散，形成扩散层。但是在气相沉积中入射到基片上的气体分子或原子被吸附后，在固体表面并不是向内部扩散，而是沿表面不同方向扩散（称为表面扩散）。吸附的原子或分子要从表面上的一个吸附位置迁移到另一个吸附位置。这种扩散同样需要激活能。可以获得横向扩散距离与横向扩散系数 D 及扩散时间 τ_a 的关系

横向扩散距离 $$X_a = (D\tau a)^{1/2} \tag{4-1}$$

扩散时间 $$\tau_a = 1/U_a \exp(E_a/kT)$$

$$D = 1/4U_1 \exp(-E_d/kT) = U_d \exp(-E_a/kT) \tag{4-2}$$

式中，E_a、E_d 分别是原子的吸附能和扩散激活能；U_a 是原子在晶格中的振动频率；U_1 和 U_d 是任意方向和特定方向上的跃迁频率（数量级是 10^{13} 次/s）。

设 $U_a = U_1 = 4U_d$ 有：

$$X_a = [1/4\exp(E_a - E_d/kT)]^{1/2} \tag{4-3}$$

对于简单立方晶体的 (001) 面，$E_a = \psi_1 + 4\psi_2$，$E_d = \psi_2$，ψ_1 与 ψ_2 分别为最近邻和次近邻的两原子间的结合能。沃尔默（Vilmer）研究了各种晶体后指出尽管 E_a 值与 E_d 值因晶体而异，但（$E_a - E_d$）值都接近 0.45λ，其中 λ 为晶体的生成热焓（或潜热）。

通过表面扩散薄膜开始形核长大，最后形成连续薄膜。薄膜形成的主要模型有三种：岛状生长模型、层状生长模型及先层状后岛状生长模型。

薄膜的形成过程并不是在基体上无规则堆积，若是这样，薄膜就只能是非晶态的。事实上，薄膜形成条件不但可以是晶态，亦可以是非晶态。

表面上容易捕获原子的地方，如凹坑（原子大小量级）、棱角、台阶等处，到达基体的原子在此成核。这个核和以后陆续到达的原子以及相邻的核的一部分或者全部合并而生长，如果达到某一稳定值，核就稳定成稳定核，可以认为这个稳定核的临界值包含 10 个原子左

右。成核理论主要有两种：一是热力学理论；二是原子理论。

热力学理论与凝固及固态相变中所采用的形核理论类似。核形成经历四个阶段[1]：

① 气相原子入射到工件表面，其中一部分被吸附。

② 吸附的气相原子通过横向扩散，互相碰撞结合成小原子团，并凝结在基体表面。

③ 这种原子团与其他吸附原子碰撞结合，该过程反复进行，一旦超过临界值，原子团进一步与吸附原子结合，只能向长大方向发展成为稳定原子团，成为稳定晶核。

④ 稳定晶核继续捕捉其他原子长大。

薄膜形核也分成自发形核与非自发形核两种类型。自发形核类似于凝固过程中的均匀形核，非自发形核类似于凝固过程中的非均匀形核。仿照凝固过程中的均匀形核理论，对于自发形核也可以用热力学理论进行分析。

由物理化学可知：固相与其气相间有平衡蒸气压。气相实际蒸气压高于平衡蒸气压则气相就会转变为固相。这就是气相沉积中气相原子可以凝结成固体晶核的基本规律。

根据基本规律可知：形核的驱动力 ΔG_v 是单位体积的气相原子变为固相原子的相变过程中的自由能差。

根据物理化学可知：

$$\Delta G_v = -(kT/O)\ln(P_v/P_s) \tag{4-4}$$

式中，P_v、P_s 是气相实际过饱和蒸气压与固相的平衡蒸气压；O 是原子体积。

从式(4-4) 可知，如果 $P_v > P_s$，则 $\Delta G_v < 0$，晶核就可以形成。与凝固过程类似，固相晶核形成，就会形成新的固-气界面，导致相应的界面能增加，成为形核的阻力。将新相晶核看成半径为 r 的球，可以得到系统自由能变化公式：

$$\Delta G = 4/3 pr^3 \Delta G_v + 4pr^2 \gamma \tag{4-5}$$

式中，γ 为单位面积界面能。

与凝固过程中的均匀形核处理方法类似，将式(4-5) 对半径 r 求导可以得出临界晶核半径 r^* 及形核功 ΔG^* 的表达式。

气相沉积形核与凝固形核也有不同之处。在凝固形核时过冷度是影响形核的关键因素。但是在气相沉积过程中，气相的过饱和度 $(P_v - P_s)/P_s$ 是影响形核的关键因素（当然沉积温度也会影响过饱和度）。当过饱和度大于零，开始均匀自发形核，并且过饱和度极大地影响形核速率。

根据凝固理论可知，凝固过程一般是非均匀形核，同样气相沉积过程往往是非自发形核。晶核往往在一些台阶、棱角、缺陷处形成。非自发形核的形核功 $\Delta G_{非}^*$ 小于自发形核的形核功。非自发晶核的形成与晶核和基体间是否浸润有很大关系。

若接触角 $\theta = 0°$，则 $\Delta G_{非}^* = 0$，表明成核无须克服激活势垒。当部分浸润例如当 $\theta = 10°$，$\Delta G_{非}^* = 10^{-4} \Delta G^*$；当 $\theta = 30°$，$\Delta G_{非}^* = 0.02 \Delta G^*$。

这说明接触角越小，即基体与薄膜的浸润性越好，越容易形核。即薄膜原子与基体之间的相互作用非常强，越容易实现层生长。

原子理论（或统计理论）是把原子团看成宏观分子，以便分别计算它们的键能和势能。通过计算键能与势能来计算薄膜形成自由能的变化。在处理实际问题时，原子理论认为原子团尺寸变化时吸附原子团的能量变化是跳跃式的，在原子较小时原子理论更接近于实际。

薄膜晶核形成后的长大也存在多个模型，其中之一是岛状生长模型。该模型认为晶核形成后长大成膜分为以下四个阶段。

① 岛状阶段：在基体表面上形成许多核之后，它们互相接触合并，形成电子显微镜下能观察到的最小尺寸（20～30Å），至80Å为止（1Å＝10^{-10}m）。这些核的生长是三维的，但平行于基板表面方向上的生长速度大于垂直方向上的生长速度。这是因为核的生长主要是由基板表面的单原子扩散而不是气相碰撞决定的。这些核不断俘获生长，逐渐从圆球形核变成六面体孤立的岛。如图4-1所示。

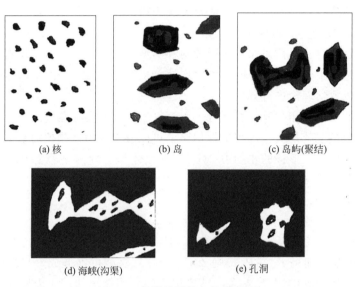

(a) 核　　　　　　　　(b) 岛　　　　　　　　(c) 岛屿(聚结)

(d) 海峡(沟渠)　　　　　　　　(e) 孔洞

图 4-1　薄膜的形核与长大过程

② 聚结阶段：岛长大，岛之间距离缩短，最后相邻岛相遇合并，岛的形状呈六面体（因为六面体自由能量最小）。岛聚结后，基体所占面积减少，表面能降低，聚结时基体表面空出的地方将再次成核。由于聚结过程伴随着再结晶和晶粒生长，它对膜层的结构和性质无疑具有重要影响。例如，岛聚结时具有一定的方向性，从而使膜具有特定结构。

如图4-1所示，聚结实质是岛变为岛屿的过程，这个过程中表面积下降。驱动力不仅取决于原表面能 γ，而且与颈部曲率半径有关。

③ 沟渠（海峡）阶段：当岛的分布达到临界状态时互相连结，逐渐形成网络结构，最后形成无规则的50～200Å的沟渠。沟渠态再次成核聚结或与沟渠边缘接合，使沟渠消失而仅留下若干空洞，如图4-1所示。

④ 连续阶段：沟渠形成后由于继续沉积导致沟渠、空洞消失。

本节提出的形核与长大模型应该是对各类气相沉积均适用的。在第3章中论述渗碳与渗氮时曾经提出碳势与氮势概念。这些概念的实质是说明气氛控制对渗层质量有重要影响。从上述形核与长大理论中可以看到，在气相沉积中气氛的控制同样对薄膜质量有重要影响。

4.2　化学气相沉积技术的基本原理与典型工艺分析

薄膜一般是通过气相沉积技术获得的。

气相沉积（vapor deposition）定义为：利用气相中物质发生反应，在基体材料表面形成固态的薄膜。

气相沉积技术可以大致分成两大类：化学气相沉积（chemical vapor deposition，CVD）技术与物理气相沉积（physical vapor deposition，PVD）技术。

CVD技术是指利用气相化学反应在基体材料上沉积薄膜。CVD技术的特点是：反应原料一般为气态，生成物中至少有一种为固态，利用基体膜表面的化学触媒反应，在基体表面沉积成薄膜。

最初的CVD是在常压下进行的，后来发现降低压力可以进一步提高膜的质量、成膜的速率。现在一般工业上应用的CVD技术均为低压CVD（LPCVD）技术。

4.2.1 化学原理在化学气相沉积中的作用与典型工艺分析

根据CVD技术的定义可知，为实现镀膜必须事先明确下面的条件：

① 必须要利用一个已知的化学反应。

② 必须要选用合适的原料。

③ 必须确定所利用化学反应的温度、时间等参数。

也就是说必须首先进行设计，而实现设计的基础就是物理化学理论。典型的CVD技术是热CVD（thermal chemical vapor deposition，TCVD）技术。表4-1～表4-3给出了CVD中一般的气体原料及其特性、化学反应类型及沉积超硬薄膜典型的化学反应[1]。

表 4-1　CVD中所采用的气体原料及其特性[1]

材料	分子量	熔点/℃	蒸气压	用途及生成反应
$Si(OC_2H_5)_4$	208.5	−82.5	166.8℃/760Torr	绝缘膜(SiO_2、PSG、BPSG)
$POCl_3$	153.35	1.25	①$A=-1832,B=7.73$	绝缘膜(PSG、BPSG)
$PO(OCH_3)_3$	140.0	−46.1	①$A=-2416,B=8.045$	绝缘膜(PSG、BPSG)
$B(OC_2H_5)_3$	146.1	−84.8	118.6℃/760Torr	绝缘膜(BSG、BPSG)
$Ge(OC_2H_5)_4$	253.0	−72±1	185℃/760Torr	与水混合,迅速加水分解
$Ta(OC_2H_5)_5$	406.4	21	146℃/0.15Torr	淡黄～无色的液体
$As(OC_2H_5)_3$	209.41		162℃/745Torr	化合物半导体(GaAs、GaAlAs)
$Sb(OC_2H_5)_3$	257.1		93℃/10Torr	InSb
$Al(OiC_3H_7)_3$	204.0	3～142	3～151℃/15Torr	GaAlAs
$Ti(OiC_3H_7)_4$	283.9	20	116℃/10Torr	与水反应,加水分解
$Ta(OC_2H_5)_5$	406.4	21	146℃/0.15Torr	Ta_2O_5
$Nb(OC_2H_5)_5$	318.4	6	156℃/0.05Torr	与水反应,加水分解
$Zr(OiC_3H_7)_4$	327.2	105～120	160℃/0.1Torr	与水反应,加水分解
$VO(OC_2H_5)_3$	202.2		91℃/11Torr	与水反应,加水分解
$Sb(OC_2H_5)_3$	257.1		93℃/10Torr	与水反应,加水分解
$AlCl_3$	133.34	190	①$A=6362,B=9.66$, $C=3.78$	升华性,与水反应,加水分解阻挡金属层(TiN)
$TiCl_4$	189.71	−30	①$A=2853,B=24.98$, $C=-5.80$	介电体膜(Ta_2O_5)
$TaCl_5$	358.21		242℃/760Torr	与水反应,加水分解
$NbCl_5$	270.17	221	240.5℃/760Torr	与水反应,加水分解

① $\lg p=A/T+B+C\lg T$。

注：$1Torr=1.33322×10^2Pa$。

表 4-2　CVD 技术所涉及的化学反应类型[1]

反应类型	典型的化学反应	说明
热分解反应	$SiH_{4(气)} \xrightarrow{700\sim1100℃} Si_{(固)} + 2H_{2(气)}$ $CH_3SiCl_{3(气)} \xrightarrow{1400℃} SiC_{(固)} + 3HCl_{(气)}$ $Ni(CO)_{4(气)} \xrightarrow{180℃} Ni_{(固)} + 4CO_{(气)}$	生成多晶 Si 和单晶 Si 膜 生成 SiC 膜 Ni 的提纯
氢还原反应	$SiCl_{4(气)} + 2H_{2(气)} \xrightarrow{约1200℃} Si_{(固)} + 4HCl_{(气)}$ $WF_{6(气)} + 3H_{2(气)} \xrightarrow{300\sim700℃} W_{(固)} + 6HF_{(气)}$	单晶硅外延膜的生成 难熔金属薄膜的沉积
氧化反应	$SiH_{4(气)} + O_{2(气)} \xrightarrow{450℃} SiO_{2(固)} + 2H_{2(气)}$ $SiCl_{4(气)} + 2H_{2(气)} + O_{2(气)} \xrightarrow{1500℃} SiO_{2(固)} + 4HCl_{(气)}$	用于半导体绝缘膜的沉积 用于光导纤维原料的沉积, 沉积温度高, 沉积速率快
化合反应	$SiH_{4(气)} + CH_{4(气)} \xrightarrow{1400℃} SiC_{(固)} + 4H_{2(气)}$ $3SiCl_2H_{2(气)} + 4NH_{3(气)} \xrightarrow{900℃} Si_3N_{4(固)} + 6H_{2(气)} + 6HCl_{(气)}$ $2TaCl_{5(气)} + N_{2(气)} + 5H_{2(气)} \xrightarrow{900℃} 2TaN_{(固)} + 10HCl_{(气)}$ $TiCl_{4(气)} + CH_{4(气)} + \underset{950\sim1050℃}{\overset{H_2}{\rightleftharpoons}} TiC_{(固)} + 4HCl_{(气)}$	SiC 的化学气相沉积 Si_3N_4 的化学气相沉积 TaN 的化学气相沉积 TiC 的化学气相沉积
置换反应	$4Fe_{(固)} + 2TiCl_{4(气)} + N_{2(气)} \longrightarrow 2TiN_{(固)} + 4FeCl_{2(气)}$	钢铁表面形成 TiN 超硬膜
固相扩散	$Ti_{(固)} + 2BCl_{3(气)} + 3H_{2(气)} \xrightarrow{1000℃} TiB_{2(固)} + 6HCl_{(气)}$	Ti 表面形成 TiB_2 膜
歧化反应	$2GeI_{2(气)} \xrightarrow{300\sim600℃} Ge_{(固)} + GeI_{4(气)}$	利用不同温度下不同价化合物稳定性的差异, 实现元素沉积
可逆反应	$As_{4(气)} + As_{2(气)} + 6GeCl_{(气)} + 3H_{2(气)} \underset{}{\overset{700\sim850℃}{\rightleftharpoons}} 6GeAs_{(固)} + 6HCl_{(气)}$	利用某些元素的同一化合物的相对稳定性随温度变化实现物质的转移和沉积

表 4-3　涂敷超硬镀层典型的 CVD 反应[1]

镀层材料	反应实例
TiC	$TiCl_{4(气)} + CH_{4(气)} \xrightarrow{700\sim850℃} TiC_{(固)} + 4HCl_{(气)}$
TiN	$TiCl_{4(气)} + 1/2N_{2(气)} + H_{2(气)} \xrightarrow{700\sim850℃} TiN_{(固)} + 4HCl_{(气)}$
Ti(CN)	$2TiCl_{4(气)} + 2CH_{4(气)} + N_{2(气)} \longrightarrow 2Ti(CN)_{(固)} + 8HCl_{(气)}$ 中温 CVD：$2TiCl_{4(气)} + R-CN_{2(气)} \xrightarrow{900\sim1050℃} 2Ti(CN)_{(固)} + RCl_{(气)}$
硬 Cr	$CrCl_{2(气)} + H_{2(气)} \xrightarrow{750\sim1000℃} Cr_{(固)} + 2HCl_{(气)}$
Al_2O_3	$2AlCl_{3(气)} + 3CO_{(气)} + 3H_{2(气)} \longrightarrow Al_2O_{3(固)} + 6HCl_{(气)} + 3C_{(固)}$ $2AlCl_{3(气)} + 3H_2O_{(气)} \xrightarrow{1000℃} Al_2O_{3(固)} + 6HCl_{(气)}$

　　在设计 TCVD 工艺时应该首先利用物理化学原理进行理论分析。下面以具体的工艺设计为例进行说明。

例 4-1：利用 TCVD 在基片表面沉积 TiC 薄膜设计具体的工艺。第一步是要确定一个化学反应式。在确定化学反应式时必须考虑化学反应的原料问题，必须是原料来源广泛。一般选择下面的化学反应实现沉积：

$$TiCl_4 + CH_4 \longrightarrow TiC + 4HCl \tag{4-6}$$

由式(4-6)可见，沉积时采用的原料是甲烷与四氯化钛，这两种物质均是常见的化学原料。

第二步需要计算关键的参数，其中最关键的参数是化学反应的温度，也就是需要进行的沉积温度。式(4-6)是一个常见的化学反应式，可以查阅资料获得该化学反应从左向右进行的具体温度。但是为了说明如何从理论上分析反应温度的来源，采用物理化学中的计算方法进行理论计算与分析。

由物理化学原理可知，可以根据热力学原理判断化学反应的方向。其基本方程是自由能与温度的关系方程。根据热力学原理，可以知道在一级近似条件下，有下面的计算公式：

$$\Delta G_T^0 = \Delta H_{298}^0 - T \Delta S_{298}^0 \tag{4-7}$$

式中，ΔG_T^0 为化学反应式的自由能；ΔH_{298}^0 与 ΔS_{298}^0 分别为反应式的焓变与熵变；T 为化学反应的温度，也就是我们要确定的值。

因为 ΔH_{298}^0 与 ΔS_{298}^0 均为常数，所以可以分别设为 a 与 b，式(4-7)就变成了一个线性方程式：

$$\Delta G_T^0 = a - bT \tag{4-8}$$

需要注意的是，根据热力学原理，式(4-7)中的 ΔH_{298}^0 与 ΔS_{298}^0，即式(4-8)中 a 与 b 均可以通过反应物质与生成物质的热焓与熵获得。具体计算公式如下：

$$a = \Delta H_{298}^0 = \sum (\Delta H_{298}^0)_{生成物} - \sum (\Delta H_{298}^0)_{反应物} \tag{4-9}$$

$$b = \Delta S_{298}^0 = \sum (S_{298}^0)_{生成物} - \sum (S_{298}^0)_{反应物} \tag{4-10}$$

注意：式(4-9)中的 ΔH_{298}^0 与式(4-7)中的 ΔH_{298}^0 有完全不同的物理意义。前者是指化学反应式中，生成物与反应物各个物质的焓变，而后者是整个化学反应式的焓变。后者是通过式(4-9)的计算获得的，而前者是通过试验与理论分析获得的基础数据，一般是通过查表获得的。

式(4-10)也有类似的含义。ΔS_{298}^0 是化学反应式的熵变，而 (S_{298}^0) 是生成物与反应物各个物质的熵值，各个物质的熵值也是通过试验与理论分析获得的基础数据，同样是通过查表获得的。

为确定化学反应式(4-6)中的温度，可以利用式(4-8)进行计算。具体计算过程见表 4-4。其中的数据来源于参考文献［2］。

因此对于反应式(4-6)获得自由能与温度关系式：

$$\Delta G_T^0 = 326687 - 230.1T \tag{4-11}$$

利用求出的关系式及物理化学知识对沉积过程进一步进行分析。

① 从式(4-11)可见，化学反应式(4-6)是一个吸热反应，温度越高反应越容易进行。

② 根据热力学原理当 $\Delta G_T^0 = 0$，处于平衡温度，因此求出：

$$T = 1419K = 1146℃$$

表 4-4　化学反应式(4-6) 自由能与温度一级近似关系计算结果

反应式	$\Delta H_{298}^0/(\text{J/mol})$	$S_{298}^0/[\text{J}/(\text{mol·K})]$	a/J	$b/(\text{J/K})$
4HCl	$4\times(-92048)$	4×186.7		
TiC	-184096	24.3		
$\sum(\Delta H_{298}^0)_{生成物}$	-552288			
$\sum(S_{298}^0)_{生成物}$		771.1		
TiCl$_4$	-804165	354.8	326687	230.1
CH$_4$	-74810	186.2		
$\sum(\Delta H_{298}^0)_{反应物}$	-878975			
$\sum(S_{298}^0)_{反应物}$		541		

获得发生反应的温度理论计算值是在 1146℃ 以上，表明要想实现沉积 TiC 就要加热到较高的温度。因此对于设备的设计要提出要求。例如加热功率要能够达到高温反应室的加热要求，反应室所用材料也必须满足高温要求等。

③ 从化学反应式(4-6) 可以看到，反应进行时生成物中气体摩尔数要增加。根据物理化学原理，对于化学反应还可以用平衡常数进行分析。

$$\Delta G_T^0 = -RT\ln K_p \tag{4-12}$$

式中，K_p 是反应的平衡常数，即反应达到平衡时的分压比，在温度一定的情况下是定值。

因此可以利用求出的 ΔG_T^0 计算出反应的平衡常数。

④ 根据物理化学原理又可以知道，还可以用范特霍夫等温方程判断化学反应的进行程度：

$$\Delta G = RT\ln(Q_p/K_p) \tag{4-13}$$

式中，Q_p 是任意情况下的分压乘积的熵，称为分压熵。

当 $Q_p < K_p$，式(4-6) 的反应正向进行，且 Q_p 与 K_p 差别越大，反应自发趋势越强。

$$Q_p = P_{HCl}^4/(P_{TiCl_4} P_{CH_4})$$

采用真空泵抽反应室内的气体，将大幅度降低 Q_p 的值，使反应更容易进行，加快沉积速率。这就是低压 CVD 技术的优点之一。

⑤ 在实际沉积过程中并非仅利用化学反应式(4-6)，而是加入一些氢气，为什么如此处理？仍然可以利用物理化学应力进行分析。

要实现快沉积速率，需要反应室内有较多的 Ti 原子，在反应室内加入氢气可以实现这一目的。

$$\text{TiCl}_4 + 2\text{H}_2 \longrightarrow \text{Ti} + 4\text{HCl} \tag{4-14}$$

利用上述方法计算该反应的温度，结果见表 4-5。

对于反应式(4-14) 有关系式：

$$\Delta G_T^0 = -218572 + 161.47T$$

表 4-5　化学反应式(4-14) 自由能与温度一级近似关系计算结果

反应式	$\Delta H^0_{298}/(\text{J/mol})$	$S^0_{298}/[\text{J/(mol·K)}]$	a/J	$b/(\text{J/K})$
4HCl	$4\times(-92048)$	4×186.7		
Ti	0	30.63		
$\sum(\Delta H^0_{298})_{\text{生成物}}$	-368192			
$\sum(S^0_{298})_{\text{生成物}}$		777.43	-218572	161.47
$TiCl_4$	-804165	354.8		
$2H_2$	0	2×130.58		
$\sum(\Delta H^0_{298})_{\text{反应物}}$	-804165			
$\sum(S^0_{298})_{\text{反应物}}$		615.96		

可以求出平衡温度为 1080℃。也就是说在 TiC 沉积温度下，如果有 H_2 的加入可以发生式(4-14) 的反应，即通过 H_2 可以还原出大量的 Ti 原子，无疑会增加反应的速度。另外，氢气还有保护金属基体不被氧化的功能。

采用热力学方法进行计算时，采用来源不同的热力学数据计算结果会有较大差别，同时计算数据有时与试验数据也有较大误差。根据上述分析，设计出实用化的装置，其示意图见图 4-2。

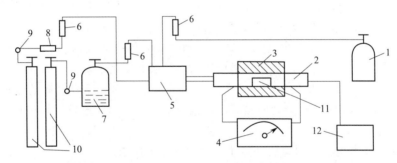

图 4-2　TCVD 方法沉积 TiC 装置示意图

1—甲烷（或其他反应气体）；2—反应室；3—电加热炉；

4—加热炉控制系统；5—混合室；6—流量计；

7—卤化物（$TiCl_4$）；8—干燥器；9—减压阀；

10—氢气；11—工件；12—真空泵

图 4-2 表明了沉积过程：首先将 CH_4 与 $TiCl_4$ 气体通过流量计进入混合室，气体混合均匀后进入反应室，利用加热装置将反应室温度加热到上面计算获得的沉积温度，沉积一定的时间后在基体表面形成 TiC 薄膜。

从此例分析可见物理化学理论在设计 TCVD 过程中的重要意义，关键是对于 ΔG^0_T 的计算。上述方法是一级近似计算，如果要想获得精确的计算结果可以利用吉布斯自由能函数方法实现较精确的计算。该方法是 Margrave 在 1955 年提出的一种计算方法，经过多年的实践与数据的积累，目前已经成为实用化的计算方法。该方法的突出优点是可以使计算过程较简单。具体计算方法见参考文献［2］。

4.2.2　TCVD 薄膜的沉积过程与特点

采用 TCVD 技术沉积其他物质的过程与沉膜过程基本类似。一般包括下面几个基本过程。

① 将反应室加热到一定温度后通入气体。

② 反应气体被基体表面吸附。

③ 反应气体向基体表面扩散。

④ 反应气体在基体表面发生化学反应导致膜形成。

⑤ 气体的副产品通过基体表面由内向外扩散脱离表面，排出反应室外。

TCVD 的沉积速率与反应气体向基体表面的输送速率、反应物浓度、扩散系数、表面发生反应的速率、基体的温度等密切相关。

TCVD 技术有以下优点。

① 因为已经明确了很多化学反应，利用这些反应可以实现多种薄膜的沉积，既可沉积金属膜也可沉积非金属膜，还可以沉积多成分膜。通过对气体原料流量的调节，可以在很宽的范围内控制膜的成分，因此可以制造梯度膜、多层单晶膜。

② 由于在高温下化学反应速度较快，所以成膜的速率也较快，一般每分钟就可沉积几微米甚至几百微米。

③ 沉积过程一般在低真空条件下进行，气体介质是"无孔不入"的。所以对于一些形状复杂的零件，如有深孔的零件，在各个部位也可以实现沉积，即所谓"镀膜的绕射性好"。这是其他一些沉积技术如 PVD 技术难以实现的。

④ 通过气体净化装置，完全可以使高纯度的反应气体进入反应室内，因此可以得到高纯度、结晶完全的膜层。这点正是某些半导体用的镀层必需的。

⑤ TCVD 技术可以获得平滑的沉积膜。这是因为可以调节反应气体的流量，实现在高饱和度下进行沉积，这样形核率大大提高，在整个基体表面均匀形核、均匀长大，所以可获得宏观上平滑的表面。

但是 TCVD 技术也存在明显的缺点，主要包括以下两点。

① 在沉积一些金属膜时，所用气体往往是一些氯化物，如 $TiCl_4$、$SiCl_2$、$AlCl_3$ 等物质，而在沉积过程中往往利用 H_2 实现沉积，这样就会有 HCl 气体产生。这些废气排出到大气中必然会污染环境，所以必须要有环保措施。同时 HCl 气体经过真空泵排出，对真空泵的腐蚀也很严重，虽然一些设备在排气系统中加入冷阱等装置吸附废气，但是仍然不可能实现全部吸附，所以真空泵很容易损坏，尤其是真空泵内的弹簧件很容易由于腐蚀而折断。

② 沉积温度太高，一般在 1000℃ 左右，所以许多基体材料在沉积温度下会发生相变，破坏了基体组织。例如对一般合金工具钢制备的一些工具，如果采用 TCVD 技术沉积，基体组织就会被破坏，仅表面有一层薄的硬膜，但是由于基体组织的破坏，同样难以提高工具的寿命。一般仅能对可以经受高温的硬质合金工具实现沉积。即使是对硬质合金材料，由于沉积温度高有时也会由于高温沉积引起晶粒长大、生成脆性相导致工具变脆。例如在硬质合金刀具上沉积 TiC，硬质合金基体中的碳也会扩散出来参加反应，在表面形成脱碳层，导致该层的韧性降低，抗弯强度降低，影响刀具的寿命。

所以在应用 TCVD 技术时必须根据其技术特点，合理地选择沉积对象。

4.2.3 CVD 技术的应用

(1) 工模具应用

工模具在工业生产中占据重要地位。目前机械加工自动化程度不断提高，工模具在加工中心普遍使用。刀具发生磨损，就要进行更换，降低了生产效率，同时由于刀具磨损导致加工精度下降。模具也有类似的问题。所以提高工模具的耐磨性能非常有必要。因此许多学者一直研究采用镀膜方法提高工模具寿命，采用 TCVD 方法提高寿命就是一个方面，并且也有一些成功案例。目前主要利用的薄膜材料有 TiC、TiN、Ti（C，N）、碳化铬、Al_2O_3 等。利用 TCVD 方法沉积薄膜，可以使工模具寿命提高 3～7 倍。

Ti(C，N) 薄膜利用的化学反应是：

$$TiCl_4 + CH_4 + 1/2N_2 \longrightarrow Ti(C,N) + 4HCl \tag{4-15}$$

碳化铬薄膜利用的化学反应是：

$$7(1-x)CrCl_3 + 21/2(1-x)H_2 + 7(xFe\text{-}C) \longrightarrow (Cr_{1-x}Fe_x)_7C_3 + 21(1-x)HCl + 4C \tag{4-16}$$

式(4-16) 中，$x = 0 \sim 0.6$，Fe-C 指固溶于奥氏体中的碳。

沉积 $\alpha\text{-}Al_2O_3$ 的化学反应式是：

$$H_2 + CO_2 \longrightarrow H_2O + CO \tag{4-17}$$

$$2AlCl_3 + 3H_2O \longrightarrow Al_2O_3 + 6HCl \tag{4-18}$$

根据化学反应式及上述设计原理，可以设计工艺参数。膜层的厚度一般根据工模具服役条件而定。如果薄膜太薄则不能起到提高寿命的作用，薄膜太厚又会增加内应力使薄膜结合力降低，薄膜容易脱落且脆性增加。同时薄膜厚度也与薄膜的种类有关，一般厚度范围在 $2 \sim 10 \mu m$ 之间。

采用 TCVD 方法提高工模具的寿命，一个非常关键的问题是对基体材料的选择。由于 TCVD 技术沉积温度较高，所以首先要考虑的问题是基体组织是否会发生相变。

例如对模具进行沉积，如果沉积温度高于模具的回火温度，就会破坏基体组织。而模具的寿命不但与膜材料本身的硬度、摩擦系数等有关，而且与基体材料的性能也有密切关系。虽然薄膜可以提高表面性能，但是如果大幅度降低基体性能，无法保证会达到预期效果。工具与模具一般均要经过淬火与回火处理。对于一些淬透性非常好的工具、模具钢，可以采用 TCVD 技术沉积薄膜，随后空冷就可以将基体组织转变为马氏体组织。如果在保护条件下再次进行回火，是否会得到理想的模型，应该通过试验确定。

根据 2.2 节中论述的热应力与相变应力产生的原理可知，采用 TCVD 方法对精度要求高的模具镀膜后，基体一定会发生变形。所以对于尺寸与精度要求高的模具而言，采用 TCVD 方法是不合适的。因此 TCVD 技术最常应用的对象是硬质合金刀具。

在选择镀膜材料时还要注意基体与膜材料间的匹配问题。例如两者的热膨胀系数应该尽量接近，否则会产生很高的内应力，造成薄膜脱落。除此之外界面能、化学性质等也是需要考虑的因素。因此设计 TCVD 工艺也是一个较为复杂的问题。

(2) 半导体工业应用[1]

CVD 利用的是气相反应成膜，原则上说气体是无孔不入的，所以 CVD 成膜对形状要求不严格。CVD 技术甚至对一些内孔也可以实现沉积，这是一些物理沉积技术难以实现的。因此 CVD 技术在半导体工业获得了广泛应用，从集成电路到电子器件无一不用到该技术。

在大规模集成电路中采用 CVD 技术制备层间绝缘膜和保护膜，如 PSG（phospho silicate glass，磷硅酸玻璃）、BPSG（boron phospho silicate glass，硼磷硅酸玻璃）等。特别是多层绝缘膜间的电路层间导通孔的填充金属布线的形成均采用 W 的选择方式生长。所谓 W 的选择方式是采用 WF_6 与 SiH_6 及 H_2 混合气体，进行气相沉积。沉积温度为 $200 \sim 300℃$，压力约为 $0.1Pa$。在沉积温度下，SiH_6 和 H_2 使 WF_6 还原，并利用 Si 与 W 的触媒反应，仅在 Si 的位置形成 W 的薄膜，而在 SiO_2 处不形成 W 的薄膜。

（3）利用气相运输方法制备单晶体

在制备单晶体技术中有一种方法为气相运输方法，其基本原理、工艺设计方法与 TCVD 技术非常相似。气相运输方法也是在一个反应器中进行化学反应，同样是首先确定一个化学反应式，同样是通过进行热力学分析设计工艺参数，可以说是 TCVD 技术的一种特殊的应用。

该方法的基本思路是：通过化学反应产生一种气相产物，生成的气相产物被运送到反应容器的另一端，在此处发生逆向反应，沉积出原来的固相反应物质。

这种方法已经广泛应用于材料的合成、物质的提纯、单晶体的制备等。用下面的案例说明这种特殊的方法。

在这种特殊的气相沉积的设计过程中要用到多学科的知识，利用多学科的基础理论设计装置与工艺用案例说明如下。

例 4-2：利用气相运输沉积原理制备硒化锌（ZnSe）单晶的工艺设计。

形成单晶的必要条件是：在结晶时仅有 1 个晶核长大。根据材料科学基础知识，对液体形核问题已经有深入研究，可以获得均匀形核的一些基本规律：

① 形成晶核必须要有过冷度，以提供能量克服形核阻力和界面能。

② 均匀形核时液固两相的自由能差仅能补偿界面能的 2/3，其余 1/3 只能靠液相中能量分布的涨落（即能量起伏）补偿，见图 4-3。

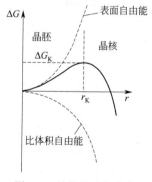

③ 一定过冷度对应一定尺寸的临界晶核。尺寸小于临界晶核的核坯难以长大，而尺寸大于临界晶核的核坯能量、结构、成分均起伏不定，所以在计算形核率时，所用的形核功就是通过临界晶核尺寸求出的形核功。这意味着一般情况下晶核尺寸就是临界晶核尺寸。且形核必须要有合适的过冷度 ΔT，才能形成临界晶核；ΔT 约等于 0.2 倍熔点易形核。

④ 在有过冷度的情况下，形成的临界晶核就会长大，其推动力是液固两相的自由能差。长大速度与液固界面结构有关。

图 4-3　晶核尺寸与自由能间关系示意图

将这种液相结晶的规律用于气相物质结晶，指导制备单晶体的工艺设计。可以设想与液体结晶情况类似，如果要想获得单晶，就需要在形核时仅在某一个部位满足形成晶核的条件，其余部位均不满足条件，这样该晶粒通过长大就形成了单晶。

与 CVD 设计类似，为了获得硒化锌单晶就必须选定一个化学反应式。选定下面化学反应式：

$$ZnSe + I_2 \longrightarrow ZnI_2 + 1/2Se \tag{4-19}$$

利用物理化学方法，计算出反应式(4-19)的反应平衡温度 T_c 约为 840℃，并判断出该反应是吸热反应。

根据结晶原理，设计出特殊的容器，仅在该容器特殊部位有合适过冷度而形核，其他部位过冷度小而无法形核，使该晶核长大成单晶。根据这样的原理对设备进行设计如下。

制备一件长石英管，垂直悬挂在一个管式炉中。管式炉上下两段分开加热，即上段加热温度与下段加热温度可以分别控制，下端称为源区，上端称为沉淀区，管式炉可以精确控制不同区域的温度，如图4-4所示。

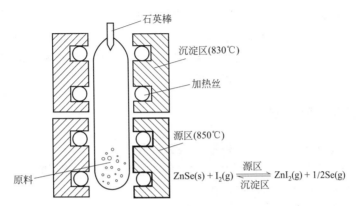

图4-4　利用气相沉积原理制备硒化锌单晶示意图

将 ZnSe 多晶颗粒与碘的混合物作为原材料放入石英管源区中并抽成真空后熔封，见图4-4。

下端源区：$T > T_c$，约为850℃，反应式(4-19)的 $\Delta G < 0$，反应正向进行。反应产物Se、ZnI_2 气体飞向石英管上端沉淀区。

上端沉淀区：石英管的上端为锥形，并焊接一个散热石英棒，使得锥尖部位的温度稍低，该处物质蒸气压首先达到饱和，满足形核条件，形成一个晶核。其余部位不满足条件，难以形成晶核。上端由于温度低，$T < T_c$，$\Delta G > 0$，反应逆向进行，因此气相物质不断沉积到晶核上发生长大。

因此利用化学反应将大量原料从下端稳定、不断地运送到上端发生气相沉积，在气体不断运输下晶核长大成单晶。利用此方法已经生产出 40mm×35mm×35mm 尺寸的单晶体。

4.2.4　TCVD 应用范围探讨

根据上面分析可知 TCVD 技术有很多应用，在用于提高工模具寿命方面，由于沉积温度高，一般仅适用于硬质合金材料或者马氏体型钢制备的模具或工具。需要讨论的是，即使沉积温度高没有影响工件的寿命，选用 TCVD 技术提高这些工模具的寿命是否合理？

根据统计可以得出，采用 TCVD 技术可以使工模具寿命提高3～7倍。而采用表面改性技术同样可以提高工模具寿命。例如采用渗硼工艺对硬质合金刀具进行处理，可以使其寿命提高3～5倍。氮碳共渗可使高速钢、模具钢的寿命提高2～7倍。而这些技术生产成本低、设备利用率高、操作相对也简单，所以采用这些技术提高工模具寿命更为合理。

TCVD 技术应该用在能产生极高经济价值的产品（如半导体行业）或其他技术难以制备的一些产品中，这样才能显示出其优越性。

综上所述，TCVD 技术是一项实用性强、有生命力的表面技术。但是 TCVD 技术有污染与沉积温度过高两个突出问题，对于这两个问题目前人们已经获得了解决的途径，其基本思路是利用真空技术与等离子体技术。下面将简要介绍这两类技术。

4.3 真空技术基础

真空技术是工业生产中非常重要的一类技术,在薄膜技术中之所以重视真空技术,是因为很多的薄膜制备技术与真空环境密切相关。在 4.2 节中简要分析了低压对 CVD 沉积的影响,说明了真空技术对薄膜制备的重要性。同时薄膜的一些主要性能的测定也需要真空环境。

在薄膜制备技术中还有一类技术,即等离子体技术,该技术也属于薄膜技术的基础,而产生等离子体的方法往往也与真空技术有关,因此真空技术成为薄膜制备技术的重要基础之一。所以本节对真空的一些基本问题进行论述。

4.3.1 真空的定义与单位

真空的概念是针对气体而言的。根据物理学知识可知,气体分子是有一定特性的,在一定温度下气体分子具备能量就会进行热运动。容器内的气体分子不断与容器的器壁发生碰撞,相当于器壁受到一定的力的作用,作用力的方向是垂直于器壁的。

压强的概念:器壁单位面积所受到的作用力称为压强。

可见压强的概念类似于固体材料受力时的应力的概念。

真空的定义:真空是指气体压强低于一个标准大气压的气体特定的空间。

一般用三个参数表征气体的状态:气体的压强、气体的温度与气体的体积。应该注意的是,气体的体积是指气体分子所能达到的空间,并不是指气体分子本身体积的总和。

气体的压强常使用的单位如下。

① 帕(Pa)是 $1m^2$ 面积上作用 1.0N 的力,即 1.0Pa(帕)$=1N/m^2$。

② 标准大气压(简称大气压 atm)。国际单位规定一个标准大气压为 101325Pa(帕),即 1.0 标准大气压 $=10.13\times10^4N/m^2$。

③ 工程大气压。1.0 工程大气压 $=9.8\times10^4N/m^2$。

④ 毫米汞柱〔也称托(Torr)〕是指 1mm 高的水银柱在单位面积上的作用力。

因为水银的密度为 $13.6g/cm^3$,$13.6g/cm^3=13.6\times10^3kg/m^3$,根据毫米汞柱定义有:1.0mm 汞柱(1Torr)$=13.6\times10^3\times10^{-3}\times9.8=133$(Pa)。

⑤ 巴(bar)是 $1cm^2$ 面积上作用 1.0dyn($1dyn=10^{-5}N$)的力,$1.0bar=10^5Pa$。

压强单位的换算见表 4-6。

表 4-6 压强单位的换算

压强	Pa(帕)	Torr(托)	mbar(毫巴)
1Pa	1.0	7.5×10^{-3}	10^{-2}
1Torr	133	1.0	1.33
1mbar	100	0.75	1.0
1atm	1.013×10^5	760	1013

当气体压强低于标准大气压时,可将气体视为稀薄气体。根据物理学知识可知,对于稀薄气体可以用理想气体状态方程描述其状态,即将描述气体状态的参数用一个方程表示。

$$PV=(M/\mu)RT \tag{4-20}$$

式中，P 是压强；V 是气体体积；T 是温度；R 是摩尔气体常数；M 是所有气体分子的质量；μ 是气体分子的摩尔质量。

令 m 为一个气体分子的质量，N_0 为阿伏伽德罗常数，N 为气体的分子总数，对于式 (4-20) 还可以写成：

$$P = [(mN)/V][R/mN_0]T$$
$$P = (N/V)(R/N_0)T = (N/V)KT \tag{4-21}$$

式中，K 为玻尔兹曼常数。

由式 (4-21) 可求出在 1 个标准大气压下、298K 时单位体积气体分子数目。

例如求 $1.0cm^3$ 体积中气体分子数目，根据式 (4-21) 有：

$$N/V = P/KT = 1.013 \times 10^5/[8.314 \times 10^7 \times 298] = 4.09 \times 10^{-4} (mol/cm^3)$$

1.0 mol 气体分子数目是 6.02×10^{23} 个，所以分子个数为 2.46×10^{20} 个/cm^3。

4.3.2 气体分子能量运动速度与分子间碰撞

为了便于分析气体分子运动的基本规律，将气体分子看成完全弹性而大小不计的小球。气体就可看成是无规则运动小球的集合体。这种模型就是理想气体的分子模型。气体分子向前、后、左、右、上、下各个方向运动，认为各个方向上的能量是一样的。因此速度实际是统计学上的概念，在这样的条件下推出压强与分子运动速度间的关系：

$$P = 1/3 nm\overline{V}^2 \tag{4-22}$$

式中，n 为单位体积内分子数目；m 为分子的质量；$\overline{V}$ 为分子各个方向速度的平均值。

定义分子的平均动能为：

$$\overline{W} = 1/2 m\overline{V}^2 \tag{4-23}$$

可见气体压强与单位体积内分子数目有关，同时与分子平均动能有关。还可以推出分子平均动能与温度的关系：

$$\overline{W} = 3/2 KT \tag{4-24}$$

式中，K 为玻尔兹曼常数；T 为绝对温度。

从式 (4-24) 可见，气体的绝对温度是分子平均动能的度量。因为分子动能具有统计意义，所以气体温度也具有统计意义。

由于气体分子处于不停的运动之中，它们相互之间会发生碰撞，在 1 秒内，一个分子大约要经受一百万次碰撞，所以分子间的能量会相互传递。结果显然是各个分子的能量不一致，导致各个分子的速度是不同的，而且不断地发生着变化。试验与理论推算已经明确，在稳态时分子速度服从麦克斯韦分布，所以气体分子存在三个不同概念的速度。

最概然速率 $\qquad\qquad V_m = (2KT/m)^{1/2} \tag{4-25}$

平均速率 $\qquad\qquad \overline{V} = (8KT/\pi m)^{1/2} \tag{4-26}$

方均根速率 $\qquad\qquad V_t = (3KT/m)^{1/2} \tag{4-27}$

衡量气体碰撞性质的参数为平均自由程。

自由程的定义：任意两次连续碰撞间，每个气体分子自由运动的路程。

不可能求出每个具体分子的各次碰撞的自由程，但是可以求出每两次连续碰撞间每个分子自由运动的路程，即平均自由程。

根据自由程的定义可知：自由程的长短首先与分子的疏密程度有关，也就是说与真空度有关。真空度越高，单位体积内气体分子数目就越少，平均自由程一定越长。也就是说平均自由程与单位体积内的分子数 n 成反比。其次与分子直径 d 有关，直径越大平均自由程越短，因此有下面公式：

$$\lambda = \frac{KT}{\sqrt{2\pi d^2 P}} \tag{4-28}$$

由式(4-28)可见，气体分子平均自由程与温度成正比，与压强成反比。当气体的种类与温度一定时，平均自由程仅取决于压强 P。

工件置放在一定压强的气体中，气体分子一定会与工件表面发生碰撞，碰撞后的气体分子可能被工件表面吸附。单位时间内与单位面积的器壁表面发生碰撞的分子数可用碰撞频率 ν 来表示。显然气体分子数目越多碰撞频率越高，分子平均速率越高，碰撞频率也越高，通过理论分析得到：

$$\nu = 1/4 n \overline{V} \tag{4-29}$$

式中，n 为单位体积中气体分子摩尔数；$\overline{V}$ 为气体分子平均速率。

将理想气体状态方程与平均速度公式代入式(4-29)有：

$$\nu = P/(2\pi m k T)^{1/2} \tag{4-30}$$

式中，P 为压强，Pa。

由式(4-30)可见，碰撞频率与压强成正比。所以在真空条件下，碰撞频率大幅度降低。

例 4-3：计算一下在真空条件下，一个干净的固体基片表面被环境中的杂质气体污染所需的时间[2]。

假设每一个入射到固体表面的杂质气体分子都被吸附，则基片单位面积表面被一层杂质气体分子覆盖所需的时间为：

$$t = N/\nu = (2\pi m k T)^{1/2}(N/P) \tag{4-31}$$

式中，N 为基片单位面积表面上的分子数。

由式(4-31)可知，如果在一个大气压条件下，洁净基片表面被一个单分子层气体覆盖的时间为 3.5×10^{-9} s。如果将基片放置在 10^{-8} Pa 的真空中，则污染时间将延长至约 2.8h。这表明真空环境可以使表面保持"干净"。

根据上述分析可以得出真空状态的特点：在真空状态下，由于单位体积中气体分子数减少，分子之间的碰撞频率降低，气体与器壁的碰撞频率降低，导致气体分子在器壁表面上的吸附率降低。使在一些沉积过程中不希望出现的活性气体（如氧、水等）成分减少，所以真空状态是一个相对"干净"的环境。一般根据压强的大小来区分真空区域：

低真空　$10^5 \sim 10^2$ Pa；中真空　$10^2 \sim 10^{-1}$ Pa；
高真空　$10^{-1} \sim 10^{-5}$ Pa；超高真空 $< 10^{-5}$ Pa。

4.3.3　真空的获得

生产实践中均通过对各种真空泵进行抽气而获得真空。表示泵的主要性能参数如下。

① 抽气速率 S　指单位时间内通过泵进口的气体体积，单位是 L/s 或 m³/h。抽气速率可以用数学表达为 $S = dV/dt$。

② 气体流量 Q　气体流量定义为：泵进口压力 P_P 与抽气速率 S_P 的乘积，即 $Q = P_\mathrm{P} S_\mathrm{P}$，其单位为 Torr·L/s。

③ 极限真空　真空泵所能获得的稳定的最低压强。

在抽低真空时一般采用变容泵，变容泵俗称为机械泵。这类泵有多种类型，其中旋片式真空泵是较通用的一种类型。旋片式真空泵的结构示意图如图 4-5 所示，其工作原理图见图 4-6。

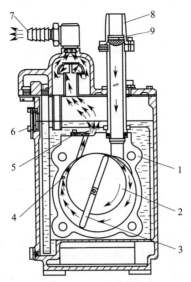

图 4-5　旋片式真空泵的结构示意图
1—定子；2—转子；3—旋片；4—气体进口；5—排气阀；
6—油位孔；7—排气口；8—进气口；9—空气过滤网

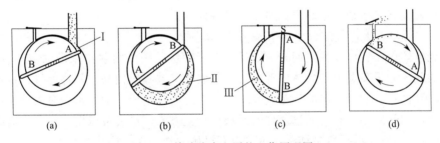

图 4-6　旋片式真空泵的工作原理图

从图 4-5 和图 4-6 可见，真空泵由定子、转子和旋片 A、B 在泵腔内围成 I、II、III 三个空腔，转子中的关键部件是旋片，所谓旋片是内部装有弹簧的金属片，真空泵中可以安装两片或更多的旋片，旋片可在转子的槽中自由转动，旋片内部有槽，在槽中装有弹簧。在弹簧作用力下将旋片紧压在定子缸壁上。因此旋片的运动方式是紧密地贴在定子的缸壁转动。

从图 4-6 可见：空腔 I 与真空室的进气口相通，当转子按图 4-6（a）中的方向旋转时，空腔 I 的容积逐步增大。由进气口进入空腔 I 的气体将进行膨胀，使该处的压力低于真空室内的压力，使真空容器中的气体不断被抽到空腔 I 来。当旋片 B 转过进气口之后，空腔 I 的抽气过程便停止了，此时被抽进来的气体就被封闭在由旋片 A、B 所隔绝的空腔 II 位置。当旋片 A 转过转子与定子的密封线 S 之后，气体便处于空腔 III 的位置。空腔 III 的容积将不断变小，气体被压缩，压力逐步增大，当压力达到 800～1000Torr 之后，此压力将克服大气压力与排气阀门的弹簧力而将排气阀门打开，气体被排出。过程不断反复进行，将真空室中的空气不断抽出。

单级旋片式真空泵所能达到的极限真空约为 5×10^{-3}Torr，一般用于真空度要求较低的真空设备，或者作为高真空的预抽泵。

为了获得更高的真空度，需要在变容型真空泵后面再加一个泵继续抽气。这类泵也有很多类型，用油扩散泵举例说明其原理。油扩散泵的结构原理图见图4-7。

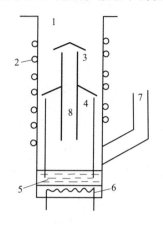

图4-7 油扩散泵的结构原理图

1—进气口；2—冷却水；
3—第一级喷嘴；4—第二级
喷嘴；5—油泵；6—加热器；
7—排气口；8—蒸气导流管

从图4-7可见，油扩散泵主要由多级（一般是三级或四级）特殊的喷嘴组成。进气口与真空室相连，排气口与前级真空泵相连。

前级真空泵抽气使真空室的真空达到10^{-3}Torr之后，油扩散泵具有最大的抽速。而机械泵所能达到的极限真空恰好在此范围，所以常用机械泵作为前级泵。

用前级真空泵抽真空室中的气体，当真空达到10^{-2}Torr之后，接通加热器加热泵油，从而产生油蒸气。蒸气经过导流管流出然后由各级喷嘴喷出。从喷嘴喷出的油蒸气的气流速度非常高，可以达到音速，这些经过设计的特殊喷嘴可以保证油蒸气以向下及向外的方向喷出。根据气体动力学原理，高速喷出可以保证喷嘴处油蒸气的压强大幅度降低，低于进气口的压强。所以被抽出的气体分子就不断向蒸气流中扩散。当被抽出的气体分子与油分子碰撞后，油分子就将其能量传递给气体分子。如前所述，由于油蒸气的气流速度很高，所以油分子的能量也很高，传递给气体分子的能量也就很高，导致气体分子在油蒸气射流方向高速运动，运动方向也是向下及向外的。

从图4-7可以看出，气体分子向下及向外运动时会碰撞到泵体的内壁。这些高能的气体分子碰撞到泵体内壁后可以弹射回来，之后又与低一级的喷嘴喷射出来的油蒸气分子碰撞，获得高能的气体分子又发生与泵体内壁的碰撞，然后又被弹射回来。气体经过几次压缩后便由前级真空泵抽走。射向泵体的油蒸气在泵体壁遇冷而凝结成泵油，沿着泵内壁流回原处并再次被加热，如此循环工作。通过这样的两级抽真空方式，最后可以使真空室的极限真空达到$10^{-6}\sim10^{-3}$Torr。油扩散泵结构简单，没有机械运动部件，操作维修方便。

4.3.4 真空系统配置

设计真空系统首先要做到合理配置各类泵与元件，几种不同的配置方案见图4-8。

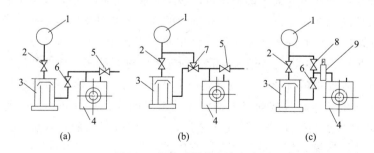

图4-8 几种不同的配置方案

1—被抽容器；2、6、8—真空阀门；3—扩散泵；4—机械泵；5—放气阀；

7—混合阀；9—电磁真空阀门

从图 4-8 可见，方案（a）的连接件较少，有利于保证密封性能、提高极限真空度。
真空系统的几种基本形式见图 4-9。

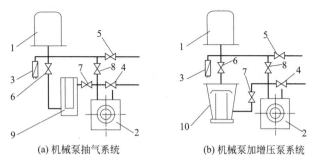

(a) 机械泵抽气系统　　　(b) 机械泵加增压泵系统

图 4-9　真空系统的几种基本形式

1—被抽容器；2—机械泵；3—测定真空元件；4、5—放气阀；6、7、8—真空阀门；

9—冷却阱；10—增压泵

图 4-10 为几种高真空系统的配置。配置确定后就要选择真空元件，并进行必要的计算。

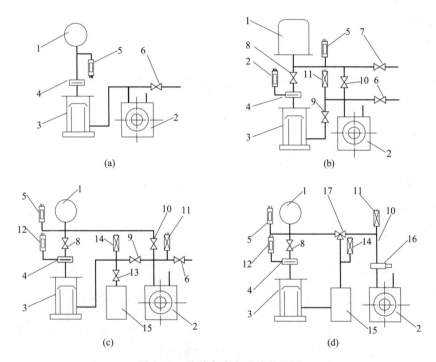

图 4-10　几种高真空系统的配置

（a），（b）扩散泵机械系统；（c），（d）带前置的扩散系统

1—被抽容器；2—机械泵；3—扩散泵；4—捕集器；5、11、12、14—测定真空元件；

6、7—放气阀；8、9、10、13—真空阀门；15—前置罐；16—电磁阀；17—三通阀

（1）真空室的出口抽速

若真空室的温度负载为：

$$Q = Q_总 + Q_1 + Q_2 \tag{4-32}$$

$$Q_总 = Q_漏 + Q_放 \tag{4-33}$$

式中，$Q_总$ 是系统中的总的漏气量和放气量；$Q_漏$ 是系统总漏气量；$Q_放$ 是结构材料的

放气量；Q_1 是加工过程中放出的气体量，取决于加工类型；Q_2 是扩散泵开始抽气时真空室中的气体量。

$$Q_放 = q_1 A_1 + q_2 A_2 + \cdots + q_n A_n \tag{4-34}$$

式中，q_1、q_2、$\cdots$、q_n 分别为各种材料的放气速率，$Pa \cdot 1/cm^2 \cdot s$；A_1、A_2、$\cdots$、A_n 分别为各种结构材料制成的零件的表面积，cm^2。

若真空室出口的抽气速率为 S_O，工艺要求的真空压强为 P_1，真空室能达到极限压强为 P_O，则有：

$$Q = S_O (P_1 - P_O) \tag{4-35}$$

令 $P_O \ll P_1$，则有：

$$S_O = \frac{Q}{P_1}$$

考虑系数，抽速实为 S，则：

$$S = (1 + 20\% \sim 30\%) S_O \tag{4-36}$$

（2）真空泵的选用原则

① 空载时真空室应达到所需要的极限真空，通常该值要低于泵的极限真空 $0.5 \sim 1$ 个数量级。

② 进行工艺加工时真空室应维持的工作压强是选用泵的主要依据。按有关理论计算出真空室的理论抽速 S_O：

$$S_O = \frac{U}{U - S} \tag{4-37}$$

U 是真空室与主抽泵之间相连的管道、阀门、挡板的总流导。实际选用时，将 S_O 再扩大 $2 \sim 3$ 倍较为安全。另外，真空泵的 S 与 V（真空室体积）之间有 $V : S = 1 : (15 \sim 20)$ 的关系，溅射离子泵有 $V : S = 1 : (20 \sim 24)$ 的关系。

（3）低真空元件的能量选择

对前级机械泵要求如下。

① 满足主泵要求的预真空。

② 有效抽速 S_a 满足：

$$S_a > Q_{max} / P_n \tag{4-38}$$

式中，P_n 为主泵出口处的最大反压强，Pa；Q_{max} 为主泵的最大排气量，$(Pa \cdot 1/s)$。

选择机械泵，为方便起见可参照下式计算真空泵抽速：

$$S_a = (1.5 \sim 3) S \tag{4-39}$$

式中，S_a 与 S 分别为前级泵的实际抽速及计算抽速。

（4）抽气时间的计算

抽气时间的计算是一个十分复杂的问题，抽气时间一般通过经验公式计算，下面仅以高真空抽气时间计算为例进行简要说明。

高真空抽气时间的计算步骤如下。

第一步，计算泵在真空室平衡压强 P 时的总排气量 Q（等于真空室此时的总放气量）；S 为抽速：

$$Q = PS \tag{4-40}$$

第二步，计算真空室材料的平均放气率 q：

$$q = \frac{Q}{A}(\mathrm{Pa \cdot 1/s \cdot cm^2}) \tag{4-41}$$

式中，A 为真空室材料的面积。

第三步，利用 q-t 关系曲线（图 4-11）计算抽气时间 t。

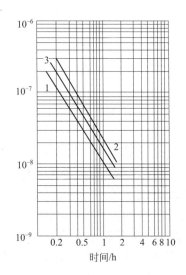

图 4-11　碳钢、钢板及叠加后的放气率曲线

1—碳钢放气率；2—钢板放气率；3—叠加后的平均放气率

4.4 等离子体技术基础

4.4.1　等离子体的基本概念

我们常说物质存在三态，即固态、液态与气态。但实际上物质还存在第四态，即等离子体（plasma）状态。等离子体在日常生活中也是常见的，如日光灯、霓虹灯内的电离气体就是等离子体，与我们生活密切相关的行星太阳就是高温等离子体。在薄膜技术中正是将等离子体引入薄膜的制备，使得镀膜技术有了突飞猛进的发展。等离子体的形成是与原子结构及粒子间的碰撞密切相关的。

原子由带正电的原子核与围绕原子核旋转的带负电的电子组成。电子运动轨道是分层的，每层轨道的能量不同。当原子中的电子受到外界作用（例如受到其他粒子的碰撞），某一电子能量增加，电子就会由原来的轨道跃迁到更高能级的轨道上去，这就是通常说的原子激发。原子在激发态不能保持很长时间，会很快回到原来状态，此时多余的能量就会以电磁波的形式释放出来。如果原子中的电子获得足够的能量，跃迁到轨道外面，使电子完全脱离原子核的束缚变成自由电子，原来的原子就缺少一个电子，变成带有与电子电荷相等的带正电的离子。所以原子在某些条件下是可以变成离子的，这就是等离子体状态能够出现的根本原因。某些气体的电离电位见表 4-7。

表 4-7　某些气体的电离电位[3]　　　　　　　　　　　　　　　　　单位：eV

惰性气体		金属蒸气		元素气体		非有机气体		有机气体	
He	24.58	Li	5.39	H_2	15.44	H_2O	12.6	CH_4	13.0
Ne	21.55	Na	5.14	N_2	15.58	CO	14.0	C_2H_6	11.77
Ar	15.75	K	4.33	O_2	12.2	CO_2	13.7	C_2H_4	10.45
Kr	13.98	Rb	4.18	O_3	11.7	NO	9.25	C_6H_6	9.24
Xe	12.1	Cs	3.67	Cl_2	13.2	NO_2	12.3	CH_3OH	10.9
		Hg	10.42			HCl	12.84	C_2H_5OH	10.5
						NH_3	10.2		

等离子体的定义：带正电的粒子与带负电的粒子具有几乎相同的密度、整体呈中性状态的粒子集合体。

如前所述，气相沉积技术一般是在气体状态下进行的，所以镀膜技术中说的等离子体一般是指气体状态下形成的等离子体。

根据等离子体的定义可见，等离子体与中性气体相比有如下突出的特点。

① 由于等离子体内部有带电粒子存在，所以等离子体是导体。按照电离的程度可以将等离子体分成部分电离或弱电离的等离子体与完全电离的等离子体两类。在镀膜技术中主要应用弱电离等离子体，只有百分之几的粒子被电离，而大部分粒子是中性粒子。

② 气体放电产生的等离子体中存在高能的电子、离子、中性原子等多种粒子，它们之间会发生复杂的物理化学过程，这些反应过程在一般中性气体中是不存在的。

③ 与中性气体一样，在等离子体中也存在碰撞，所以各个不同粒子间的能量也会互相传递，因此除离子与电子之外，还存在处于激发态的原子、分子等高能态粒子。

描述等离子体的物理参量有以下几种。

（1）等离子体温度

等离子体中包含气体分子、电子、离子和大量中性粒子，这些粒子均处于不停的运动碰撞之中。等离子体内部不同粒子的能量是不同的。如 4.3 节中所述，对于气体分子而言，温度实际是对气体分子能量的度量，在中性气体中气体分子的温度具有统计意义，可以用公式表达。但是在等离子体中，由于各种粒子的能量不同，所以必须分别表示其温度。因此等离子体温度分成电子温度、离子温度与气体温度，每种温度分别表示为：

$$1/2m_e\overline{V_e^2}=3/2KT_e$$
$$1/2M_i\overline{V_i^2}=3/2KT_i$$
$$1/2M_n\overline{V_n^2}=3/2KT_n$$

式中，m_e、M_i、M_n 分别为电子、离子、气体原子的质量；$\overline{V_e}$、$\overline{V_i}$、$\overline{V_n}$ 分别为电子、离子、气体原子的速率；K 为玻尔兹曼常数。

各种粒子的温度不同说明等离子体处于非平衡状态，各种粒子间没有达到热平衡。因为粒子间要碰撞，频繁进行能量传递，能量传递效果与粒子本身的质量有关，所以同类粒子间的碰撞容易达到热平衡。电子温度远高于离子温度。

等离子体中的温度均以 $3/2KT$ 表示，一般以电子伏特（eV）作为单位。

电子伏特代表一个电子经过 1 伏特的电位差加速后所获得的动能。

$$1eV=1.602\times10^{-19}J$$

（2）等离子体的密度

等离子体由电子、离子、中性粒子构成，其中电子和离子是带电粒子。一般情况下，离子带正电荷，电子带负电荷。如果离子密度用 n_i 表示，电子密度用 n_e 表示，等离子体中有如下关系：

$$n_e = n_i = n \tag{4-42}$$

式中，n 为等离子体密度。

可见如果 n 越大，说明等离子体中的离子与电子越多。根据等离子体的温度与密度也可以将等离子体进行分类。在薄膜技术中使用的等离子体主要是低温等离子体。这种等离子体的密度在 $10^{10} \sim 10^{12}/cm^3$，电子温度约为几个电子伏特。

(3) 等离子体振荡

等离子体中将发生电子以某个特征频率围绕着平衡位置的来回运动，这种来回运动称为等离子体振荡。

虽然等离子体整体表现出电中性，但是由于等离子体内部粒子发生碰撞，会不断发生分子电离，同时也发生离子与电子的复合。因此在等离子体中的不同部位，离子、电子与中性粒子的密度分布会产生变化。假定等离子体中的电子相对离子发生位移，则某处的电子密度变大，而另一处一定会是离子密度变大，在等离子体内部区域就会形成电场，电子就会在该电场库仑力的作用下向高电位方向运动。但是由于运动惯性，电子会越过平衡位置，又再次受到反方向的库仑力作用，因此电子将以某个特征频率围绕平衡位置振荡。其角振荡频率 w_p 及频率 f_p 可用下式表示：

$$W_p = (4pne^2/m)^{1/2} \tag{4-43}$$

$$f_p = W_p/2p \tag{4-44}$$

式中，m 为粒子的质量；n 为等离子体密度。

因为离子与电子的质量相差极大，所以等离子体振荡可分为等离子体电子振荡和等离子体离子振荡。

由于电子质量 m_e 很小，所以振荡频率很高。在 $n_e = 10^{10}/cm^3$ 的等离子体中，$f_p = 898MHz$，属于微波频段。离子的等离子体振荡频率一般远小于电子的等离子体振荡频率。

(4) 德拜长度

由物理学知识可知，将一个不带电的金属导体引入静电场中，导体表面将出现感应电荷。这时导体内的电荷将向导体表面移动而使导体内部的电场为零。等离子体是导体，它也有类似的性质。在电场作用下的等离子体，在一定的空间尺度内可以屏蔽电场。这说明等离子体中带电粒子的库仑力的作用范围有限。这个限度用德拜长度 λ_D 来表示：

$$\lambda_D = (\varepsilon K T'_e / n_e e^2)^{1/2} \tag{4-45}$$

从式(4-45)可见，德拜长度随电子密度的增加而减少。只有当系统的几何线度 $L \geqslant \lambda_D$ 时，系统内包含的电离气体才能被看成等离子体。这时净电荷仅在小于德拜长度内存在，而在其外的等离子体是宏观电中性的。德拜长度表示维持等离子体宏观电中性条件的空间特征尺度，也就是说如果采用直流放电的方法将气体变为等离子体（直流放电方法见后述），阴极与阳极间必须有足够的距离，否则就不能产生等离子体。

4.4.2 等离子体的产生方法

镀膜技术中最常用的等离子体是由气体放电产生的，常用的方法有直流放电产生等离子体、射频放电产生等离子体与微波放电产生等离子体，重点分析直流放电产生等离子体的过程与特点。

（1）直流电场下击穿放电产生等离子体

早期研究气体放电产生等离子体的装置见图 4-12。

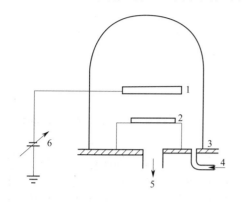

图 4-12　气体放电产生等离子体装置的示意图
1—阴极；2—工件；3—阳极；4—进气孔；
5—排气孔；6—直流电源

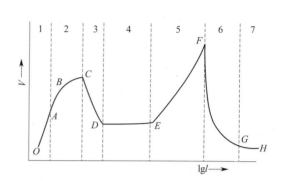

图 4-13　气体在电场作用下场强与电流间的关系曲线
1—黑暗放电区；2—被激放电区；3—被激-自激放电区；
4—正常辉光放电区；5—异常辉光放电区；
6—辉光-弧光放电过渡区；7—弧光放电区

图 4-12 表明：采用不锈钢制成一定体积的容器，从进气孔 4 通入一定的气体，借助真空技术抽真空使罐体内成为低气压状态。在阴极与阳极间施加电场，阴极接电源的负极，阳极接电源的正极。

容器内的气体受宇宙射线作用，总有少数原子电离，因此存在微量电子。在电场作用下电子加速，碰撞其他气体原子使其发生电离，从而产生电流。

原来的中性气体中就有了离子与自由电子的存在，此时调节电阻就可以改变电场强度。在施加电场作用下，电场强度与气体内部电流间的关系曲线见图 4-13。

在电场作用下，正离子与电子就会按照相反的方向运动形成电流，电子与离子在定向运动过程中自然要发生碰撞。在电场较弱的情况下，电子获得的能量不高，与原子碰撞时很容易被原子捕获，使原子变成带负电荷的原子（称为负离子）。也就是说电子在定向运动过程中，均被原子捕获，不能参加导电所以此时气体导电的机构主要是离子而不是自由电子。在电场较弱的情况下，此时正负离子或正离子与电子在定向运动过程中，还没有达到阴极或阳极之前，就会发生复合。真正达到阴极或阳极的离子与电子数目很少，所以电流非常微弱，为 $10^{-18} \sim 10^{-12}$ A。此时气体中的电流与所施加电压基本呈直线关系，基本遵循欧姆定律（曲线 OAB 段）。

当电压达到 C 点时，正离子的能量非常大，在电场作用下达到阴极表面，并且与阴极发生撞击，导致阴极中原子核外的电子脱离原子轨道，使阴极发射电子。

二次电子 γ 是离子撞击阴极从阳极中发射出来的电子。

这时二次电子在电场作用下向阳极运动，此时的二次电子具有很高的能量，在运动过程中与原子发生碰撞时情况与弱电场情况下大不相同。二次电子不能为原子捕获，反而将原子电离又发射出电子。这些电子在电场作用下又被加速，再次向阳极运动又与原子碰撞而引起电离。这就产生了所谓的电子群，这些电子群向阳极运动过程中形成的电子数目变大，形成了急剧增加的电流，与弱电场情况下相比有以下特点。

① 此时电流值大幅度增加，称为自激放电，对应的电压称为击穿电压或点燃电压。此时阴极表面产生很强的辉光，所谓自激放电是指将原始电离源去掉，放电仍能维持。

② 判断是否发生自激放电的一个重要依据是：在自激放电阶段阴极表面发光（产生辉光）。辉光实际是原子由激发态回到基态时放出的电磁波，在一定电压下，离子获得高能量，轰击阴极时就会产生二次电子。二次电子刚离开阴极时速度低，碰撞中性原子（分子）时不能将其激发，没有从激发态返回基态的过程，因此紧靠阴极表面有一层不发光、很暗的区域。当二次电子离开阴极一段距离后，其在电场作用下加速，本身变成高能电子，碰撞中性原子或分子就引起原子或分子激发，激发态不稳定，原子可以回到基态，因此产生辉光。

③ 经过这层辉光后，电子速度很高，再碰撞原子足以使原子分解成正离子与电子，电子不能再回到基态而是成为自由电子，所以又产生一个暗区。该区域中有大量的离子与自由电子，电子速度高，其很快向阳极运动，离子速度低，因此在此暗区积累了大量的正离子，所以在该区域形成正电荷层。正电荷层产生的电场对未达到正电荷层的电子有加速作用，而对穿过正电荷层的电子则是有减速作用。因此电子穿过正电荷层后速度降低，再与原子碰撞而不能将原子电离，仅能引起激发，所以产生第二层辉光。

④ 同样道理，电子靠近阳极时，在阳极电场作用下也能引起激发，可以产生阳极辉光。

⑤ 在弱电场情况下，气体导电机构主要是离子，而在自激放电过程中，原子难以变成负离子，而正离子的速度远低于电子，所以导电机构主要是电子。

图 4-13 中的气体达到点燃电压后，电流会突然上升，电压会迅速降低，即曲线的 CD 段，D 对应点燃电压的最低值。出现电压下降的原因是阴极产生大量二次电子，二次电子通过碰撞使气体大量电离，导致空间电荷重新分布。

图 4-13 中的 DE 段称为正常辉光放电区域，其特点是在电压不变的条件下电流增加。这是因为气体被点燃后，起初二次电子数目较少，产生的电子群数目少，离子数目也较少，轰击阴极表面积也较少。随着二次电子不断增加，离子数目也不断增加，轰击阴极表面积也不断增加，辉光覆盖阴极表面积不断增加，所以电流增加。

镀膜技术中常用的区域就是在 DE 段的正常辉光放电区域。从上述分析可见，为了维持自激放电辉光区域，必须有以下两个过程[1]。

（2）γ 过程

离子轰击阴极，将能量传递给阴极（根据碰撞理论，可以将本身能量的 1/2 传递给阴极原子），阴极材料表面原子能量升高，电子能量也升高，电子脱离原子核约束，从阴极表面逸出，通俗说法是离子轰击阴极，将阴极表面电子"打出来"，成为二次电子，该过程称为 γ 过程。γ 称为正离子轰击阴极表面电离系数（阴极电离系数），γ 的大小与阴极材料、离子种类、电场强度有关。

（3）α 过程

阴极表面被打出的电子（二次电子）在电场作用下向阳极运动，将会与中性气体原子碰撞，二次电子将本身能量传递给中性原子（根据计算可以将本身能量全部传递给中性原子），二次电子能量达到一定值后，后者就会发生电离成为 1 个离子与 1 个电子，即 1 个电子就变成 2 个电子。重复此过程即可实现所谓的电子"繁衍"。

α 称为气体体积的电离系数。

α 的定义：一个二次电子从阴极到阳极的繁衍过程中，单位距离增加的电子数。

以 γ 过程产生的二次电子为火种，引发后续的 α 过程，产生的离子继续轰击阴极表面，继续产生 γ 过程，产生二次电子。达到一定条件即使没有外来因素产生的电子，也能维持放电进行，进入自持放电。

自持放电的条件是：在外电源作用下，阴极表面发射一个电子，该电子达到阳极时，要发生碰撞，产生一定数目的正离子，这些正离子轰击阴极表面产生的二次电子数为 1。也就是说，一个二次电子从阴极逸出后，产生各种直接或间接的碰撞，使阴极再发射出一个二次电子，使得放电过程不需要外电场也能维持，即放电所需要的带电粒子可以自给自足，俗称气体被击穿，此时的电压就是击穿电压（或点燃电压）。

击穿电压与气体压力、阴极与阳极间的距离及阴极材料有一定关系，可以用下面公式计算[4]：

$$V_s = BPd/[\ln(Pd) + \ln A/\ln(1+1/\gamma)] \tag{4-46}$$

式中，P 是气体压强；d 是阴极与阳极间的距离；$A = 1/\lambda$；$B = u_t/\lambda$，u_t 是所加的电压，λ 是压强为 1Torr 时电子的平均自由程；γ 是二次电子发射系数。

从式(4-46)中可见，击穿电压与 P 和 d 的乘积相关，击穿电压与 Pd 间存在一个极小值。Pd 实质是反映一个二次电子从阴极到阳极过程中的平均碰撞次数。

当压强过低时，电子的平均自由程大，大部分电子和气体分子或原子没有发生碰撞就到达阳极，所以击穿电压就越高。当压强过高时，电子的平均自由程小，电子和气体分子或原子频繁碰撞而损失了能量，电子拥有的能量不足以使气体分子或原子电离放电。因此压强越高，击穿电压也就越高。

空间各点的电流可以用式(4-47)表示[1]：

$$j_a = j_0 \frac{e^{\alpha d}}{1-\gamma(e^{\alpha d}-1)} \tag{4-47}$$

式中，j_a 是阴极与阳极间的电流；j_0 是单位时间内单位阴极面积逸出的二次电子的电流密度（应该指外电源作用下）；d 是阴极与阳极间的距离；α 是气体体积的电离系数；γ 是 1 个气体中离子轰击阴极产生的二次电子数的平均数。

二次电子是离子轰击阴极产生的电子，自激放电的条件如果用电流公式从数学上进行解释就是，即使 j_0 等于零，j_a 也不等于零，从数学角度分析就是分子与分母同时为零。分母 $1-\gamma(e^{\alpha d}-1)=1$ 的物理意义是：阴极发射一个二次电子，这个电子达到阳极时，经过 $(e^{\alpha d}-1)$ 次碰撞，因此产生同样数目的正离子。这些正离子打到阴极后产生一个二次电子。也就是说，一个从阴极发射出的二次电子，在向阳极的运动过程中，通过各种碰撞，使阴极再发射一个二次电子，这时就实现了自激放电。

当整个阴极面积被辉光覆盖后，还要进一步提高电流，就必须提高阴极与阳极间的电压，这就到了曲线 EF 段，称为异常辉光放电区域。该区域的电压与电流密度间的关系可以用下面经验公式表达：

$$V_a = V_s + C/P(I_a - I_s)^{1/2} \tag{4-48}$$

式中，V_s 为正常辉光电压；I_s 为正常辉光电流；V_a 为异常辉光电压；I_a 为异常辉光电流；P 为气压；C 为常数。

异常辉光放电区域有高电流密度，在离子轰击扩渗工艺中采用该区域。

曲线 FH 段的特点是：随电压继续升高，辉光电流不断增加，当达到 V_f 时，电流突然增加，电极间电压又突然降低，称为弧光放电阶段，相当于一种短路现象。出现这种现象的原因是，离子能量相当高，轰击阴极时产生很高的温度，阴极表面产生显著的电子发射甚至金属气化。

当阴极表面有一些污染物存在的情况下，在不高的电压下也会发生弧光放电，这是必须要控制的，否则弧光会烧坏工件表面。

例 4-4：根据直流放电产生等离子体的原理分析：如果阴极为绝缘材料气体放电过程可否实现？

分析：所谓绝缘材料是指材料内部没有自由电子存在的材料。导体材料是指内部有大量自由电子的材料。根据直流放电产生等离子体的原理可知，为了维持放电进行必须要有 γ 过程与 α 过程。如果阴极是导体材料，离子在电场作用下运动到阴极，可从阴极获得电子成为中性原子。如果阴极是绝缘材料，情况就完全不同了，放电最初阶段，离子轰击阴极造成离子堆积在阴极表面，但是不能得到自由电子，使阴极表面带有正电荷，形成电场排斥，正离子继续轰击阴极。失去离子对阴极的轰击，就不能有大量维持放电的二次电子，放电就会停止。所以直流放电方法产生等离子体的必要条件是阴极必须采用导体材料。

在一些情况下为了镀膜，必须将工件作为阴极，因此采用直流放电方法不能沉积绝缘体工件，解决这个问题的方法就是采用射频放电或微波放电。

（4）高频放电（射频放电）产生等离子体

在第 2 章曾经论述过，利用高频感应加热的方法进行表面改性工艺设计，也可以使用高频电场放电的方法产生辉光等离子体，其装置如图 4-14 所示。

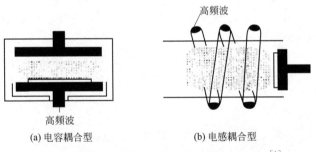

图 4-14　高频放电产生等离子体装置的示意图[1]

图 4-14 的装置分为电容耦合型与电感耦合型两种。电容耦合型实际就是将两个平板置于真空容器中，与直流放电类似，将两块板分成两个极，一极为高频功率输入极，用于向真空室输入功率，相当于直流放电中的阴极。另一极类似于直流放电中的阳极，与高频功率输入极相对，这样放置的两个极就类似于普通的电容器。

在真空室中的气体原子或分子受宇宙射线作用，总有少数原子电离，因此存在微量电子与离子，这些电子与离子在电场作用下必然会运动。与直流放电不同的是，此时输入的高频电场是交流电场 $E_0\sin(\omega t+\theta)$，电场的方向是不断变化的。这时质量为 m、电量为 q 的粒子，在电场作用下就不会是向一个方向运动，而是在两个平板电极间来回运动，也就是说进行振动。理论推出在忽略粒子惯性影响的条件下，振幅 A 用下式表示：

$$A = \mu E / \omega \tag{4-49}$$

式中，μ 是带电粒子的迁移率。

由式(4-49)可见，如果平板电极间的距离为 d，当 $2A > d$ 时，带电粒子能达到电极。当 $2A < d$ 时，带电粒子仅能在电极间来回振荡，不可能达到电极，称为捕获粒子。带电粒子如果不能达到电极，就无法从阴极上轰击出二次电子，不利于维持气体放电。如果要维持放电，放电起始电压一定会升高。在 d 一定的条件下，A 与高频放电的频率密切相关。可以求出在满足 $2A = d$ 要求的临界频率 F_c 的表达式：

$$F_c = qE_0\lambda/(2\pi m V_{th} d) \tag{4-50}$$

式中，λ 为带电粒子的平均自由程；V_{th} 为带电粒子的热运动速度。

因此高频放电对频率有一定要求，一般设备均采用 13.56MHz 的高频电场。

在高频放电的情况下，在开始放电时，高频电极（阴极）处于正电位半周期，电子流向阴极，而阴极处于负电位时，流向阴极的是离子流。

应该说明的是，在高频放电产生等离子体时，在阴极会产生相对于地的负电位，称为自偏压。这是因为离子与电子质量差别极大，所以在等离子体中电子的迁移速率远高于离子的迁移速率。因此在正半周期流入电极的电子数目多，而在负半周期流入电极的离子数目少，所以在稳态下电极上呈现负电位。

（5）微波放电产生等离子体

微波放电产生等离子体装置的示意图见图 4-15。

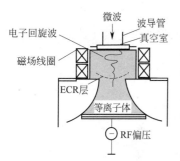

图 4-15　微波放电产生等离子体装置的示意图[1]

微波发生源常采用磁控管，使用频率一般为 2450MHz。其放电产生等离子体的基本原理是运动电子在磁场中受到洛伦兹力作用。磁场对带电粒子的作用力与电场不同。只有当带电粒子以一定速度运动时，磁场才会对粒子有力的作用，力的方向始终与运动方向垂直。磁场对静止的带电粒子不作用。

在磁场的作用下，电子围绕着磁力线将做回旋运动，其角频率 ω_c 可以用下式计算：

$$\omega_c = eB/m \tag{4-51}$$

式中，e 为电子的电荷；m 为电子的质量；B 为磁通密度。

电子的回旋频率决定于磁场 B。当电子的回旋频率与输入的微波频率相同时，电子就与微波发生共振，微波能量与电子能量耦合在一起，使电子成为高能电子。它与中性气体原子或分子碰撞，使中性气体电离，从而获得高密度等离子体，这种现象称为电子回旋加速共振放电（通常称为 ECR）。当微波频率为 2.45GHz 时，产生电子回旋共振的磁感应强度为 875G($1G = 10^{-4}T$)。

磁场力的大小是一定的，所以运动的电子、离子所受到的力也是定值，它们的运动轨迹也就是一定的。也就是说磁场可以束缚电子、离子的运动轨迹。根据这样的特点可以将等离子体封闭在特定的空间，通过改变磁力线的分布，又可以改变等离子体的形状，这是采用直流放电方法不能获得的特点。

同时如果向等离子体同时施加相互垂直的电场与磁场，电子与离子在回旋运动的同时还会向相同方向移动。

粒子间碰撞与能量传递是等离子体出现的必要条件，所以掌握粒子间碰撞与能量传递规律是非常有必要的。

4.5 粒子间碰撞[1]

在气相沉积过程中，粒子间会发生碰撞，进行能量传递。其中的规律对沉积过程有重要影响。碰撞分为弹性碰撞与非弹性碰撞，其规律分别论述如下。

4.5.1 弹性碰撞的能量转移

若电子或离子的动能较小，当其与原子或分子碰撞时，达不到使后者激发或电离的程度，碰撞双方仅发生动能交换，这种碰撞称为弹性碰撞。在弹性碰撞中动能是守恒的。但由于电子与原子间的质量差异很大，电子与原子碰撞时，前者向后者传递的动能几乎可以忽略。因此，电子碰撞后，其速度的大小几乎不变，仅改变方向。而被碰撞原子在电子入射垂直方向上，运动状态不发生任何变化。

考虑二粒子（质量分别为 m_i 和 m_t）间的弹性碰撞。如图 4-16 所示，假设碰撞前 m_t 静止，m_i 以速度 v_i 沿角度 θ（在碰撞瞬间，m_i 相对于 m_i 与 m_t 的中心连线，沿入射角 $\theta=0$ 入射）与 m_t 碰撞。碰撞后二者的速度如图 4-16 所示。

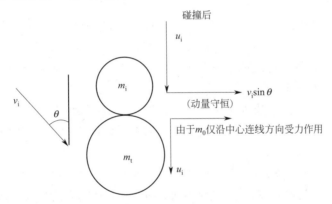

图 4-16 二粒子间弹性碰撞的速度成分

根据中心连线方向的动量守恒：

$$m_i v_i \cos\theta = m_i u_i + m_t u_t \tag{4-52}$$

根据能量守恒：

$$\frac{1}{2} m_i v_i^2 = \frac{1}{2} m_i (u_i^2 + v_i^2 \sin^2\theta) + \frac{1}{2} m_t u_t^2 \tag{4-53}$$

由式(4-52)代入式(4-53)得：

$$m_i v_i^2 \cos^2\theta = \frac{m_i}{m_t^2}(m_i v_i \cos\theta - m_t u_t)^2 + m_t u_t^2$$

可以求出由质量为 m_i 的入射粒子向质量为 m_t 的目标粒子的能量转移比率：

$$\frac{E_t}{E_i} = \frac{\frac{1}{2} m_t u_t^2}{\frac{1}{2} m_i v_i^2} = \frac{m_t}{m_i v_i^2}\left(\frac{2m_i v_i}{m_t + m_i}\cos\theta\right)^2 = \frac{4m_i m_t}{(m_t + m_i)^2}\cos^2\theta \tag{4-54}$$

由式（4-54）中可以看出，当 $m_i = m_t$ 时，能量转移比率最大，为 $\cos^2\theta$。

从式（4-54）中可见，质量差别很大的粒子发生碰撞时（$m_i \gg m_t$，$\theta = 0$）有 $\dfrac{4m_im_t}{(m_i+m_t)^2} \approx$ $4m_t/m_i$，因此得出：

$$\frac{\frac{1}{2}m_tv_t^2}{\frac{1}{2}m_iv_i^2} \approx 4m_t/m_i \tag{4-55}$$

即有：

$$v_t = 2v_i \tag{4-56}$$

式（4-56）说明，轻粒子被碰撞后的速度为入射重粒子速度的两倍。

例如高速电子碰撞 CO 分子时，由于二者的质量比差别巨大，因此电子向气体分子转移的能量极小。但需要指出的是，电子在由阴极向阳极运动的过程中发生频繁的碰撞。电子在 1eV 能量加速下，在气压为 133Pa 的气体中，每秒与气体分子、原子碰撞 10^9 次。因此电子在每秒内传递给气体分子、原子的能量也是不可忽视的。

4.5.2 非弹性碰撞的能量转移

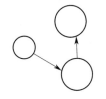

图 4-17 粒子非弹性碰撞示意图

当电子或离子的动能达到数电子伏特以上时，碰撞造成原子或分子的内部状态发生变化，例如造成原子激发、电离、分子解离、原子复合及电子附着等。像这样，造成原子或分子的内部状态发生变化的碰撞称为非弹性碰撞，见图 4-17。

第一类非弹性碰撞：入射粒子的动能转换为目标粒子的内能。

第二类非弹性碰撞：入射粒子的内能转换为目标粒子的内能或增加动能。

讨论第一类非弹性碰撞。入射粒子（小球）由一个方向撞击目标粒子（大球），目标粒子受到撞击后，可能沿不同方向运动，运动方向与入射方向间产生夹角 θ。

入射粒子将动能转换为目标粒子的内能公式：

$$\Delta U/(1/2m_iv_i^2) = [m_t/(m_t+m_i)]\cos\theta$$

式中，ΔU 为目标粒子的内能；m_i、m_t 分别为入射粒子与目标粒子的质量；v_i 为入射粒子的速度；θ 为入射方向与目标粒子运动方向的夹角。

① 当离子与气体原子产生第一类非弹性碰撞时，$m_i \approx m_t$，因此 $[m_t/(m_t+m_i)] = 1/2$，即离子最多将动能的一半传递给中性原子转换为内能。

② 当电子与气体原子碰撞时，m_i 远远小于 m_t，$[m_t/(m_t+m_i)] = 1$，即电子几乎将所有动能传递给中性原子，用以增加中性原子的内能。

高能电子在电场作用下，将与反应分子发生碰撞，等离子体中有中性原子、离子、电子三种粒子。等离子体中的两种温度如下。

① 中性原子温度：中性原子的数量大，与工件进行热交换时，工件的温度基本相同（对流、辐射、传导为主）。

② 电子温度：等离子体中存在高能电子（1%～4%），温度是粒子处在平衡态的平均能

量的度量，高能电子的温度达到 $10^5\,\mathrm{K}$，代表电子有很高的能量。

表 4-8 列出了带电粒子与中性粒子发生弹性碰撞和非弹性碰撞时，能量传递的一般规律。

表 4-8　碰撞过程中带电粒子的能量传递属性

碰撞类型	入射粒子	
	电子	离子
弹性碰撞	$10^{-6}\sim10^{-4}$	1
非弹性碰撞	1	1/2

由于粒子间碰撞可以进行能量转移，所以必然会改变粒子原来的状态。被碰撞粒子状态改变，可以有以下几种情况：原子被电离形成正离子、原子被激发形成亚稳原子、粒子被解离分解为单个原子或离子、形成负离子等。分别论述如下。

(1) 原子被电离成正离子

该过程如反应式(4-57) 所示，一次电子与常态原子 A 发生非弹性碰撞，使后者放出电子，形成正离子和两个电子，电离碰撞产生的 2 个电子在电场中被加速，直到发生下一次碰撞电离。这种碰撞是维持辉光放电最为重要的碰撞（电子碰撞电离，electron impact ioniza-tion），依靠这种反复发生的过程维持辉光放电。

$$e+A \longrightarrow A^+ +2e \tag{4-57}$$

为了实现上述电离过程，常态原子 A 需要吸收的能量应大于原子最外层的电子束缚能（又称为阈值能量）。与该阈值能量（用 eV 表示）相对应的电位称为电离电位。

(2) 激发——亚稳原子的形成

电子与常态原子发生非弹性碰撞，常态原子 A 中的电子吸收了入射电子的能量后，由低能级跃迁到高能级，破坏了原子的稳定状态，成为激发态，该原子称为受激原子 A^*。该过程可表示为：

$$e+A \longrightarrow A^* +e \tag{4-58}$$

入射电子在加速电场所获得的能量刚刚能使气体原子激发时，则该电子在电场所经过的电位差称为激发电位，单位为 V。

受激发原子一般是不稳定的，在 $10^{-8}\sim10^{-7}\mathrm{s}$ 内放出所获得的能量回到正常状态，放出的能量以光量子的形式辐射出去，并可以看到气体发光，称为激发发光。原子的这种激发状态称为谐振激发，其激发电位称为谐振激发电位 U_r。受激发原子如果不能以辐射光量子的形式自发地回到正常的状态，而是停留时间较长，达 $10^{-4}\mathrm{s}$ 到数秒，这种激发状态称为亚稳态，其激发原子称为亚稳原子，相应的激发电位称为亚稳激发电位 U_m。

电离与激发均是非弹性碰撞，这是两者的共同点。其不同点在于电离电位要高于激发电位。也就是说电子必须具有更高的能量，才能使原子电离。例如，Ar 的亚稳激发电位为11.55V，而 Ar 的一次电离电位为 15.755V。这是因为电离是将束缚电子"打出去"，即完全移向无穷远处，而激发则是将束缚电子迁移到更高能级。

高能亚稳中性原子的存在，在离子气相沉积中是很重要的。由于本身能量较高，所以容易发生化学反应。同时受激原子 A^* 与常态原子 B 相互作用，使常态原子 B 成为受激原子 B^*。此过程表示为：

$$A^* + B \longrightarrow A + B^* \qquad (4-59)$$

受激亚稳原子 A^* 与化合物气体分子 BC 相互作用，使分子解离为基元粒子（活性原子）或被电离。此过程表示为：

$$A^* + BC \longrightarrow A + B + C \qquad (4-60)$$
$$A^* + BC \longrightarrow A + B^+ + C + e \qquad (4-61)$$

（3）解离——分解为单个原子或离子

解离（dissociation）是指由几个原子组成的分子分解为单个原子的过程。通过非弹性碰撞，分子若能获得大于其结合能的能量，则可实现解离。这种解离过程以及前述的激发过程和后述的复合过程，都可以形成激发态的亚稳原子。实现解离的方法主要如下：

光解离 $\qquad h\nu + AB \longrightarrow A + B \qquad (4-62)$

碰撞解离 $\qquad e + AB \longrightarrow A + B + e \qquad (4-63)$

而且，分子离子也能实现下式表述的解离过程：

光解离 $\qquad h\nu + AB^+ \longrightarrow A^+ + B \qquad (4-64)$

除了上述的碰撞解离之外，还能发生伴随电离的解离离化：

$$e + AB \longrightarrow A + B^+ + 2e \qquad (4-65)$$

与其他非弹性过程相似，从原理上讲，当通过碰撞等方式传递的能量克服了分子间的结合力就会发生解离。一般来说，解离生成物与解离前的分子相比，化学活性大大提高。

（4）附着——负离子的产生

电子被原子、分子等捕获形成负离子的过程称为附着（电子附着，electron attachment）。反之，电子被负离子放出的过程称为离脱。

在气体放电中形成负离子的过程主要有[1]：

光辐射附着 $\qquad e + B \longrightarrow B^- + h\nu \qquad (4-66)$

$$e + B^* \longrightarrow B^- + h\nu \qquad (4-67)$$

电子激发附着 $\qquad e + B \longrightarrow B^{-**} \longrightarrow B^- + h\nu \qquad (4-68)$

生成离子对 $\qquad e + A + B \longrightarrow A^+ + B^- + e \qquad (4-69)$

碰撞附着，形成分子性负离子 $\qquad e + AB \longrightarrow AB^- \qquad (4-70)$

解离附着 $\qquad e + AB \longrightarrow A + B^- \qquad (4-71)$

上述附着过程的发生概率，与中性粒子（原子、分子）对电子的亲和力相关。电子亲和力越大的元素，越容易通过附着形成负离子。因此，电子亲和力小的惰性气体和金属原子形成的负离子都是非常不稳定的，而电子亲和力大的卤族原子（Cl、Br 等）、分子及卤族化合物（CCl_4、SF_6）等，容易形成稳定的负离子。

将等离子体与上述的碰撞规律联系起来，可知等离子体应用于化学反应中有极大的优势，可以将高温下的化学反应降低到低温进行。而化学气相沉积的本质是利用各类化学反应，如果化学反应温度高，必然导致沉积温度高。这就极大地限制了沉积工艺的应用范围。

为什么利用等离子体可以降低化学反应温度？关键原因是在等离子体中存在电子，在电场作用下这些电子又变成高能电子，并且在产生等离子体的空间运动。在运动过程中这些高能电子会与反应气体分子或多原子气体发生非弹性碰撞。

根据上面论述可知，碰撞必将引起分子的离解、离子化与激活，实质上就是在发生化学反应的气体中产生部分高能粒子。这些高能粒子的反应降低了化学反应温度。

4.6 等离子体化学气相沉积技术

将气体放电用于 CVD 中开发出了 PCVD（plasm chemical vapor deposition）技术。

将气体放电产生的等离子体引入 CVD 技术中，可以大幅度降低 TCVD 的沉积温度，因此发展出了等离子体化学气相沉积（PCVD）技术。图 4-18 是 PCVD 直流等离子体气相沉积装置的示意图。

采用这种装置可以大幅度降低沉积温度。例如沉积 TiC 薄膜，采用 TCVD 方法沉积温度在 1000℃ 左右，而采用 PCVD 方法仅需要 500℃ 左右。

PCVD 的沉积过程与 TCVD 类似，同样是需要选择一个化学反应式，对于沉积 TiC 薄膜也是如此（见表 4-3）。将 H_2、$TiCl_4$、N_2 通过流量计进入混合器混合后通入炉体内部。炉体是一个气体放电的装置，混合气体进入炉体内后施加一定的电压，就会产生自持放电，从而产生等离子体。现在的问题是为什么在等离子体存在的情况下，可以大幅度降低沉积温度？

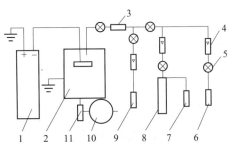

图 4-18　PCVD 直流等离子体气相
沉积装置的示意图

1—直流电源；2—炉体；3—气体混合器；
4—流量计；5—微调阀；6—氮气瓶；
7—氢气瓶；8—氢气纯化器；
9—$TiCl_4$ 瓶；10—真空泵；11—冷阱

在低压等离子体中降低沉积温度的重要因素是等离子体中有较高能量的电子。这些高能电子会与原子或分子发生碰撞，而将本身的能量传递给原子或分子。根据粒子间的碰撞原理可知，高能电子将能量全部传给反应原子或分子，大幅度增加反应粒子内能，引起分子的激活、自由基化和离子化，从而促进化学反应的进行，这就是等离子体作用下反应温度大幅度降低的原因。

设原子 A 受到电子碰撞后，内部的电子就会跃迁到更高的能级，成为激发态的原子 A^*，这一过程称为电子碰撞激发（electron impact excitation），可以用下式表示：

$$e + A \longrightarrow A^* + e \tag{4-72}$$

这种激发态的亚稳原子由于本身高能量，所以很容易发生化学反应，使反应活化能大幅度降低。

分子也可能由于高能电子的碰撞而分解成单个的原子实现分子解离，可以用下式表示：

$$e + AB \longrightarrow A + B + e \tag{4-73}$$

或

$$e + AB \longrightarrow A + B^+ + 2e \tag{4-74}$$

式中，AB 代表由原子 A 与原子 B 组成的分子；e 代表电子；B^+ 代表离子。

电子亲和力大的气体通过碰撞还可能捕捉电子成为负离子，例如氧气可能发生下面反应：

$$e + O_2 \longrightarrow O_2^- \tag{4-75}$$

$$e + O_2 \longrightarrow O + O^- \tag{4-76}$$

可见等离子体中的高能电子通过碰撞使气体中存在大量的活性原子与分子。

亚稳原子、被解离的气体原子等均有较高的能量，很容易发生化学反应。

当工件被置放在等离子体气体中时，在有大量的中性原子或分子的温度较低的情况下，工件与大量中性原子或分子进行热交换，所以工件温度也较低。而高能粒子会在工件表面发生化学反应，因此可以大幅度降低沉积温度。

针对图 4-18 的 PCVD 沉积过程讨论下面问题。

问题 1：在 TCVD 沉积装置中，有加热元件加热被沉积工件（基片），基片温度升高。但是 PCVD 沉积装置中并无加热电源，基片温度是否不会升高？

虽然没有加热元件但是基片的温度仍然会升高。原因是工件吊挂在阴极，所以在电场作用下，离子轰击阴极工件将自身的能量传递给工件，使工件温度升高。

问题 2：在直流 PCVD 技术中，如果工件为绝缘体可否实现沉积？

一般情况下难以进行沉积。原因是绝缘材料的内部没有自由电子存在。对于导电材料，当离子在电场作用下运动到工件表面，将会从基片材料得到电子成为活性原子，具有高能量的活性原子堆积将会形成薄膜。但是对于绝缘材料，离子难以得到电子，将以离子状态在表面堆积，将会发生弧光放电现象（伏安曲线弧光放电区域）。

举下面具体应用实例说明 PCVD 技术在现代生产中的具体应用。

例 4-5：采用 DC-PCVD 方法沉积 Si_3N_4 薄膜[5]。Si_3N_4 薄膜在精密微电子工业及耐热抗磨器件中有广阔的应用前景。同时 Si_3N_4 薄膜有很高的硬度，可以用于提高耐磨性能。Si_3N_4 薄膜可以采用化学气相沉积（CVD）方法制备，但由于沉积温度太高（1000℃左右），某些材料就不适合作为基体材料。例如热模具钢、高速钢回火温度一般在 450～600℃ 范围，如果采用 CVD 方法沉积 Si_3N_4 薄膜提高耐磨性能，将破坏基体的组织。采用直流等离子体化学气相沉积（DC-PCVD）方法可以大幅度降低沉积温度，并且工艺操作简便，可实现大面积沉积且沉积效率高。

DC-PCVD 方法沉积 Si_3N_4 薄膜设备的示意图见图 4-19。该设备由真空室（沉积的工作室）、直流电源形成系统、原料气及辅助气提供系统以及由真空机械泵及管路组成的真空形成系统四部分组成。

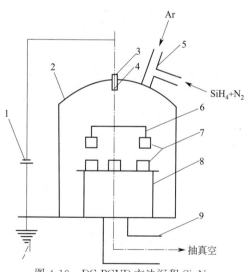

图 4-19　DC-PCVD 方法沉积 Si_3N_4
薄膜设备的示意图

1—直流电源；2—真空室；3—绝缘体；4—阴极；
5—进气管道；6—用品架；7—样品；
8—支架；9—排气管道

试验采用由钢及单晶硅等制成的试样。每次沉积的试样都分别放置在沉积装置工作室的阴极与阳极上，见图 4-19。

原料气为硅烷混合气，其中 SiH_4 占 5%（体积比），其余为 N_2；辅助气为氩气（Ar）与氢气（H_2）。沉积过程如下：试样除油去垢后置于工作室，抽真空至 2～3Pa，通少量 Ar 及 H_2，开电源对试样进行轰击清洗，当阴极试样升温至 300～400℃ 时，通入 SiH_4 与 N_2 混合气及辅助气到要求程度，沉积完毕，待阴极试样温度降到 100℃ 以下取出工件。

经优化后的沉积工艺参数是：真空室压力为 50～100Pa；阴极温度为 350～400℃；阴极与阳极间的电压为 1.0～1.7kV；阴极与阳极间的电流为 0.42～2.0A；沉积时间为 1～3h。在 Si 片与 GCr15 钢表面均获得 Si_3N_4 薄膜。

测定沉积后的样品的绝缘性能。未沉积薄

膜的单晶硅片的电阻率为 $11\sim12\Omega\cdot cm$；沉积薄膜后的试样的电阻率均大于 $10\times10^6\Omega\cdot cm$，即超过了 Submwrger 7075 测试仪的极限量程 $10\times10^6\Omega\cdot cm$。GCr15 钢试样沉积出的 Si_3N_4 的结构为非晶态结构。

用 Auger 电子能谱（AES）、X 射线光电子能谱（XPS）以及红外吸收光谱（IR）检测了 GCr15 钢试样等沉积出的膜成分，结果表明，膜均以 Si_3N_4 为主要成分，IR 检测结果见图 4-20，纯 Si_3N_4 标准样品的 IR 谱如图 4-21 所示。标准谱的 Si—N 出现在 $870cm^{-1}$ 左右处的吸收峰及 $500cm^{-1}$ 处的弱吸收峰。在 $800\sim890cm^{-1}$ 处的吸收峰（图 4-21）与标准谱的 Si—N 吸收峰较吻合，但试样的 Si—N 吸收峰范围变宽。这是因为 Si_3N_4 呈现非晶态结构。图 4-20 中显示在 $3350cm^{-1}$ 处出现 N—H 的弱吸收峰，与一些文献报道相符，证明试验所沉积出的薄膜主要成分是 Si_3N_4，还包含有少量的 N、H 成分。

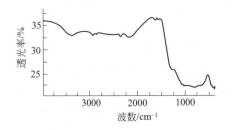

图 4-20　GCr15 钢表面薄膜的 IR 谱

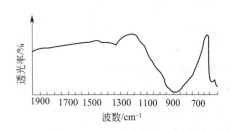

图 4-21　纯 Si_3N_4 标准样品的 IR 谱

图 4-22 为钢基体沉积 Si_3N_4 薄膜的金相组织照片。试样经 4%硝酸酒精溶液浸蚀后，由表往里由涂层（灰色）及基体组成。从图 4-22(a) 可见，GCr15 钢经 3h 沉积后获得的薄膜厚度约为 $40\mu m$，沉积速率为 37A/s，而文献报道的一般方法获得的 Si_3N_4 薄膜的沉积速率为 $1\sim10A/s$。即使是图 4-22(b) 中的 20Cr 钢，也获得了 $10\mu m$ 厚的薄膜（沉积速率约为 9.3A/s）。

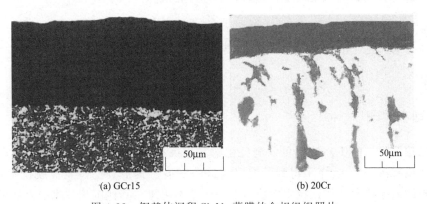

(a) GCr15　　　　　　　　　(b) 20Cr

图 4-22　钢基体沉积 Si_3N_4 薄膜的金相组织照片

关于提高沉积速率分析如下。

无论用什么方法制备 Si_3N_4 薄膜，必须使分子 SiH_4（或 $SiCl_4$）、N_2（或 NH_3）分别解离出活性原子 Si、N 或离子 Si^+、N^+（或 N_2^+），再进行如下反应：

$$3Si(act)+4N(act)=\!=\!=Si_3N_4(s) \tag{4-77}$$

$$3S^++4N^+\xrightarrow{\text{阴极上}}Si_3N_4(s) \tag{4-78}$$

在非真空条件下，NH_3 在 400℃以上可解离出活性 N 原子，但 N_2 解离成活性 N 原子的温度大约为 5000K[6]；在相同气氛下与射频、微波电场相比，直流电场对气体的解离率要低得多。这两个因素是导致 DC-PCVD 沉积 Si_3N_4 速率低，甚至难以沉积的根本原因。在分析与试验的基础上，可采用以下途径改善 DC-PCVD 的沉积速率。

控制工作室内压力为 50～100Pa；阴极与阳极间的电压在 0.7～1.7kV；阴极与阳极间的电流在 0.4～2.0A；温度为 300～400℃，处于良好状态情况下可实现快速沉积的目的。

试验表明，工作室内气压过低（低于 50Pa），相应降低了气氛浓度，因而 3h 沉积后几乎无涂层；若工作室内气压过高（远高于 100Pa），将导致阴极与阳极间的电流猛烈上升，超过电源负载，电源切断，无法继续沉积。阴极与阳极间的电压太小，解离出的高能量粒子太少，解离率及沉积速率低；但是电压过高会导致等离子体对试样薄膜轰击的能量太高，致使已沉积的 Si_3N_4 物质被击出，沉积速率反而降低。

阴极与阳极间的电流主要随两极间的电压及工作室气压的升高而增大，电流增大，气体解离率也增大，沉积速率增加，但电流值受设备电功率限制。在工作室气压、阴极与阳极间电压、电流、沉积温度等不变的情况下，除改变气流分布之外还必须把阴极试样与阳极试样之间的距离调整到合适程度，才能实现快速沉积 Si_3N_4 薄膜的目的。在本试验条件下，根据具体情况在 10～100nm 范围内选择一个最佳距离较为合适。此距离的调整实质是调整了等离子体到达阴极的路径，距离缩短，高能量粒子的实际数量增加，由此提高了气体的实际电离率及试样周围的活性原子与离子的浓度，沉积速率因而增加。

根据上述机理分析与研究实例，PCVD 技术可以解决 TCVD 技术沉积温度过高的问题，并且可以实现多种材料薄膜的沉积。PCVD 技术也可以实现绝缘体沉积。但是 PCVD 技术并没有解决污染问题，需要对排出的气体进行处理以防止其污染环境。利用等离子体技术实现沉积的同时也可以解决污染问题，这就是物理气相沉积（PVD）技术。

4.7 物理气相沉积——真空蒸发镀膜技术

4.7.1 基本原理

物理气相沉积（PVD）技术可以避免化学气相沉积（CVD）技术的两大缺陷（沉积温度高、对环境有污染），近年来得到了突飞猛进的发展。其中真空蒸发镀膜技术是 PVD 技术中最基础的镀膜技术，从该技术中获得的一些基本规律在其他沉积技术中得到了借鉴。很多其他物理气相沉积技术，如反应蒸镀、离子镀、分子束外延等技术均是在此技术的基础上发展起来的。

真空蒸发镀膜的基本设计来源于真空技术原理，根据 4.3 节真空技术基础的论述可知，在真空条件下，金属材料与气体分子有如下两个突出特点。

①真空条件下金属材料易于以气体形式挥发。

②真空条件下，气体分子的自由程很长，可以不经过碰撞"无阻碍"地到达基片的表面。正是利用了这样的特点设计出了真空蒸发镀膜技术。该技术的基本原理图见图 4-23。

结合图 4-23 对真空蒸发镀膜的原理说明如下：在一定温度下，气体原子直接沉积到基片表面形成薄膜。之所以可以发生这样的过程，是因为液体或固体材料在一定温度下，其分子或原子会克服化学键，从材料表面以气体的方式直接逸出，这种现象称为蒸发。

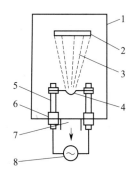

图 4-23　真空蒸发镀膜技术的基本原理图[1]

1—镀膜室；2—基片；3—镀料蒸气；4—电阻蒸发源；5—电极；6—电极密封绝缘件；7—排气系统；8—交流电源

蒸发出来的气体分子和原子在材料表面形成一定的压力。显然逸出的分子或原子的数量与材料本身的性质密切相关，同时也容易理解，如果温度越高，材料表面的原子与分子获得的能量越高，也就越容易以气体的方式逸出表面，所以材料表面的气体压力与温度一定有密切关系。当气体原子达到一定数量后，气体与液体达到动态平衡，此时气体分子的数量不会再增加。

在一定温度下，材料蒸发出来的气体与液体或固体达到平衡时的气体压强称为该温度下的饱和蒸气压。

在相同温度下，饱和蒸气压越高，说明逸出的气体分子或原子越多。

饱和蒸气压与温度有下面关系：

$$\lg P = A - B/T \tag{4-79}$$

式中，P 是材料的饱和蒸气压；T 是绝对温度；A 与 B 是与材料有关的常数。

根据物理化学原理的理论分析及试验可得出另外一个基本规律，即金属材料在真空条件下容易出现蒸发现象，蒸发温度低，蒸发速度快。

一些常用材料的饱和蒸气压与温度的关系见表 4-9。一些金属材料 A、B 的值见表 4-10。

表 4-9　一些常用材料的饱和蒸气压与温度的关系[1]

金属	分子量	不同蒸气压 P 下的温度 T/K						熔点/K	蒸发速率[1]
		10^{-8} Pa	10^{-6} Pa	10^{-4} Pa	10^{-2} Pa	10^{0} Pa	10 Pa		
Au	197	964	1080	1220	1405	1670	2040	1336	6.1
Ag	107.9	759	817	958	1105	1300	1605	1234	9.4
In	114.8	677	761	870	1015	1220	1520	429	9.4
Al	27	860	958	1085	1245	1490	1830	932	18
Ga	69.7	706	892	1015	1180	1405	1743	303	11
Si	28.1	1145	1265	1420	1610	1905	2330	1685	15
Zn	65.4	351	396	450	520	617	760	693	17
Cd	112.4	310	347	392	450	538	663	594	14
Te	127.6	385	428	182	553	617	791	723	12
Se	79	301	336	380	437	516	636	490	17
As	74.9	340	377	423	477	550	645	1090	17
C	12	1765	1930	2140	2410	2730	3170	4130	19
Ta	181	2020	2230	2510	2880	3330	3980	3270	4.5
W	183.8	2150	2390	2680	3030	3500	4180	3650	4.4

① 蒸发速率的单位为 $10^{17} \text{cm}^{-2} \cdot \text{s}^{-1}$ 分子（$P \approx 1 \text{Pa}$，黏附系数 ≈1）。

表 4-10　一些金属材料 A、B 的值（利用 A、B 计算出的饱和蒸气压的单位是 μmHg)[6]

金属	A	B	金属	A	B	金属	A	B
Li	10.99	8.07×10^3	Fe	12.44	1.997×10^4	Ti	12.50	2.32×10^4
Na	10.72	5.49×10^3	Sr	10.71	7.83×10^3	Zr	12.33	3.03×10^4
K	10.28	4.48×10^3	Ba	10.70	8.76×10^3	Tb	12.52	2.84×10^4
Cs	9.91	3.80×10^3	Zn	11.63	6.54×10^3	Ge	11.71	1.803×10^4
Cu	11.96	1.698×10^4	Cd	11.56	5.72×10^3	Sn	10.88	1.487×10^4
Ag	11.85	1.427×10^4	Al	11.79	1.594×10^4	Pb	10.77	9.71×10^3
Au	11.89	1.758×10^4	La	11.60	2.085×10^4	Sb	11.15	8.63×10^3
Be	12.01	1.647×10^4	Ga	11.41	1.384×10^4	Bi	11.18	9.53×10^3
Mg	11.64	7.65×10^3	In	11.23	1.248×10^4	Cr	12.94	2.0×10^4
Ca	11.22	8.94×10^3	Co	12.70	2.111×10^4	Os	13.59	3.7×10^4
Mo	11.64	3.085×10^4	Ni	12.75	2.096×10^4	Ir	13.07	3.123×10^4
W	12.40	4.068×10^4	Ru	13.50	3.38×10^4	Pt	12.53	2.728×10^4
U	11.59	2.331×10^4	Rb	12.94	2.772×10^4	V	13.07	2.572×10^4
Mn	12.14	1.374×10^4	Pd	11.78	1.971×10^4	Ta	13.04	4.021×10^4

试验表明在蒸发过程中有以下两个规律。

① 在真空条件下金属材料发生挥发时，如果在真空室中还存在其他惰性气体，则挥发速度将下降，惰性气体压力越高，金属材料的挥发速度越低。

② 在真空条件下如果是金属合金材料发生挥发，将产生所谓的选择挥发，即有些元素挥发速度快，有些元素挥发速度慢。

上述规律表明：如果在真空条件下将材料熔化，必然会产生大量的气体原子或分子，为进行气相沉积创造有利条件。

同时根据真空原理可知，在真空条件下由于气体分子的密度大幅度降低，所以气体平均自由程大幅度提高，可以用下面公式表明平均自由程与气体压力的关系：

$$\lambda = 0.667 / P \tag{4-80}$$

式中，P 为气体压力，Pa；λ 为平均自由程，cm。

在真空蒸发镀膜技术中采用的真空度为 $10^{-5} \sim 10^{-3}$ Pa。

利用上述基本原理可以进行真空蒸发镀膜工艺的设计，举例分析如下。

例 4-6： 为获得铝薄膜常采用真空蒸发镀膜技术。已知真空室中蒸发源到基片的距离为 30cm，对蒸发镀膜的工艺参数进行理论设计。

分析： 根据蒸发镀膜原理可知，对于真空蒸发镀膜工艺的设计，主要是设计两个工艺参数：一是真空度，二是蒸发温度。为了实现气体原子不经过碰撞直接沉积到基片的表面，一般采用下面公式进行平均自由程的计算：

$$\lambda \geqslant 10L \tag{4-81}$$

式中，L 是真空室中蒸发源到基片的距离。

根据式(4-81) 可以求出 $\lambda \geqslant 300$cm。

再利用 $\lambda = 0.667 / P$ 公式求出：

$$P \leqslant 0.667 / 300 = 2.2 \times 10^{-3} (\text{Pa})$$

根据公式 $\lg P = A - B/T$ 及表 4-10 中的数据，对于本例中沉积铝而言：$A = 11.79, B = 15.94 \times 10^3$，$P = 2.2 \times 10^{-3}$Pa。求出 T 大约为 1200K。因此可知进行真空蒸发镀膜时的温度在 950℃ 以上。

利用这些简单公式可大致求出工艺参数。当然这样求出的参数还必须经过试验的修正。进行真空蒸发镀膜时的温度范围为 1000～2500℃。

在进行真空蒸发镀膜时还必须设计蒸镀的时间，也就是速度问题。根据 4.3 节真空技术基础可知，蒸气分子的平均动能可以用 $E = 3/2KT$ 计算。

由于蒸发温度在 1000～2500℃ 范围，因此求出平均动能为 0.1～0.2eV(1.6～3.2×10^{-20}J)。

同样根据 4.3 节真空技术基础可知，气体分子运动的方均根速率 $V_t = (3KT/m)^{1/2}$，因此求出蒸发粒子的平均速度约为 10^3m/s。

在上述理论的基础上可以求出蒸发速率公式[1]：

$$G \approx 4.37 \times 10^{-3} (\mu/T)^{1/2} P\,(\text{Pa})\,(\text{kg/m}^2 \cdot \text{s})$$
$$\approx 4.37 \times 10^{-5} (\mu/T)^{1/2} P\,(\text{bar})\,(\text{g/m}^2 \cdot \text{s}) \tag{4-82}$$
$$\approx 3.28 \times 10^{-2} (\mu/T)^{1/2} P\,(\text{Torr})\,(\text{g/m}^2 \cdot \text{s})$$

式中，P 是蒸发元素的蒸气压；μ 是蒸发组元的摩尔质量。

4.7.2 蒸发源与合金膜的蒸发镀

实现蒸发镀膜必须在真空条件下加热材料，使其挥发出气体原子或分子，即必须要有材料作为蒸发源，实际就是如何加热蒸发材料的问题。最常见的蒸发源是电阻加热蒸发源。

电阻加热蒸发源适用于熔点低于 1500℃ 材料的加热挥发。基本原理是将待蒸发的材料放入氧化铝等陶瓷坩埚中，通过加热元件加热坩埚实现材料的蒸发。

还有一种方式是将 W、Ta、Mo、Nb 等高熔点材料做成适当的形状，在上面装上镀料，让电流对镀料进行直接加热挥发。一般采用低电压大电流的方式加热〔（150～500A）×10V〕。

除此之外还可采用电子束加热、高频加热、脉冲激光加热等方法使蒸镀材料挥发。

蒸发镀膜不仅可以镀纯金属膜也可以镀合金膜。如果要镀 A、B 合金膜，一定要使 A 与 B 合金材料挥发出蒸气。但是一般情况下如果这样做，蒸发源材料的成分往往与薄膜的成分不一致，如何获得与预想成分一致的薄膜是真空蒸发镀膜技术中重要的问题。下面举例分析为什么会造成蒸发源材料的成分与薄膜的成分不一致的问题。

例 4-7：假设采用真空蒸镀方法制备 Sn-Pb 合金薄膜，Sn 的质量百分数为 60%，Pb 为 40%。为此配制了 60% Sn + 40% Pb 合金作为蒸发原料，根据相关原理设计出温度为 1000℃。采用电阻加热方法使蒸发源材料挥发，进行合金薄膜真空蒸镀[1]。

查出 Sn 与 Pb 材料的 A、B 值，获得下面公式：

$$\lg P_{Sn} = 10.88 - 14.87 \times 10^3 / T$$
$$\lg P_{Pb} = 10.77 - 9.71 \times 10^3 / T$$

在 $T = 1270$K 时求出：

$$\lg P_{Sn} = -0.83$$
$$\lg P_{Pb} = 3.12$$

蒸气压高意味挥发出的原子数目多，所以意味着虽然蒸发材料是合金，但是合金中 Pb 的消耗远要高于 Sn，就会形成在开始蒸镀时薄膜内部的 Pb 含量远高于 Sn。同时蒸发源中 Pb 的消耗较快因此沉积出来的薄膜不但不能构成理想均匀成分的薄膜，并且随着薄膜厚度不同，成分也不相同。靠近基片的薄膜是富 Pb 的，这种现象称为分馏问题。

可以根据推出的蒸发速率公式定量地分析分馏问题。

根据蒸发速率公式：

$$G \approx 4.37 \times 10^{-3} (\mu/T)^{1/2} P'(\text{Pa}) (\text{kg/m}^2 \cdot \text{s}) \tag{4-83}$$

式中，P' 为合金蒸气压中 Pb 与 Sn 的部分；μ 为 Pb 与 Sn 的摩尔质量，kg；P' 可以根据物理化学中的拉乌尔公式进行估算。

$$P' = N_a P_a$$

式中，N_a 代表组元的摩尔分数；P_a 代表纯物质 a 的蒸气压。

因此蒸发速率公式可以写成：

$$G \approx 4.37 \times 10^{-3} N_a P_a (\mu/T)^{1/2} (\text{kg/m}^2 \cdot \text{s}) \tag{4-84}$$

拉乌尔公式用于合金材料时需要引入修正系数 S_a，蒸发速率公式修正为：

$$G \approx 4.37 \times 10^{-3} S_a N_a P_a (\mu/T)^{1/2} (\text{kg/m}^2 \cdot \text{s})$$

根据各自的质量百分数分别计算 Sn 与 Pb 的摩尔分数：

$$N_{Sn} = 0.72 \qquad N_{Pb} = 0.28$$

因此蒸发速率之比：

$$G_{Sn}/G_{Pb} = (0.72/0.28) \times (P_{Sn}/P_{Pb}) \times (118.7/207.2) = 0.05$$

可见靠近基片的薄膜的主要成分是 Pb。为了解决分馏问题可以采用双源蒸发镀膜或多元蒸发镀膜。

将要形成合金的 Pb 与 Sn 分别装入各自的蒸发源中，分别加热控制蒸发速率进行蒸发，使基片的各种原子与设计的成分组成对应；如果合金组元数目增加，所需要的蒸发源数目也随之增加，这就是多源蒸发镀膜方法。

从上面论述可知，利用真空技术理论开发出的真空蒸发镀膜方法解决了 CVD 技术中的污染问题。在此基础上又引进了等离子体技术，从而开发出了更多的 PVD 技术。

4.8 物理气相沉积——离子镀技术

4.8.1 基本原理

离子镀技术是在真空蒸发镀膜技术的基础上发展起来的一门技术。该技术是 D. M. Mattox 于 1963 年提出的，其基本出发点是将等离子体技术引进真空蒸发镀膜技术。

图 4-24 是离子镀技术原理图。离子镀与蒸发镀存在相同点与不同点。

离子镀与蒸发镀存在的相同点如下。

① 均需要蒸发源材料，镀膜的材料由蒸发源提供。

② 均需要加热装置使蒸发源材料挥发出气体原子，并在基片上成膜。

③ 均需要真空条件，起初均要达到高真空。

离子镀与蒸发镀存在明显不同之处。

① 最重要的一点是在离子镀装置中加入了电场。基片在电场作用下成为阴极。

② 蒸发镀技术中除蒸发源材料产生气体原子外，还加入了辅助惰性气体。

③ 原子在从蒸发源向基片沉积过程中要经过电场作用，所以在基片与蒸发源之间会存在一个等离子区域。

可见离子镀技术的关键是将等离子体引入镀膜过程中，因此离子镀技术与蒸发镀技术形成薄膜的机理有明显不同。而离子镀是在真空蒸发镀基础上发展而成的，所以许多问题与蒸发镀类似。例如在离子镀技术中也必须要用到蒸发源，其蒸发源与真空蒸发镀基本类似。离子镀也可以采用电阻加热、电子束加热、高频感应加热等。

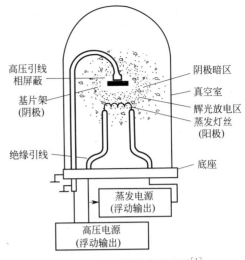

图 4-24　离子镀技术原理图[1]

离子镀工艺中，薄膜的形成也与蒸发镀类似，也是蒸发原子向基片沉积的过程，但是在沉积的同时，还存在氩离子与部分被离化的镀膜原子轰击基片的作用；存在被蒸发出来的气体镀料原子在经过等离子体区域时小部分被离化的情况，其余大部分虽然没有被离化，但是由于受到高能电子的碰撞而处于激发状态。离子镀成膜是这些原子以高能状态沉积到基片上。

离子镀技术的含义是：在真空条件下，利用气体放电产生等离子体，在气体离子与蒸发物离子轰击基片的同时，将高能蒸发物质的原子及其反应物蒸镀到基片上。

在蒸发镀膜过程中向基片沉积的原子的能量在 $0.1\sim0.2\text{eV}$ 之间，而离子镀过程中沉积在基片上的原子的能量高于此值。

由于离子轰击基片，与蒸发镀相比，离子镀有以下作用。

① 将基片表面原子溅射出来，起到清洗表面的作用。

② 在高能离子轰击下，基片表面会产生缺陷并使基片的温度升高。

③ 会造成气体原子渗入，并使其沉积在基片表面薄膜层中。

④ 对镀层的力学性能产生影响。因为离子镀后在薄膜中将产生较高的残余应力，应力常高达材料的屈服极限，并往往会在薄膜中产生压应力。

可见离子镀中等离子越多上述作用就越显著，所以离化率是离子镀的关键指标。

离化率的定义：被电离的原子占全部蒸发原子的百分比。

蒸发镀过程中基片表面仅有中性原子，而离子镀过程中有高能原子与离子作用于基片表面，所以基片表面的能量状态完全不同，用能量活性系数 e 来评价这种差异。e 越大表征基片表面活性越大。

$$e = (W_i/W_v) \times (n_i/n_v) = C \times (U_i/T_v) \times (n_i/n_v) \tag{4-85}$$

式中，C 是常数，为 $1.5e/KT_v$，K 为玻尔兹曼常数；U_i 是蒸发源与基片间加入的电压；T_v 是沉积物质温度；n_i 是单位时间、单位面积所沉积的离子数；n_v 是单位时间、单位面积所沉积的粒子数；W_i 是入射离子能量，一个电子在 50V 加速电压作用下的能量为

50eV；W_v 是蒸发原子的典型能量，为 $0.1\sim0.2$eV。

表 4-11 是不同工艺条件下的表面能量活性系数值。

表 4-11　不同工艺条件下的表面能量活性系数值[1]

镀膜工艺	能量活性系数 e	参数	
真空镀膜	1	$W_v = 0.2$eV	
溅射	5～10	$W_s = 1\sim$数个 eV	
离子镀	1.2	$n_i/n_v = 10^{-2}$	$U_i = 50$V
	3.5	10^{-2}	50V
		10^{-4}	5000V
	25	10^{-1}	50V
		10^{-2}	5000V
	250	10^{-1}	500V
		10^{-2}	5000V
	2500	10^{-1}	5000V

注：表中 n_i/n_v 是离化率，即离子数与蒸发原子数之比。

4.8.2　典型工艺分析

空心阴极放电（hollow cathode discharge，HCD）离子镀是一种典型的离子镀方法。图 4-25 是 HCD 真空阴极放电离子镀装置的原理图。

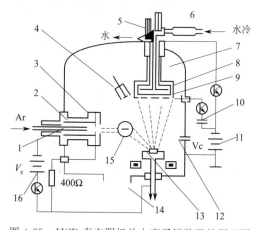

图 4-25　HCD 真空阴极放电离子镀装置的原理图

1—阴极空心钽管；2—空心阴极；3—辅助阳极；
4—测厚装置；5—热电偶；6—流量计；7—收集器；
8—基片；9—抑制栅极；10—抑制电压；11—基片偏压；
12—反应器入口；13—水冷铜坩埚；14—真空机组；
15—偏转聚焦线圈；16—主电源

图 4-25 的 HCD 方法利用了等离子体原理，同时还利用了物理中的另一个现象，即金属的热电子发射。由物理学可知，金属中有大量的自由电子，这些自由电子会进行热运动。当金属的温度升高，电子的热运动就会加剧。当电子的动能大于金属的逸出功，电子就会逸出金属表面。温度升高逸出金属表面的电子数目就会增加，这个过程类似于液体分子的蒸发过程。当温度足够高时，从金属表面逸出的电子数目就足够多，这时的逸出现象称为热电子发射。一般金属材料温度达到 $1000\sim3000$℃时，才会出现热电子发射现象，HCD 方法正是利用了金属此特性。

如图 4-25 所示，装置中用空心钽管作为阴极，在钽管附近有一个辅助阳极。在钽管与阳极间加上 300V 左右的直流电压，并向钽管中通入氩气，压力控制在 $1.33\sim13.3$Pa 的低压范围内。根据气体放电原理可知，这时在阴极与阳极间一定会产生等离子体。氩气在钽管内部不断电离，氩离子不断轰击钽管表面，使钽管温度不断升高。当钽管温度达到 $2300\sim2400$K 时，从钽管表面发射出大量的热电子，使等离子体处于弧光放电阶段，此时在阴极与阳极间接通主电源，就能引出高密度的等离子体电子束。在聚焦线圈的作用下，电子束偏转 $90°$ 射向坩埚。在坩埚处也有一个聚焦线圈，其将电子束聚焦在蒸发源坩埚的内部，使内部金属气化。根据蒸发镀原理可知，被蒸发出来的气体原子向基片沉积。而在基片与蒸发源间也施加了电场，也会产生等离子体。当金属蒸气通过等离子体区域时，受到高密度电子流的碰撞而离化，从而实现离子镀过程。因此装置中的空心枪（钽管）既是镀料的气化源，也是蒸发粒子的离化源。

根据气体放电理论可知，当空心枪即钽管进行弧光放电时，电压降至 $30\sim60V$，产生数百安培的电子束。所以 HCD 方法的离化率可以达到 $22\%\sim40\%$，离子流的密度可以达到 $10^{13}\sim10^{14}\,\mathrm{nA/m^2}$。所以即使在低的基片偏压下，也有大量的离子与高速中性粒子轰击基片，所以基片表面的能量活性系数 e 非常高，实现了离子镀带来的下述效果。HCD 方法有以下优点。

① 薄膜的附着力较好，且膜均匀致密。

② 工作压力范围较宽。沉积过程在 $10^{-2}\sim10\mathrm{Pa}$ 范围均可以进行，同时有较好的绕射性。

③ HCD 电源是低电压大电流的电源。可以采用一般的电焊整流电源、喷涂或喷焊电源，设备成本较低。

HCD 方法目前可以沉积纯金属薄膜，例如银、铜、铬薄膜，还可以通入氮气、乙炔等气体沉积 TiC、TiN 薄膜等。这些化合物镀层在工具、模具等方面获得了良好的实用化效果。

4.9 物理气相沉积技术——溅射镀膜

4.9.1 离子溅射中的一些理论问题

在等离子体中离子在电场作用下，会轰击阴极材料表面。用带有几十电子伏特的粒子轰击照射阴极表面时，阴极表面的原子就会通过碰撞获得入射粒子的能量。这时阴极表面的原子就会向真空中放出，这种现象称为溅射。PVD 中一种很重要的技术就是利用溅射现象在基片表面镀膜，这种技术称为溅射镀膜。

目前一般认为溅射的机理如下。

在电场作用下，入射的离子进入阴极表面与表面原子发生弹性碰撞。入射离子的一部分能量就传给了阴极中的原子，使这些原子的动能大幅度提高。对于属于晶体材料的阴极，其原子规则排列而形成空间点阵。之所以规则排列，是因为电场作用下的势垒差异。金属材料的势垒一般为 $5\sim10\mathrm{eV}$。当获得能量的阴极原子的动能超过势垒值时，这些原子就会脱离晶体点阵的束缚，产生离位原子。离位原子就像自由电子一样在晶格中无规则运动，进一步与其他原子反复碰撞，产生所谓的碰撞级联。当这种碰撞级联达到表面时，表面原子的动能就可能超过表面结合能（金属的表面结合能为 $1\sim6\mathrm{eV}$），这些原子就会脱离表面进入真空中。经过分析认为被溅射出的原子大部分是阴极表面的第一层或第二层原子，所以溅射造成阴极表面被顺次逐渐剥离。

显然为了利用溅射现象实现镀膜，被溅射出来的原子数目是一个关键因素。用于衡量此数目的指标称为溅射产额。

溅射产额是指一个入射离子所释放出的样品原子数目。溅射产额的大小一般为 $10^{-1}\sim$ 10 个原子/离子。这些放出的原子的动能大部分在 20eV 以下，而且大部分是电中性的粒子。少部分（$10^{-2}\%\sim10\%$）以离子形式放出，称为二次离子。

试验表明，溅射产额与入射离子的能量有重要的关系。人们总结出如下定性规律。

① 存在一个溅射阈值。当入射离子能量低于此值时，溅射现象不会发生，见表 4-12。

② 当离子能量超过溅射阈值时，溅射现象发生。但是溅射产额与离子能量间的关系较复杂。当入射离子能量在 150eV 以下时，溅射产额与能量的平方成正比；在 150～1000eV 之间，溅射产额与离子能量成正比；在 1～10keV 之间，溅射产额变化不显著，能量继续增加，溅射产额反而有下降的趋势。后来许多研究者总结出了溅射产额的一些半定量公式。

各类元素的溅射产额值见表 4-13。

表 4-12　金属材料的溅射阈值　　　　　　　　　　单位：eV

元素	Ne	Ar	Kr	Xe	Hg	升华热/(kJ/kg)
Be	12	15	15	15	—	—
Al	13	13	15	18	18	—
Ti	22	20	17	18	25	4.40
V	21	23	25	28	25	5.28
Cr	22	22	18	20	23	4.03
Fe	22	20	25	23	25	4.12
Co	20	25(6)	22	22	2	4.40
Ni	23	21	25	20	2	4.41
Cu	17	17	16	15	20	3.53
Ge	23	25	22	18	25	4.02
Zr	23	22(7)	18	25	30	6.14
Nb	27	25	26	32	—	7.71
Mo	24	24	28	27	32	6.15
Rh	25	24	25	25	—	5.98
Pd	20	20	20	15	20	4.08
Ag	12	15(4)	15	17		3.35
Ta	25	26(13)	30	30	30	8.02
W	35	33(13)	30	30	30	8.80
Re	35	35	25	30	35	—
Pt	27	25	22	22	25	5.60
Au	20	20	20	18	—	3.90
Th	20	24	25	25	—	7.07
U	20	23	25	22	27	9.57
Ir		(8)				5.22

表 4-13　各类元素的溅射产额值[1]

入射离子 靶	Ne⁻				Ar⁺			
	100eV	200eV	300eV	600eV	100eV	200eV	300eV	600eV
Be	0.012	0.10	0.26	0.56	0.074	0.18	0.29	0.80
Al	0.031	0.24	0.43	0.83	0.11	0.35	0.65	1.24
Si	0.034	0.13	0.25	0.54	0.07	0.18	0.31	0.53
Tl	0.08	0.22	0.30	0.45	0.081	0.22	0.33	0.58
V	0.06	0.17	0.36	0.55	0.11	0.31	0.41	0.70
Cr	0.18	0.49	0.73	1.05	0.30	0.67	0.87	1.30
Fe	0.18	0.38	0.52	0.97	0.20	0.53	0.76	1.26
Co	0.084	0.41	0.64	0.99	0.15	0.57	0.81	1.36
Ni	0.22	0.46	0.65	1.34	0.28	0.66	0.95	1.52
Cu	0.26	0.84	1.20	2.00	0.48	1.10	1.59	2.30
Ge	0.12	0.32	0.48	0.82	0.22	0.50	0.74	1.22
Zr	0.054	0.17	0.27	0.42	0.12	0.28	0.41	0.75
Nb	0.051	0.16	0.23	0.42	0.068	0.25	0.40	0.65
Mo	0.10	0.24	0.34	0.54	0.13	0.40	0.58	0.93
Ru	0.078	0.26	0.38	0.67	0.14	0.41	0.68	1.30
Rh	0.081	0.36	0.52	0.77	0.19	0.55	0.86	1.46
Pd	0.14	0.59	0.82	1.32	0.42	1.00	1.41	2.30
Ag	0.27	1.00	1.30	1.98	0.63	1.58	2.20	3.40
Hf	0.057	0.15	0.22	0.39	0.16	0.35	0.48	0.83
Ta	0.056	0.13	0.18	0.30	0.10	0.28	0.41	0.62
W	0.038	0.13	0.18	0.32	0.068	0.29	0.40	0.62
Re	0.04	0.15	0.24	0.42	0.10	0.37	0.56	0.91
Os	0.032	0.16	0.24	0.41	0.057	0.36	0.56	0.95
Ir	0.069	0.21	0.30	0.46	0.12	0.43	0.70	1.17
Pt	0.12	0.31	0.44	0.70	0.20	0.63	0.95	1.56
Au	0.20	0.56	0.84	1.18	0.32	1.07	1.65	2.43(500)
Th	0.028	0.11	0.17	0.36	0.097	0.27	0.42	0.66
U	0.063	0.20	0.30	0.52	0.14	0.35	0.59	0.97

4.9.2　典型溅射镀膜技术

溅射镀膜技术同样是利用气体放电产生等离子体实现镀膜的。最典型的溅射镀膜技术是直流二极溅射镀膜技术，其装置的示意图见图 4-26。

直流二极溅射镀膜装置实际就是由一对阴极与阳极组成的气体放电系统。值得注意的是，与 PCVD 技术不同的是，此时被镀膜的基片放置在阳极（接电源的正电位），需要镀膜的材料接电源的负电位（阴极），同时将被溅射的物质做成特制的靶以实现溅射镀膜。镀膜的基本过程如图 4-27 所示。

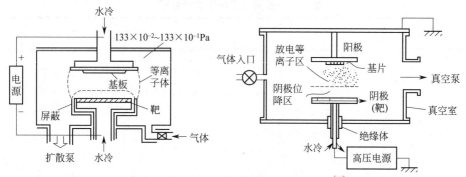

图 4-26　直流二极溅射镀膜装置的示意图[1]

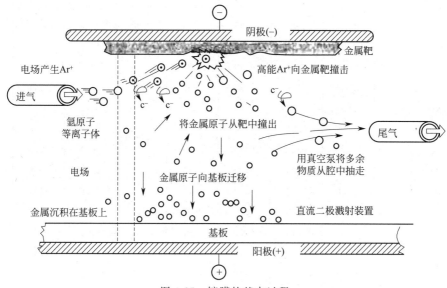

图 4-27　镀膜的基本过程

　　将二极溅射技术与 CVD 技术、PCVD 技术进行比较，可见二极溅射技术带来了实质性的变化。最关键的是实现了无污染，且沉积温度较低，同时将化学反应设计转换为靶的制造技术。

　　二极溅射的技术条件如下：靶（被溅射的材料）接电源负极（阴极），工件（基片）接电源正极（阳极）。抽真空到 $1.0 \sim 10Pa$，通入氩气等惰性气体，达到一定的气压。

　　加 $1 \sim 3kV$ 高电压，氩离子在电场作用下高速向靶运动，轰击靶并将上面的粒子溅射出来，沉积到工件上而形成薄膜。

　　对于二极溅射提出下面问题：设备中没有加热装置，基片的温度是否会升高？答案是肯定的，基片的温度一定会升高。原因是基片处于阳极，在电场作用下二次电子会向阳极运动，同样会轰击阳极基片，将本身的能量传递给基片导致基片的温度升高。这一点对镀膜是非常不利的。因为我们知道目前很多电子产品的基片是高分子材料（如各类光盘），同时在 IT 行业大量的基片是由高分子材料制造的。这些材料的耐热性能很差，如果加热到高温就会变质。

　　所以希望在"冷态"下进行镀膜，而二极溅射无法解决此问题，同时二极溅射技术的溅射产额是较低的，带来的缺点是生产效率很低，镀膜速度一般仅达到 10nm/min 左右。目前解决这些问题的最佳方案是磁控溅射技术。

4.9.3 磁控溅射技术

为解决二级溅射技术的问题，20世纪70年代开发出了磁控溅射技术。磁控溅射技术与二极溅射技术相比具有高速、低温、低损伤的特点。磁控溅射技术的基本出发点是在制备靶时将磁场引入溅射过程中，简单地说就是在二极溅射的靶上加上磁铁。平面磁控溅射源示意图如图4-28所示。

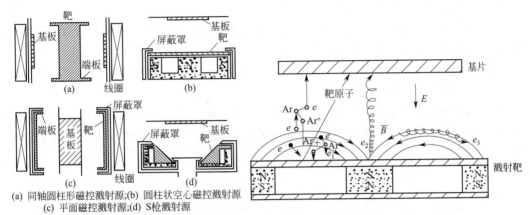

(a) 同轴圆柱形磁控溅射源;(b) 圆柱状空心磁控溅射源
(c) 平面磁控溅射源;(d) S枪溅射源

图4-28 平面磁控溅射源示意图[5]

根据靶的特点分析带电粒子在电场与磁场下的运动规律。

（1）电子在平行电场中运动

设电子质量为m，电荷为e。电子在均匀电场E下受到电场力，运动轨迹是直线。电子经过电势差U得到的能量转变为动能：

$$1/2mV^2 = eU \tag{4-86}$$

将电子的质量、电量等代入上式，可以求出电子的运动速度：

$$V = 5.93 \times 10^7 (U)^{1/2} \, \text{cm/s} \tag{4-87}$$

（2）电子在均匀磁场中运动

在磁控溅射的靶中，由于加入磁场，所以在等离子体中的带电粒子就不是仅在电场下运动，而是在电磁场下运动。在图4-29中的坐标系中分析带电粒子的运动，电量为q、速度为V的带电粒子垂直入射到磁场强度为B的均匀磁场中。该带电粒子所受到的洛伦兹力见图4-29。

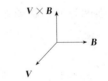

图4-29 洛伦兹力方向与磁场方向的关系

$$\boldsymbol{f}_{\text{m}} = q(\boldsymbol{V}_0 \times \boldsymbol{B}) \tag{4-88}$$

式中，$\boldsymbol{f}_{\text{m}}$为洛伦兹力，$\boldsymbol{V}_0$为入射速度。

洛伦兹力有如下特点。

① 在公式中如果速度为零，洛伦兹力也为零，表明在磁场中仅有运动的带电粒子才受到洛伦兹力的作用。洛伦兹力方向始终与运动方向垂直，所以磁场仅改变带电粒子的运动方向，并不改变其动能。这与电场情况完全不同。

如果带电粒子是电子，则洛伦兹力在数值上等于作用在电子的离心力：

$$m\boldsymbol{V}^2/r_{\text{m}} = e\boldsymbol{V}\boldsymbol{B} \tag{4-89}$$

② 洛伦兹力维持一个定值，其方向始终与$\boldsymbol{V}$、$\boldsymbol{B}$组成的平面垂直。

③ 电子的运动轨迹由没有磁场时的直线运动变为回转运动。即运动的轨迹是一个圆，圆的平面与 B 垂直，圆的半径为：

$$r_m = mV/eB \tag{4-90}$$

电子运动的角速度 ω 与周期 T 分别为：

$$\omega = V/r = eB/m$$
$$T = 2\pi/\omega = 2\pi m/eB \tag{4-91}$$

(3) 带电粒子在电磁场中运动[1]

上述分析是一定速度的电子在仅有磁场作用下的运动轨迹分析。在磁控溅射的靶中有磁场作用，同时又有电场作用，因此电子的运动轨迹是两种场运动的合成。

正是由于这个特点，改变了二次电子的运动轨迹，实现了磁控溅射的特点。下面用简化的模型分析二次电子的运动轨迹。

如图 4-30 所示，带电粒子如果仅在电场作用下运动，其运动轨迹是直线，但是如果在磁场中运动，带电粒子就会受到洛伦兹力的作用，其方向服从右手法则，所以运动轨迹必然不再是直线。

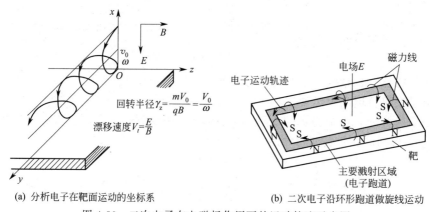

(a) 分析电子在靶面运动的坐标系　　　　(b) 二次电子沿环形跑道做旋线运动

图 4-30　二次电子在电磁场作用下的运动轨迹示意图

设电场强度为 E，磁场强度为 B，带电粒子的质量为 m，电荷为 q，速度为 V，其运动方程为：

$$m(\mathrm{d}V/\mathrm{d}t) = q[E + (V \times B)] \tag{4-92}$$

式中，t 为时间。

选用图 4-30(a) 所示的坐标系，E 与 x 轴方向相反，B 沿 z 轴：

$$E = E \qquad B = B$$

选用图 4-30(a) 所示的坐标系，使 E 与 x 轴反平行，B 沿 z 轴，推导如下[1]：

$$|E| = E, \quad |B| = B$$

$$\frac{\mathrm{d}V_x}{\mathrm{d}t} = \frac{q}{m}(E + BV_y) \tag{4-93}$$

$$\frac{\mathrm{d}V_y}{\mathrm{d}t} = -\frac{q}{m}BV_x \tag{4-94}$$

$$\frac{\mathrm{d}V_z}{\mathrm{d}t} = 0 \tag{4-95}$$

z 方向的运动简单，可以不必考虑。由式（4-93）再次对 t 微分，并将式（4-94）代入，得：

$$\frac{d^2 V_x}{dt^2} = -\frac{q^2 B^2}{m^2} V_x \qquad (4-96)$$

$$V_x = V_0 \sin\left(\frac{qB}{m}t + \delta\right)$$

式中，V_0 与 δ 是由初始条件决定的常数。

令 $\omega = qB/m$ 为粒子回转角频率。

若用电子的电量 e 代替式中的 q，得 $\omega_e \equiv eB/m$，ω_e 称为电子回转角频率，由式（4-93）与式（4-94）计算得出：

$$V_y = V_0 \cos\left(\frac{qB}{m}t + \delta\right) + \frac{E}{B}$$

可以计算出 x、y：

$$x = x_0 - \frac{mV_0}{qB}\cos\left(\frac{qB}{m}t + \delta\right) \qquad (4-97)$$

$$y = y_0 + \frac{E}{B}t + \frac{mV_0}{qB}\sin\left(\frac{qB}{m}t + \delta\right) \qquad (4-98)$$

计算结果表明，粒子的运动是圆周运动与直线运动的组合。对于阴极放出的电子，可以令 $q = -e$。电子的圆周运动半径为：

$$r_1 \equiv mV_0/eB$$

漂移运动（直线运动）的速度为：

$$V_t = \frac{E}{B}$$

可以设想，电子在电场作用下始终有一个速度是 V_1、运动方向是 x 轴方向的电子做直线运动。在磁场作用下，电子要做圆周运动，运动平面是垂直 z 轴方向的，因为做圆周运动，所以速度 V_2 的方向是不断变化的。因此 V_1 与 V_2 合成后，在 y 方向必然也会产生速度，因此在 y 方向有漂移运动。电子的运动轨迹由 x、y 坐标决定（z 方向的运动简单，不考虑）。如图 4-31 所示。

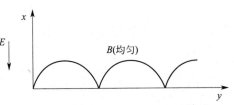

图 4-31　电子做摆线运动（Y 方向漂移运动）

假设 x、y 组成的平面是阴极靶的平面，由阴极放出的电子的运动符合上述运动轨迹。电子圆周运动半径为：

$$r_1 = mV_0/eB$$

电子漂移速度为：$V_t = E/B$

根据上述分析进行粗略地定量估算：假定电子运动的初速度 V_0 与电子在固体内的热运动速度大致相等，即：

$$1/2mV_0^2 = 1/2KT$$

所以

$$V_0 = (KT/m)^{1/2}$$

设 $B = 10^{-2}$ T，由下面的物理数据

$e = 1.6 \times 10^{-19}$ C　　$T = 300$ K　　$m = 9.1 \times 10^{-31}$ kg　　$K = 1.38 \times 10^{-23}$ J/K

可以求出：

$$V_0 \approx 6.7 \times 10^4 \, \text{m/s}$$

$$r_1 = 3.8 \times 10^{-5} \, \text{m}$$

从上述分析可见，二次电子在靶面上做螺旋线运动，如图 4-31 所示。二次电子的回转频率很高，回转半径很小，形成一个"跑道"。磁力线由跑道的外环指向内环、横贯跑道。靶面上的二次电子在垂直的电场力与磁场力的作用下，沿跑道跨过磁力线做旋轮线形的跳动。并以此形式沿跑道转圈，增加了以气体原子碰撞的概率。二次电子的这种运动轨迹，克服了二极溅射的缺点，实现了低温高速溅射。其原因分析如下。

① 二次电子以摆线方式在靠近靶的封闭等离子体中做循环运动，路程足够长，每个电子使原子电离的概率大幅度增加。二次电子本身将能量传递出去后，才能落到阳极基片上，因此阳极基片温升大幅度降低，基片的损伤小。

② 高密度的等离子体被电磁场束缚在靶面附近，电离产生的等离子的正离子有效地轰击靶面，避免基片受到等离子体轰击。

③ 由于电子与气体的碰撞概率大幅度增加，气体的离化率增加，增加了沉积速率。同时放电气体（等离子体）的阻抗大幅度降低，与二极溅射相比，即使工作压力由 10^{-1} Pa 降低到 10^{-2} Pa，溅射电压由几千伏降低到几百伏，沉积速率也会成数量级的增加。

表 4-14 列出了磁控溅射制备各种材料的沉积条件。

表 4-14　磁控溅射制备各种材料的沉积条件[7]

材料	靶	溅射气体	溅射功率密度	沉积率	压强	基片及温度
$BaTiO_3$	$BaTiO_3$	$Ar : O_2 = 80 : 20$	80W	9nm/min	1×10^{-3} Torr	Pt，500～700℃
CdSe	热压 CdSe	Ar	500W	0.63nm/min		玻璃
α-Si：H	高纯多晶硅	Ar/H_2	100～300W			玻璃，320K
PZT	PbO	O_2	300W	0.5～0.7m/h	10～100mTorr	Pt/Si，100～650℃
ZnO	烧结 ZnO	Ar	32～85W	2.5～25nm/min	$1 \times 10^{-3} \sim$ 6×10^{-2} Torr	玻璃
$LiNbO_3$	Li_2O_3 和 Nb_2O_5 合成烧结粉末	Ar/O_2	100W，13.56MHz	0.2～0.3m/h		石英，水冷
Mo	Mo	Ar		6nm/s	>10Torr	Si(001)
$MoSe_2$	$MoSe_2$	Ar	2.5×10^4 W/cm²	10～25nm/min	$1.5 \times 10^{-2} \sim$ 5×10^{-2} Torr	玻璃，-150℃
SnO_2	热压 SnO_2	Ar/O_2	50W	12nm/min	5×10^{-3} Torr	玻璃
Si-Cr 合金	Si 和 Cr	Ar			2.5×10^{-3} Torr	玻璃
SiO_2	SiO_2	$30\% O_2 + 70\% Ar$	500W		5×10^{-3} Torr	Si，200℃
Y-Ba-Cu-O	$YBa_{1.85}Cu_{2.86}O_y$	Ar		52nm/min	9mTorr	石英
CdZnSO 和 ZnSO	$ZnO、CdS、ZnS$ 混合					玻璃

材料	靶	溅射气体	溅射功率密度	沉积率	压强	基片及温度
Bi(Pb)-Sr-Ca-Cu-O	$Bi_{2.7}Pb_x Sr_2 Ca_{2.5}$ $Cu_{3.75}O_y$	$Ar+O_2$		$20\sim30nm/min$	0.01Torr	MgO(101)，400℃
Al_2O_3	Al_2O_3	Ar	$5W/cm^2$	$0.2nm/s$	40×10^{-3}Torr	Fe 基合金
WO_3	WO_3	Ar/O_2	射频功率 100W		30mTorr	Mg(100)，300$\sim$500℃
$ErBa_2Cu_3O_{7-x}$		$Ar:O_2=1:1$		$2nm/min$	$80\sim100mTorr$	MgO 单晶，650℃
Pb 掺杂 Bi-Sr-Ca-Cu-O						MgO，400℃
Mo	Mo	Ar	$44\sim152W$	$28\sim125nm/min$	$6\times10^{-3}\sim$ 1.2×10^{-2}Torr	铸铁
α-$Si_{1-x}C_x$ $(0\leqslant x\leqslant1)$	石墨盘和硅片	Ar	270W	$7\sim80nm/s$	5×10^{-3}Torr	Si(111)，室温
Gd-Ba-Cu-O	$GdBa_2Cu_3O_{7-x}$	O_2/Ar				Si，740$\sim$770℃
WB_x	复合靶	Ar	$1.3W/cm^2$	$14nm/min$	$0.5\sim2.8Pa$	Si 和 GaAs
$Tl_2Ca_2Ba_2Cu_3O_x$	$Tl_2Ca_2Ba_2Cu_3O_x$	Ar	250W	$3nm/min$	5mTorr	(100)$SrTiO_3$
Y-Ba-Cu-O-Ag	Y-Ba-Cu-O-Ag 复合靶			$10nm/min$		(100)$SrTiO_3$

磁控溅射具有突出的优点，成为目前溅射沉积薄膜的主流技术。但是磁控溅射也存在一些缺点。其中最主要的缺点是需要制作专门的靶材，而制备靶材的成本一般较高，且靶材的利用率很低。这是因为磁控溅射的特点是二次电子运动轨迹被固定，所以轰击靶材离子就集中在靶的某一个区域，造成靶的该区域大量粒子被溅射出来，其余部位粒子溅射出来较少，使靶材的利用率很低，一般仅 40% 左右。

4.10 离子注入与离子束合成薄膜技术原理

4.10.1 离子注入的原理*

离子注入技术是 20 世纪 70 年代发展起来的一项表面技术，首先应用于半导体行业，以后逐渐推广到其他行业。离子注入技术本身属于表面改性技术，但是该技术与薄膜技术有密切联系，因此在本章进行介绍。

离子注入工艺过程是：将工件（金属、半导体材料、合金等）放入真空室中，在几十到几百千伏的电压下，使所需元素的离子获得高能量，这些高能离子流注入工件表面，改变表面的成分与组织结构，从而使工件表面获得所需要的物理、化学或力学性能。

研究表明：金属离子入射固体表面，根据入射离子能量 E 的不同，会引起沉积、溅射与注入三种现象。当能量 $E\geqslant500eV$ 时，离子就会进入固体表面产生注入现象，正是根据这样的原理开发出了离子注入技术。在离子注入基本原理中有重要概念——射程概念。

（1）射程概念与定量分析

载有一定能量的离子射入固体后，就与其中的原子核和电子发生碰撞。碰撞过程中，离子不断消耗其能量，离子的运动方向不断发生偏折。在走过一段曲折的路程之后，当离子的能量几乎耗尽（<20eV）时，就在靶中某处停留下来。

射程：一个离子从射入靶起到停止所走过的路程，以 R 表示。

投影射程：射程在离子入射方向的投影长度，以 R_P 表示。

射程的横向分量：射程在垂直于入射方向的平面内的投影长度，以 $R_\perp$ 表示。

通常离子的入射方向按垂直于基体材料表面考虑。

离子在固体中所经历的碰撞过程是一个随机过程。相同能量的入射离子，其射程和投影射程并不一定相同。离子注入过程中，有大量相同能量的离子注入固体。虽然单个离子的射程是无规律的，但大量相同能量的入射离子的射程具有统计规律性。一般以 $\overline{R}$ 表示大量入射离子射程的统计平均值，以 $\overline{R}_P$ 表示其投影射程的统计平均值；以标准偏差 $\Delta\overline{R}_P$ 来描述各入射离子的投影射程的分散特性。为简化起见，通常这三个值也分别用 R、R_P、ΔR_P 表示。

离子注入方法应用于表面改性时，最关心的是注入离子离表面的深浅及其分布情况。依据统计分布规律，只要给出投影射程 R_P 和标准偏差 ΔR_P，则离子在表面下的分布情况就确定了。通过离子在固体中的碰撞过程的理论分析，可以计算出 R、R_P、ΔR_P。此时，把固体看成是一种原子处于无规则排列状态的非晶态物质。下面简要介绍这一理论分析过程，并给出求 R_P、ΔR_P 的简便方法及 LSS 射程分布理论。

入射离子因与靶原子的弹性碰撞和与电子的非弹性碰撞而损失能量，直到在靶中停下来。因而入射离子能量损失主要是与靶物质的原子核及电子相互作用的结果。所以一个入射离子单位距离能量损失可以表示为两项之和：

$$-\frac{\mathrm{d}E}{\mathrm{d}x}=N\big[S_n(E)+S_e(E)\big] \tag{4-99}$$

其中

$$S_n(E)=\frac{-1}{N}\times\frac{\mathrm{d}E_n}{\mathrm{d}x} \tag{4-100}$$

$$S_e(E)=\frac{-1}{N}\times\frac{\mathrm{d}E_e}{\mathrm{d}x} \tag{4-101}$$

式中，E 是入射离子在 x 处的能量；$S_n(E)$ 是原子核的阻止本领，表示能量为 E 的一个入射离子，在单位密度的靶内，通过微分厚度 Δx 传递给靶原子核的能量；$S_e(E)$ 是电子的阻止本领，表示能量为 E 的入射离子，在单位密度的靶内，通过微分厚度 Δx 传递给靶原子核的能量；N 是单位体积内靶原子的平均数。

如果 $S_n(E)$ 和 $S_e(E)$ 已知，则对式（4-100）积分，就能得到一个初始能量为 E 的入射离子在靶中走过的总路程，即平均总射程 R。在实际应用中关心的是投影射程 R_P 与投影射程的标准偏差 ΔR_P。

$$R_P = R\cos\alpha \tag{4-102}$$

式中，α 是靶表面垂直方向与射程 R 方向间的夹角。

（2）离子与材料表面碰撞

离子注入改变材料表面的组织与结构，主要原因是入射离子与材料表面进行碰撞引起一系列变化。在离子注入中的碰撞常称为碰撞级联。

一个能量为几万电子伏特或几十万电子伏特的注入离子，经过许多次与原子核的碰撞才能停留下来。其中被撞而接受能量大于离位阈能的晶格原子都称为离位原子，直接由入射离子撞出的离位原子称为初级离位原子。这些初级离位原子可能在其路程上产生若干个二级离位原子。二级离位原子又可能击出三级离位原子……。一个载能入射离子可以在大约 10^{-13} s 内产生许多个离位原子和相应的空位，这就称为碰撞级联。显然，这些碰撞是随机的，离位原子的路径也是随机的。

显然这种级联发生的"密度"与注入离子的质量有关。在相同的注入条件下，重离子损失于核碰撞的能量所占的比重较大，离子自由程较短，碰撞密度较大。因而由此发展出来的碰撞级联较为密集，而且有些分支部分还会重叠。这样形成的碰撞级联也更接近表面。在相同条件下，轻离子损失于核碰撞的能量所占的比重较小，在其路程上与核碰撞的机会较少，即离子自由程较长。因而轻离子的级联密度不如重离子的大，级联的分支部分往往互相分开、不重叠，而且每个分支部分也只包含几个离位原子。高能量的轻离子注入时，电子阻止作用占主要地位，核阻止作用可以忽略，在近表面一段距离内，能量只消耗于与电子碰撞，而不发生核碰撞。只在其行程的尾部，因能量已降低，才发生核碰撞并形成碰撞级联。

（3）离子注入引起位移原子计算

显然通过级联碰撞将离子能量传给材料表面，因此必然造成材料表面组织与结构变化。具有足够能量的入射离子或被撞出的离位原子，与晶格原子碰撞并给后者大于其离位阈能的能量时，晶格原子就发生离位。离位原子最终在晶格间隙处停留下来，成为一个间隙原子。它与原子位置上留下的空位形成空位-间隙原子对。因此荷能离子注入材料时，在材料内的位移轨迹范围的表面层将产生大量的空位等缺陷，这就是所谓的辐射损伤，如图 4-32 所示。

离子注入造成材料表面有大量位移原子，这显然对性能有重要影响。对于位移原子数量可以进行理论计算，基本思路如下。

每个原子在晶格中均有各自的平衡位置，原子在此位置时其势能为极小值，即处于势能谷中，其周围存在一定的势垒，原子从其平衡位置脱出需要一定的能量 E_d 以克服势垒，这个能量称为激活能。表 4-15 给出了某些材料（靶）原子的激活能 E_d。

表 4-15　材料（靶）原子的激活能 E_d

靶原子	Ge	Si	Fe	Cu	C
E_d/eV	30.23	27.6	27	25	25

Rinchin 和 Pease 给出了一个计算位移原子的近似方法，这个方法作了如下假设。

① 设相碰撞的原子是相同的。

② 设原子的碰撞与弹性刚体球相同，忽略了原子碰撞时引起的电子激发过程，因此原子相碰撞时传递的能量除用于原子位移外都转变为原子动能。

③ 设靶原子弹性碰撞情形，一个能量为 E 的入射粒子碰撞时所传递的能量，也就是受碰撞粒子得到的能量可以从 0 到最大值 E，最大值 E 相当于两球对心碰撞情形。设相碰撞时传递的能量应在 $E'(E'=E-T)$ 与 $E'-dE'$ 间，令 $dT = dE'$。令碰撞时的能量在 T 与 dT 间的微分散射截面为 $d\sigma$，则总散射截面为

图 4-32　辐射损伤示意图

σ，则碰撞时传递的能量在 T 与 $T+dT$ 间的概率为 $d\sigma/\sigma$，根据弹性刚球碰撞的假设可以证明入射离子产生位移原子是一个随机过程。因此，即使入射离子的能量相同，它们所产生的位移原子数一般也不同。

以 $V(E)$ 表示一个能量为 E 的粒子可以产生的位移原子总数的统计平均值，并找出它所满足的方程。如入射离子和它所产生的第一个位移原子相碰撞时传递的能量为 T，则相碰撞后，其能量分别为 $E'(E'=E-T)$ 和 T，故以后它能够产生的位移原子平均数将为 $V(E')$ 和 $V(T)$。但应注意 $V(E)$ 并不等于 $V(E')$ 与 $V(T)$ 之和。这是因为 $V(E)$ 本身是一个统计平均量，对于大量入射离子来说，它产生第一个位移原子时的碰撞情况是多种多样的，传递能量也有大有小，可取从 E_d 到 E 的所有可取值。因此，入射离子在撞出一个位移原子后，其能量 E' 可以取从 $E-E_d$ 到 0 的所有可取值，将 $V(E')$ 对所有 E' 的可能值求平均。

设 E_d 为被注入材料原子的激活能，E_d 的值为几十电子伏特，远小于入射离子的能量 E，故实际中 $E^2 \gg E_d^2$ 的条件总可满足。在这些假设前提下最后获得理论计算公式：

$$V(E) = \frac{E}{2E_d} \tag{4-103}$$

式中，$V(E)$ 是一个能量为 E 的粒子可以产生的位移原子总数的统计平均值；E 是入射离子的能量；E_d 是被注入材料原子的激活能。

式(4-103)虽然是在一些简化假设下得到的，但却能很好地估算出位移原子数的数量级。

应当指出，式(4-103)适用于入射离子能量小于临界能量 E_c 的情况，即核阻止作用为主的情况。在入射离子能量高于 E_c 时，Kinchin 和 Pease 假设 $V(E)$ 保持常值，等于 $E_c/(2E_d)$。Winferbon 及 Brice 等考虑到非弹性碰撞引起的能量损失，进行了更严格的计算，证明当离子能量比 E_c 低时，$V(E)$ 的值较式(4-103)给出值低 10%～20%。当离子能量高于 E 时，$V(E)$ 随 E 增加而增加，但增加的速度低于线性关系。

因此离子注入除了在表面层中增加注入元素含量之外，而且碰撞一定在注入层中增加了许多空位、间隙原子、位错、位错团、空位团、间隙原子团等缺陷。显然这些微观缺陷对注入层的性能有很大的影响。

处于空位附近的间隙原子很容易与空位复合。空位跑到晶粒边界、表面等处也会湮灭。此外空位也可能聚集成团，形成位错等。这些过程都与空位、间隙原子的迁移有关，与温度有密切关系。所以碰撞形成的空位并不能都留存下来，实际留存下来的空位量只是百分之几或更小。

(4) 离子注入引起材料表面组织结构变化

根据上述分析可知，注入离子可在材料表面形成固溶体或析出化合物，离子注入引起原子位移从而形成缺陷，注入离子还可以形成空位等缺陷，这正是离子束表面改性的最重要原因。

① 氮离子的行为　人们对注入的氮离子在钢中的行为已进行了充分的研究，在注入剂量低时，N 原子占据 α-Fe 和奥氏体不锈钢的八面体间隙位置，注入剂量高时，N 则与 Fe 形成 Fe_2N、Fe_3N 和 Fe_4N，注入剂量更高时，则主要形成 Fe_2N。在钢中 C 与 N 交换会析出碳化物，而且还会生成氮诱发板条马氏体。在高 Cr 钢（304 型和 316 型奥氏体不锈钢）中会析出 CrN，在马氏不锈钢中则会得到 Cr_2N。氮离子注入 Ti、Zr、Hf 等金属时，将形成 TiN、ZrN、HfN 等氮化物。

② 其他离子注入行为　Azzam 和 Meyer 对多种离子注入钒单晶后的元素分布分析表明，ⅢB、ⅣB、ⅤB、ⅥB 和ⅦB 族元素（Ga、In、Sn、As、Sb、Bi、Se、Te、I）的原子具有高的置换固溶度，即占据 BCC 晶格位置，5K 温度下注入 Cs，置换分数可达 0.65，大大高于 300K 时的置换分数，表明注入原子的迁移率和辐射诱发缺陷会很大程度影响注入原子的分布。

Tata 等在 Al 中注入 Fe，观察到了调幅结构。(111) 方向的成分起伏范围约为 10nm，退火后分解为 Fe_3Al 析出物加基体或 Al_3Fe 析出物加基体，具体如何分解取决于注入剂量和退火处理。

③ 捕获机制（trapping mechanisms）　离子注入可使材料中原来存在的某些杂质迁移到某些特定的位置，美国 Sandia 国家实验室发现，Y 注入 Fe 则 H 会被捕获，Sb 则会被捕获到 TiC 或 TaC 析出物与 Fe 基体的界面位置。不纯的 Be 中注入 Fe 可生成 $AlFeBe_4$ 析出物，从而将有害的 Al 从界面移开，这些结果对于消除上述合金的脆性是有启示的。

④ 亚稳相　铝离子注入 Ni 可使极限固溶度增加到 70%（原子数百分含量，下同）。在 600℃退火情况下，注入量为 25% Al 的 Ni 样品会分解为 y 固溶体和 y′(Ni_3Al)，这和相图预料的一样。而对于剂量达 70% Al 的 Ni，其分解产物中存在 Ni_2Al，而 Ni_2Al 在相图中并未标出，经长时间退火 Ni_2Al 会消失，说明 Ni_2Al 是亚稳相。

离子注入易于获得非晶相，这引起了许多研究者的注意，并建立了相应的模型。

离子注入通常被认为是一种超快速冷却工艺，和气相或液相快速冷却的方法一样，可得到亚稳固溶体和非晶相。

描述离子注入诱发非晶化的机制主要有两个模型：热峰模型、损伤稳定（或积累模型）。在第一个模型中，碰撞级联被看成是热气体的快速淬火。级联中沉积在每个原子上的能量远大于熔化热或蒸发潜热。级联涉及 $10^3 \sim 10^6$ 个原子，持续约 10^{-11}s。级联的寿命相当于 10^2 晶格振动周期，这段时间足以使晶格重排，热峰效应后冷却得到非平衡组织或非晶，估计冷却速率可达 10^{14}K/s。注入离子的作用是稳定这种玻璃态，类似于玻璃形成时在液态玻璃中所起的作用。

在损伤稳定或积累模型中，由于离子诱发无序造成晶格缺陷积累，使晶格不再具有周期性，即呈非晶态，这里，注入的离子通过形成缺陷复合物而稳定缺陷并导致无序，起到稳定原子无序分布的作用。

最近的一些研究集中在验证这些模型以及继续对系统进行分类和研究形成非晶的条件。损伤分布的形状以及离表面的距离是与靶原子质量（M_2）和入射元素原子质量（M_1）之比有关系的。损伤分布的形状与高斯分布有显著的差别，特别是当 M_2/M_1 变小时（如 $M_2/M_1 < 0.1$，即重离子注入轻靶材），其偏离程度更大。此外，损伤分布总是以射程分布更接近表面的；两者距离的差别，随着 M_2/M_1 的变小而增大。

(5) 离位峰、聚焦碰撞

在一些碰撞级联中，离位碰撞的密度很高，这可以通过计算碰撞的平均自由程来说明。一个能量为几万电子伏特的初级离位原子，其离位碰撞的平均自由程仅为原子间距的量级；随着能量的降低，平均自由程减少。例如一个能量为 $1 \sim 10$keV 的 Cu 原子，在 Cu 中发生离位碰撞的间距仅为 $1 \sim 2$ 个晶格间距。这就意味着在初级原子路程上，几乎每个原子被撞离位。可以想象，如此密度的离位碰撞在约 10^{-13}s 的时间里发生，其情景与孤立形成的空位-间隙原子对会有很大的不同。高密度的碰撞使一个小区域内的相邻原子都被撞到周围，形成一个富有间隙原子的外壳，而其中心聚焦着许多空位，成为一个空腔。这样的碰撞级联称为离位峰，见图 4-33。离位峰的位峰是不稳定的，会迅速崩塌，外壳的间隙原子重新跳回空位，原子受到剧烈的扰动并发生混合。最后的情景与发生离位峰之前会有很大的不同，增加了许多空位、间隙原子，形成位错等；有时还能使局部原子处于较为混乱的状态，即成为非晶态。

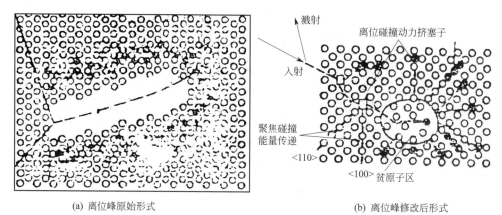

(a) 离位峰原始形式　　　　　　　　　　　　(b) 离位峰修改后形式

图 4-33　离位峰形成示意图

晶体中实际发生的离位碰撞，在某些特定条件下还会出现聚焦碰撞、动力挤塞等现象。因为晶体中的低指数方向（如面心立方晶体中的<100>和<110>方向）的离位阈能较低，当在这种排列上的原子的离位方向与原子列的方向差别不大时，且原子半径大于原子间距的 1/4 时，则碰撞会沿着这个原子列的方向一个接一个地顺序进行下去。碰撞后，前一个原子进入后一个原子位置，原子运动方向也逐渐与原子列一致，最后成为正碰撞，这样的碰撞被称为聚焦碰撞。聚焦碰撞可以使形成的间隙原子远离空位，而且所耗费的能量较低，这样的空位-间隙原子对也较稳定。计算表明，较大的初始碰撞能量不能形成聚焦碰撞，所以聚焦碰撞只有在低能碰撞级联中或是在高能级联的最末端才能形成。

聚焦碰撞序列在某一位置由于某种其他原因使正碰撞停止了，于是在那儿就多了一个间隙原子，这个间隙原子称为动力挤塞原子，就像在正常的原子列中挤进了一个原子，会影响邻近几个原子的正常原子间距。

（6）热峰

还有一种被称为热峰的机制，用来说明原子碰撞过程中即使不发生离位碰撞也能造成辐射损伤。当入射粒子以小角度与晶格原子碰撞时，晶格原子接受的能量低于离位阈能，所以不发生离位，而在原点阵周围强烈振动，变得很热，这就形成一个热峰。几个相邻近原子相继发生这种不离位碰撞，就形成了范围更大的热峰，使小范围内的温度升得很高。当热量通过晶格导热而消散时，温度又很快降低。这就相当于一个淬火过程，可以使原子受到扰动，并能引起结构变化。曾计算过 Cu 中一个直径为 20Å 的小球受到 300eV 的能量后所发生的情况。假定这些能量都转变成热量，而热量仅从晶格的热传导传出。则这小球的温度可在 5×10^{-12} s 内升至高于 Cu 的熔点（高于 1086℃），并在 3×10^{-11} s 降到 500℃。这就相当于 $10^{13} \sim 10^{14}$ K/s 的淬火速度。这个淬火速度远大于急冷法生产非晶态所达到的冷却速度（$10^{6} \sim 10^{9}$ K/s）。因而热峰的形成与崩塌足以使晶格原子的位置发生变动。

辐射损失对晶体的性能产生显著影响的另一个原因，是辐射增强了原子在晶体中的扩散速度。晶体中的原子扩散速度与其空位浓度有关。由于注入损伤区中空位浓度比正常的高许多，原子在该区域中的扩散速度也比正常晶体中的高几个数量级。这种现象称为辐射增强扩散。这种异常的扩散现象除了有利于原子在注入层中的扩散外，还能用来测定金属的扩散系数、固溶度等。此外，一定温度下的离子轰击还能引起偏析、沉淀等现象。

根据上述分析可知，离子注入改变材料表面性能的基本原因如下。

① 元素注入材料表面层引起材料表面成分变化，注入元素可以与基体元素反应形成新相，必然会对性能产生影响。

② 通过碰撞级联、离位峰、热峰等机制，使注入层中的晶格原子发生多次换位，原子发生混合，使正常的晶格排列规律受到破坏，并在晶体中留下了许多空位、间隙原子等缺陷，并且可能产生非晶态组织。

(7) 离子注入的剂量限制（择优取向）与浓度分布

由前所述，离子注入可以改变材料表面组织结构从而改变性能，显然性能改变与离子注入量有重大关系。但是在离子注入过程中，随着注入元素量增加阻力也将加大，其原因如下。

当一束荷能离子轰击靶时，大部分离子将穿透表面，并在其射程内发生一系列级联碰撞。在级联碰撞轰击增强的扩散与偏析引起的近表面区成分再分布的过程中，那些到达表面前几层的原子，可能克服表面结合能而逃逸出来，也就是说发生了溅射现象。所以注入进去的原子与被注入材料（靶）原子一样就会因为溅射而损失，与没有注入进去的情况一样。注入剂量越大，注入原子损失越多。理论分析可知，注入原子浓度与靶原子浓度的关系为：

$$\frac{N_A}{N_B} = \frac{r}{S-1} \tag{4-104}$$

式中，N_A 为注入原子浓度；N_B 为靶原子浓度；S 为总的溅射量（即每个入射离子溅射的靶原子数与注入原子数之和）；r 为靶原子与注入原子被溅射掉的概率之比。

当 $r>1$ 时，注入原子的溅射量大于靶原子的测射量，即注入原子择优溅射；反之当 $r<1$ 时靶原子择优溅射；而 $r=1$ 表明无择优溅射。根据理论公式可确定最大的可注入量，假定 $S=5$，若 $r=1$，最大可注入浓度 C_A^{max}（原子数百分含量）$=20\%$；若 $r=1.5$，$C_A^{max}=40\%$；若 $r=0.5$，C_A^{max} 降为 10%，可见择优溅射对最大可注入量有明显的影响。因此，研究哪些因素决定着材料的择优溅射，是离子注入技术的一个重要课题。

在大量试验的基础上揭示了择优溅射与表面偏析的关系，试验表明对 Au-Cu 合金从 $-120\,℃$ 至 $600\,℃$ 离子轰击造成的近表面稳态成分分布测定，Au 富集于表面而在表面下贫乏，所获得的离子轰击增强扩散系数比通常的热扩散系数大几～十几个数量级，证实了离子轰击诱发与增强的扩散与偏析现象对表面区的成分变化有重大影响，是导致择优溅射的重要原因。

表明在合金中加入适当的元素可抑制离子注入时发生的表面偏析而使溅射量减少。此观点对于核工程材料的抗溅射研究也具有指导意义。

前面已指出，入射离子在固体中的碰撞过程是随机的，因而注入离子分布在一定的范围内。大量入射粒子的统计结果表明，具有相同初始能量的离子的投影射程按高斯函数分布。R_P 和 ΔR_P 决定了高斯曲线的位置和形状。根据高斯函数，注入元素在离表面 x 处的浓度为：

$$N(X) = N_{max} e^{-1/2 x^2} \tag{4-105}$$

式中，$X = x / \Delta R_P$；N_{max} 为 $x = R_P$ 处的峰值浓度。

曲线下面的全部面积，为全部注入离子，即注入剂量 Φ_t（离子数/cm^2），因此：

$$\Phi_t = \int_0^\infty N(x) \mathrm{d}x = \int_0^\infty N_{max} e^{-\frac{1}{2}x^2} \mathrm{d}x \tag{4-106}$$

再根据误差函数性质及一些假设进行简化，最后得到注入元素沿浓度的分布：

$$N(x) = \frac{\Phi_t}{\sqrt{2\pi} \Delta R_P} e^{-\frac{1}{2}\left(\frac{r - R_P}{\Delta R_P}\right)^2} \tag{4-107}$$

峰值浓度处的最大相对浓度为：

$$C_{max} = \frac{N_{max}}{N_{(靶)} + N_{max}} \tag{4-108}$$

由式(4-107)可知，在 $x \approx R_P \pm 2\Delta R_P$ 处，$N(x) = 0.1 N_{max}$；在 $x \approx R_P \pm 3\Delta R_P$ 处，$N(x) = 0.01 N_{max}$。

4.10.2　离子注入机与注入工艺

最简单的离子注入机如图 4-34 所示。该装置由离子发生器、质量分析器、加速系统、离子束扫描部分、注入试样室和排气系统组成。离子发生器是将将需要注入的元素进行离子化的装置，也称为离子源。在这里以数千伏电压把所形成的离子引发出来，并导入质量分析器。在质量分析器中，对离子发生部分所形成的离子进行筛选，把具有一定质荷比的离子筛选出来。通过加速系统在数十千伏到数百千伏的加速电压的作用下，离子被加速获得相应的能量（几十千伏～几百千伏）。为使被注入表面的性能均匀一致，通过三角形波等静电场作用，使离子束受纵、横方向的扫描电场作用而被均匀散布开来（静电扫描）；也可以固定离子束，让试祥进行运动（机械扫描）；或者同时使用两种方法（混合扫描）以达到均匀注入的目的。

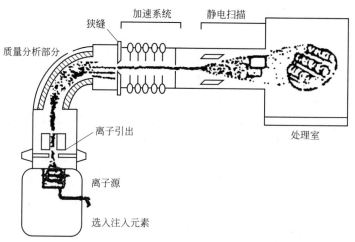

图 4-34　最简单的离子注入机

离子注入工艺过程如下。

开动注入机，调节参数，以得到所需种类和价态的稳定的离子束流，并使其有足够的流强。将试样（或工件）牢固地固定在靶室内，将靶室抽到约 10^{-4} Pa 以上的真空度。打开注入机与靶室之间的阀门，使所需的离子束均匀地射到试样表面。

注入处理所需控制的工艺参数：①靶室真空度；②离子的种类与价态；③注入机所加的电压，即离子的能量；④束流强度；⑤注入时间，由流强和注入时间算出的注入剂量；⑥注入时的试样温度。

为保证注入质量，需强调几点：①试样表面应光整、洁净，要经精细磨光、抛光和清洗。因为哪怕是极薄的氧化膜、油污、湿气凝膜、手迹等都是有害的；②靶室真空度应尽可能高，通常注入后试样表面出现的棕褐色与油蒸气的辐射分解有关；③试样表面尽可能与离子束保持垂直；④试样应尽可能与靶室保持良好的热、电接触，必要时，靶室内装专用冷却或加热装置以控制试样温度。

离子注入用于材料表面改性时，需用较大的注入剂量（约 10^{17} 离子/cm^2 的量级）。因此，占用注入机的时间较长。在注入金属离子时，不仅需要专门的离子源，且因金属离子束流一般都较小，需要更长的注入时间。此外，因受溅射效应的限制，注入元素的最大浓度不能很高。离子注入的这些缺点，给它在工业中的应用带来了局限性。解决这些问题的有效途径之一是采用复合表面处理技术。

4.10.3 离子束与镀膜复合技术

从 20 世纪 70 年代开始，人们就将镀膜技术与离子注入技术复合，不但在不同程度上改进了直接注入的缺点，而且具有一些新的特点，开发出了多种有实用价值的新工艺。

(1) 反冲注入方法

反冲注入的过程是先在洁净的基体材料表面用真空镀膜法（蒸发或溅射镀膜）镀上一层所需添加的元素薄膜（厚度为几百埃），然后用几十万电子伏特的惰性气体离子（Ar^+ 和 Kr^+ 等）轰击。选用的轰击离子种类和能量，要与薄膜的材料和厚度恰当地配合好，以使注入离子的能量主要沉积于界面附近。这样，薄膜、基体界面在离子轰击下发生混合，相互渗透，形成新的表面层。这种混合作用主要是由于原子的碰撞过程和增强扩散作用。注入的惰性气体离子仅起"搅拌"的作用。离子轰击可以在不同温度（低温、室温、中温）下进行。反冲注入与下面介绍的离子束混合的机理是相同的，因而有时将两者统称为离子束混合。

反冲注入可以得到高浓度的表面合金（或界面发生混合的镀层），而所用的注入剂量要比离子注入所用的低 1～2 个数量级（即 $10^{10}～10^{20}$ 离子/cm^2）。反冲注入所得的合金层结构视情况而定，可以是过饱和固溶体、化合物或非晶态。混合效果与轰击离子的质量有关。如要得到同样厚度的混合层，用质量较轻的氩离子注入时，所需的注入剂量要比质量较重的氙离子大近十倍。

反冲注入开始于 20 世纪 70 年代初，至今在理论与试验方面的研究已有相当大的发展。反冲注入研究体系包括金属/Si 基体和金属/金属基体。

金属/Si 基体的反冲注入研究开始较早，其目标是应用于半导体器件上，如半导体集成电路的电接触材料。通过十几个体系的研究（如 Pt/Si、Pd/Si 等），不但对每种具体体系可能形成的注入合金及其变化规律有所了解，而且对反冲混合的一些规律亦有所认识。如：混合层（如 $CrSi_2$）厚度与注入剂量的平方根成正比；混合层与注入温度的关系很大，且存在着一个临界度。低于此温度进行注入，温度对混合量的影响就很小，说明此时碰撞作用决定混合量；高于此温度进行注入，则混合量随温度增加而呈指数增加，说明在高温时，扩散混合起主要作用。虽然这些规律是从半导体的反冲注入研究中得到的，但它们所揭示的注入特性却有普遍意义。

金属/金属基体的反冲注入研究也已有很大发展，已研究的体系共有 20 多个。在改善水溶液中的抗腐蚀性能方面已显示出显著效果。例如，在铁基体上镀 Cr 和 Ti 薄膜后，进行反冲注入，显著改善了 Fe 的极化性能。

近年来一种在较高温度下进行的反冲注入——离子束轰击扩散镀膜技术（BDC），显示出了更高的应用价值。这种方法常用较轻的离子（如 N^+）代替上述的 Ar^+、Kr^+ 等。由于温度辐射增强扩散作用给元素的扩散创造了良好的条件，所以这种方法所得到的表面合金层较厚。这种 BDC 法的优点是：①因为采用轻质的 N^+ 轰击，离子的穿透深度比 Ar^+、Xe^+ 轰击大；②由于轻离子的溅射能低，薄膜材料的溅射损失较小；③因为 N 是活性元素，N^+ 与基体材料和薄膜材料原子的相互作用，使表面层的性能得到改善；④剩余注入离子还能钉扎在位错周围起强化作用。这种轰击扩散镀层法在表面改性方面已取得良好的效果。

例 4-8：在 Ti6A14V 表面蒸镀一层 700Å 厚的 Sn 膜，然后在 $450\sim500℃$ 下，用 N^+ 注入达 4×10^{17} N^+/cm^2。据分析，Sn 的扩散深度达 $3\sim5nm$。试验测定结果表明，经这样处理的 Ti 合金，摩擦系数和磨损速度都将下降到原来的几分之一。又如，镀有 1400ÅSi 膜的铁样品，在 $500℃$ 下用 2×10^{17} Ar^+/cm^2 轰击之后，表面 $1000\sim1500\text{Å}$ 厚度之内的 Si 的含量达 $30\%\sim50\%$，其抗氧化性能可望得到明显改善。

最近的发展趋向是把镀膜与注入工序放在一个设备中进行。连续进行镀膜、注入的处理方法，无论加热或不加热，都属于反冲混合，亦称离子辅镀层（ion assisted coating，IAC）。目前常用的镀膜材料是 B、Ti、Cr、Zr 等，注入离子用 N^+。因为 IAC 法能制备多种化合物膜（如 BN 薄膜），镀层加工温度低（$<400℃$），成分与厚度灵活可调，附着力好，在耐磨抗蚀方面有较宽的应用前景，是离子注入重要发展方向之一，受到各国重视。例如，最近英国 Harwell 研究中心正进行一个发展计划，拟将 IAC 法用来改进磨损条件更严重、工作温度更高的零件的耐磨性，如柴油机自动加工线上的切削工具、加工塑料的模具和挤压模、WC 冲压模等。IAC 法所用的设备与下面介绍的双束设备无本质区别。

总之，注入与镀膜相结合之后，其研究范围更广泛，实用性更强。例如，美国万里能源系统公司采用先镀一层钛和一层镍，然后再进行离子束混合的方法，来改善燃气轮机的叶片，其结果是抗蚀性提高一倍左右。

（2）离子束混合

此处仅指多层膜的离子束混合。这种方法是先在不参与作用的基体材料（如单晶氧化铝、氧化硅）表面上，交替镀上多层 A、B 两种金属的薄膜，每层膜的厚度 $<150\text{Å}$，然后用约 $300keV$ 的 Xe^+（或 Ar^+、Kr^+）轰击，使 A、B 金属原子发生混合，从而得到新的注入合金膜。其成分可由镀制 A、B 膜的层数和厚度来控制。为避免温度升高引起试样退火，常在低温（液氮温度）下进行注入。试样在离子轰击后常用离子束散射试验测定其成分的分布，用电子衍射、X 光衍射等方法测定混合层的结构。这种方法主要用来研究离子束作用下的合金生成规律，故有显微冶金学之称。

离子束混合主要用来研究不同成分的两种金属元素在离子束作用下所形成的相，它们的固溶度扩大到何种程度以及形成非晶态的条件和规律等。如 Cu、Ag 在常温下相互溶解的量很少，所以，用常规冶金方法获得的 Cu-Ag 合金总是两相合金。但是多层膜的不同成分的 Cu-Ag 试样，在液氮温度下，用 $300keV$ 的 $2\times10^{16}Xe^+/cm^2$ 轰击之后，得到的都是单相面心立方固溶体。用 X 光衍射测定经轰击的不同成分的 Cu-Ag 试样的结果表明，试样的晶格常数随合金成分不同而连续变化，这符合连续互溶固体的规律。由此可见，离子束作用可使 Cu-Ag 相互固溶的范围扩大到全成分范围。国内研究 Fe-Ti 系混合的结果表明，Fe-Ti 系混合后在个别成分得到非晶态，并像 Cu-Ag 那样形成连续固溶体。近来，法国、美国学者也曾进行 Fe-Ti 系的混合研究，此外一些金属体系在离子束混合后可得到非晶态或化合物（有时是相图所没有的）。

多层膜的离子束混合研究的发展亦较快，研究的体系约有 30 多个。但在耐磨抗蚀方面的应用研究尚少，仅有几篇资料。如最近发表了 Fe-Ti 混合膜的摩擦系数和磨损性能初步试验结果。

（3）动态反冲混合

动态反冲混合是真空镀膜与离子注入同时进行的一种表面处理方法。基本原理是在进行离子注入的同时，进行离子束溅射镀膜，该方法有时称为双束法。如用蒸发镀膜代替溅射镀膜，其实质没有改变。这种镀膜与注入同时（或顺序）进行的方法在国外有多种名称，如离子束辅助沉积（ion beam assisted deposition，IBAD）、离子束增强沉积（ion beam enhanced deposition，IBED）、离子辅助镀（ion assisted coating，IAC）、离子束气相沉积（ion and vapour deposition，IVD）等，其实质都是相同的。

与单纯的真空镀膜相比，动态反冲混合多一种离子束混合的作用，所以镀层的附着力比其他镀膜好得多；与离子注入相比，这种方法靠溅射或蒸发直接获得所需的金属添加元素，因而方法简单，易于实现，可得较厚、较浓的表面层，且其浓度和厚度都可以灵活掌握。用活性气体离子（如 N^+）注入时，其可以与沉淀元素发生反应，形成某种化合物表面层。值得注意的是，用这种方法有时获得的镀层，是用常规方法所不易获得的，如立方氮化硼、金刚石膜等，它们具有很高的硬度和稳定性。因而，这种方法在增强材料耐磨性、抗腐蚀性能方面，有较宽广的应用前景。

（4）离子束气相沉积技术

在表面复合技术思路的指引下，20 世纪末关于镀膜与离子束复合的研究发展较快。十来年内中、英、美、日、德、意等国都发展了各具特色的设备。尽管它们产生沉积的方法、离子源和注入源的类型与参数各不相同，但这些设备都具有同时注入和沉积的功能。这些设备的注入电压比通常的离子注入的电压低，一般<50keV。为简化设备，一般注入束通道上不加分析磁铁。有溅射、电子束蒸发、电阻加热蒸发等不同沉积方法，因而它们可冠以不同的名称，但实质都基本相同，现举一些案例。

（5）离子束气相沉积（IVD）设备

该设备的实质是在电子束加热蒸发沉积的设备中，加上一套注入用的离子束装置，美国 IBM 公司的某一研究所以及日本政府工业研究所等最近分别研制了这种设备。日本的这种设备的注入电压为 2～40keV，注入离子束流（氮）可达 100mA，沉积面积可达 40cm²，试样温度可保持在室温至 300℃。此外，日本还研制了用潘宁离子源并加分析磁铁的同一类型的设备。在我国东北大学、中国科学院空间中心、四川大学、西南交通大学等亦相继建成类似的设备。用以上的设备和方法可制备一些具有特殊结构和性能的表面层。下面介绍一些研究实例。

① 用 IVD 设备可在不锈钢上制备一层具有不同结构的氮化硼的镀层。方法是在蒸发沉积硼的同时用 25～40keV 的 N^+ 注入。膜层生长速率为 1～5nm/min，膜厚一般为 0.1～

1nm。镀层的 X 光衍射和电镜分析结果表明，不同参数下可获得含 B/N 不同的镀层，它们具有不同的结构：立方 BN、六方 BN、纤维锌矿型 BN。如果 B/N 大于 0.9，则镀层具有或接近立方 BN 的结构。立方 BN 具有接近金刚石的硬度，因而可改善抗磨性能。

② 英国用双离子束设备在软钢表面制备了氮化硅薄膜，并显著改进了钢的摩擦学性能。不同参数试验比较表明，用（$N_2^+ + N^+$）溅射沉积 150Å 的硅膜，注入（$N_2^+ + N^+$）达（7～10）$\times 10^{16}$ 离子/cm^2 的试样具有最好的效果，其硬度增加一倍，磨损速率约下降到原来的 1/3，摩擦系数下降约 60%。

③ 美国 IBM 公司某研究所用双束设备制备了 AlN 膜。AlN 分解温度高（2490℃），具有好的化学稳定性和力学性能，且是有希望的压电材料。实验采用 1500V 的 Ar^+ 溅射 Al 材，并同时用 100～500eV 的 N_2^+ 注入样品，通过双离子束的参数控制，可以得到不同成分的镀层。例如，在 Ar 或 N_2 气氛中仅用离子束溅射，用离子束溅射 Al 材的靶仅得到 Al 膜，不含 AlN。但同时注入 N_2^+，就有 AlN 生成，得到 Al-AlN 双相组织，且 AlN 的含量随样品的 N/Al 比不同而变化。如果 N/Al ≥ 1，则生成单相 AlN 镀层，且在 100～500eV（N_2^+）范围内，AlN 的结构、颗粒度随注入能量不同而变化。

在这些方法中，常用的镀膜材料是 B、Ti、Cr、Zr、Al 等，并采用氮离子注入。此外，用双离子束方法已经获得类金刚石碳膜，这种膜坚硬、透明而不导电。如果没有离子束的作用，则只能得到软而导电的碳膜，最近报道用此类方法已获得金刚石膜。

铁上沉积 5nm 的 Ni 膜后，用 10～20keV 的 N^+ 或 Ar^+ 轰击，则可使 Cu 与 Ta 的附着力显著增强。

上述反冲注入、离子束混合和动态反冲混合等方法，都是直接利用离子束轰击。除此之外还有几种镀膜方法，它们虽然不像上述三种方法那样用单独的离子束直接轰击试样，但实际上都利用的是不同能量的离子轰击（或活化）作用。这些方法近十几年来发展迅速，在改善材料的耐磨抗腐蚀性能方面应用很广。

（6）离子化团束技术

离子化团束技术（亦称簇团离子束镀），也是利用离子束的另一种形式。在这种方法中，射到试样表面的不是单纯的离子束，也不是金属原子，而是带一定量电荷的具有 500～2000 个原子的原子团。目前这种方法主要用于电子器件、玻璃等材料的镀膜。

进行注入时，有必要采用冷阱等控制注入温度。但对于某些不锈钢来说，保持较高的注入温度是有利的，因为氮发生显著的内向扩散，能使更深范围内的钢的耐磨性得到改善。最近发现，对于钴基 WC 硬质合金来说，注 N^+ 时保持较高的温度（>200℃）是必要的，否则硬度会发生显著下降。Co-WC 的工业零件进行注 N^+ 时，性能不稳定是经常发生的，温度影响可以部分解释这一现象。此外，Co 键的百分比是重要因素，晶粒大小也可能起作用。

由于注入温度效应的重要性和多变性，对具体工件进行注入时，特别是形状复杂的工件，应谨慎控制处理的温度。

（7）离子束增强沉积（ion beam enhanced deposition，IBED）

离子束增强沉积是指在同一真空系统中，以电子束蒸发沉积或离子束溅射沉积薄膜材料的同时，用一定能量的离子束进行轰击，从而合成各种优质薄膜的一种方法。

图 4-35 是双离子源离子束增强沉积装置示意图，离子束 Ⅰ（如 N^+）直接轰击样品，离子束 Ⅱ（如 Ar^+ 离子）轰击纯金属靶（如纯 Ti），使之溅射沉积于样品表面，这两个过程可同时进行而在样品上获得薄膜（如 TiN 等）。

离子束增强沉积的主要特点如下。

① 克服了离子注入改性层浅的缺点，可获得几微米甚至几十微米的薄膜层；②膜和基体的界面由于载能离子的轰击而加宽，从而大大提高了膜/基结合强度，如离子束增强沉积的 TiN 等可较 PVD 或 PCVD 沉积的 TiV 膜/基结合强度高 3～5 倍；③与其他方法所获得的薄膜相比，IBED 薄膜具有更致密均匀的结构，薄膜层具有韧性特征和更高的耐磨性；④沉积过程的工艺参数可独立调整，可方便地通过参数改变薄膜的成分、结构和内应力状态；⑤沉积温度低，可在室温下进行。

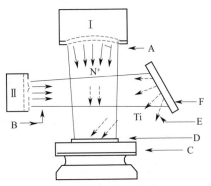

图 4-35　双离子源离子束增强沉积装置示意图

A—离子源 I（N^+）；B—离子源 II（Ar^+）；

C—样品台；D—样品；

E—溅射原子（Ti）；F—靶（Ti）

目前人们采用 IBED 方法已经合成了 B、Al、Zr、Ti、Si、Hf、Ta、V、Mg、La、Th、Mo、Nb、W、Cu 等的碳化物、氮化物、氧化物以及 YBaCuO 复合氧化物超导膜、金刚石膜等数十种薄膜，应用于提高耐磨性、耐蚀性、抗氧化性以及光学特性、超导性能等场合，逐步显示出极为优异的性能。

(8) 等离子体源离子注入（plasma source ion implantation，PSII）及等离子体源离子注入/离子束增强沉积（plasma source ion implantation/ion beam enhanced deposition，PSII/IBED）

前述各离子束技术均存在"视线性"的缺点，即从离子源引向样品表面的离子束只能沿直线注入，对于内孔、阴面等不能加工，使其实际应用受到限制。Conrad 于 1985 年提出了等离子体源离子注入的基本设想，即将工件直接浸泡在等离子体中并施加脉冲负高压，实现等离子体中的离子对工件的注入改性。1987 年 Corrad 等采用 PSII 技术在 AISI440C 不锈钢样品表面实现了 3×10^{17} 离子/cm^2 的高剂量氮离子注入，该技术的发展已获得广泛的重视。

在 PSII 靶室内引入蒸发液装置使等离子体源的离子注入与表面薄膜沉积相结合是离子束改性领域的最新发展，由于具有设备的成本较低、高效率和非视线性等重要优点，能更有效地改变材料的表面性能，是一种很有发展前途的新技术。

西南交通大学教育部重点实验室利用该技术成功进行了生物材料表面改性，制备的心血管支架成功用于人体上百例，取得了良好的效果。

4.10.4　离子注入技术实际应用状况

离子注入技术最早应用于半导体材料主要是提高半导体材料的物理性能，从 20 世纪 70 年代开始用于材料表面改性，并取得了很大进展。

(1) 离子注入半导体材料的应用

离子注入已成功地应用于半导体器件，将 B、N、Al、P、Ga、Sr、In、Sn 等的离子注入半导体中作为施主或受主中心而形成 P—N，离子注入技术与热扩散法和外延法相比具有以下特点。

① 可控性好，掺杂浓度、注入层深度和杂质分布都能按预定的要求，通过调节注入离子束流、能量和注入时间而得到精确控制，可获得理想的杂质分布且工艺灵活。

② 可实现杂质浓度超固溶度掺杂。

③ 离子注入的横向扩展小，提高了集成电路的集成度。

④ 可实现低温掺杂，特别适用于易分解的化合物半导体的掺杂。

目前离子注入已普遍应用于超大规模集成电路及新型半导体器件的生产与研制。

（2）离子注入在金属材料表面改性方面的应用

自 20 世纪 70 年代以来，非半导体材料离子注入表面改性已取得了较大的进展，尤其是离子注入金属材料表面而改善其力学和化学等特性研究最多，且取得了明显的成效。

离子注入在非半导体材料中的基本物理过程和半导体材料相同，但所注入的剂量要求高。离子注入金属材料的特点可概括如下。

① 能将多种元素注入金属中，制备任何组合的合金材料；

② 能精确控制深度和剂量，使合金组分可连续改变，由此可根据要求得到希望的相；

③ 与扩散和高温薄膜相比，离子注入引入的原子和缺陷是一种非平衡过程，易形成物质的新状态和亚稳态；

④ 原子以单个形式注入金属，并与金属紧密混合，在金属中没有氧化物和其他界面存在，也不会出现掺杂原子的块状凝聚团；

⑤ 离子注入是一个低温过程，不引起材料内部性能变化，也不改变材料的尺寸精度。

离子注入金属材料在以下性能方面已获得明显的改善。

① 提高耐磨性　材料磨损机制分为四类：黏着、磨粒、磨蚀和表面断裂磨损。在黏着和磨粒磨损条件下，离子注入可以降低磨损率。氮离子注入体心立方的铁合金中可大大提高力学性能，如 Iwaki 等将氮离子注入淬火钢中，与未注入氮离子的钢相比，磨损率降低到 1%。Hirano 等将 N 注入 SUS440C 钢制轴承中，在真空中其滑动摩擦寿命延长约 100 倍。有趣的是离子注入深度较浅（约 $0.1\mu m$），而材料表面耐磨层却较厚（可达 $12\mu m$）。已经证明，氮离子注入钢表面的强化机理与形成高密度共格分解产物 α''-$Fe_{16}N_2$ 有关，同时也归因于可动的间隙原子（N）在磨损期间的阻碍位错运动，这种作用的持续性是由于在磨损过程中产生的高温和应力条件下，注入的 N 向内部迁移。

Dearnaley 等对注入氮的 Ti-6Al-4V 合金与相配合的聚乙烯塑料在牛血浆中的磨损研究表明，注入氮离子的 Ti-6Al-4V 合金的耐磨性提高 1000 倍，该材料可应用于人造关节。其性能的提高与注入后形成极硬的 TiN 有关。离子注入模具钢、硬质合金及一些有色金属也取得了提高耐磨性的显著效果。

② 延长疲劳寿命　离子注入在材料表面引入大量缺陷，注入元素的固溶及与基体形成弥散分布的亚稳相等均强烈地阻止位错移动，使表面获得强化，同时在表面产生压应力，从而延长了疲劳寿命。

Hartley 等用氮离子注入不锈钢和钛，其疲劳寿命增加 8～10 倍，用氮离子注入 AI-SI1018 钢（含 0.18% 碳），经自然时效（室温、数月）和人工时效（100℃，6h 退火），其疲劳寿命分别提高数倍和两个数量级，显然，时效所产生的亚稳相 $Fe_{16}N_2$ 有重要的作用。

将碳离子、氮离子注入钛合金，不管是否退火，氮离子的注入对疲劳性能的影响居中等，而钛和钒是很强的碳化物形成元素，碳离子的注入可使其形成很高质量的碳化物而使疲劳寿命的提高最为显著。

③ 提高耐蚀性　作为一种制造表面合金的方法，离子注入为制造抗蚀合金提供了广阔的途径。因为离子注入在很多情况下可使平衡时的不相溶元素得到一定的固溶度，这种超平衡固溶度的合金具有极高的纯化稳定性。此外离子注入可产生非晶相而提高抗蚀能力。

钽可防止钢铁的锈蚀，但它在铁中的固溶度很小，正常情况下无法在铁中引入足够量的钽，然而采用离子注入法将2×10^{7}离子/cm^2的钽注入铁得到单相固溶体，其在醋酸钠/醋酸稀释溶液中比含Cr4.9％的Fe-Cr合金的抗蚀能力改善很多。将钽离子注入金属钛中，在1mol的沸腾的硫酸溶液中，其腐蚀速度较未注入的降低3个数量级。

④ 提高抗氧化性　离子注入对金属的热氧化影响很大，能使某些纯金属氧化物的厚度减少至原来的1/10，并提高某些高温合金的长期抗氧化能力。离子注入降低氧化速率的原因有：a.影响薄氧化物层中的空间电荷分布；b.产生具有较缓慢的离子扩散速度的结晶相；c.降低氧化物中短路扩散路径的密度；d.阻止氧化物破裂。

Galerie等在纯铁试样上沉积Si膜，在500℃下，用氩离子轰击，使Si溶于Fe中，明显改善了铁在600℃时的抗氧化性，氧化速率常数减少至原来的1/2500。对于金属Cr，周期表中的40％的元素被注入，几乎所有注入元素都减少了氧化物厚度，离子注入的Ti、Zr、Ni、Cu等，其氧化速率也明显降低。表4-16是金属材料进行离子注入的应用实例。

表4-16　金属材料进行离子注入的应用实例

注入离子的种类	基体材料	要求改善的性能	适用零件	现状
Ti+C	Fe系合金	耐磨性	轴承、齿轮、阀、模具	已投入生产
Cr	Fe系合金	耐蚀性	外科手术工具	已投入生产
Ta+C	Fe系合金	抗卡咬性	齿轮	已用于航空工业生产
P	不锈钢	耐蚀性	海水中用的零件、化学装置	正在研究中
C、N	钛合金	耐磨性 耐蚀性	人造骨头、航空航天器零件	已用于生产
N	铝合金	耐磨性、脱模性	橡胶、塑料成型模具	正进行投产前论证
Mo	铝合金	耐蚀性	航空航天用、海水环境用的零件	正在研究中
N	铝合金	硬度、耐磨性、耐蚀性	核反应堆构件、化工装置	已用于生产
N	镀硬铬层	硬度	阀座、滚筒、起重机零件	已用于生产
Y+C+Al	超耐热合金	抗氧化性	涡轮叶片	正在研究中
Ti+C	超合金	耐磨性	纺织用梭子	正在进行投产前论证
Cr	Cu合金	耐蚀性	电池	正在研究中
B	Be合金	耐磨性	轴承	已用于航空工业生产
N	WC+Co	耐磨性	刀具嵌件、加工印刷电路板用的钻头	已用于航空工业生产

(3) 离子注入在非金属材料表面改性方面的应用

注入陶瓷的离子，由于形成亚稳的转换固溶体或间隙固溶体而产生固溶强化，且由于产生大量缺陷而强化，离子注入可消除表面裂纹或减少裂纹的严重程度，或在表面产生压应力，从而提高了材料的力学性能。

陶瓷具有较低的韧性，离子注入表面产生的非晶层使断裂韧性K_{IC}大大提高，离子注入的Al_2O_3压痕断裂韧性提高10％～15％。

离子注入在陶瓷表面生成的非晶层产生表面压应力，而且非晶相的变形具有黏滞性流动，这两种作用对磨损性能有影响。铬离子注入的SiC的耐磨性提高明显，铝离子注入Al_2O_3单晶的（0001）表面，以5rad/s速度和0.49N的垂直力经5h磨损试验后发现，未注入区的裂纹很多，而注入区没有可见的损伤，未注入区和注入区的摩擦系数分别为0.24和

0.04。注入区的耐磨性较高，部分原因是其具有较低的摩擦系数。

离子注入 TiN 薄膜，可在膜内析出 TiN，起到硬化的效果，进而可以提高薄膜的硬度（可达 $6000kg/mm^2$）。

此外离子注入有机聚合物由于能量沉积和注入与高分子发生化学反应，引起聚合物结构、物理和化学性能的变化，因而提高了耐蚀性、导电牲、抗氧化性等。离子注入光学材料 $LiTaO_3$ 等可以改变光学性能，形成波导。

4.11 薄膜中的应力分析 [8]

4.11.1 薄膜中的应力

与表面改性技术类似，薄膜形成后也会形成应力。薄膜中应力的形成一定会对薄膜的性能尤其是结合力有重要影响。

薄膜中的应力分成张应力与压应力。习惯上将张应力取正号，压应力取负号。

张应力的定义：在力的作用下薄膜本身有收缩的趋势，该力就称为张应力。其物理概念如下：设薄膜在没有应力的情况下，有一定的线长度 L。如果存在张应力薄膜就会有一定的伸长 ΔL，薄膜处于不平衡状态，为恢复到稳定的平衡态，薄膜就要有收缩的趋势。如果张应力超过弹性变形范围薄膜就会破裂，在张应力的作用下，破裂的薄膜就会离开基体而翘起。

压应力的定义：在力的作用下薄膜本身有伸长的趋势，该力就称为压应力。压应力使薄膜向基体内侧卷曲。

目前一般仅能测定垂直于基体方向的内应力。薄膜应力可以分成三类：热应力、表面张力与本征应力。

（1）热应力引起薄膜应力

在薄膜制备过程中，基体与薄膜均处于较高的温度，薄膜制备完成后基体与薄膜均要从高温冷却到室温。由于基体与薄膜的热膨胀系数不同，所以冷却过程中两者的收缩量必然不同，但是由于基体与薄膜是"焊接"在一起的，必须要同时进行变形，所以必然会产生应力。薄膜应力主要是热应力。

可见薄膜热应力产生的原因与 2.2 节中表面改性中热应力形成的原因是一样的，因此分析方法可以借用，同样影响因素也应该是类似的。

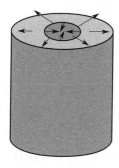

图 4-36 内应力分析用模型

在 2.2 节中介绍了残余应力分析方法，这种分析方法可以用于薄膜热应力分析。

设：圆柱样品外层镀一层薄膜，且薄膜材料的热膨胀系数低于基体材料。

薄膜形成后一般是随炉冷却，冷却速度较慢，热应力较低。如果不发生比体积相差很大的相变，相变应力（组织应力）也不存在。因此应力主要是由于膨胀系数不同而在冷却过程中产生的。

分析基体材料变形：由于薄膜的膨胀系数低于基体而且是缓慢冷却，认为基体与薄膜同时收缩。基体的收缩量要高于薄膜，所以基体的收缩将受到薄膜牵制，变形方向与应力方向相反（图 4-36）。根据上述分析可知在此情况下，薄膜中产生拉应力，基体材料产生压应力。可以通过薄膜材料与基体材料的膨胀系数，定性判断薄膜热应力。薄膜中内应力定性分析见表4-17。

表 4-17 薄膜中内应力定性分析

项目	冷却初期	冷却后期
薄膜变形	向心部收缩	向心部收缩
基体变形	受薄膜牵制向外圆膨胀	向外圆膨胀
薄膜内应力	拉应力	拉应力
基体内应力	压应力	压应力

根据胡克定律可以推导热应力表达式，膨胀系数的定义为：

$$\alpha = \Delta L / (L \times \Delta T) \tag{4-109}$$

式中，α 是膨胀系数；L 是样品的长度；ΔL 是样品的伸长；ΔT 是温度差。

薄膜的膨胀系数与基片的膨胀系数均可以用上式进行计算：

$$\alpha_f = \Delta L_f / (L \times \Delta T) \quad \alpha_s = \Delta L_s / (L \times \Delta T) \tag{4-110}$$

根据胡克定律，$\sigma_T = E_f \varepsilon$，因计算薄膜的应力故用薄膜的弹性模量 E_f，应变 $\varepsilon = \Delta L / L$，因此有 $\sigma_T = \Delta\alpha \, \Delta T E_f$，所以热应力可以用下面公式进行分析：

$$\sigma_T = E_f (\alpha_f - \alpha_s) \Delta T \tag{4-111}$$

式中，E_f 是薄膜的弹性模量；α_f 是薄膜的热膨胀系数；α_s 是基体的热膨胀系数；ΔT 是薄膜沉积时的温度与测定时的温度之差。

可见定性分析结论与表达式的结论是一致的。

例 4-9：热应力的定量估算。已知：钢基体上沉积碳化物薄膜（如 TiC），沉积温度为 900℃，钢的膨胀系数 $\alpha = 11.76 \times 10^{-6}$，碳化物的膨胀系数 α 约为 8×10^{-6}，估算薄膜冷却到室温由于膨胀系数不同产生的热应力值。

根据表面改性中残余应力产生的原因与消除应力的退火工艺可以进行如下分析。

薄膜沉积温度为 900℃，沉积后在随炉冷却过程中，由于冷速慢在高温形成的热应力可以得到消除。消除应力的退火工艺的加热温度一般在 500℃ 以上，意味着 500℃ 以上形成的应力均可以在缓慢冷却过程中得到消除，所以计算时 $\Delta T = 400$℃。如果知道碳化物薄膜的弹性模量 E_f 就可以直接代入计算式中进行计算。在不知道薄膜的弹性模量的情况下可以钢的膨胀系数进行估算。用钢的弹性模量 $E = 216000$MPa 数据代入，求出钢基体中的热应力约为 400MPa。由于碳化物弹性模量高于钢基体，所以其热应力值应该高于 400MPa。

一些资料报道[8]：金属膜应力的范围为 $10^3 \sim 10^5 \mathrm{N/cm}^2$，并以张应力形式出现。其中，钼、钽等难熔金属的膜应力 $S = 10^5 \mathrm{N/cm}^2$；金、银、铜、铝等金属的膜应力 $S = 10^3 \mathrm{N/cm}^2$。介质膜应力的数量级一般在 $10^4 \mathrm{N/cm}^2$，热应力的数量级可达 $10^4 \mathrm{N/cm}^2$，可见数据与估算近似。

（2）表面张力引起的薄膜应力[9]

基体材料与薄膜材料表面张力不同，会在薄膜内部产生应力。固体表面张力约为 $10^{-3} \sim 10^{-2} \mathrm{N/cm}^2$。设薄膜的表面张力为 δ_1，膜与基体接触时基体的表面张力为 δ_2，由此产生的表面张力为：

$$S_f = (\delta_1 + \delta_2) / d \tag{4-112}$$

式中，d 是薄膜的厚度。

（3）本征应力引起的薄膜应力

薄膜形成一般是一个非平衡的过程，在形成过程中由于缺陷、相变、晶粒间相互作用等原因引起的应力称为本征应力。对于本征应力产生原因，它主要取决于薄膜的微观结构和缺陷等因素。关于产生原因有多种观点[6]：

观点 1　薄膜形成是气相—液相—固相的过程，相变一定会带来体积变化，从而产生应力。由气相转变为液相不会产生应力，因此应力的产生主要是在由液相变为固相的过程中。在薄膜形成过程中可能发生相变，例如，由非晶态变为晶态均会产生应力。对于此相变模型也可以用 2.2 节中残余应力分析方法进行分析，举例说明如下。

例 4-10：薄膜由液相变为固相时体积要发生变化，分析内应力情况。这种情况相当于材料比体积增加。这与氮化等工艺产生的应力情况类似，可参照表 3-7 进行分析；由于是缓慢冷却，认为冷却初期处于高温状态，应力可以消除，因此仅分析冷却后期的应力情况，见表 4-18。

表 4-18　薄膜由液相变为固相过程中内应力的定性分析

项目	冷却初期	冷却后期
薄膜变形	表层膨胀	表层膨胀
基体变形	基本不变	基本不变
薄膜内应力	高温下应力消除	压应力
基体内应力	高温下应力消除	拉应力

例 4-11：已知 Sb 材料形成的薄膜的转变过程是：首先形成非晶态，当薄膜超过一定厚度时，非晶态就转变成晶态。已知发生晶态转变时体积收缩，分析薄膜中的内应力。这种情况类似于材料比体积减少，可以采用第 2 章提出的分析方法进行分析，见表 4-19。

表 4-19　薄膜中内应力的定性分析（比体积减少）

项目	冷却初期	冷却后期
薄膜变形	表层收缩	表层收缩
基体变形	基本不变	基本不变
薄膜内应力	高温下应力消除	拉应力
基体内应力	高温下应力消除	压应力

观点 2　薄膜形成是一个由气相转变为固相的过程，这是一个非平衡转变过程，薄膜内部一定会有缺陷存在，例如微孔、空隙等。从高温缓慢冷却的过程相当于进行退火，这些缺陷向表面扩散就消失，薄膜的体积就要收缩，因此产生应力。

根据这种形成内应力的观点，实际是表面层薄膜材料比体积减少，所以产生应力情况与第 3 章反应扩散产生内应力情况一致，因此薄膜的内应力应该是拉应力。

观点 3　气相沉积过程中，环境中气氛对薄膜应力有重大影响。真空室内的残余气体会进入薄膜中，这样就造成薄膜本身的晶格常数偏离标准值而变大，所以就会产生内应力。

除上述观点外还有以下其他观点。

巴克耳（Buckel）认为淀积时真空室中的残余气体或者溅射时的工作气体进入薄膜，薄膜晶格结构偏离于块状材料；薄膜晶格常数与基板晶格常数失配产生内应力。

霍夫曼（Hoffman）认为内应力与晶核生长合并过程中产生的晶粒间的弹性应力相关，其平均值

$$S_1 = E_f/(1-\nu_f)\Delta/D \qquad (4-113)$$

式中，E_f、ν_f 是薄膜的杨氏模量和泊松比；Δ 是晶界收缩；D 是平均晶粒尺寸。

克罗克霍姆认为内应力产生的原因是薄膜中无序物质的退火和收缩。当基板温度较低时，退火速率（Γ）远小于膜的淀积速率（R），即 $\Gamma \ll R$，故大量无序物质被埋入膜中，S 增大；当基板温度较高时，$\Gamma \gg R$，退火作用使无序物质减少，S_1 变小。还指出：如果 $T_m/T_s > 4.5$，S_1 很大；$T_m/T_s < 4.5$，S_1 较小。T_m 和 T_s 分别是薄膜材料的熔点和淀积时的基板温度。

从上面论述可见，在 2.2 节中总结出的残余应力分析方法是非常有用的，可以用于定性分析一些新工艺中的应力情况，同样也可以定性、粗略估算当量应力值。用下面案例进行说明。

例 4-12：在玻璃上溅射沉积纯铁薄膜，溅射沉积温度为 600℃。薄膜中内应力仅考虑为热应力与本征应力，按照相变模型考虑本征应力。假设铜形成的薄膜的转变过程是：首先形成非晶态，当薄膜超过一定厚度时，非晶态就转变成晶态，已知发生晶态转变时体积收缩（此处仅是假设相变过程）。沉积后薄膜保持完整，估算薄膜中的本征应力值。

首先分析热应力值。

因为玻璃的膨胀系数小于铁，所以热应力产生的应力是拉应力。可以根据公式：

$$\sigma_T = E_f(\alpha_f - \alpha_s)\Delta T$$

用块体材料的数据进行估算。

铁的膨胀系数为 $11.76 \times 10^{-6}/℃$，玻璃的膨胀系数为 $8 \times 10^{-6}/℃$，铁的弹性模量为 216000MPa，认为在 500℃ 以下才会产生应力，高温下应力会消除，室温为 20℃，$\Delta T = 480℃$，代入公式中得出 σ_T 大约为 390MPa。

再分析由于相变引起的本征应力。根据例 4-11 可知本征应力也是拉应力。因此热应力与本征应力合成后也是拉应力（粗略认为方向一致）。

由于薄膜本身是完整的，所以整体的当量应力值不会超过铁本身的强度值。铁的抗拉强度值大约是 450MPa，所以本征应力的值不会超过 60 MPa。

4.11.2　薄膜的附着力

薄膜中除应力外还存在薄膜与基体间的结合力问题，即通常说的附着力。附着性能的优劣直接影响薄膜的使用性能，可以说附着力是薄膜最重要的性能。

附着力的定义：指薄膜与基体间的键合强度，用单位面积上的力或能来表达。根据统计结果认为薄膜与基体的附着力范围在 0.1~10eV 之间。

薄膜黏附在另外一个基体上的四种情况见图 4-37[1,7]。

① 简单附着：此种情况下薄膜与基体有一个明显的界限，是由两个接触面互相吸引形成的。其间的作用力是范德华力，这是薄膜与基体原子间普遍存在的一种作用力。这种力产生的是简单的物理附着，所以附着能较低，其范围在 0.04~0.4eV 之间。

② 扩散附着：基片与薄膜间通过加热、离子注入、离子轰击等方法实现基片中原子与薄膜中原子间的相互扩散，形成一个渐变的界面。显然这种界面的结合能要比简单附着高。

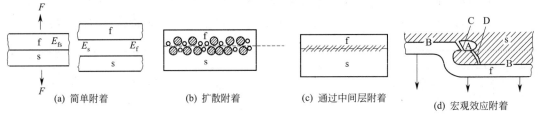

图 4-37　附着的四种类型

采用溅射方法镀膜，其附着性能高于蒸发镀的方法，其原因是溅射出的粒子有较大的动能，当它沉积到基片表面后，可以向基片的内部扩散从而形成扩散附着。在制作光学铝膜时，首先在 250℃ 温度下蒸发镀一层铝膜，由于基片温度较高可以发生扩散，然后再将温度降至 150℃ 进行蒸发镀，这样就提高了铝膜的附着性能。还可以采用离子轰击方法，先在基片上沉积一层很薄的膜，然后用高能粒子（如氩离子）对这层薄膜进行轰击，薄膜中的原子向基片扩散，薄膜的附着性能增加。

③ 通过中间层附着：在基片与薄膜之间制造一层化合物中间层，中间层既与基片有良好的附着性能又与薄膜有良好的附着性能，通过这样的方法可以提高薄膜的附着性能。选择的中间层化合物可能是薄膜材料与基体材料形成的化合物，也可能是含多种化合物的薄膜。

④ 宏观效应附着（通过机械锁合和双电层吸引附着）：当基片表面粗糙、有凹凸不平或各种微裂纹时，在薄膜形成过程中，气相中的原子进入这些缺陷处，伴随薄膜形核长大，因此这些缺陷就起到钉扎作用，将薄膜"锁住"从而提高附着力。薄膜与基片间如果发生电荷转移，将提高附着性能。因为异种材料结合时两者间会发生电子转移，形成所谓双电层，产生静电吸引能，从而提高附着性能。有文献估计一般情况下静电吸引能为 $10^4 \sim 10^8 \text{N/m}^2$，此数值是较高的。如前所述附着力是非常重要的性能，但是目前难以用理论方法进行计算，只能实际测定。最常用的测定方法是划痕方法，该方法测定附着力的原理见图 4-38。

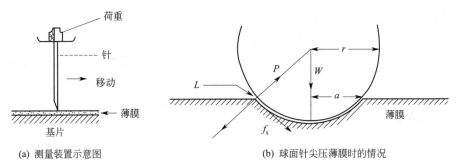

图 4-38　划痕方法测定附着力的原理

将一根针垂直放在薄膜表面，针的尖端的半径是已知的（一般是 0.05mm）。钢针在薄膜表面来回滑动。逐渐增加钢针的载荷，钢针下面的基体表面就会发生变形，薄膜因为基体变形而变形，因此薄膜与基体间就会产生剪切应力，在此应力作用下薄膜就会破裂，所以钢针可将薄膜刻划下来。将薄膜刻划下来的载荷定义为临界载荷，根据临界载荷可确定附着力 f_s 的大小。

$$f_s = (W/\pi r^2 P - W)^{1/2} \times P \tag{4-114}$$

式中，r 是针尖的曲率半径；W 是施加的载荷；P 是基片在 L 点给针的反作用力，可以认为大约与薄膜的布氏硬度值相同。

划痕方法是采用连续性施加载荷方式对膜与基体进行刻划，通过试验方法确定临界载荷。目前常用的确定临界载荷的方法有声发射方法、摩擦力方法与显微观察方法。图 4-38（a）是采用划痕方法确定临界载荷的试验示意图[9]。

虽然划痕方法是测定结合力最常用的方法，但是也存在很大的局限性。一般适用于膜厚度在 $0.1 \sim 20 \mu m$ 范围内的薄膜，同时只有在薄膜的抗剪切断裂强度大于膜与基体间的结合力的情况下，才能获得有意义的结果。例如在刻划过程中，如果薄膜发生断裂，在曲线上也会出现摩擦力信号或声发射信号突变，这时计算出的数值并不能代表膜与基体间的结合力。

4.12 薄膜设计应用案例

4.12.1 用 TCVD 技术沉积 TiN 提高硬质合金刀具切削速度

车轮是铁路运输中的关键零部件，铁路车辆车轮如图 4-39（a）所示。新车轮安装在列车上运行一段时间后会有磨损，一般是经过大修后继续使用，直到不能大修后才报废。车轮维修工序之一是在特制的设备上对车轮进行切削，保证车轮的同心度与外圆尺寸。在车削车轮的设备上安装一个类似车轴的长轴，在该轴上同时安装两个车轮，长轴转动带动车轮转动，采用特制的刀具同时对两个车轮进行切削。切削速度是提高生产率的关键因素。

某维修厂采用上述设备对车轮进行切削，所用刀具的材料为 YG6 硬质合金，形状见图 4-39（b）。在进行切削时发现，切削速度仅能达到 $60 \sim 80 m/min$。如果切削速度再提高，刀具很快磨损。

为提高切削速度，采用 TCVD 方法在刀具表面沉积 TiN。采用的工艺条件如下。

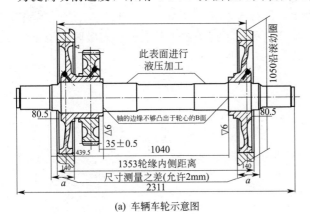

(a) 车辆车轮示意图　　　　　　　　(b) 切削刀具形状

图 4-39　铁路列车车轮与切削刀具

沉积温度为 1000℃，沉积时间为 $20 \sim 30 min$。通入气体介质的速度如下。

H_2：$60 \sim 80 mL/min$；$TiCl_4$：$10 \sim 15 mL/min$；N_2：$60 \sim 80 mL/min$。

获得 $5 \sim 7 \mu m$ 厚度的薄膜。涂层后切削速度可以达到 $110 m/min$，大幅度提高了生产效率。

4.12.2 在蓝宝石上沉积 TiN 薄膜

柴油机是现代汽车中主要的动力装置。为提高柴油机热效率，需要知道柴油机气缸内燃爆瞬间的气体温度。国内外研究者把黑体辐射理论与光纤技术及传感技术相结合，制造了一种瞬间测温装置。气缸内气体燃爆瞬间要产生大量辐射能，该能量被探头吸收，通过光纤传给光电转换器，变成电信号。而辐射能又与温度的四次方成正比，所以可根据电信号得出燃爆瞬间的气体温度。该装置中传感探头是关键元件，这种探头一般均采用蓝宝石为基体，用蒸发镀方法沉积 Pt 来制作。但是 Pt 薄膜成本昂贵，同时与基体的结合力差。

因此试验采用 DC-PCVD 法代替蒸发镀，利用 TiN 薄膜代替 Pt 薄膜。一般认为直流辉光放电不适合在非导电基体上进行沉积，但是实践表明采用适当的工件吊装方式是可以在绝缘体上沉积薄膜的。

试验采用不附加其他电源的 DC-PCVD 装置，工件为直径 2mm、长 20mm 的蓝宝石细棒，将其置于金属网的中心部位。网与蓝宝石间隔一定的距离，吊挂在阴极上，见图 4-40。

首先将工作室抽真空到 2.4Pa，按比例通入 H_2、N_2，然后加 2300V 直流高压对工件进行轰击。当工件温度上升到 500～600℃时，再按比例通入 H_2、N_2、$TiCl_4$，压力保持在 50Pa，当电压为 1800V 时进行沉积，沉积 20～30mm 后关闭各通气阀门，切断高压，开始降温。温度降至 200℃左右开始出炉。沉积后的蓝宝石的表面为金黄色，经验证为 TiN 薄膜。

作为此种探头的薄膜有三个重要指标：①结合要牢固；②响应时间要快；③薄膜要均匀、致密。用此法沉积 TiN 薄膜探头，与 Pt 薄膜探头做对比试验发现：二者响应时间相当，均为 0.01s 左右。DC-PCVD 法绕镀性好，所以沉积的 TiN 薄膜非常均匀、致密，而蒸发镀沉积的 Pt 薄膜均匀、致密性较差，有些地方甚至没有镀上。尤其值得指出的是，TiN 薄膜用二号金刚砂纸研磨 10min 后才能磨掉，而用蒸发镀制成的 Pt 薄膜用手重擦即可磨掉，可见所研制的 TiN 薄膜与基体的结合力比 Pt 膜要强得多，这样就保证了传感探头在使用过程中的可靠性。

众所周知，工作室内的气体（如 N_2、H_2、$TiCl_4$ 等）在直流电场作用下要形成离子、电子及一些原子。由于工件吊挂在阴极上，所以一些正离子如 N^+、Ti^+ 在电场力作用下就要向工件运动。如果此时工件为导体，那么这些离子运动到工件表面就要吸收电子成为活性 N、Ti 原子，这些活性原子发生反应形成 TiN，见图 4-41。

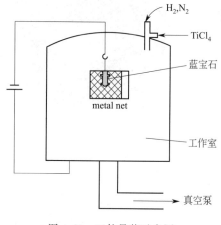

图 4-40　工件吊装示意图

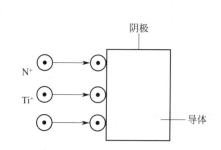

图 4-41　工件为导体时的沉积情况示意图

但如果工件为绝缘体，其表面并无自由电子存在，因此当正离子沉积到工件表面就以离子状态堆积起来，在工件表面形成电场。在这种电场的作用下，工件附近气体中的电子经很短距离加速，有足够动能碰撞气体，使气体发生大量电离，而电离所产生的正离子则又在工件表面堆积建立起更强的电场。此过程不断循环，最后由辉光放电转化为弧光放电，使沉积过程无法维持，见图 4-42。这就是用 DC-PCVD 法不宜在绝缘体上沉积薄膜的原因。

所以要想在绝缘体上进行沉积，关键是要设法改变离子在工件表面的状态，即把图 4-42 所示的状态转化为图 4-41 所示的状态。加金属网正好可以起到这样的作用，见图 4-43，这是因为网与工件均为阴极，所以当离子运动到网上时可以从金属网上得到自由电子而成为活性原子。由于所加电压较高，该活性原子仍有较大惯性，在此惯性力的作用下，活性原子沉积到工件表面，而活性原子之间又发生化学反应形成 TiN 薄膜。

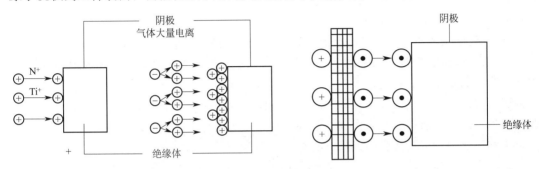

图 4-42　工件为绝缘体时的沉积情况示意图　　　图 4-43　工件为绝缘体加铜网时的沉积情况示意图

蒸发镀一般在较高真空度（约 10Pa）下进行。将 Pt 制成丝状电阻蒸发源，或用电子来加热熔化蒸发为气相原子或分子，由于真空度高，气体平均自由程长，所以 Pt 原子可不经碰撞地直接到达基板凝聚形成薄膜。在此法中基板不带偏压，粒子能量由蒸发时所带有的热能决定，即 $\varepsilon = 3/2KT$，据此计算能量约为 0.1eV。所以 Pt 薄膜与基体结合力较差，且基板只有面向蒸发源部位可以得到镀层，绕镀性差，因此膜也不均匀。

当采用 PCVD 法沉积时，在电场作用下产生电子、离子。此时电场能量转化为电子能量（大约为 10eV），通过非弹性碰撞使分子内能量提高，引起激发、分解和电离，使离子本身就具有较高能量，同时由于基板为负偏压，在电场作用下离子又获得更多能量，因此沉积到工件表面的能量远远高于蒸发镀时沉积原子的能量，再加上沉积前用 2300V 高压对工件进行轰击，发生阴极溅射效应，为沉积薄膜提供了清洁活性表面，这无疑也会大大增加膜与基体的结合力，所以用 DC-PCVD 沉积的 TiN 薄膜与基体的结合力比 Pt 薄膜强得多。

根据 TiN 形成机理可以看出以下两个因素对薄膜质量有较大影响。

一是金属网壁与蓝宝石间的距离。由于 Ti$^+$、N$^+$ 在金属网上得到自由电子后形成活性很高的原子，如果金属网与蓝宝石距离过大，大量活性原子可能没到达蓝宝石上就在空中复合，这必然会使沉积速率降低；如果金属网与蓝宝石距离过小，因活性原子动能较大，可能发生反弹现象，即撞到蓝宝石后又重新弹回空间，这同样会使沉积速率降低，所以金属网与蓝宝石之间要有一个适当的距离。要从理论上准确计算这个距离，就必须知道分子、原子碰撞概率，活性原子与离子的运动速度等，所以只能通过试验来确定这个距离。在本试验条件下该距离控制在 3～5mm 为宜。

二是直流电压。根据前述形成机理可知，当正离子从金属网上获得电子后是靠惯性力沉积到工件表面的。因此当电压过低时此惯性力就较小，从而使结合力下降。但是如果电压过高，就会使电子能量过大，这又会造成气体电离度下降，使沉积困难。这是因为当入射电子与气体原子接近时首先要使原子感应成为偶极子，然后进一步进行能量交换，使最外层电子脱离原子核约束而电离成电子。原子极化和能量交换均需要一定时间，当电压过高，电子能量就很高，它的运动速度就非常快，因此电子与原子作用时间很短，来不及进行能量交换，所以电离度降低。经试验认为电压控制在 1800V 左右为佳。

4.12.3 光盘记录系统

光盘分为只读型光盘、一次写入型光盘、可擦除重写型光盘（CD-RW）三类。对于第三类光盘，可以依据相变原理进行设计。

记录、读、擦除数据原理如下。

① 记录数据原理与方法　光盘上出现的非晶区与晶态区对应 0、1 态。

方法：高功率激光瞬间（100ns 内）作用到材料微区（$1\mu m$）熔化，周围介质快速传热实现快冷。为什么采用薄膜材料？

薄膜可实现瞬间熔化与快速冷却。激光没有作用到的区域呈现晶态，可实现记录。由于薄膜物质熔点降低，所以在激光作用下可以实现瞬间熔化与快速冷却。

可以利用热力学分析薄膜熔点降低的原因[4]。

考虑一个半径为 r 的固体球，它在熔解时与球外液体之间的界面能为 ε，熵变为 ΔS，固体的密度为 ρ，熔化热为 L。当质量为 dm 的固体熔化成液体后，球的表面积变化为 dA，其热力学平衡关系如下：

$$L dm - T_s \Delta S dm - \varepsilon dA = 0 \tag{4-115}$$

对于块状材料，则有：

$$L dm - T_m \Delta S dm = 0 \tag{4-116}$$

式中，T_s、T_m 分别是小球和块状材料的熔点。

将 $\Delta S = \dfrac{L}{T_m}$、$\dfrac{dA}{dm} = \dfrac{2}{\rho r}$ 代入式(4-115) 后，得到：

$$\frac{T_m - T_s}{T_m} = \frac{2\varepsilon}{\rho L r} > 0 \tag{4-117}$$

由式(4-117) 中可见，$T_m > T_s$，也就是说小球的熔点低于块状材料的熔点，并且随着小球半径 r 的减小，其熔点降得更低。以 Pb 为例，当 $r = 10^{-7} cm$ 时，$T_m - T_s = 150K$，即纳米铅的熔点要比普通铅的熔点低 150℃。

试验结果表明，薄膜材料的熔点普遍低于它的相应块状材料的熔点。

② 读数据原理与方法　规律：光照到晶态物质上的反射率大，照到非晶态物质上的反射率小。

方法：利用低功率的激光扫描晶区与非晶区，通过反射率变化识别出 0、1 态。

③ 擦除数据原理与方法　非晶态不稳定，有条件必向晶态转变。

方法：用中等功率的激光扫描非晶区，不到熔化温度，非晶态转化为晶态，实现擦除。

(1) 薄膜材料设计原理

根据上述原理分析可知，设计的核心问题是在光盘上沉积一层易转变为非晶的薄膜。何种材料易转变为非晶体材料？形成非晶体材料又要有何条件？根据材料学原理可以知道，液态金属一般是通过形核长大方式结晶形成晶体材料的。因此设想，对于液态晶体如果采用极快的冷却方式，扩散就难以进行，因此就可能造成原子非规则排列而形成非晶体材料。所以形成非晶体材料的外部条件是快速冷却。

并非所有晶体材料快速冷却均能转变为非晶体材料，还必须要有内部条件。根据材料学原理，内部条件是：材料一般是共晶合金，且结构复杂、熔点低。

这些条件是容易理解的。共晶反应是将液态转变为两种不同相的固态，每种固态均要规则排列，所以共晶的形成更需要进行充分的扩散。如果结构复杂则对扩散充分性的要求更高。因此只要快速冷却破坏扩散条件就容易形成非晶态。

从上述分析可见，这些原理与固态相变中平衡组织间的转变规律完全类似。例如判断是否可以获得马氏体组织，外部条件是快速冷却，内部条件是有共析转变。如 Fe-C、Fe-N 合金均可以形成马氏体，均有类似相图，见图 4-44。

因此完全可以利用相图判断何种合金容易形成非晶态，并确定材料的成分。

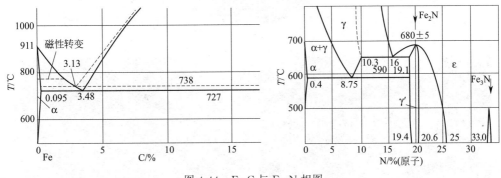

图 4-44　Fe-C 与 Fe-N 相图

同时从使用角度分析，如果材料的熔点低，熔化就比较容易，对激光能量的要求可以降低，所以需要靶材料熔点低、易转变为非晶体材料。依据这样的原理可以利用相图资料筛选薄膜材料，也就是制备靶材的材料。通过对成本、制备难易程度等的多方面考虑，认为 Sb-Te 合金是较为合适的材料，见图 4-45。

由图 4-45 可见，合金在 30% 左右 Te 处存在共晶转变点。成分 30% 左右 Te。同时看到在共晶点附近结晶转变线有一段很平缓，意味着在较宽成分范围均可以实现共晶转变，这点对靶材的制备是很有利的，即使成分有一定偏差也可以满足材料形成非晶态的内部条件。

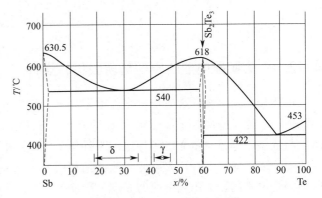

图 4-45　Sb-Te 二元合金相图

在这些分析的基础上，设计出薄膜（靶材）的成分：65%Sb-28%Te-6%In-1%Ag。

基本成分是 65%Sb-28%Te，这是满足形成非晶态的内部条件。

Ag 的加入是为了提高导电性能，In 的加入是为了降低熔点。同时靶材与底盘的结合采用钎焊方式进行，一般均用铟焊料，所以靶材料中含铟有利于底盘结合。

（2）靶材制备工艺

合金配料→真空条件下熔化→将熔化后的合金制成粉末→采用冷静压技术将粉末压成靶材需要的形状→将冷静压形成的靶材毛坯进行热压烧结→采用线切割方法将靶材切割成型→对靶材进行抛光→成型。

图 4-46 是靶材的实物照片与金相组织照片。

(a) 靶材的实物照片

 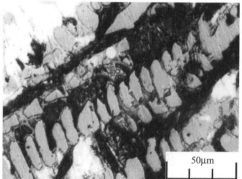

(b) 靶材的金相组织照片

图 4-46　靶材的实物照片与金相组织照片

4.12.4　太阳能电池的原理与薄膜材料设计

由能带理论可知，金属依赖自由电子导电，而半导体材料存在空穴与电子两种导电粒子（载流子），这是金属与半导体最大的差别。半导体分为 p 型半导体（依靠空穴导电的半导体）与 n 型半导体（依靠电子导电的半导体），将这两种半导体直接接触连接，就形成了所谓的 p-n 结，见图 4-47。太阳能电池就是利用 p-n 结半导体在光照射下产生光生伏特效应的原理制造出来的，太阳能电池的原理见图 4-48。

p-n 结中由于空穴与电子的浓度不同，n 区的电子向 p 区扩散，p 区的空穴向 n 区扩散，因此在界面就建立起较强的内电场（自 n 区指向 p 区）（图 4-47），阻止扩散进行以保持平衡状态。

当入射光垂直照射 p-n 结面，光子进入 p-n 结，在光的激发下，能量高于禁带宽度的光子被吸收，p 区与 n 区均产生新的自由电子与空穴对，在内电场作用下，各自向相反的方向运动。p 区电子穿过 p-n 结进入 n 区，n 区的空穴也穿过 p-n 结进入 p 区，这样就破坏了原

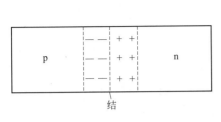

图 4-47　p-n 结中建立的内电场

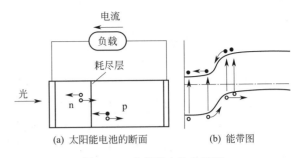

(a) 太阳能电池的断面　　(b) 能带图

图 4-48　太阳能电池的原理

来的电势平衡，使 p 端电势升高、n 端电势下降。于是在 p-n 结两端就形成了光生电势。这就是 p-n 结产生光生伏特效应的原理。

光照射产生的载流子各自向相反方向运动，因此 p-n 结内部就形成了自 p 区向 n 区的电流，这种电流就是光生电流 IL_1。由于光照射 p-n 结两端产生的电动势，相当在 p-n 结施加正向电压 V，使势垒降低为 $qV_d - qV$，产生正向电流 IF。在 p-n 结开路的情况下，光生电流与正向电流相等时，p-n 结两端建立稳定电势差 V_0（p 区相对 n 区是正的），这就是光电池的开路电压。如果将 p-n 结与外电路接通，只要光照射不停，就会有电流不断通过，p-n 结起到电源的作用。这就是太阳能电池的基本原理。

采用薄膜作为制作太阳能电池的材料具有下面优势。

① 光吸收率高；薄膜厚度仅需 $1.0 \mu m$。

② 基体镀膜后电池同时形成，节约成本。

③ 薄膜低温形成衬底，廉价材料衬底（玻璃）可降低能耗与成本。

根据上述原理可知薄膜必须是半导体材料，所以制备的靶材也必须是半导体材料。有多种半导体材料可以制备太阳能电池的薄膜，其中目前比较流行的一种是 Cu-In-Ga-Se 合金，其制备工艺如下。

合金配料→真空条件下熔化→将熔化后的合金制成粉末→制作包套→将粉末放入包套中→采用热静压技术成型→加工成所需要形状的靶材，靶材的金相组织见图 4-49。

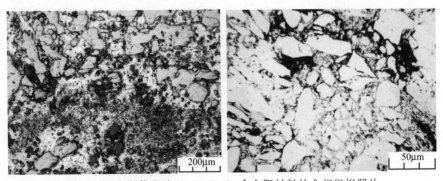

图 4-49　太阳能电池 Cu-In-Ga-Se 合金靶材料的金相组织照片

习题

1. 对 CVD 反应生成 TiN 薄膜的反应式，写出平衡常数中的 Q_p 表达式、自由能、平衡常数、Q_p 关系式。根据此关系式分析，如果采用真空泵将 HCl 大量抽走，是否有利于薄膜形成？

2.根据非弹性碰撞公式分析

$$\Delta U/(1/2m_iV_i^2)=[m_t/(m_t+m_i)]\cos\theta$$

如果是入射粒子 i 是离子，可以将本身动能传递给目标粒子（原子）的最大值约为多少？（提示：离子质量与原子近似）

3.等离子体气相沉积中经常用到一个名词"电子伏特"，说明其物理意义。1.0电子伏特（1.0eV）等于多少焦耳的能量？等离子体中电子温度用平均动能（$3/2KT$）表示，K 为玻尔兹曼常数，T 为绝对温度。计算具有 1.0eV 动能的电子的 T 值。

4.分析如果 30％Al 与 70％Zn 构成合金材料，在 600℃ 进行真空条件下挥发，经过一定时间后，合金材料是否还是原来的成分？为什么？如果不是原来成分，材料中是富锌还是富铝？

5.求质量百分数为 80％Ni 与 20％Cr 组成的合金，在 1500℃ 进行真空蒸发镀时，蒸发速率之比。

 参考文献

[1] 田民波，李正操.薄膜技术与薄膜材料.北京：清华大学出版社，2011.

[2] 叶大伦，胡建华.实用无机物热力学数据手册. 2 版.北京：冶金工业出版社，2002.

[3] 马登杰，韩立民.真空热处理原理与工艺.北京：机械工业出版社，1988：91.

[4] 宁兆元.薄膜材料与技术.杭州：浙江大学出版社，1998：28.

[5] 吴大兴，杨川.直流 PCVD 方法沉积 Si_3N_4 薄膜，硅酸盐学报.

[6] 王力衡，黄运添，郑海涛.薄膜技术.北京：清华大学出版社，1991.

[7] 郑伟涛.薄膜材料与薄膜技术. 2 版. 北京：化学工业出版社，2008.

[8] 唐晋发，顾培夫，刘旭，等.现代光学薄膜技术.杭州：浙江大学出版社，2006.

[9] S. J. Bull，E. G. Berasetegui. An overview of the potential of quantitative coating adhesion measurement by scratch test. Tribology International，2006(39)，99-144.

第 **5** 章

涂镀层技术

5.1 电沉积技术的基本原理与典型工艺

电沉积技术俗称电镀（electroplating），其重要的功能是用于防腐蚀。

电沉积技术的定义：在含有欲镀金属阳离子的盐溶液中，以被镀金属基体为阴极（接电源负极），通过电解作用，使镀液中的金属阳离子在基体表面沉积出来，形成镀层的一种表面技术。

电沉积技术、金属的电化学腐蚀均与电化学中的一个重要概念"金属的电极电位"有密切关系，首先简单介绍电极电位的概念与腐蚀的基本模型。

5.1.1 金属电化学腐蚀模型与标准电极电位

金属发生腐蚀是因为构成了电极系统。在自然环境中的金属，其表面均会吸附一层水膜，如同金属放在溶液中构成的电极，形成如图 5-1 所示的状态。

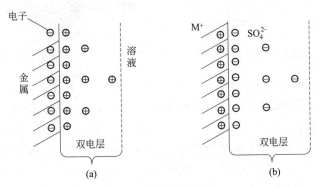

图 5-1　双电层模型图

金属的特点是具有金属键，即正离子规则排列，在离子间有大量自由运动的电子。水是极性分子，金属表面的正离子受到极性水分子作用，克服金属键的束缚脱离晶格，而进入溶液中成为水化阳离子。通俗地说就是水将金属表面的离子"吸引"下来。由图 5-1(a) 可见，在电极的界面处，金属一侧富集电子，溶液一侧富集离子，就构成所谓的双电层。界面处的离子与电子浓度越高，双电层间的场强也越强，离子被吸引下来就越困难，最终会达到平衡。但是如果溶液中有能够夺取金属界面处电子的物质（一般称为去极化剂），情况就不同了。在去极化剂的作用下，金属与溶液界面处的电子就不断被去极化剂夺走，导致金属中离子源源不断地被吸引下来，这就是金属的电化学腐蚀。在很多情况下去极化剂是氧，发生的腐蚀称为吸氧腐蚀。

图 5-1（b）中的情况是电解质溶液与金属表面作用，不能克服金属键作用使金属离子脱离晶格，相反电解质溶液中部分负离子沉积到金属表面，这种情况也构成双电层。

双电层间的电位差称为电极电位 E^0，其绝对值是无法计算测定的。通常以氢电极作为参考电极，其 E^0 为 0，测定不同金属的标准电极电位 E^0（一般简称电极电位）。需要说明的是，一些金属或材料的电极电位是通过计算获得的，而不是测定出来的。

对电极电位的理解如下：电极电位高实质是指双电层的电位差大。

某金属电极电位小表明：当金属处于还原态时失电子倾向大，处于氧化态时得电子倾向小。

电极电位的用途为衡量电极系统中金属得失电子的倾向。

由于金属的电腐蚀实质是低温氧化还原反应，所以可应用电极电位判断电化学腐蚀发生的一些现象。金属的电极电位在金属的腐蚀与电沉积中均有重要的指导作用。举例说明如下。

例 5-1：已知 Ag 电极电位为 0.8V；Cu 电极电位为 0.34V。如果将铜丝放入硝酸银溶液会发生什么现象？

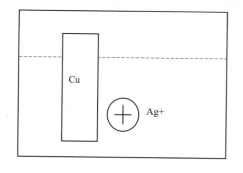

图 5-2　铜丝放入硝酸银溶液中的示意图

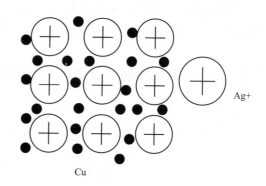

图 5-3　铜丝在硝酸银溶液中的界面情况

分析：金属铜是晶体材料，铜原子规则排列，自由电子在原子间运动构成金属键。铜丝放入硝酸银溶液中的示意图见图 5-2，铜丝在硝酸银溶液中的界面情况如图 5-3 所示。硝酸银溶液中银以离子状态存在，运动到铜与液体的界面。可认为 Ag^+ 与铜丝表面的 Cu 均处于氧化态，出现 Ag^+ 与 Cu^{2+} 争夺电子的情况。因为 Cu 的 E^0 小，Cu 处于氧化态时得电子倾向小于 Ag。所以银离子夺取电子成为银原子，结论是：铜丝放入硝酸银溶液中，将有银沉淀析出。试验验证这种理论分析。

根据例 5-1 可知电极电位的用途之一：判断电极系统中氧化还原反应情况。电极电位高的物质从电极电位低的物质中夺走电子。

例 5-2：多相组织腐蚀现象分析（去极化剂为氧）。图 5-4 是碳钢珠光体组织照片，珠光体由铁素体与渗碳体组成，铁素体与渗碳体的电极电位不同，铁素体的电极电位低于渗碳体，而渗碳体的电极电位低于去极化剂氧的电极电位。

即有不等式：E^0（铁素体）＜E^0（渗碳体）＜E^0（去极化剂氧）。

依据金属的电化学腐蚀模型，腐蚀发生的情况如下。

首先是在水的作用下，铁素体、渗碳体界面均形成双电层，去极化剂（氧）从铁素体、渗碳体中夺取电子，两者均发生腐蚀。然而由于渗碳体与铁素体紧密接触，而 E^0（铁素体）＜E^0（渗碳体），所以渗碳体又从铁素体中夺取电子，这样渗碳体就受到了补充电子的保护。而电极电位最低的铁素体，同时向去极化剂与渗碳体提供电子，无疑会加速腐蚀。因此得到下面结论：多相合金中，由于各相的电极电位不同，所以会形成阴极（电极电位高的相）与阳极（电极电位最低的相），在腐蚀过程中，阴极得到保护而电极电位最低的阳极加速腐蚀。

根据例 5-2 可知电极电位的用途之二：判断多相合金中的阴极相与阳极相。

应该说明的是，严格说来，以上的例子均应该在标准状态下进行才比较合理，如果不是标准状态就会有误差。但是如果不是标准状态，电极电位的变化也不会太大，所以可以利用标准电极电位粗略地判断金属发生腐蚀的一些现象。

5.1.2　电沉积的基本过程

以电沉积镍为例说明电沉积过程。电沉积镍装置由直流电源与盐溶液组成，见图 5-5。将工件接在电源的负极（阴极），将镍板接在电源的正极（阳极），在电场的作用下发生下面反应过程。

图 5-4　碳钢珠光体组织照片

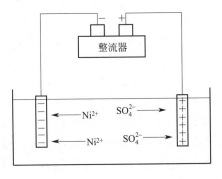

图 5-5　电沉积镍装置的示意图

（1）溶液中反应

在电场的作用下，镍离子向阴极运动，硫酸根离子向阳极运动，这种运动称为电迁移运动。同时阳极在外电源的作用下将电子从外电路向阴极"搬运"（阳极失去电子），使镍离子在阴极表面获得电子成为镍原子。因此阴极与溶液界面处镍离子数量少，而远离界面处的溶液中镍离子数量多，在溶液内部形成浓度差。在浓度差的推动下镍离子向阴极运动，即发生扩散，现已经明确扩散过程是溶液中反应的主要过程。

（2）电极反应

在阴极与阳极表面发生下面反应：

$$\text{阴极} \quad Ni^{2+} + 2e \longrightarrow Ni \tag{5-1}$$

$$\text{阳极} \quad Ni - 2e \longrightarrow Ni^{2+} \tag{5-2}$$

阳极在外电源的作用下将电子向阴极搬运，造成阳极中电子减少，所以离子就不断溶解到溶液中。阴极（工件）同时进行两个反应：

① 金属离子得电子变为原子；

② 外电源将阳极电子向阴极输送（输送电子反应）。

两个反应的速度是不同的，由于外电源将阳极电子向阴极输送的速度快，造成阴极上积累了更多的电子，使电极电位向负的方向移动，引起阴极的电极电位发生变化（电极极化）。

电极极化：有电流通过时，电极电位偏离平衡电极电位的现象。

显然在电沉积过程中电流密度是可以控制的，但电流密度变化必定造成电极极化不同，从而导致电沉积的速率、镀层的质量有较大差异。所以电流密度是影响电沉积效果的关键因素。

(3) 电结晶过程

原子沉积到阴极后通过形核长大的方式形成镀层[1]。金属离子在金属表面放电变为原子（吸收电子），金属原子首先在基体表面沉积。这是由于离子在金属表面放电的活化能不同，在金属平面的活化能最低，在棱边等位置的活化能较高，所以首先在平面放电转化为原子。与气相沉积过程类似，沉积原子横向扩散首先形成二维晶核，逐渐长成单原子薄层。然后在新的晶面上继续结晶长大，一层一层排列长大后形成一定厚度的宏观镀层。

利用研究结晶过程的方法分析电沉积过程，同样可以导出电结晶也存在一个临界晶核半径（气相沉积过程也是如此），只有晶核半径大于临界晶核半径才能形成稳定晶核而长大（同样要有形核功）。

镀层的晶粒度是影响性能的重要指标。在结晶过程中一般是通过控制过冷度控制晶核尺寸的。在电镀过程中始终是在常温下进行形核长大的，无法通过控制过冷度等参数控制晶粒度，这是电结晶与凝固结晶的不同之处。电结晶是一个电化学过程，要结晶首先是金属离子必须变为金属原子，这实质是一个还原过程。金属离子是否容易还原取决于阴极电极极化的难易程度，控制晶粒度主要是控制极化过程的电流密度。

外电流密度低，阴极极化程度低，仅在工件表面台阶等高能处形核，形核率低，晶粒粗大；外电流密度高，阴极极化程度高，电极表面可以形成大量的吸附原子，形核位置多，形核率高，晶粒细化。

同时试验与理论分析也表明过电位（阴极实际电位与平衡电位之差）对形核率有关键影响，在实际操作中也要加以控制。

5.1.3 电沉积中的定量计算

根据上述电沉积过程可知，电沉积过程实际与电解过程类似，所以完全可以利用电解定律对电沉积过程进行定量计算。

电解定律：

$$M = KQ = KIt \tag{5-3}$$

式中，M 为电极上沉积（或溶解）的物质的质量；Q 为电沉积时通过的电量；K 为电化学当量，其物理意义是通过单位电量（库仑）时电极上（工件上）析出（或溶解）的物质的质量；I 为电流强度；t 为时间。

式(5-3) 表示的物理意义：电极上析出（或溶解阳极）的物质的质量与通过的电量成正比。

为实现定量计算，关键是要求出 K 值。可以根据电极反应与 K 的物理意义求出 K 值。

在进行计算时要注意单位。电量的基本单位是库仑（C）。电沉积中常根据电流值进行定量计算，电流的单位是安培（A）。换算关系如下：

$1A=1C/s$；$1A \cdot h=3600C$；$1F=26.8A \cdot h \approx 96500C$。

举例分析如下。

例 5-3：对于电沉积 Ni（电镀 Ni）过程，求出电化学当量。

阴极反应：$Ni^{2+}+2e \longrightarrow Ni$

上式表明：形成 1 个 Ni 原子需要 2 个电子，也就是说形成 1mol Ni 原子（质量为58.7g）需要 2mol 电子。1 个电子所带的电荷量为 $1.60219 \times 10^{-19}C$。

形成 1molNi 原子所需要的电量 $=2 \times 6.023 \times 10^{23} \times 1.60219 \times 10^{-19}C=2 \times 96500C$

求出：$K=58.7/（2 \times 96500）=3.04 \times 10^{-4}$（g/C）

如果采用 $A \cdot h$ 为单位则有 $26.8A \cdot h=96500C$

$$K=1.095g/(A \cdot h)$$

因此只要知道阴极反应就可以求出 K 值。可以采用下面 3 种方法确定阴极反应。

① 方法 1：根据所用盐的水解反应。

例如电沉积镍采用的盐是硫酸镍。该盐放入水中就水解出 Ni^{2+}，在电场作用下 Ni^{2+} 就沉积在阴极表面，所以发生的阴极反应是 $Ni^{2+}+2e \longrightarrow Ni$。

② 方法 2：根据元素最外层电子数或元素化合价。

例如，Ni 元素的最外层电子排布为 $3d^8 4s^2$，Zn 元素的最外层电子排布为 $3d^{10} 4s^2$，所以在溶液中形成 Ni^{2+}，Ni^{2+} 沉积在阴极表面。

③ 方法 3：根据标准电极电位的反应式，可以查表得出阴极反应式。

采用这些方法判断阴极反应有时也会有误差，主要还是依靠试验确定。

根据电解定律很容易推出定量计算表达式，推导如下。

设：工件表面积为 S；电沉积层的厚度为 δ；电沉积层物质的密度为 g。

因此电沉积层物质的质量为：$M=S\delta g$

根据电解定律：$S\delta g=KIt$

因此获得公式：$\delta=KIt/（Sg）$

因为电流密度 $D_k=I/S$，所以有公式

$$\delta=KD_k t/g \tag{5-4}$$

由式(5-4) 可见，电沉积层的厚度与电流密度、时间、K 成正比，与电镀物质的密度成反比。

利用式(5-4) 进行定量计算时需要注意单位统一。

例 5-4：一批工件电镀锌，电流密度为 $2A/dm^2$，时间为 45min，Zn 的密度为 7.13g/cm^3，原子量为 65.38，计算镀层厚度。

利用上述的方法确定电极反应：$Zn^{2+}+2e \longrightarrow Zn$

$$K=65.38/(2 \times 96500)=3.39 \times 10^{-4}（g/C）=1.220g/(A \cdot h)$$

利用式（5-4）计算出理论 $\delta=25\mu m$，实际结果为 $23\mu m$。

例 5-5：某轴类零件要进行镀铬，采用铬酐（CrO_3）为原料，要求镀层厚度为

0.15mm，采用的电流密度为 $50A/dm^2$。铬的密度为 $7.19g/cm^3$，原子量为 52.01，求电镀所需要时间。

确定电极反应：$Cr^{3+} + 3e \longrightarrow Cr$
$$K = 52.01/(3 \times 96500) = 1.80 \times 10^{-4} (g/C) = 0.647g/(A \cdot h)$$

利用式（5-4）有 $t = 0.015 \times 7.19/(0.647 \times 50 \times 10^{-2}) = 0.33$（h）

但是试验结果却是：经过 0.33h 镀层厚度仅为 0.03mm，误差极大，失去了定量计算的意义。为什么会出现如此巨大的误差？分析原因如下。

电沉积所用的溶液是盐的水溶液，有酸性与碱性之分。例如电沉积镍采用的溶液中含有硫酸镍 250～300g，氯化镍 30～60g，硼酸 30～40g，十二烷基硫酸钠 0.01～0.05g，测定出溶液的 pH=3～4，为酸性液体。因此溶液中有氢离子存在，在电场的作用下氢离子同样要沉积在阴极上。

所以实际阴极发生如下反应：

$$Ni^{2+} + 2e \longrightarrow Ni \tag{5-5}$$
$$2H^+ + 2e \longrightarrow H_2 \tag{5-6}$$

式(5-5)是主反应，而式(5-6)是副反应，电沉积时将同时发生主反应与副反应，见图 5-6。

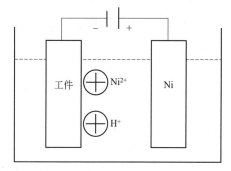

图 5-6　镍离子与氢离子均向阴极沉积的示意图

电解定律中的电流是总电流，既包含主反应中的电流也包含副反应中的电流。主反应电流占总电流比例越高，计算出的误差越小。正是由于副反应的存在，于是提出了电流效率 η 的概念。

$$\eta = (m_1/m) \times 100\% = (Q_1/Q) \times 100\% \tag{5-7}$$

式中，m_1 是在通过一定电量时，电极产物的实际质量；m 是在通过一定电量时，根据电解定律应获得的产物质量；Q_1 是根据电极产物实际质量按照电解定律换算出的电量；Q 是通过电极的总电量。

因此必须对式(5-4)进行修正，其方法是乘以一个电流效率 η。公式变成 $\delta = \eta K I t/(Sg)$。但是在实际计算时，为了方便常将修正后的公式变换成多种形式。例如有下面计算公式：

$$\delta = 100KD_k t\eta/(60g) \tag{5-8}$$

式中，δ 为镀层厚度，μm；K 为电化学当量，$g/(A \cdot h)$；D_k 为阴极电流密度，A/dm^2；t 为电镀时间，min；η 为阴极电流效率；g 为镀层金属密度，g/cm^3。

根据电极电位的物理意义，不难得出 η 与电沉积物质的电极电位有密切关系。根据电极电位可以粗略估计出 η 的大小。

例如，Ni 的电极电位是 +0.25V；Cr 的电极电位是 -0.93V，而 H 的电极电位是 0.0V。显然在处于氧化态时，Ni 获得电子的能力高于氢，所以主反应强烈，而对于 Cr 而言，其副反应强烈，因此电沉积铬的 η 值较小。

根据上述分析可知：

① 镀层元素的 E^0 越负（与氢比较），副反应越剧烈，电镀速度慢（难电镀），误差

越大。

② 电镀时阴极气泡越多，计算误差越大（副反应产生 H_2）。

③ 利用标准电极电位可以判断电镀的难易程度、η 值的大小。

5.1.4 电沉积的后处理与镀层残余应力

根据电沉积原理可知，电沉积后的工件存在氢脆的可能性。氢扩散到基体的原因有两个方面：一是工件在进行电沉积前往往经过酸洗处理，二是电沉积中的副反应使氢可能渗入镀层内部。特别是弹簧类零部件、薄壁零件存在脆断的危险。为避免氢脆问题，一般采用 $200 \sim 300 \degree C$ 保温 $2 \sim 4h$ 的退火工艺，在退火过程中氢将从晶格中逸出。

电沉积很多情况下是为了提高抗腐蚀性能，因此将电沉积后的工件在一定化学溶液中浸泡几分钟，一方面大幅度提高了工件的抗腐蚀性能，另一方面使工件更为美观和富有色彩。其原理为溶液与镀层发生化学反应，形成一层薄膜。

例如电镀锌后采用铬酸 $3 \sim 5g/L$、可溶性硫酸盐 $0.5 \sim 1.0g/L$、硝酸 $1 \sim 2mL$、醋酸 $5mL$ 的溶液浸泡后，在镀层表面形成金黄色的膜。

电沉积后仍然存在残余应力，目前对于电沉积残余应力产生的机理有不同的论述。关于残余应力产生的原因目前没有明确的结论，一般简单地认为电解液中的金属离子快速沉积，同时将基体金属与电镀金属的比体积差看成残余应力产生的原因，从而提出三种假说[2]。

① 过剩能假说：电镀时金属原子在电析出过程中处于高能状态，使金属晶格发生膨胀，因此在下一个阶段如产生收缩就会产生残余拉应力。也有另一种说法，电镀刚完成时金属表面 $1nm$ 范围的薄层内温度可以达到数百摄氏度，与周围临近部分存在极大的温度梯度。由于受到周围环境的急冷作用，类似于表面淬火过程，会产生热应力，依据热应力模型与分析方法，结果见表 5-1。

表 5-1 电镀层残余应力的产生过程与分布特点（依据过剩能理论）

项目	电镀初期 （镀层尚未形成）	电镀后期 （电镀层形成）
表层变形	基本不变	表层收缩
心部变形	基本不变	心部基本不变
表面应力	基本为零	拉应力
心部应力	基本为零	压应力

因此，依据过剩能理论，电镀后表面电镀层的残余应力均应该是拉应力。虽然该结论与许多情况符合，但是也存在表面压应力的情况。

② 氢假说：在电析出中金属晶格内吸收了氢，晶格发生膨胀。在随后阶段由于原子状态的氢要发生扩散，结果将产生残余拉应力。该假说同样无法解释为什么有时会产生残余压应力。

③ 吸附假说：有试验证明，镀镍时应力受吸附物质影响很大，随镀层内氢、氧含量的增加，应力值增加。因此认为电镀过程中初期发生水的吸附与吸收，后期水又扩散出去，所以产生残余拉应力。

由于残余应力产生的原因没有明确的结论，只能针对各种电镀的具体情况分析残余应力的值。

① 镀铬：当镀层薄时产生很高的残余拉应力，厚度增加，应力值下降；电镀温度上升，应力增加。

② 镀镍：一般也产生拉应力，低电流密度与低温情况下应力增加。

③ 镀铜：应力值是镀液成分与电流密度的函数。当基体是铜时产生压应力，是其他金属时则产生拉应力；在镀液中增加铅时拉应力几乎成倍地增加，而添加硫氢酸钾时拉应力则变成压应力；当有锌等杂质存在时产生压应力。

④ 镀锌、镉、铅：一般产生残余压应力，但是酸性镀锌液产生拉应力，并且拉压力随电流密度增加而增加。采用硫酸盐镀液时产生残余压应力。

表 5-2 是电镀层中几种典型的残余应力值，供进行分析时参考。

表 5-2　电镀层中几种典型的残余应力值

金属	电镀溶液	应力值/MPa	金属	电镀溶液	应力值/MPa
铬	铬酸-硫酸(50℃)	106	钴	硫酸盐	310～620
	铬酸-硫酸(65℃)	254	铑	硫酸盐	310～620
	铬酸-硫酸(85℃)	430	锌	酸性镀液	−56～12
镍	光亮镀镍用液(纯净)	106	镉	氰化物	−8
	光亮镀镍用液+杂质	224	铅	过氯酸盐	−30
	光亮镀镍用液+糖精	18			
铜	酒石酸钾钠-氰化物+硫氰酸钾	−27			
	酒石酸钾钠-氰化物	60			

5.1.5　典型电沉积工艺分析——电镀锌工艺

电镀锌工艺是电沉积技术中最常采用的工艺之一，目前许多需要防腐蚀的零部件均采用此工艺处理。据统计电镀锌是最广泛使用的防腐蚀技术，大约占整个电沉积业的 1/2。锌的标准电极电位为 −0.76V，对于钢铁工件而言镀锌层属于阳极镀层，可通过牺牲镀层而保护钢铁基体不受腐蚀。可见镀层的防腐蚀性能与镀层的厚度有密切的关系。

电镀锌的工艺过程是典型电沉积的工艺过程，其他的电镀工艺过程与之非常类似（如前处理过程等）。详细分析电镀锌工艺可以起到举一反三的作用。

镀锌溶液有氰化物溶液与无氰化物溶液两大类。由于氰化物对环境的严重污染，近年来趋向采用低氰、无氰镀锌溶液。

电镀锌常用的工艺路线分为三个阶段：工件的前处理→电镀锌工艺的实施→镀层的后处理。

(1) 工件的前处理

前处理的目的是去除工件表面的锈、氧化皮与油污，常采用的方法有机械处理方法、化学处理方法与电化学处理方法。前处理是电镀锌工艺中非常关键的一步，实践证明电镀产品的质量不佳，多数情况下是因为前处理不当。镀层有两个最基本的要求：一是要与基体结合牢固，二是镀层表面要光滑平整。结合牢固与工件表面是否有油污有直接关系，所以必须清除工件表面的油污。虽然在粗糙不平的表面也能形成镀锌层，但是这种镀锌层是不光滑、不平整的。

一般采用有机溶剂除油或碱性溶液除油。常用的有机溶剂有煤油、汽油、丙酮、三氯乙

烯等。碱性溶液除油是通过皂化反应实现的。油脂中的成分主要是硬脂，它可以和碱发生下面反应

$$(C_{17}H_{33}COO)_3C_3H_5 + 3NaOH \longrightarrow 3C_{17}H_{33}COONa + C_3H_5(OH)_3$$

$$\qquad 硬脂 \qquad\qquad 强碱 \qquad\quad 肥皂 \qquad\quad 甘油 \qquad\qquad (5\text{-}9)$$

常用的碱性除油剂配方见表 5-3。

表 5-3　常用的碱性除油剂配方

基体材料	溶液配方/(g/L)	工作条件	
		温度和时间	pH 值
铁基金属	氢氧化钠(NaOH)　　30~50 碳酸钠(Na₂CO₃)　　20~30 磷酸三钠(Na₃PO₄)　50~70 水玻璃(Na₂SiO₃)　　10~15	80~100℃ 20~40min 洗净为止	12~13.5
	氢氧化钠(NaOH)　　30~40 碳酸钠(Na₂CO₃)　　30~40 磷酸三钠(Na₃PO₄)　30~40 水玻璃(Na₂SiO₃)　　　5 OP 乳化剂　　　　1~2	90~100℃浸洗	12~13.5
	碳酸钠(Na₂CO₃)　　25~35 磷酸三钠(Na₃PO₄)　25~35 合成洗涤剂　　　0.75	80~100℃浸洗	12~13.5
铜及铜合金等	氢氧化钠(NaOH)　　10~15 碳酸钠(Na₂CO₃)　　20~50 磷酸三钠(Na₃PO₄)　50~70 水玻璃(Na₂SiO₃)　　5~10 OP 乳化剂　　　　50~70	70~90℃ 15~30min 洗净为止	10.5~11.5
	碳酸钠(Na₂CO₃)　　10~20 磷酸三钠(Na₃PO₄)　10~20 水玻璃(Na₂SiO₃)　　10~20 OP 乳化剂　　　　2~3	70℃浸洗	10.5~11.5
	碳酸钠(Na₂CO₃)　　10~20 磷酸三钠(Na₃PO₄)　10~20 皂粉　　　　　　1~2	70~80℃浸洗	10~11.5
铝及铝合金	碳酸钠(Na₂CO₃)　　40~50 磷酸三钠(Na₃PO₄)　40~60 水玻璃(Na₂SiO₃)　　2~5 海鸥润湿剂/(mL/L)　3~5	70℃浸洗	>8~8.5
	磷酸三钠(Na₃PO₄)　10~30 水玻璃(Na₂SiO₃)　　3~5 OP 乳化剂　　　　2~3	50~60℃浸洗	>8~8.5

为得到平整光滑的工件表面，可以采用磨光、抛光、滚光、振动光饰及喷砂等方法对工件表面进行处理。磨光是在磨光机上通过磨轮进行的。在磨轮的外表面有磨料，通过磨轮的旋转将工件表面磨平。根据工件表面的粗糙程度，可以选择不同粒度的磨料。一般磨料可以

根据粒度分成三种：10°～100°是较粗的磨料，100°～320°是中等颗粒磨料，320°～360°是细小磨料。原始状态较粗糙时采用较粗的磨料，再依次增加磨料的号数。

机械抛光一般采用抛光机进行。抛光时要在抛光轮上涂抛光膏，抛光膏也可分成不同粒度的类型。

滚光是指工件与磨料在滚筒机中进行低速旋转，通过工件与磨料的相对运动进行磨光的过程。它适用于批量大但是几何尺寸较小的工件。滚光可以去掉工件表面的锈点、毛刺而得到光洁平整的表面。在滚光过程中也需要加入磨料，如石英砂、铁砂、皮革碎块等，具体如何选用要根据工件表面状态决定。所以滚光的实质就是工件与磨料发生摩擦作用。

振动光饰是将工件放入装有磨料的容器中，通过容器的上下振动，使磨料与工件相互摩擦而使工件达到表面光洁的目的。

喷砂的目的是除去工件表面的毛刺、氧化皮、锈蚀物，是在专用的喷砂机中进行的。喷砂机的主要部件是空气压缩机。在压缩空气的作用下，将砂粒强烈地喷射在工件表面，打掉工件表面的毛刺、氧化皮、锈蚀物等物质。

有时采用浸蚀的方法去除工件表面的锈蚀物。浸蚀的实质是通过酸与工件表面发生化学反应，达到清洁表面的目的。浸蚀包括一般浸蚀、光亮浸蚀与弱浸蚀等。一般浸蚀的实质是氧化物与酸发生化学反应。例如钢铁材料表面主要的氧化物是 FeO、Fe_2O_3 与 Fe_3O_4 等，它们均可以与硫酸、盐酸等发生化学反应，从而将这些氧化物除去。钢铁材料常用的强浸蚀剂与操作规范见表 5-4。

表 5-4　钢铁材料常用的强浸蚀剂与操作规范

序号	溶液成分	含量/(g/L)	工作条件	
			温度/℃	时间/min
1	硫酸(H_2SO_4)	120～250	50～60	≤60
	若丁	0.3～0.5		
2	盐酸(HCl)	150～200	30～40	氧化皮除尽为止
	六亚甲基四胺	1～3		
3	硫酸(H_2SO_4)	100～200	40～60	5～20
	盐酸(HCl)	100～200		
	若丁	0.3～0.5		
4	硫酸(H_2SO_4)	600～800	≤50	3～10s
	盐酸(HCl)	5～15		
	硝酸(HNO_3)	400～600		
5	硫酸(H_2SO_4)	75%	室温	粘砂和氧化皮除尽为止
	氢氟酸(HF)	25%		

光亮浸蚀是通过浸蚀剂溶解工件表面的薄层氧化物，使工件呈现出基体的结晶组织，从而提高工件表面的光洁度。

弱浸蚀是在工件进入电镀槽前进行的一道工序，通过弱浸蚀去除工件表面的残碱及薄的氧化物膜，使工件表面活化。

应该指出的是，这些前处理方法对于其他电沉积工艺（如镀铜、镀铬等）也同样适用。

（2）电镀锌工艺的实施

电镀锌工艺中最重要的是电镀液的配方，而电镀液的配方有多种类型。近年来无铵氯化钾镀锌方法受到了人们的重视，以此类镀锌液为例说明溶液中各种物质的作用。无铵镀锌工艺规范见表 5-5。

表 5-5 无铵镀锌工艺规范

成分	1(钾盐)/(g/L)	2(钠盐)/(g/L)
氯化锌	50～100	70～100
氯化钾	150～250	—
氯化钠	—	180～230
硼酸	20～30	20～30
101 添加剂	15～25mL/L	—
W 添加剂	—	10～20mL/L
温度/℃	10～30	10～35
pH 值	4.5～6	5.2～5.8
电流密度/(A/cm²)	1～4	1～2

对溶液中的主要物质与电镀工艺中的主要参数分析如下。

① 氯化锌 是镀液中的主盐。在水溶液中分解出锌离子，成为电镀锌的锌离子供应源。其含量的高低根据基体材料与形状决定，基本原则是难以形成镀层的工件取上限。

② 氯化钾或氯化钠 主要起导电的作用，并可以活化阳极。氯化钾与氯化锌的含量比一般为 2.5～3.0，此数值直接关系到镀层的光洁度与沉积速度。当氯化钾含量过高时，沉积速度和光洁度同时降低。

③ 硼酸 作为缓蚀剂使用，稳定镀液的 pH 值。硼酸含量过低会造成镀件表面电流过大，局部 pH 值上升，还会造成局部金属氢氧化物夹杂存在于镀层中。

④ 添加剂 可以提高镀液的均镀能力与深镀能力，保证镀层晶粒细小、外观光亮。

⑤ pH 值 是重要的工艺参数。pH 值过高如大于 6.5，锌盐水解，溶液浑浊，阳极极易钝化，镀层表面光洁度差甚至发灰。pH 值小于 4.5，沉积速度慢。

⑥ 杂质的影响与去除 镀液中往往含有一定的铜离子、铅离子、铁离子、有机杂质等，会影响镀层质量，一般要将其去除。铜离子与铅离子含量高可以采用锌粉置换的方法消除，即加入 1～2g/L 锌粉，充分搅拌。铁离子含量过高可以通过加入 30% 双氧水 0.5～1.0mL/L 的方法消除。

如果出现镀层发糊、钝化不亮、镀层粗糙，可能是镀液中有机物杂质含量过高。可以加入 1～5g/L 的活性炭搅拌，静止 12h 后过滤消除。

在确定了镀液之后，需要选择金属作为阳极。根据电沉积的基本规律可知，在电镀锌时阳极应该采用锌板。应该注意的是，阴极与阳极的面积比会影响镀层质量。

(3) 镀层的后处理

前面已经论述，电镀后镀层中会产生残余应力。尤其是电镀过程中氢原子可能渗入晶格中而产生氢脆，使工件在服役条件下发生脆断，其中，弹簧类零件发生氢脆的概率较大。因此必须对镀层进行后处理。一般采用退火方法去除氢，温度控制在 200～250℃，时间一般为 2～3h。

为了提高镀层的防腐蚀能力，一般电镀锌后要进行钝化处理。所谓钝化处理就是将电镀锌后的工件，在一定的溶液中浸泡一段时间，使镀层与溶液发生化学反应，在镀层表面形成一层钝化膜。常采用的钝化液是铬酸盐钝化液。镀锌层彩色钝化工艺规范见表 5-6。

表 5-6　镀锌层彩色钝化工艺规范

成分和操作条件	配方号					
	1	2	3	4	5	6
铬酐(CrO_3)/(g/L)	5	5	3	3～5	4	1.2～1.7
硝酸(HNO_3)(mL/L)($\rho=1.41g/cm^3$)	3	3				0.4～0.5
硝酸钠($NaNO_3$)/(g/L)			3			
硫酸(H_2SO_4)(mL/L)($\rho=1.84g/cm^3$)	0.4	0.3				
硫酸钠(Na_2SO_4)/(g/L)				1		
高锰酸钾($KMnO_4$)/(g/L)	0.1					
氯化钠(NaCl)/(g/L)					4～5	0.3～0.4
硫酸钾(K_2SO_4)/(g/L)						0.4～0.5
醋酸(CH_3COOH)/(g/L)		5				4～5
锌粉/(g/L)						0.1～0.2
七水硫酸锌($ZnSO_4 \cdot 7H_2O$)				1～2		
七水硫酸镍($NiSO_4 \cdot 7H_2O$)	1					
pH 值	0.8～1.3	0.8～1.3	1.6～1.9	1～2	1.5～2	1.6～2
温度/℃	室温	室温	室温	室温	室温	10～40
时间/s	3～7	3～7	10～30	10～20	10～40	30～60

(4) 电镀层的金相组织与抗腐蚀性能

电镀锌层的金相组织照片见图 5-7。

图 5-7　电镀锌层的金相组织照片

电镀锌的抗腐蚀性能与镀层厚度有密切关系，与各个生产厂家的工艺及质量控制也有密切关系。现今对市场购买的镀层厚度为 $20\mu m$ 左右的彩色镀锌件，依据国家标准进行盐雾腐蚀试验，结果见表 5-7。

表 5-7　彩色镀锌件的盐雾腐蚀试验结果

盐雾试验时间/h	12	24	48	96	120
出锈情况	无锈蚀	出现白锈，无红锈	大量白锈，无红锈	大量白锈，出现小红锈点	大量白锈，出现较多红锈点

白锈是锌层腐蚀的结果，红锈是基体发生腐蚀的结果。可见如果以出红锈时间判断腐蚀性能，电镀锌零件大约经过100h开始生锈。

其余电镀金属工艺与电镀锌工艺类似，关键是电镀液不同。读者可在明确电沉积规律的基础上，参考电镀锌工艺分析，查阅相关资料进行实践。

5.1.6 电沉积技术中的污染问题

利用电沉积技术生产的产品在我们日常生活中处处可见。如一些家庭中广泛使用的各种颜色美观的装饰产品（灯具、浴具等）均是利用这类技术制造出来的。工农业生产中也有大量零部件采用该技术进行处理。但是电沉积技术中许多具体沉积工艺对环境均有较大的污染。通过分析电镀锌技术，了解整个生产工艺，可以分析其污染的来源[3]。

（1）酸、碱废水的危害

电沉积工件一般均要进行表面除锈处理，而除锈往往采用酸与碱，所以电沉积过程中要排出酸、碱废水。这些废水排入江河湖泊中会对水中微生物造成危害，而许多微生物对水质起着重要的净化作用。用受污染的废水进行农田灌溉，会破坏土壤的团粒结构，影响土壤的肥力及透气性、蓄水性，危害农作物的生长。一些鱼类、牲畜等食用了酸、碱废水将产生不良的影响，尤其是如果人食用这些肉类无疑将影响健康。

（2）含氰、铬废水的危害

含氰废水是电镀生产中毒性较大的废水。早期的各类电镀中，都曾大量采用氰化物。氰化物（包括硫氰化物）都是极毒的物质。众所周知氰化钾是作为剧毒的毒药使用的，食用剂量为0.25g就可使人死亡。经口腔黏膜吸收一滴氢氰酸（约50mg），瞬间即可致死。电沉积废水呈酸性时，其中的氰化物就会变为氰化氢气体逸出。

电沉积技术广泛应用的一个重要原因是镀层有防止腐蚀的功能。其中电镀锌是最广泛使用的技术，大约占整个电沉积业的1/2，而为了提高电镀锌的防腐蚀性能，往往采用钝化作为后处理技术。而钝化液绝大多数采用铬酸盐配制而成，导致废水中的含铬量很大。同时镀铬也是电镀中的一个主要技术，其废水量亦不少。因此，电镀中的主要废水是含铬废水，大量排放将严重影响人类的健康。

（3）含重金属废水的危害

电沉积技术是将不同的金属沉积在工件表面以获得一定的镀层，所以必然要使用各种重金属，因此排出的废水中会含有这些重金属，其中毒性最大的是镉与铅。金属镉本身就有毒，如果误食镉盐，经10～20min即发生恶心、呕吐、腹痛、腹泻等反应。口服硫酸镉的致死剂量仅约30mg。许多国家均已废除电镀镉技术，并采用其他技术代替电镀镉技术。

铅也是毒性较大的重金属，对人体很多系统都有毒性作用。铅侵入人体后将蓄积于骨髓、肝、脾、大脑及骨骼中，从而引起慢性中毒，其特点是在齿龈边缘与齿龈中间出现蓝灰色或黑色的连续点（铅线）。

锌虽然是人体必需元素之一，但是误食可溶性锌盐，会对消化道黏膜产生腐蚀作用。氯化锌溶液有较强的腐蚀性，因此生活饮用水中锌的含量不允许超过1mg/L。日本对工业污水中锌含量的规定是0.13×10^{-6}mg/L；苏联规定渔业用水中锌的最大允许浓度为0.01mg/L；我国规定工业废水中锌的最高允许浓度为5mg/L。

由于电沉积技术排出的废水含有大量污染物，而水是人们最重要的生活资源，所以对电沉积废水的控制要求必须严格。电镀废水必须经过处理才能排放。目前我国一些大城市已经明文规定,不允许在城市内有电沉积企业或者必须采用封闭自循环水系统,废水不允许排放到河道中。从环境保护的角度出发,开发新的无污染技术代替电沉积技术是有实用价值的研究方向。

5.2 电刷镀技术

5.2.1 基本原理

电刷镀是电镀的一种特殊形式,它的基本原理仍然是电化学沉积理论。所不同的是电刷镀时被镀工件不需要进入镀槽,而是通过操纵者手持包裹有棉套并蘸有镀液的阳极与工件(阴极)被镀表面接触并做相对运动,从而在工件表面快速沉积金属镀层。所以电刷镀技术主要是在设备方面与电镀技术有很大的不同。

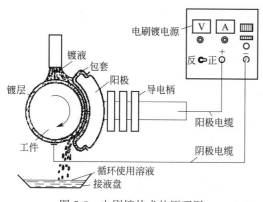

图 5-8　电刷镀技术的原理图

电刷镀技术的原理图如图 5-8 所示。直流电源的负极通过电缆线与工件连接,正极通过电缆线与镀具(导电柄和阳极的组合体)连接。镀具前端的阳极包裹棉套,与工件表面轻轻接触,镀液不断地添加到阳极和工件表面之间,在电场的作用下,镀液中的金属离子定向迁移到工件表面,在工件表面上获得电子,被还原成金属原子,即

$$M^{n+} + ne \longrightarrow M \downarrow$$

式中,M^{n+} 是金属离子;ne 是 n 个电子;M 是金属原子。

还原得到的金属原子在工件表面上形成镀层。阳极的面积通常都小于被镀表面的面积,因此阳极和工件表面必须相对运动才能在被选定的整个表面上沉积镀层。为了提高生产率,必须使用很大的电流密度。因此与电镀技术相比电刷镀技术有以下三个显著特点。

① 阳极(通过包套)与工件表面接触;

② 阳极和选定的局部表面相对运动;

③ 使用很大的电流密度(一般为槽镀的 5~10 倍)。

这三个基本特点决定了电刷镀电源、电刷镀溶液、电刷镀工艺和电刷镀应用的一系列特点。电刷镀技术是在能导电的工件的选定部位快速沉积金属镀层的新技术,主要用于修复工件尺寸和几何精度、强化工件表面、提高工件使用寿命及改善工件表面的理化性能等方面。与传统的槽镀技术相比,其主要的优点是施工方便、容易掌握、设备简单、成本低廉、对环境污染小、工件不变形、镀层质量易于调整控制、镀层与基体结合牢固。

目前电刷镀技术在世界范围内获得了广泛应用,几乎在所有工业部门都有大量成功的实例。

电刷镀技术的特点使其对电源有特殊要求。

① 直流输出　为了满足电化学结晶沉积镀层的需要,电刷镀电源应具有直流输出的功

能，供给的直流电压（电流）从零到额定值之间能进行无级调节。

② 输出电压值

a. 对仅仅用于电刷镀沉积镀层的电源，输出电压的额定值为≥20～250V；

b. 对同时可进行钝化或电解抛光的电源，输出电压的额定值为≥40～60V；

c. 具有电解腐蚀功能的电源，除了应有直流输出电压外，还应具有0～40V的交流输出电压。

③ 快速过电流保护　为防止阴极短路造成的大电流对人、设备、工件的损伤，电源应具备快速过电流保护的功能。切断主电路的时间一般为0.02～0.035s，比一般电气线路中规定的动作速度提高20倍以上。

④ 厚度控制　电刷镀电源具有相当精确的厚度控制系统，以实现对镀层厚度的精度控制。

⑤ 极性转换　电刷镀工序中要变换工件的极性，因此电刷镀电源应具备方便可靠的极性转换装置。

⑥ 体积小、重量轻、安全可靠　在现场进行电刷镀作业的机会颇多，例如在施工工地、高空船舱、甲板以及其他工作现场，因而要求电刷镀电源的体积要小、重量要轻、要便于移动。操作者需要手握导电柄进行作业，因此电刷镀电源应安全可靠，其电气绝缘性能要好、要适应现场环境，各元器件要安装牢固，以免危及操作者安全。

电刷镀电源的主电路如图5-9所示。主电路是指电刷镀电源中供给无级调节的直流电压（电流）的那一部分电路。

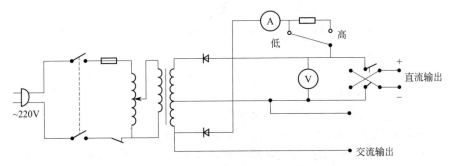

图5-9　电刷镀电源的主电路

这种形式的电源有结构简单、容量系列广、性能可靠、连续工作时间长、抗干扰性能强、元器件来源广、使用维修方便等优点。其缺点是重量大、体积大、价格偏高。近年来采用可控硅代替了上述电源中的调压器和整流管，电源的体积和重量都大大缩小，成本有所下降，但可控硅整流电源的输出波形随输出电压（电流）值的变化而变化，波形不是十分理想，具有脉冲特征，因而刷镀过程中阳极和工件接触区发热比较严重，电刷镀效率降低。

电刷镀装置中必须有控制回路。所谓控制回路是指电刷镀电源中实现极性转换、厚度控制、过电流保护等功能的电路。

(1) 厚度控制装置

电刷镀作业中，用电源上的厚度控制装置来监控镀层厚度。该装置由厚度设定和厚度显示两部分组成。依据法拉第一、第二定律即电结晶时沉积镀层的重量和消耗的电量成正比的原理，累计电刷镀过程中消耗的电量，达到控制沉积镀层的重量，间接地实现控制镀层厚度。目前电镀专用电源中主要采用安培·小时计（如图5-10所示）进行厚度控制。安培·

小时计一般从电流表的分流电阻上取得电压信号，经线性放大器放大后送入 v-f 转换器，将电压集中变为脉冲信号输进计数装置，最终变成数字显示出来。安培·小时计还有厚度（安培小时数）设定和到位声光显示装置。

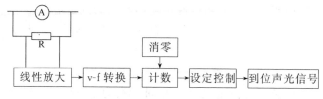

图 5-10　安培·小时计的原理框图

（2）快速过电流保护装置

快速过电流保护装置由采样器、放大器、快速切断电路及执行动作元件等组成。在 30A 的大中型电源中，为了提高额定输出电流和较小输出电流（一般为额定值的 1/10～1/2）时的过电流保护精度，在某些型号的电源上设置容量选择开关，可根据电流输出值的大小选用不同量程的过流保护电流值。

（3）极性转换控制

通过在直流输出上接极性转换开关来实现正负极的转换动作。电刷镀所用的溶液也与普通电镀液有所不同，一般情况下不能将普通槽镀用的溶液用于电刷镀工艺中。电刷镀溶液的主要特点是：沉积金属溶液中的金属离子的含量要比一般槽镀液高 2～10 倍，允许使用很大的电流密度，沉积速度快，镀层质量高。

按照用途和作用，可以将电刷镀溶液分成以下五类。

① 表面准备溶液：去除被镀表面的油、锈和各种有机物杂质，常用的表面准备溶液有电净液和活化液。

② 沉积金属溶液：在被镀表面沉积金属镀层。按沉积金属的组成，又可分为单金属镀液、合金镀液、复合镀液等。

③ 退镀溶液：从工件表面腐蚀去除金属或多余镀层的溶液。

④ 钝化和阳极极化镀液：在工件表面生成致密氧化膜。

⑤ 特殊用途的镀液：在工件表面获得各种特殊功能的表面层，如抛光、染色、发黑和防变色等。

表 5-8～表 5-12 分别列出了各种常用电刷镀溶液的配方。

表 5-8　电净液的配方

组分	配方 1	配方 2	配方 3
氢氧化钠/(g/L)	20～30	30～50	5～15
磷酸三钠/(g/L)	40～60	140～180	30～40
碳酸钠/(g/L)	20～25	40～15	—
氯化钠/(g/L)	2～3	4～5	—
缓冲盐/(g/L)	—	—	0.3～0.5
添加剂/(g/L)	微量	微量	—
pH 值	11～13	11～13	11～13

表 5-9　硫酸型活化液的配方

组分	配方 1	配方 2	配方 3	配方 4
浓硫酸/(g/L) (密度为 1.84(g/cm³))	70~90	160~180	10~100	80~90
硫酸铵/(g/L)	100~120	220~235	—	90~110
缓冲盐/(g/L)	—	—	20~200	—
添加剂/(g/L)	微量	—	微量	—
磷酸/(g/L)	—	—	—	4~6
氟硅酸/(g/L)	—	—	—	4~6
pH 值	0.2~0.4	0.2~0.4	0.8~1.0	0.4~0.8

表 5-10　快速镍电刷镀液的配方

组分	配方 1	配方 2	配方 3
七水硫酸镍 $NiSO_4 \cdot 7H_2O$(CP)/(g/L)	254	250	265
羧酸铵盐(CP)/(g/L)	56	30	100
醋酸铵 CH_3COONH_4(CP)/(g/L)	23	—	30
草酸铵 $(NH_4)_2C_2O_4$(CP)/(g/L)	0.1	—	—
氨水(NH_3 含量为 25%~28%)(CP)/(mL/L)	105	100	根据 pH 值调整含量
pH 值	7.2~7.5	7.2~7.5	7.2~7.5

表 5-11　硝酸型活化液的配方

组分	配方 1	配方 2	配方 3	配方 4	配方 5
三水硝酸铜 $Cu(NO_3)_2 \cdot 3H_2O$(CP)/(g/L)	430	450	—	315~335	—
五水硫酸铜 $CuSO_4 \cdot 5H_2O$(CP)/(g/L)	—	—	300	—	—
甲基磺酸铜 $Cu(CH_3SO_3)_2$(CP)/(g/L)	—	—	—	—	460
硝酸铵 NH_4NO_3(CP)/(g/L)	—	30	30	10~50	—
尿素/(g/L)	—	20	—	—	—
一水柠檬酸 $C_6H_8O_7 \cdot H_2O$(CP)/(g/L)	—	—	3	—	—
乙醇 C_2H_5OH/(mL/L)	—	20	20	10~30	—
硫酸 H_2SO_4/(mL/L)	—	—	30	—	—
pH 值	1.2~1.5	1.2~1.5	1.2~1.5	1.2~1.5	1.4~1.5
颜色	天蓝	天蓝	天蓝	天蓝	天蓝

表 5-12　酸性锌电刷镀液的配方

组分	含量
七水硫酸锌 $ZnSO_4 \cdot 7H_2O$(CP)/(g/L)	600
十八水硫酸铝 $Al_2(SO_4)_3 \cdot 18H_2O$(CP)/(g/L)	30
柠檬酸 $C_6H_8O_7$(CP)/(g/L)	30
酒石酸 $C_4H_6O_6$(CP)/(g/L)	2

组分	含量
硫酸钠 $Na_2SO_4(CP)/(g/L)$	50
十二烷基硫酸钠 $CH_3(CH_2)_{11}SO_4Na(CP)/(g/L)$	0.1
pH 值	1.9~2.1
颜色	无色透明

5.2.2 电刷镀工艺步骤与应用领域

5.2.2.1 正式刷镀前的表面准备阶段

(1) 机械修整

机械修整就是对工件上需要刷镀的表面，包括有可能与阳极接触的邻近表面以及溶液流经的表面，用机械的方法去除多余的金属、锈、油及其他杂质，为刷镀操作准备良好的条件。机械修整工件表面的总原则是：在满足修整要求的前提下，工件表面待刷镀部位越光洁越好，去掉的金属越少越好。

(2) 电化学处理

经机械修整后的表面还需进行电化学处理，进一步去除表面的油膜和氧化膜。去油采用电静液，其作用是清除工件表面比较薄的油膜。通过电净液中的成分离解，在工件表面形成气泡上浮，机械地将油膜撕破，然后被电净液中的皂化剂皂化或乳化后排出。阴极上产生的气泡比阳极上产生的多，去油效果好，所以工件一般都接负极。

电净后的工件表面还须用活化液进行活化处理。活化的实质是通过弱电解腐蚀去除工件表面的氧化膜，使工件处于洁净状态，为镀层与基体之间的良好结合提供条件。活化处理时常采用 THY-2 活化液，工件接正极，所用的刷镀笔接负极。

(3) 刷镀过渡层

过渡层是位于工作镀层和基体之间的镀层，刷镀过渡层的工序也称刷镀打底层。过渡层可以减缓工作镀层与基体之间在理化性能上的差别所产生的结合不良的倾向，在二者之间起过渡连接作用。

5.2.2.2 正式刷镀工作镀层

位于过渡层之上直接承受工作负荷的镀层叫工作镀层。工作镀层可以是单金属镀层，也可以是合金镀层；可以是单一镀层，也可以是由几种不同性能的镀层组合而成的复合镀层。各种工况下可供选择的工作镀层见表 5-13。

概括地讲，电刷镀技术的应用有两个方面：一是对新的工件的表面进行处理，使表面具有指定的技术性能；二是对使用后产生磨损及腐蚀的或加工失误的工件进行修复，修复工件的尺寸和几何精度。可以归纳出下面一些具体应用。

(1) 静配合表面的强化处理和修复

静配合表面是指在实际使用过程中，不允许有相对运动的工件配合面，即过盈配合和部分过渡配合的工作表面，如齿轮和齿轮轴、皮带轮的孔和轴、轴承的外圈和机体的孔、轴承的内圈和轴颈等。利用电刷镀强化和维修静配合表面的功能是：恢复基础尺寸，实现互换性和规范修理；强化表面、提高使用寿命。

静配合表面常用特殊镍镀层作为过渡层，这种镀层与大多数金属具有良好的结合力，是基体和表面层之间较理想的联结层。最常用的表面镀层是软金属层，如酸性锡、酸性锌等，主要目的是提高静配合表面的真实接触面积，提高其传递扭矩的能力和减少微动磨损。

（2）滑动面的强化处理和维修

大量事实证明，电刷镀用于滑动面的强化处理和维修是可靠的，效果非常明显。例如对于高速旋转的轴颈面、往复移动的平面、承受较大接触负荷的工作表面，电刷镀均能使其性能完全恢复甚至优于使用前。对于该类滑动面的强化，维修镀层的选择应遵循摩擦学的有关知识，力求使摩擦副的匹配合理或有所改进。其中强化类的镀层有快速镍镀层、镍-钨合金镀层、镍-磷合金镀层、酸性钴镀层、镍-氧化铝镀层、镍-碳化钨镀层等，减磨和改善自润滑性的镀层有锡镀层、锌镀层、铜镀层、铅镀层、镉镀层以及金镀层、银镀层、镍镀层、二硫化钼镀层等。

（3）划痕、擦伤和凹坑的修复

机床的导轨、立柱，液压设备中的柱塞、缸体等是机械设备中最重要的基础件，在服役过程中，由于润滑油中混入杂质，或工件表面含有灰砂等硬质切削颗粒造成表面拉伤、划伤或被化学介质腐蚀生成凹坑，从而导致机械设备的使用状态不良或液压部位渗漏，影响机械设备的正常使用。采用电刷镀镀层对上述损伤进行修复，可以在不损伤基础件的情况下使之恢复原来的尺寸精度。常用于修复的涂层为以铜、锡作为打底层的镍-钨或镍-磷涂层。

（4）改善基体表面的物理和化学性能

应用电刷镀技术可以十分方便地获得众多的单金属的复合镀层；可以沉积一定数量的合金镀层和复合镀层；采用镀后扩散或扩渗可获得特殊表面；可对镀层或基体表面进行钝化、阳极氧化、抛光等处理，从而改善基体表面的物理和化学性能。如在电器元件上刷镀金、银、铜、铝等可以大大增加电器元件的导电性能，刷镀铁、镍、钴可使电器元件获得优良的表面导磁性能，刷镀铬、铝、铜能提高电器元件表面的抗腐蚀和抗氧化性能。

目前电刷镀技术在铁道机车车辆方面获得了广泛应用，主要应用如下。

① 修复柴油机机体 在国内各内燃机车厂中，采用电刷镀工艺，以快速镍为工作镀层修复工件的尺寸，经 7 年多的实车考核，证明使用性能完全满足要求，与新机体相比寿命提高。目前已挽救了数百台国产机车和进口机车的机体。

② 柴油机曲轴的修复 柴油机曲轴造价昂贵，工作时承受交变和冲击负荷。在使用中各配合面除了产生尺寸精度和几何精度超差外，还常因杂质和磨粒混入润滑油而导致拉伤。采用电刷镀处理后，可恢复尺寸精度、几何精度，最大限度地保持曲轴的强度和刚度。我国铁路工厂采用电刷镀技术以来，已修复数百根国产柴油机曲轴和进口柴油机曲轴。对于各种材质、各种部位的曲轴修复均获得了良好的效果。

③ 涡轮增压器转子轴的修复 涡轮增压器转子轴失效的主要原因是轴颈磨损超限，按中碳钢电刷镀工艺进行修复：过渡层为特殊镍，工作镀层为快速镍。该项应用已获明显效益，刷镀成本为转子价值的百分之一。修复后的转子轴经三年多的装车运行证明，镍镀层的性能接近 42CrMo 氮化层，耐腐蚀性能超过氮化层。

④ 内燃机车柴油机主轴瓦的修复 轴瓦是易损件，每年消耗量极大。以往更换下来的轴瓦都作为废品处理。采用铜-锡-铟复合镀层修复主轴瓦和连杆瓦，实践证明其使用性能与进口瓦寿命相当并优于国产锡瓦。该项工艺已通过使用部门鉴定并正式投产。在各种工况下如何选择镀层可参考表 5-13。

表 5-13　各种工况下可供选择的工作镀层

使用工况	可供选择的工作镀层
抗腐蚀性	1.阳极性保护镀层:电极电位比基体金属负的金属镀层。钢铁基体可选锌、镉镀层,镀层需用重铬酸盐进行处理 2.阴极性保护镀层:电极电位比基体金属正的金属镀层。钢铁基体可选金、银、铑、钯、铂、镍、锡、铜、铬等镀层 3.银镀层上沉积一薄层钯,可使银层保持银白色又可防锈蚀 4.铜上镀金时应以镍作过渡层,防止铜原子扩散到金镀层中影响金镀层的纯度 5.三价铬溶液沉积的铬镀层同样具有良好的抗腐蚀性 6.铟、铟-锡合金在盐水和工业气氛中有良好的抗腐蚀性 7.锌、锡镀层耐硫酸、盐水腐蚀 8.锌镀层耐有机气氛腐蚀 9.通常来说,对同一种金属镀层,由酸性镀液沉积的镀层的耐腐蚀性比碱性镀液沉积的镀层好
低孔隙率	耗电系数大的镀液沉积出来的镀层的孔隙率低,为获得低孔隙率的镀层,应注意工艺规范的选择 1.使用允许电压(或电流)的下限值 2.阳极、工件、溶液勿过热(<40℃) 3.采用涤棉或全涤包套,防止棉纤维夹杂在镀层中
高硬度、高耐磨性	1.单金属镀层:铁、镍、钴、铑等 2.合金镀层:镍-钨、镍-钴、镍-铁、镍-磷、铁-钴、钴-钨等 3.复合镀层:镍-碳化钨、镍-氧化铝等 4.用脉冲电流镀出的单金属、合金镀层
减磨性	1.铬、铟、铟-锡、铅-锡、银、锡、镉、锡-铅-锑或锡-铜等巴氏合金镀层 2.经渗硫、浸渗含氟树脂、阳极化处理的镀层
高沉积速度	1.在静配合面上,用快速镍、高堆积铜等镀层 2.在滑动摩擦面上,用快速镍等镀层 3.在修复划痕、拉伤时,选用锡或铜镀层 4.厚镀层(δ≥0.5mm),应采用复合镀层,如快速镍-低应力镍、快速镍-铜、快速镍-镉、金、铑等
导电性	金、银、铜、锡等镀层
钎焊性	锡、锡-铅、铟、铜、锡-镍、金、银及钯等镀层
电器触点	铑、铂、锑、金、银镀层
低氢脆	铟镀层

5.3　电沉积技术在高科技中的应用

电沉积技术是一种非常成熟的表面技术,但是其存在污染问题,因此在使用时要提高防污染的意识,同时要进行合理选择。如果有其他能达到同样效果的技术可以代替电沉积技术,尽量选用一些无污染的技术。例如很多电沉积技术是为了提高金属的抗腐蚀性能,目前已经有很多技术可以提高金属的抗腐蚀性能,且对环境无污染,就应选用这些技术代替电沉积技术。

另外，利用电沉积技术的特点，尽量发挥其在高科技领域的应用。可利用电沉积技术生产那些数量少、用量少但是价值高的产品，而不是批量大、价值低的产品。因为批量小、产量小，所用的镀液就少，相对而言治理污染等均较容易，治理的成本就较低。同时产品价值高，可以用其创造的高利润投资各类防污设备与技术，确保生产对环境无污染。

电沉积技术完全可以用于高科技产品，举例说明如下。

5.3.1 利用电沉积技术制备薄膜太阳能电池材料[4]

利用电沉积技术可以制备铜铟镓硒薄膜太阳能电池，采用的溶液可以是氯化物溶液体系也可以是硫酸盐溶液体系[5]。与其他镀膜技术相比，电沉积技术具有工艺简单、沉积温度低的特性。由于沉积温度低，薄膜中的残余应力小，因此增强了薄膜与基体间的结合力。

根据电沉积特性可知，对于一些形状复杂的基片也可获得均匀的薄膜材料。同时利用电沉积的理论可以实现定量计算。因此可以通过理论分析精确地控制工艺参数，从而有效控制薄膜的厚度。由于电沉积技术不需要真空设备、等离子体装备等，所以设备投资也较低。美国国家可再生能源实验室采用电沉积工艺在室温下获得了铜铟镓硒薄膜太阳能电池材料[6]，其薄膜成分范围为 $CuIn_{0.32}Ga_{0.01}Se_{0.93} \sim CuIn_{0.35}Ga_{0.01}Se_{0.99}$。电沉积获得的薄膜成分偏离化学计量比，所以再采用 PVD 方法沉积一定的 In、Ga、Se，以调整成分的化学计量比。这样制备的薄膜太阳能电池材料的转换率达到 15.4%。电沉积技术虽然有众多优点，但是也存在缺陷。薄膜的性能不但取决于沉积的工艺参数，还与溶液中离子数量、电极表面状态等存在联系。所以要想利用电沉积技术获得优质的薄膜太阳能电池材料，还有大量工作要做。

5.3.2 利用电沉积技术制备镍网材料

在手机生产中需要采用一种材料——镍网。将镍金属制成网状即为镍网，其形状见图 5-11。

图 5-11　镍网宏观照片

一般的铁丝网是用铁丝编制而成的。可以想象如果用镍丝编制镍网，其难度是非常大的，而用电沉积法制备镍网则是比较容易的。

利用电沉积技术制备镍网材料的基本工艺流程如下。

泡沫塑料→涂导电胶→电沉积 Ni→600℃加热→900℃加热氢还原。

对工艺流程解释如下。

① 采用泡沫塑料作为基体的目的　众所周知，泡沫塑料本身有很多的孔洞，如果进行电沉积，沉积层上一定会有很多孔洞（实际就是网），因此采用泡沫塑料作为基体。

② 泡沫塑料上涂导电胶的目的　泡沫塑料本身是不导电的，难以进行电沉积。为了使其导电所以涂一层导电胶。导电胶的浓度要适宜，不能将泡沫塑料的孔洞堵死。

③ 电沉积 Ni　基体形成导电材料后就可以按照电沉积 Ni 的工艺进行沉积。电沉积 Ni 是非常成熟的技术，其理论也非常清楚，所以依据电沉积原理经过一定工艺参数的调整，完全可以实现在泡沫塑料上获得网状电沉积镍层。

④ 600℃加热的目的　去除泡沫塑料，获得镍网。

上述的镍网实际就是一种多孔材料。由于多孔材料具有的优势，目前镍网已成为人们关注研究的热点新材料之一[7]。电沉积技术可以沉积各类金属与合金，从而获得各类金属与合金镀层，所以从原理上说可用上述方案制备各类新型的多孔材料。因而电沉积技术可能成为开发各类多孔材料的基础技术。

认真分析上述工艺，还可以提出一些改进方案。例如采用 900℃加热氢还原，但是氢气在高温下很容易爆炸，有一定的危险性（某企业用上述工艺生产镍网时就发生过爆炸事件）。

可以考虑采用真空加热设备进行 600℃加热，将泡沫塑料去除。因为泡沫塑料是有机物质，所以从原理分析也可以采用一些有机溶剂将其溶解。

5.3.3　电沉积铜用于 IC 铜布线[8]

1997 年，IBM 公司公开宣布采用电沉积铜的方法制备集成电路的铜布线。电子信息产业中的元件精度要求是非常高的，如前所述，电沉积在电镀液中进行，在电镀液中除了制备铜膜必需的原料 $CuSO_4$ 以外，还有水、硫酸、添加剂等大量物质存在，沉积过程中这些物质应该很容易沉积在电镀层中，因此难以电镀出高纯度的铜膜，同时担心铜膜被氧化。根据电沉积原理对沉积过程进行详细分析，可知这种担心是不必要的。电沉积过程的示意图如图 5-12 所示。

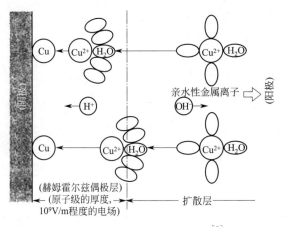

图 5-12　电沉积过程的示意图[8]

电镀液中含有大量的 Cu^{2+}，在电场作用下 Cu^{2+} 向阴极运动，沉积在阴极表面，并从阴极获得电子变为 Cu 原子。这些 Cu 原子具有一定的能量，可以在阴极表面运动，与其他原子形成原子对，再长大成核，最后生成薄膜。

在阴极附近，存在非常薄的偶极层（$0.2 \sim 0.3$nm[6]），偶极层内的电场非常强，其电场强度可达到 10^9V/m。在该强电场的作用下，电镀液中的阳离子（Cu^{2+}、H^+）向阴极方向被加速；而负离子（SO_4^{2-}、OH^-）则向反方向被加速，从电镀面的前面区间被排出，因此在阴极表面不会有氧化性的离子，该空间是一个还原性非常强的空间，所以铜膜不会被氧化。在这个空间铜离子变成铜，并在阴极上形核长大，从而获得高纯度铜膜。

利用电镀技术制作电子器件（读取磁头、IC 等），对尺寸精度、膜厚分布均匀性、薄膜的高纯度都有很高的要求，因此要采用一些特殊方法。其中方法之一是桨搅拌电镀法，其装置如图 5-13 所示。该方法是采用一个与纸面垂直放置的被称为桨的棒，以磁铁或线圈产生的磁场使其平行移动或旋转，使电镀液的表面附近产生强烈搅拌的方法。使用该方法可产生以下效果：①抑制由于电镀表面产生氢而引起附近的 pH 的变化；②可以去除附着氢的气泡；③可以促进反应和提高扩散效率。因此，该方法可以防止电镀时由于受 pH 的变动而使组织结构发生变化，可以用它制备具有优异功能的镀层。

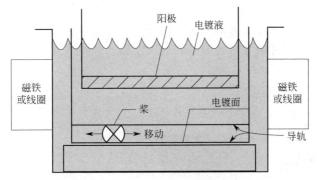

图 5-13　桨搅拌电镀法的装置

另外，在电镀液中加入少量添加剂，也可以大幅度提高铜膜质量。一些学者研究了 Cl^- 和骨胶添加的效果。结果表明，添加 Cl^- 和骨胶，表面粒子大，内部柱状组织发达；如果仅添加骨胶，虽然表面光滑，但柱状组织未发达；如果只添加 Cl^-，柱状组织发达。由此可判断出，Cl^- 的添加可以促进柱状组织发达。这说明微量添加剂就能引起很大的组织变化。至于使用何种添加剂，多以电镀液生产厂的经验为主。超 LSI 布线用的电镀液的示例如表 5-14 所示。

表 5-14　超 LSI 布线用的电镀液的示例

成分	组成	作用	成分	组成	作用	成分	组成	作用
$Cu_2 \cdot 5H_2O$	0.24mol/dm^3		Cl^-	50mg/L	粒子的粗大化	SPS	1mg/L	光泽剂
H_2SO_4	1.8mol/dm^3		PEG	300mg/L	粒子的均一化	JGB	1mg/L	平滑剂

5.4　电沉积零件的失效分析

电沉积一般是零部件最后一道成型工序，又因为存在氢脆的可能性，所以电沉积零部件一旦发生断裂问题，往往容易使人认为是电沉积中氢脆引起的。但是对此问题要进行具体分析，有时并非一定是电沉积中氢脆引起的断裂。对电沉积零部件进行正确的失效分析是保证电沉积工艺成功应用的关键。为说明此问题举例分析如下。

例 5-6：45 钢长安汽车调节螺杆，螺杆尺寸为 M6，制备工艺如下。

下料→锻造螺杆六方头（感应加热）→机械加工→840℃淬火＋500℃回火→电镀锌。

某次生产的调节螺杆，有一部分在用扳手紧固螺栓时发生了断裂，断裂的汽车调节螺杆的外形见图 5-14。

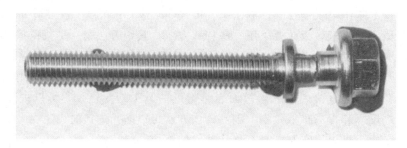

图 5-14　断裂的汽车调节螺杆的外形图

厂家开始认为断裂是由电镀时的氢脆引起的，理由是过去发生过断裂，分析其原因就是电镀时的氢脆。但是从宏观断裂情况分析，此次断裂的特征不符合氢脆引起的断裂的特征。

依据 1：根据电沉积原理，如果发生氢脆，则应分布于整个工件，螺纹部位存在应力集中，在用扳手紧固螺栓时最易诱发脆断，但是该处没有断裂，而是断裂在没有螺纹的根部。

根据宏观断裂位置推测：断裂位置固定，该位置材料内部可能存在问题。

图 5-15　断裂的汽车调节螺杆的断口宏观形貌照片

依据 2：对断裂螺杆的断口形貌（图 5-15）进行分析，断口中可见黑区域＋白区域，并非氢脆断口的典型形貌，且黑区域中还有黄色，该黄色与表面颜色一致。

推测：电镀前有裂纹，电镀时电镀液与钝化液进入内部，使内部产生黄色，因此黄色与表面颜色一致，对断口进行 SEM 分析和金相分析，结果见图 5-16。

断口黄色区域出现晶须状物；能谱分析测定出断口处的锌含量很高，说明推测是正确的，确实是在电镀前螺杆就存在微裂纹。为分析裂纹是如何产生的，在断口附近截取样品进行金相组织分析，分析结果见图 5-16(d)，该组织是回火索氏体，但是在该组织中发现了微孔与微裂纹，且微裂纹均出现在微孔附近。根据断裂位置均在感应加热位置处，可以认为是在感应加热锻造方头这道工艺出的问题。由于温度控制不准确，造成某些样品在此处加热温度过高，出现熔化区域，冷却后形成内部微孔，淬火时在微孔附近形成微裂纹。

因此得出结论：断裂并非由氢脆引起，而是感应加热工艺不当导致的低应力断裂。

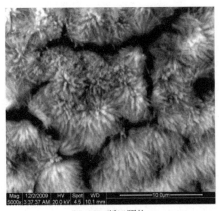

(a) SEM断口照片

(b) 断口上可见晶须

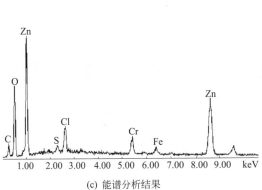

(c) 能谱分析结果

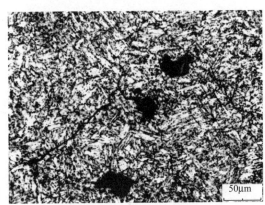

(d) 断口附近金相组织照片

图 5-16　SEM 分析与金相分析结果

5.5 化学镀技术

5.5.1 化学镀的原理

　　化学镀技术是指在没有外电流通过的情况下，利用化学方法使溶液中的金属离子还原为金属沉积在基体表面，从而形成镀层的技术。

　　早在 1844 年人们就发现次亚磷酸盐可以从镍盐溶液中还原出镍。1946 年 Brenner 与 Riddell 意外发现在浸泡在次亚磷酸盐液体中的钢件表面上可以成功镀上镍，从而确认镍具有自催化还原性质。1950 年 Brenner 与 Riddell 申请了第一个化学镀专利。1955 年美国建立了世界第一条化学镀生产线。20 世纪 60～80 年代化学镀技术得到了迅速发展。化学镀生产线的结构示意图见图 5-17[9]。

　　化学镀技术与电沉积技术有类似之处，但是也有明显不同之处，可以用图 5-18 表明两者间的差别。化学镀技术与电沉积技术相比，有两个显著区别：

　　① 利用化学镀技术在工件表面形成镀层无需电源。

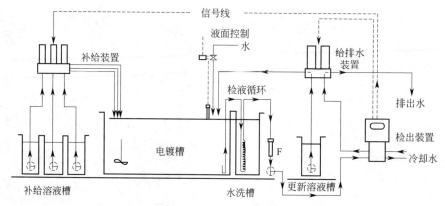

图 5-17　化学镀生产线的结构示意图

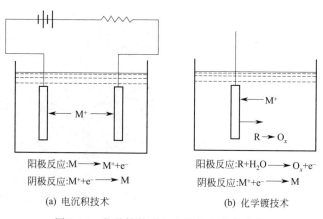

阳极反应:M $\longrightarrow$ M$^+$+e$^-$

阴极反应:M$^+$+e$^-$ $\longrightarrow$ M

(a) 电沉积技术

阳极反应:R+H$_2$O $\longrightarrow$ O$_x$+e$^-$

阴极反应:M$^+$+e$^-$ $\longrightarrow$ M

(b) 化学镀技术

图 5-18　化学镀技术与电沉积技术的比较

② 化学镀并非对所有基体等同沉积,在具有自催化能力的材料表面易发生沉积。

人们不禁要问:在无电源条件下为什么离子会自动沉积在工件上?什么是自催化材料?为什么要有自催化材料才能实现沉积?这些就是化学镀原理问题,目前尚无统一认识。

为探明机理首先对试验现象进行以下分析。

① 镀液主要成分对比

电镀镍溶液:硫酸镍＋添加剂;

化学镀镍溶液:硫酸镍＋添加剂＋次磷酸钠;次磷酸钠在沉积过程中起重要作用。

② 化学镀镍层中均含有磷,所以一般称为镍磷镀。

③ 化学镀镍时,如果发现工件表面产生大量氢气泡,一般沉积层较厚,即说明沉积效果较好。这一点与电沉积恰好相反,电沉积过程中如果工件表面出现大量氢气泡,说明副反应激烈,沉积效果一定不佳。

一个合理的理论必须能对上述试验现象做出合理解释。目前提出了三种理论,分别是原子氢态理论、氢化物理论与电化学理论。对原子氢态理论简述如下。

硫酸镍溶液中有镍离子;次磷酸钠必然会分解出次磷酸根离子与钠离子;在某些材料(称为自催化材料)表面水与次磷酸根离子反应就会生成 H$^+$:

$$H_2PO_2^- +H_2O \longrightarrow HPO_3^{2-} +H^+ +2H_{ad} \tag{5-10}$$

自催化材料表面的镍离子与吸附的氢就会发生下面反应:

$$Ni^{2+}+2H_{ad}\longrightarrow Ni+2H^+ \tag{5-11}$$

由于上述反应的发生，工件表面的镍离子变成镍原子，工件上的镍离子少，溶液中的镍离子多，所以溶液中的镍离子就向工件表面发生扩散。

吸附氢与次磷酸根离子反应生成 P，使得镀层含 P：

$$H_2PO_2^-+H_{ad}\longrightarrow H_2O+P+OH^- \tag{5-12}$$

吸附氢多就可以产生氢气，从而产生气泡；吸附氢越多，气泡越多，沉积越快。

$$2H_{ad}\longrightarrow H_2 \tag{5-13}$$

所谓自催化是指有些材料表面自动发生式(5-13) 的反应。

目前通常将化学镀镍反应用下面一组反应式表示：

$$Ni^{2+}+H_2PO_2^-+H_2O\longrightarrow HPO_3^{2-}+3H^++Ni \tag{5-14}$$

$$H_2PO_2^-+H\longrightarrow P+H_2O+OH^-（部分 H_2PO_2^- 被氢原子还原成磷夹杂在镀层中） \tag{5-15}$$

$$H_2PO_2^-+H_2O\longrightarrow H^++HPO_3^{2-}+H_2\uparrow（析氢反应） \tag{5-16}$$

第Ⅷ族金属。钯、铑、铂、铁、钴、镍和金、银、钌、铱等有自催化效果。为什么含有这些元素的材料具有自催化效果？有人认为是因为这些元素的 d 层电子轨道有特殊之处。这些元素的 d 层电子轨道的电子，可以提供给氢离子，进行脱氢反应。

5.5.2 化学镀的典型工艺及应用

(1) 化学镀镍工艺

化学镀中应用最广的是化学镀镍，而化学镀镍溶液最常用的还原剂是次磷酸盐。对于其反应机理，一般均承认原子氢态理论（见 5.5.1 节）。

化学镀镍溶液分为酸性镀液与碱性镀液。酸性镀液的特点是溶液比较稳定而易于控制、沉积速度较高、镀层含磷量较高（通常在 7%～11%），生产中一般都使用这类溶液。碱性镀液的 pH 值范围比较宽，镀层含磷量较低（通常为 3%～7%），碱性镀液对杂质比较敏感。用氨水调 pH 值的溶液，由于氨易挥发而需经常调整，所以这类溶液并不常用。酸性和碱性化学镀镍的工艺规范分别见表 5-15 和表 5-16。

表 5-15　酸性化学镀镍的工艺规范

成分和操作条件	配方号									
	1	2	3	4	5	6	7	8	9	10
七水硫酸镍（$NiSO_4\cdot 7H_2O$）/(g/L)	30	25	20	23	21	30	25～30	20～30	21	
六水氯化镍（$NiCl_2\cdot 6H_2O$）/(g/L)										30
一水次磷酸钠（$NaH_2PO_2\cdot H_2O$）/(g/L)	36	30	24	18	24	36	25～30	20～35	23	10
三水乙酸钠（$NaC_2H_3O_2\cdot 3H_2O$）/(g/L)		20				乙酸 12 mL/L	20～25	10		5
二水柠檬酸钠（$Na_3C_6H_5O_7\cdot 2H_2O$）/(g/L)	14							38	10	13
羟基乙酸钠（$NaC_2H_3O_3$）/(g/L)			30			30				
苹果酸（$C_4H_6O_5$）/(g/L)	15		16							

成分和操作条件	配方号									
	1	2	3	4	5	6	7	8	9	10
琥珀酸($C_4H_6O_1$)	5		18	12						
乳酸($C_3H_6O_3$)(88%)/(mL/L)	15			20	30		5.7	5	42.5	
丙酸($C_3H_6O_2$)/(mL/L)	5				2	4		8	2	
铅离子①/(mL/L)		2	1	1	1	1	1		1	
硫脲[$CS(NH_2)_2$]/(mL/L)		3							酒石酸0.5	
其他/(mg/L)	MoO_3 5						KIO_3 15	NaF0.5		
pH 值	4.8	5.0	5.2	5.2	4.5	4.6	4.8	5.2~5.4	4.7	4~6
温度/℃	90	90	95	90	95	88	88~92	75~92	97	90~100
沉积速度/(μm/h)	10	20	17	15	17	15	13	—	20	7
镀层含磷量/%	10~11	6~8	8~9	7~8	8~9	<8		7~8	—	

① 以氯化铅或乙酸铅的形式加入。

表 5-16 碱性化学镀镍的工艺规范

成分和操作条件	配方号						
	1	2	3	4	5	6	7
七水硫酸镍($NiSO_4 \cdot 7H_2O$)/(g/L)	33						42
六水氯化镍($NiCl_2 \cdot 6H_2O$)/(g/L)		45	30	25	24	24	
一水次磷酸钠($NaH_2PO_2 \cdot H_2O$)/(g/L)	17	11	10	8	20	20	27
氯化铵(NH_4Cl)/(g/L)	50	50	50	40			32
硼酸(H_3BO_3)/(g/L)						40	
十水硼砂($Na_3BO_3 \cdot 10H_2O$)/(g/L)					38		
二水柠檬酸钠 ($Na_3C_6H_5O_7 \cdot 2H_2O$)/(g/L)	84	100		60	60	60	60
柠檬酸铵[$(NH_4)_3C_6H_5O_7$]/(g/L)			65				稳定剂4mg/L
pH 值①	9.5	5~10.0	8~10	8~9	8~9	8~9	7.5~8.0
温度/℃	85	90~95	90~95	85~88	90	90	85
沉积速度/(μm/h)	—	10	8		10~13	—	18~20

① 配方1~4用氨水调 pH 值；配方5、6用氢氧化钠溶液调 pH 值。

化学镀镍溶液的配制对质量有一定影响，一般按下述程序配制：

① 将计算好用量的各种化学药品分别用适量的水溶解。

② 将络合剂与缓冲剂溶液互相混合（乳酸溶液需预先用碳酸氢钠中和至 pH＝5 左右），然后将镍盐溶液倒入其中，搅拌均匀。

对于含氯化铵和氨水的碱性镀液，应将镍盐溶液与氯化铵溶液混合后加入氨水至溶液呈深蓝色，然后将次磷酸盐或柠檬酸盐溶液倒入其中。

③ 将次磷酸钠以外的其他溶液依次加入，搅拌均匀。

④ 在搅拌下加入次磷酸钠溶液。

⑤ 用水稀释至规定体积，再用酸或碱溶液调 pH 值至规定值。

⑥ 过滤后便可使用。

（2）化学镀镍层的金相组织与应用

化学镀镍层有下面特点：

① 镀层为含有 3%～14% 磷的镍磷合金，且往往是非晶态的层状结构。

② 抗蚀性比电镀镍层高，且硬度较高（500～600HV）。经 400℃ 热处理后，其硬度可达 1000HV 以上，可用来代替镀硬铬层，韧性比电镀镍层差。

③ 外观带微黄色，很美观。

根据上述特点化学镀镍层主要用作化工设备的抗蚀镀层、复杂机械零件的耐磨镀层。20 钢化学镀镍层的金相组织照片见图 5-19。

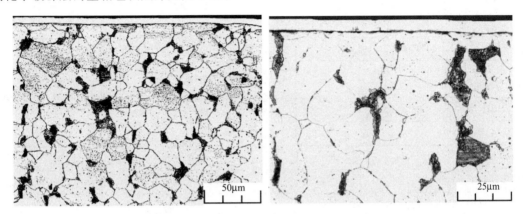

图 5-19　20 钢化学镀镍层的金相组织照片

（3）化学镀铜工艺

化学镀铜的应用也非常广泛，在化学镀中占有十分重要的地位。化学镀铜层可以用于非金属电镀的底层、印制板的孔金属化、电子仪器的电磁屏蔽层等。信息产业的飞速发展使化学镀铜受到了人们的关注。

一般认为化学镀铜的反应机理为：

$$Cu^{2+} + 2HCHO + 4OH^- \longrightarrow Cu + 2HCOO^- + 2H_2O + H_2\uparrow$$

除主反应外，还发生下列副反应：

$$2Cu^{2+} + HCHO + 5OH^- \longrightarrow Cu_2O\downarrow + HCOO^- + 3H_2O$$

$$Cu_2O + H_2O \longrightarrow Cu + Cu^{2+} + 2OH^-$$

化学镀铜常用甲醛作还原剂，由于甲醛在碱性条件下（pH=11～13）才有足够的还原性，所以在含二价铜离子的溶液中必须加入络合剂，不同络合剂化学镀铜溶液的特点见表 5-17。

表 5-17　不同络合剂化学镀铜溶液的特点

络合剂种类	酒石酸盐	乙二胺四乙酸（EDTA）	酒石酸盐和 EDTA	其他络合剂
化学镀铜溶液的特点	溶液稳定性差,不含稳定剂时易分解。工作温度不高,沉积速度低,镀层韧性差,成本较低	溶液稳定性好,可在较高温度下工作,能得到较厚的铜层。镀层性能好,成本较高	溶液稳定性好,可得到较厚的铜层,镀层性能好,成本比 EDTA 低	含氨基三亚甲基膦酸（ATMP）和羟基亚乙基二膦酸（HEDP）的溶液稳定,工作温度不高,镀层韧性好,但沉积速度较低。含四羟丙基乙二胺（Quadrol）的溶液稳定,沉积速度快,在中温得到的镀层韧性好,适用于镀厚铜

为改善镀液和所得铜层的性能，常使用下述几类添加剂。

① 稳定剂：主要选用与 Cu^+ 络合能力强的络合剂，使 Cu^+ 形成稳定的可溶络合物来防止生成 Cu_2O，如氰化物、碘化物、硫化物、硫氰化物等，而且常常组合使用。

② 加速剂：这类物质有去极化效果，使镀层形成过程加速进行。如苯并二氮唑、巯基苯并噻唑等。

溶液配制方法与化学镀镍类似。以酒石酸盐为络合剂的化学镀铜的工艺规范见表 5-18。

表 5-18　以酒石酸盐为络合剂的化学镀铜的工艺规范

成分和操作条件	配方号					
	1	2	3	4	5	6
五水硫酸铜（$CuSO_4 \cdot 5H_2O$）/(g/L)	5	15	10~20	10~15	15	10
四水酒石酸钾钠（$KNaC_4H_4O_6 \cdot 4H_2O$）/(g/L)	25	60	40~60	40~60	45~50	22
甲醛（HCHO）（37%）/(mL/L)	5	8~18	10~15	10~15	10~15	
氢氧化钠（NaOH）/(g/L)	7	10~15				10
六水氯化镍（$NiCl_2 \cdot 6H_2O$）/(g/L)	0.1	2	8~14	8~14		
甲醇（CH_3OH）/(mL/L)			0.15~0.30		2	
乙醇（C_2H_5OH）/(mL/L)	33			30~150		
亚铁氰化钾 [$K_4Fe(CN)_6 \cdot 3H_2O$]/(g/L)					10~30	
聚乙二醇（M=6000）/(g/L)			0.10~0.15			
对甲苯磺酰胺/(g/L)		0.06~0.15	30~60	0.01~0.02	0.10~0.13	
硼氢化钠（$NaBH_4$）/(g/L)					50~70	1.3
氨水（$NH_3 \cdot H_2O$）（25%）/(mL/L)						140
pH 值	11.5~13.5	12.5~13.5	12.5~13.0	11.5~13.0	12.5~13.0	13.3
温度/℃	30	15~40	25~40	15~40	25~30	20
沉积速度/(μm/h)	—	2~4	0.4~0.5	0.4~0.5	0.3~0.4	3

也可以用次磷酸盐作还原剂配制溶液，这类溶液具有不逸出异味气体、镀液使用寿命长等优点。但因铜对次磷酸盐的氧化反应无催化活性，所以应向溶液中加入少许镍盐，才能使化学镀铜过程正常进行。其典型工艺规范如下。

五水硫酸铜（$CuSO_4 \cdot 5H_2O$）	6g/L
一水次磷酸钠（$NaH_2PO_2 \cdot H_2O$）	28g/L
二水柠檬酸钠（$Na_3C_6H_5O_7 \cdot 2H_2O$）	15g/L
硼酸（H_3BO_3）	30g/L
七水硫酸镍（$NiSO_4 \cdot 7H_2O$）	0.5g/L
硫脲或 2-巯基苯并噻唑	0.2mg/L
pH 值	9.2
温度	65℃

5.5.3 化学镀中的残余应力问题

化学镀产生残余应力的一种原因是化学镀层与基体材料的热膨胀系数不同。化学镀的温度一般在 90℃ 左右，当将化学镀槽中的样品冷却至室温时，表面镀层与心部基体材料的热胀冷缩不会同时发生，同时镀层与基体的热膨胀系数不同，因此会产生应力。其规律是热膨胀系数大的一方产生压应力，而热膨胀系数小的一方产生拉应力。

试验得出的规律是当样品从镀槽中取出时，化学镀镍层要收缩 10% 左右。

另外化学镀层的形成也是晶粒形核与长大的过程。开始形成一些岛状的颗粒，在岛状颗粒之间填充上新的粒子之前被表面应力拉在一起形成拉应力。当表面被新的镀层覆盖或进行热处理时，会发生原子重排而改变原子间距从而产生应力。化学镀层中的残余应力与工艺条件的关系见表 5-19。

表 5-19　化学镀层中的残余应力与工艺条件的关系

镀液组成	pH 值	温度	含磷量/%	热处理前的应力/MPa	热处理后的应力/MPa
$NiSO_4 \cdot 7H_2O(0.8mol/L)$ $C_3H_6O_3(0.36mol/L)$ $NaH_2PO_2 \cdot H_2O(0.23mol/L)$	5.0	82	6.9	26.5	78.4
	5.0	88	7.0	58.8	71.5
	4.9	94	7.2	7.8	64.7
	4.5	93	8.1	12.7	67.6
	4.5	93	8.4	43.7	139.1
	4.0	97	10.7	−53.9	29.4
	4.0	94	11.6	−88.2	0.0
	4.0	93	12.2	−72.5	−7.8
	4.0	91	12.4	−105.6	−26.5
$NiCl_2 \cdot 7H_2O(0.126mol/L)$ $(NH_4)_3C_6H_5O_7(0.5mol/L)$ $NaH_2PO_2 \cdot H_2O(0.095mol/L)$	4.5	95	8.0	3.5	65
$NiSO_4 \cdot 7H_2O(0.057mol/L)$ $C_3H_6O_3(0.14mol/L)$ $MoO_3(0.015mol/L)$ $NaH_2PO_2 \cdot H_2O(0.17mol/L)$		5.4	90	8.5	6.0

由表 5-19 可得出以下结论：

① 镀液的成分与 pH 值对残余应力有重要影响。

② 尤其应注意的是，采用热处理方法一般均会减少许多加工工艺产生的残余应力，但是对化学镀而言并非完全如此。这是因为化学镀层是低温形成的，热处理温度一般均高于化学镀温度，所以会使原子发生重排。如果原子间距缩短，则会产生拉应力，总之热处理一般是提高拉应力而减少压应力，因此应根据基体材料的种类确定是否可以采用热处理方法减少化学镀产生的残余应力。

5.6　热浸镀技术

5.6.1　热浸镀的基本原理与工艺过程

热浸镀技术（简称热镀技术）是指将工件浸入熔融的金属液中，通过扩散与反应扩散在工件表面形成一层镀层的技术。

被浸入的熔融金属液一定是由一些低熔点的金属或合金构成的。最早的热浸镀技术是从镀锡开始的。在 13 世纪英国与法国就开始生产热镀锡的钢板。热浸镀广泛应用于钢铁材料中，但铸铁和铜材料也有采用热浸镀工艺的。主要的热镀层种类见表 5-20。

由热浸镀技术的定义可知，工件表层组织结构的变化，是由于熔融金属液中的原子扩散进入而发生的，所以与扩散原理密切相关。因此热浸镀技术的基本原理与第 3 章、第 4 章中介绍的表面改性的原理有非常相似之处，可以参考第 3 章、第 4 章分析热浸镀技术的原理。

表 5-20　主要的热镀层种类

镀层金属	熔点/℃	备注
锡	231.9	是最早用于热浸镀层的金属
锌	419.45	在热浸镀层中是应用得最广泛的金属。为了提高耐蚀性能,近年来开发了多种以锌为基的合金镀层
铝	658.7	在热浸镀层中是应用较晚的金属
铅	327.4	在熔融状态下,铅液不能浸润钢材表面,需要加入一定量的锡或锑(通常是加入锡)才能浸润,从而形成镀层。因此,常常将这种镀层称为热镀铅合金镀层

生产中最常采用的热浸镀技术是热镀锌、热镀锡与热镀铝。在第 4 章中介绍了利用相图分析易于形成化合物层的方法，这种方法同样可以用于分析热浸镀。Fe-Zn、Fe-Al、Fe-Sn 相图见图 5-20。

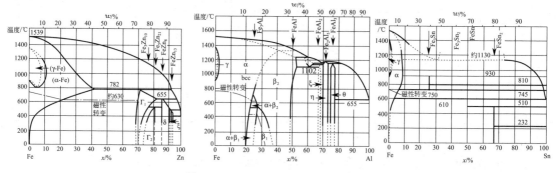

图 5-20　Fe-Zn、Fe-Al、Fe-Sn 相图

对图 5-20 进行分析，可以得出以下结论：

① 热镀锌的温度范围为 460～700℃，热镀铝的温度范围为 700～800℃，热镀锡的温度范围为 250～350℃，在各自进行浸镀的温度范围内，在相图中与纯金属液相连接的均是一个较宽的两相区，在该两相区均是液相与化合物相共存。说明在钢制零件进行热浸镀时，均可在基体上形成化合物，外层则是纯金属。

② 可以采用表面改性技术进行渗锌与渗铝（例如采用粉末方法），由相图可见，渗锌与渗铝获得的表面层组织与热浸镀技术是完全不同的。粉末渗锌与渗铝也可以得到化合物层，但是获得的化合物一般不会是热浸镀中得到的化合物。例如粉末渗锌得到的可能是 Γ_1、Γ_2 等化合物，而热镀锌得到的是 η 相等化合物。

③ 热镀锌或热镀铝等得到的最表面会有一层纯金属（或其氧化物）层，采用粉末渗锌或渗铝绝不可能在表面得到纯金属层。

④ 由相图可见，在基体与熔融金属接触时，最表面金属层的下面是发生反应扩散得到的化合物层，所以金属层与基体结合牢固。

可见热浸镀技术与表面改性技术既有相同之处也有明显差别。

热浸镀工艺可以简单概括为以下操作程序：

工件前处理→工件浸入熔融的金属液中→取出工件→工件后处理

前处理：清除工件表面的油污与氧化皮，工件与溶剂等接触，在工件表面形成一层薄膜等。去油污与氧化皮采用的方法与电沉积类似。而在工件表面形成一层薄膜是热浸镀的特点。

浸入熔融金属：工件基体与熔融金属接触并发生扩散与反应扩散，表面镀上一层光洁且与基体结合牢固的镀层。

后处理：包括化学处理与必要的校正、除油等工序。

在浸镀前使工件表面形成一层薄膜在热浸镀技术中是非常关键的，目前常用的两种方法为熔剂法和保护气体还原法。

熔剂法的核心是：在工件浸入液体金属前，先通过一个专用箱中的熔融熔剂层进行处理，在工件表面形成一层薄膜。其目的是降低熔融金属的表面张力，促使铁的表面为熔融金属所润湿。熔融熔剂法使用的熔剂是氯化铵或氯化铵与氯化锌的混合物（$ZnCl_2 \cdot 3NH_4Cl$ 或 $ZnCl_2 \cdot 2NH_4Cl$）。然后将溶剂烘干，此时工件表面就形成了一层涂有一层干熔剂的预镀件。然后再将此预镀件浸入熔融的金属中，熔剂在金属液表面上受热分解，起到清除镀件表面残存的铁盐、铁的氧化物、镀层金属氧化物及降低镀液表面张力的作用。

镀锌熔剂虽然也与锌液中的铝发生化学反应，但远没有湿法反应激烈，因此，锌液中可加一些铝。采用烘干熔剂法镀出的制品，其锌层附着力和表面质量均比熔融熔剂法镀出的制品要好。

保护气体还原法的核心是：在工件浸入熔融金属液前通过还原方法，将工件表面的氧化物等均用氢还原掉，获得洁净的表面，然后再浸入液体金属中。这种方法在现代带钢连续热浸镀中获得了广泛应用。其典型的生产工艺通称为森吉米尔法，该法已用于带钢热镀铝与钢管镀锌等方面。

森吉米尔法的工艺过程是：钢材先通过用煤气或天然气直接加热的氧化炉，将钢材表面上残余的油污、乳化液烧掉，同时在钢材表面形成一层薄的氧化膜。然后将钢材送入密封炉膛内，炉膛内通有由氢气和氮气混合而成的保护气体。这些还原气氛就将钢材表面的薄氧化膜还原为非常"洁净"的表面。经过还原炉处理的钢材，在保护性气氛中被冷却到适当温度后，进入热浸镀锅。

在采用扩散＋相变进行表面改性时（如渗碳、氮化等），也需要对表面进行清洁处理，如去掉油污、铁锈等，但是热浸镀对工件表面的洁净程度要求远高于渗碳与氮化等表面改性工艺。如果表面处理不好，热浸镀后得到的镀层与基体结合力极差，甚至会出现漏镀现象。

5.6.2 热浸镀典型工艺分析——热镀锌工艺

(1) 热镀锌层的结构分析

对图 5-20 中的 Fe-Zn 相图分析可知，如果将钢铁工件浸入熔融的锌液中，在表面形成一层镀层，该镀层应该是由多相层构成的。这一多层结构中可能含有 α、γ、Γ、δ_1、ζ、η 等多种相。

α 相是锌在 α 铁中的固溶体，具有体心立方晶格，其晶格常数为 2.862~2.9134Å。γ 相是锌在 γ 铁中的固溶体，具有面心立方晶格。当温度达到共晶转变温度 623℃ 时，γ 相变为 γ 相+Γ 相的机械混合物。

Γ 相的化学成分相当于 Fe_5Zn_{26}，是最硬和最脆的相，其含铁量为 22.96%~27.76%（质量分数）。Γ 相具有体心立方晶格，其晶格常数范围为 8.9590~8.9857Å。

δ_1 相的锌含量在 88.5%~93.0%（质量分数）之间，具有六方晶格，其化学成分相当于 $FeZn_7$，晶格常数 $\alpha=(12.80\pm0.01)$ Å、$c=57.60$Å。

ζ 相位于 δ_1 相和纯锌层之间，含锌量在 93.8%~94%（质量分数）的窄小范围内。它具有单斜晶格，其化学成分相当于 $FeZn_{13}$。ζ 相很脆，这与它的晶体构造有关。ζ 相的相变温度仅在 530℃ 左右。

η 相是铁在锌中的固溶体。它几乎是纯锌层，含铁量不大于 0.003%（质量分数）。η 相具有密排六方晶格，塑性较好。

在热镀锌生产中，实际获得的镀层结构随不同工艺会有较大变化，不一定完全含有上述各个相层。普通低碳钢在镀锌温度为 450~470℃ 时，一般可能只形成 Γ、δ_1、ζ、η 四个相层。

（2）控制热镀锌层的关键因素

最关键的影响因素就是温度与时间。通常用热镀锌时的铁损作为铁-锌反应速度的参数。铁损是指铁与锌反应形成合金层后，铁渣和锌渣中的铁的总量。

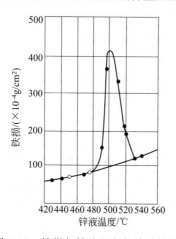

图 5-21　铁损与锌液温度的关系情况

热镀锌液的温度一般保持在 450~460℃。若锌液温度较低，锌的耗用量大，且表面光洁度差。若温度过高将引起合金层的快速成长，使镀层的厚度和脆性增加，同时铁损大幅度增加。工业纯铁浸镀 1h 时，铁损与锌液温度的关系情况见图 5-21。从图 5-21 中可以看出，在浸镀时间保持不变的情况下，当温度上升到 480℃，铁损随锌液温度的升高而急剧增加。当达到 500℃ 时，铁损增至最大值。超过 500℃ 后，铁在锌液中的重量损失开始下降。

时间对渗层形成速度的影响较为复杂，可以分成三个阶段。

第一阶段是低温抛物线范围（430~490℃）。在这一温度范围内，铁损（ΔW）按抛物线规律随浸镀时间（t）变化，其关系式表示如下：

$$\Delta W = At^{1/2} \tag{5-17}$$

式中，A 为取决于温度的常数。

在这一温度范围内，所生成的合金层是连续而致密的，其中含有 Γ、δ_1、ζ、η 相层，这些相层在这一温度范围内是稳定的。

第二阶段是直线范围（490~530℃），在此阶段铁损与时间呈直线规律，其关系式表示如下：

$$\Delta W = Bt \tag{5-18}$$

式中，B 是常数。

第三阶段是高温抛物线范围（530℃以上）。温度上升到 530～560℃时，反应又恢复为抛物线型。但抛物线常数 A 随温度的变化而变化，如图 5-21 所示。A 值变化的原因，一般认为是合金层中有的部分发生破裂，破裂程度不同，因而曲线的形状也不相同。

以上三种反应阶段主要是根据工业纯铁与锌液的反应划分的。在多数情况下，铁和锌液中含有合金元素会影响反应的程度，但对反应的基本类型没有影响。

热镀锌工艺的基本操作为：工件酸洗除锈→浸入助镀剂→烘干→浸入熔融锌液→反应扩散形成化合物，最外层为纯锌层。热镀锌层的金相组织照片见图 5-22。

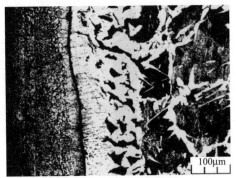

图 5-22　热镀锌层的金相组织照片

应该说明的是，这里获得的一些规律对其他热浸镀工艺有重要参考价值。

（3）热镀锌的应用

根据上述分析可知：热镀锌层有不同的组织结构，靠近基体会形成一些化合物，最外层是纯锌层。热镀锌技术主要用于钢材的防腐蚀，在一些行业中具有关键作用。如在电力行业中输送高压电力的铁塔、钢架、电力配件等均采用热镀锌技术进行防腐蚀。钢材经过热镀锌处理后有良好的防护效果。例如，低碳钢板在一般大气环境下的腐蚀速率为 $30～50\mu m/a$。经过热镀锌处理后的钢板的腐蚀速率为 $2～7\mu m/a$。

为什么热镀锌钢材会有良好的防腐蚀效果？目前认为是通过牺牲锌层保护钢基体。锌的标准电极电位是 $-0.762V$，低于铁的电极电位（$-0.441V$）。热镀锌处理后的钢板表面是一层纯锌，所以是锌与环境接触，腐蚀的是锌层，从而将钢基体保护起来。

根据这样的防腐蚀机理，可以推知镀锌层的厚度对防腐蚀效果有重要影响。一般情况下应该是镀锌层越厚，防腐蚀效果越好。所以一般检查热镀锌质量时有一个重要的指标，即镀锌层的厚度。

曾经利用盐雾试验方法，进行过不同防腐蚀方法效果的对比试验，见表 5-21。

表 5-21　不同防腐蚀方法在盐雾试验下出红锈时间的对比数据

防腐蚀方法	发蓝(化学转移膜方法)	电镀锌(电沉积方法)	电镀铬(电沉积方法)	热镀锌
盐雾试验开始出红锈的时间/h	6～8	24～48	72～120	300～600

注：同样方法处理后工件的质量也会有不同，上述数据是市场购买的一些零件的对比试验结果的统计数据，仅供参考。

可见热镀锌防腐蚀的效果，在一般情况下要优于其他处理方法。

5.7　化学转移膜技术*

化学转移膜技术是一种比较特殊的表面技术。一些论著将其归类于表面改性技术，这是因为表面组织的形成机理是基体与选定的介质发生反应生成薄膜，从这点看化学转移膜技术应归类于表面改性技术。但是这种反应很复杂，往往包含多步化学反应及电化学反应，一般不是通过基体的相变形成的。这点与扩散＋相变的表面改性技术又有明显不同。另外，从应用角度看，这类技术主要用于防护，或作为电沉积层的钝化层，或作为涂料的底层使用。因此将这类技术放在本章论述。

5.7.1 化学转移膜的基本原理与用途

在电沉积技术中就曾经提到过钝化过程，通过钝化在电沉积层表面形成一种膜，这种膜实际就属于化学转移膜。钝化膜并非是通过电沉积获得的膜，而是通过电沉积层与钝化液的化学反应获得的膜。

化学转移膜是金属（包括镀层金属）表面原子与某种特殊的介质相互接触后，在金属表面形成一层结合力良好、难溶且有一定功能的薄膜。

有人用下面的反应式定义化学转移膜的形成：

$$m\text{M} + n\text{A}^{z-} \longrightarrow \text{M}_m\text{A}_n + nz\text{e} \tag{5-19}$$

式中，M 是金属原子；A^{z-} 是介质中价态为 z 的阴离子。

通过定义与化学反应式可得出下面概念：

① 化学转移膜是基体金属与特定的介质反应得到的膜。多数膜层与基体结合牢固。

② 在反应式中电子是作为反应产物来表征的，所以化学转移膜可以是电化学反应形成的膜。

③ 化学转移膜也可以是纯化学反应形成的膜。对于纯化学反应形成的膜，可以利用物理化学原理，设计化学反应，当然形成的膜必须要有一定的功能。

上面的反应式仅是一种简单表达方式，真正的成膜过程有时要复杂得多，可能包括多步的化学与电化学反应过程，同时反应产物也不一定是单一产物。

化学转移膜的常用处理方法有：浸渍法、阳极化法、喷淋法、刷涂法等。获得化学转移膜的基本方法见表 5-22。

表 5-22 获得化学转移膜的基本方法[10]

方法	特点	适用范围
浸渍法	工艺简单易控制，由预处理、转化处理、后处理等多种工序组合而成，投资与生产成本较低，生产效率较低，不易自动化	可处理各类零件，尤其适合几何形状复杂的零件，常用于铝合金的化学氧化、钢铁氧化或磷化、锌材钝化等
阳极化法	阳极氧化膜的性能比一般化学氧化膜更优越，需外加电源设备，电解磷化可加速成膜过程	适合于铝、镁、钛及其合金的阳极氧化处理，可获得各种性能的化学转移膜
喷淋法	易实现机械化或自动化作业，生产效率高，转化处理周期短，成本低，但设备投资大	适用于几何形状简单、表面腐蚀程度较轻的大批零件
刷涂法	无需专用处理设备，投资最少，工艺灵活简便，生产效率低，转化膜的性能差，膜层质量不易保证	适用于大尺寸工件的局部处理，或小批零件以及转化膜的局部修补

化学转移膜的主要功能如下。

① 提高金属表面的抗腐蚀性能　铬酸盐转移膜是比较重要的一类化学转移膜，这种膜

的特点是即使在很薄的情况下也可以大幅度提高金属的耐腐蚀性能。由于此特点这种膜在很多表面处理技术中得以使用。

例如电沉积技术中已经提到的钝化技术，就是利用铬酸盐转移膜提高镀层的抗腐蚀性能的。虽然获得的薄膜很薄（厚度甚至小于 $1.0\mu m$），但是可以大幅度提高抗腐蚀性能。有资料证明：经过钝化的电镀锌层与没有经过钝化的电镀锌层相比，前者的抗腐蚀性能可以提高 $3\sim7$ 倍。应该说明的是，在金属表面仅获得化学转移膜也能在一定程度上提高抗腐蚀性能，但是一般情况下并不能得到良好的抗腐蚀性能。曾经对不同表面处理技术获得的抗腐蚀性能进行过对比试验，结果见表 5-23，可见将化学转移膜技术与电沉积技术进行复合应用，可以提高抗腐蚀性能。

② 作为其他表面处理技术的前处理工艺　化学转移膜技术的另一个主要用途是作为涂装技术的前处理工艺。例如一些零部件或者装备（例如汽车外壳等）为了防止腐蚀需要进行喷油漆处理（或称为涂料技术处理），往往进行磷化处理得到一层化学转移膜后，再进行涂装。这样处理不但可以增加涂料的结合力，还可以提高其抗腐蚀性能。

③ 提高零部件的耐磨性能　由于很多化学转移膜可以降低金属间的摩擦系数，所以可以利用化学转移膜提高零部件的耐磨性能。在生产中广为应用的是铝的阳极氧化技术，其耐磨性能与电镀硬铬相当。

表 5-23　不同表面处理技术获得的抗腐蚀性能对比结果

采用盐雾试验方法对比,选用标准:GB/T 10125			
表面处理工艺	开始出锈的时间/h（8～9级）	大量出锈的时间/h（5级以下）	出锈的形式	备注
Q235 原材料	3	6	大面积	表面有氧化膜
Cr13 螺栓	20	44	局部	市场购置不锈钢螺栓
电镀＋彩色钝化	36	48	大面积	市场购置螺栓
电镀锌	12	20	大面积	市场购置螺栓
化学转移膜（发蓝）	5	10	大面积	市场购置螺栓

5.7.2　典型化学转移膜技术的分析

5.7.2.1　钢铁的液体氧化技术

氧在钢中是有害杂质，要对其进行控制。但是有些情况下希望在钢铁表面获得氧化物薄膜的。为说明薄膜的形成原理，对 Fe-O 相图（图 5-23）进行分析。

由图 5-23 可见：氧在铁中的溶解度极小，在 α-Fe 中约为 0.004%；在 $700℃$ 时约为 0.007%，在 $500℃$ 时则小于 0.001%。在 $910℃$ 时氧最大溶解度极限为 0.03%。从图 5-23 中还可以看出，随着氧含量不同，铁与氧可以形成不同结构的 Fe-O 化合物，有 FeO、Fe_3O_4 和 Fe_2O_3。FeO 也称郁氏体，是一种疏松的铁氧化合物；Fe_2O_3 是平常所说的赤铁矿；Fe_3O_4 是平常所说的磁铁矿。从相图中还可以看出，FeO 是一种高温（$560℃$ 以上）组织，而 Fe_3O_4 和 Fe_2O_3 可在 $560℃$ 以下温度范围内存在。

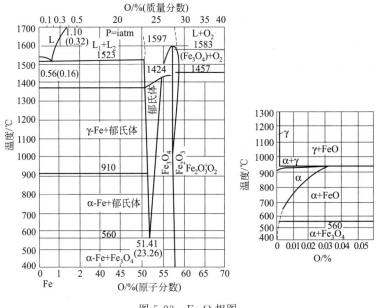

图 5-23　Fe-O 相图

分析 Fe-O 相图可以得出以下结论。

① 如果将钢置于氧化性环境（气体环境或液体环境等）中，氧很容易与钢发生反应形成 Fe-O 化合物。

② 通过控制氧化环境的温度，可以控制氧化物的结构。如果将氧化环境的温度控制在低温（560℃以下），则得到的氧化物为 Fe_3O_4 和 Fe_2O_3。如果将温度控制在高温则得到 FeO。

相图分析为形成氧化物薄膜奠定了理论基础。氧化方法有多种，生产中用得较多的是碱性氧化法。碱性氧化俗称发蓝或发黑，本质是通过化学反应在钢铁表面获得 Fe_3O_4。

液体氧化的主要工艺过程如下：

表面除锈（方法与电沉积类似）→表面除油脱脂→放入氧化液中进行氧化处理→钝化处理

表面除锈和除油脱脂与电沉积工艺类似。如果工件没有腐蚀产物，可以浸入浓碱溶液中进行氧化。如果工件表面有氧化物就应该进行清除处理。钢铁常用氧化工艺见表 5-24。

表 5-24　钢铁常用氧化工艺[10]

编号	溶液组成		操作条件	
	成分	含量	温度/℃	时间/min
1	NaOH	700～800g	开始：138～140 结束：142～146	20～120
	$NaNO_3$	200～250g		
	$NaNO_2$	50～70g		
	水	1L		
2	NaOH	1000～1100g	开始：145～150 结束：150～155	80～90
	$NaNO_3$	130～140g		
	水	1L		

编号	溶液组成		操作条件	
	成分	含量	温度/℃	时间/min
3	NaOH	800~900g	140~145	5~10
	KNO$_3$	25~50g		
	水	1L		
	NaOH	1000~1100g	150~155	20~30
	KNO$_3$	50~100		
	水	1L		

钢的含碳量如果不同，应该采取不同的处理工艺，含碳量低的钢应该采用高浓度的碱溶液和高的处理温度。

在上述溶液中一般认为是发生以下化学反应形成氧化物薄膜。

第一步：在微观阳极上发生铁的溶解

$$Fe \longrightarrow Fe^{3+} + 3e \tag{5-20}$$

第二步：在强碱溶液中形成氢氧化铁

$$Fe^{3+} + 3OH^- \longrightarrow Fe(OH)_3 \tag{5-21}$$

第三步：在微观阴极上还原反应

$$Fe(OH)_3 + H^+ + e \longrightarrow Fe(OH)_2 + H_2O \tag{5-22}$$

第四步：因为氢氧化亚铁酸性低于氢氧化铁酸性，所以氢氧化亚铁作为碱，氢氧化铁作为酸发生中和反应

$$2Fe(OH)_3 + Fe(OH)_2 \longrightarrow Fe_3O_4 + 4H_2O \tag{5-23}$$

另一部分氢氧化亚铁可以直接在微观阳极上形成 Fe_3O_4

$$3Fe(OH)_2 + O \longrightarrow Fe_3O_4 + 3H_2O \tag{5-24}$$

实践证明经过上述氧化处理获得的氧化膜本身致密度较低，这是氧化膜抗腐蚀性能不佳的原因之一。为了提高工件的耐腐蚀性，可以采用肥皂水或重铬酸钾进行钝化处理。

重铬酸钾　　　　　　　　　　　　　3%~5%（质量分数）

温度　　　　　　　　　　　　　　　90~95℃

时间　　　　　　　　　　　　　　　10~15min

或用肥皂填充处理，将氧化膜的孔隙填满。

肥皂　　　　　　　　　　　　　　　3%~5%（质量分数）

温度　　　　　　　　　　　　　　　80~90℃

时间　　　　　　　　　　　　　　　3~5min

处理的主要目的是提高抗腐蚀性能与表面美观。

5.7.2.2　钢铁的气体氧化技术（蒸汽发蓝）

另一种常见技术是蒸汽发蓝，是将工件置于密闭的容器中，内部通入含有氧的气体。

工艺流程一般为：工件成型→去油清洗→蒸汽发蓝（氧化）→上油→入库。

其中最关键的是蒸汽发蓝的工艺。根据相图分析可知，为了得到致密的 Fe_3O_4 薄膜，蒸汽处理一般要在低于560℃的温度下进行。在一定温度下，将工件放入密闭的容器中，然后通入水蒸气，这样气氛就变成了氧化性气氛。在不同温度和不同水蒸气浓度下，水蒸气与

铁作用，可能会发生下列三种反应。

$$3Fe+4H_2O \Longrightarrow Fe_3O_4+4H_2\uparrow \qquad (5-25)$$

$$Fe+H_2O \Longrightarrow FeO+H_2\uparrow \qquad (5-26)$$

$$3FeO+H_2O \Longrightarrow Fe_3O_4+H_2\uparrow \qquad (5-27)$$

反应进行的方向决定于 H_2O、H_2 的相对含量及温度，在不同温度条件下，铁与水蒸气反应生成 FeO 及 Fe_3O_4 的平衡曲线如图 5-24 所示。

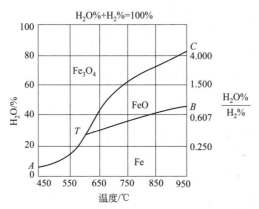

图 5-24　铁与水蒸气反应生成 FeO 及 Fe_3O_4 的平衡曲线[11]

图 5-24 中，T-A 段反应式：$3Fe+4H_2O \Longrightarrow Fe_3O_4+4H_2\uparrow$；$T$-$B$ 段反应式：$Fe+H_2O \Longrightarrow FeO+H_2\uparrow$；$T$-$C$ 段反应式：$3FeO+H_2O \Longrightarrow Fe_3O_4+H_2\uparrow$

由反应式及图 5-24 可见，虽然仅通入水蒸气，但是在气氛中会存在氢气。

由图 5-24 可见，当温度低于 600℃ 时，并且在连续通入水蒸气的情况下，水蒸气的浓度永远大于氢气的浓度，反应也将向生成 Fe_3O_4 的方向进行。如果向容器内通入氢气，则可以控制反应的进行。

水蒸气先与热铁接触而分解出活性氧原子，然后活性氧原子再与金属铁反应生成 Fe_3O_4 核心，长大后沉积在工件的表面。其反应式如下

$$H_2O \Longrightarrow [O]+H_2\uparrow \qquad (5-28)$$

$$3Fe+4[O] \Longrightarrow Fe_3O_4 \qquad (5-29)$$

温度对氧化膜的影响规律是：200~400℃ 氧化膜形成速度很慢，颜色很淡，抗蚀能力很差；400~500℃ 氧化膜已基本形成，但颜色仍旧较淡，抗蚀能力一般；500~600℃ 氧化膜形成速度较快，颜色也较深，抗蚀能力也较强。氧化时间一般为 40~60min。

从上面分析可见：蒸汽发蓝工艺与渗碳、氮化工艺有类似之处，所以其规律也有类似之处。在渗碳与氮化工艺中曾经特别说明：气氛中碳势、氮势等对质量有重要影响。同样，在蒸汽发蓝工艺中也是如此。气氛中的"氧势"（指氧化能力）对薄膜质量一定有重要影响。在蒸汽发蓝工艺中一般是通过控制蒸汽流量与炉膛压力控制气氛的。

蒸汽流量大，有促进 Fe_3O_4 形成的趋向。反之，可能使氢的含量增大，不利于 Fe_3O_4 的形成。但蒸汽量过大，从相图上看可能会造成多种氧化物形成，从而造成工件表面颜色不均匀等缺陷。

炉膛压力主要影响各工件间质量的均匀性。容器内压力高意味着容器内蒸汽呈饱和状态，促使氧化更加均匀。故在不影响炉膛温度的原则下，可将蒸汽流量和压力尽量提高，一

般可采用如下参数：

P_1（进汽压力）$=0.4\sim0.6\mathrm{kg/cm^2}$

P_2（炉膛压力）$=0.3\sim0.5\mathrm{kg/cm^2}$

为保证工件质量常常采用 2 次蒸汽发蓝处理。蒸汽发蓝的常见工艺曲线见图 5-25。

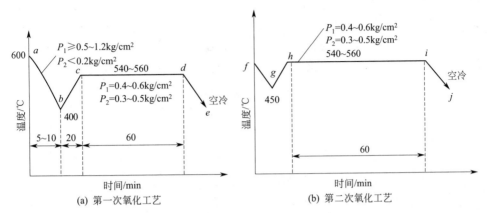

(a) 第一次氧化工艺　　　　　(b) 第二次氧化工艺

图 5-25　蒸汽发蓝的常见工艺曲线

工件表面获得氧化物薄膜可以提高抗腐蚀性能及表面观赏性。同时如果表面形成一层 Fe_3O_4 薄膜，工件呈黑色发亮表观。另外氧化物薄膜的摩擦系数较低，可以提高工件的耐磨性能。因此常采用此工艺处理一些高速钢刀具。

5.7.2.3　钢铁的磷化技术

磷在钢中是有害杂质，要对其进行控制。但是有些情况下希望在钢铁表面获得磷化物薄膜。为说明薄膜的形成原理，对 Fe-P 相图（图 5-26）进行分析。

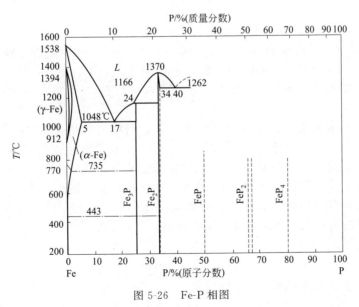

图 5-26　Fe-P 相图

由图 5-26 可见：P 在 Fe 中的溶解度极小，随 Fe 中 P 含量不同，可以形成 δ、ξ、η 等多种相的磷化物。

分析 Fe-P 相图可以得出以下结论。

① 如果将钢置于含磷环境（气体环境或液体环境等）中，磷很容易与钢发生反应形成磷化物薄膜。

② 可以通过控制含磷环境中的磷的浓度改变薄膜的结构。

相图分析为形成磷化物薄膜奠定了理论基础。有多种方法可使钢表面获得磷化物，其中较常用的方法是液体方法，称为磷化。

磷化是指将金属置于磷酸盐溶液中，通过化学反应在钢铁表面形成化学转移膜的工艺。磷化主要用于防锈蚀及涂漆前打底。磷化分为高温磷化（90～98℃）、中温磷化（50～70℃）与常温磷化（15～35℃）。不同磷化工艺的配方不同，中温磷化工艺规范见表 5-25。

表 5-25　中温磷化工艺规范

成分和操作条件	配方号					
	1	2	3	4	5	6
磷酸二氢锰亚铁盐 $[x\mathrm{Fe}(\mathrm{H_2PO_4})_2 \cdot y\mathrm{Mn}(\mathrm{H_2PO_4})_2]/(\mathrm{g/L})$	30～40	30～45		30～40	40	
磷酸二氢锌$[\mathrm{Zn}(\mathrm{H_2PO_4})_2 \cdot 2\mathrm{H_2O}]/(\mathrm{g/L})$			30～40			
磷酸$(\mathrm{H_3PO_4})/(\mathrm{g/L})$						41～45
六水硝酸锌$[\mathrm{Zn}(\mathrm{NO_3})_2 \cdot 6\mathrm{H_2O}]/(\mathrm{g/L})$	70～100	80～100	90～100	80～100	120	
六水硝酸锰$[\mathrm{Mn}(\mathrm{NO_3})_2 \cdot 6\mathrm{H_2O}]/(\mathrm{g/L})$	25～40				50	
硝酸$(\mathrm{HNO_3})/(\mathrm{g/L})$						23～25
亚硝酸钠$(\mathrm{NaNO_2})/(\mathrm{g/L})$				1～2		
氧化锌$(\mathrm{ZnO})/(\mathrm{g/L})$						27～30
氟化钠$(\mathrm{NaF})/(\mathrm{g/L})$						1～2
六次甲基四胺$[(\mathrm{CH_2})_6\mathrm{N_4}]/(\mathrm{g/L})$						4～5
乙二胺四乙酸$(\mathrm{C_{10}H_{16}O_8N_2})/(\mathrm{g/L})$				1～2		
温度/℃	60～70	50～70	60～70	50～70	55～65	35～50
时间/min	7～15	10～15	10～15	10～15	20	10～20

注：5 号配方可获得厚磷化膜（20μm），磷化后膜层不需钝化。

虽然磷化溶液的配方多种多样，但是其基本成分有三种。

第一种是用以维持磷化溶液的酸度的游离磷酸。第二种是磷酸二氢盐 $[\mathrm{Me}(\mathrm{H_2PO_4})_2]$，Me代表 Zn、Mn、Ca、Fe 等二价金属，它们是成膜的主盐。第三种是加速剂，除高温磷化外，绝大多数磷化剂至少含有一种以上的加速剂（催化剂），以提高磷化速度和改善磷化膜质量。

磷化加速剂有硝酸盐、氯酸盐和双氧水等，它们均是氧化性物质，将其加入磷化液中可缩短磷化时间，防止溶液中铁盐沉淀。也可以加入还原性物质，如亚硝酸钠、亚硫酸钠等，它们能迅速除去氢和 $\mathrm{Fe^{2+}}$，加快反应速度，提高磷化速度。

为什么采用上述磷化液后钢铁表面就可以形成磷化膜？目前有不同的观点。较为统一的观点是磷化膜的形成由以下四个步骤组成[10]。

第一步：酸的浸蚀使基体界面 $\mathrm{H^+}$ 浓度降低。反应如下

$$\mathrm{Fe} - 2\mathrm{e} \longrightarrow \mathrm{Fe^{2+}} \tag{5-30}$$

$$2\mathrm{H^+} + 2\mathrm{e} \longrightarrow \mathrm{H_2} \tag{5-31}$$

第二步：加速剂加速界面 $\mathrm{H^+}$ 浓度降低

$$[氧化剂] + [\mathrm{H}] \longrightarrow [还原产物] + \mathrm{H_2O} \tag{5-32}$$

$$\mathrm{Fe^{2+}} + [氧化剂] \longrightarrow \mathrm{Fe^{3+}} + [还原产物] \tag{5-33}$$

第三步：磷酸根解离

$$\mathrm{H_3PO_4} \longrightarrow \mathrm{H_2PO_4^-} + \mathrm{H^+} \longrightarrow \mathrm{HPO_4^{2-}} + 2\mathrm{H^+} \longrightarrow \mathrm{PO_4^{3-}} + 3\mathrm{H^+} \tag{5-34}$$

第四步：磷酸盐沉淀结晶为磷化膜。PO_4^{3-} 沉积在金属表面，达到一定浓度后与溶液中的金属离子 Zn^{2+}、Fe^{2+} 形成磷酸盐沉淀而结晶为磷化膜。

$$2Zn^{2+}+Fe^{2+}+2PO_4^{3-}+4H_2O \longrightarrow Zn_2Fe(PO_4)_2+4H_2O(磷化膜) \qquad (5-35)$$

5.7.2.4 溶胶-凝胶法制备转移膜[1]

溶胶-凝胶法是利用金属的有机或无机化合物的溶液，在溶液中通过化合物的加水分解、聚合，将溶液制成溶有金属氧化物或氢氧化物微粒子的溶胶液，进一步反应使其发生凝胶化，再将凝胶加热，可制成非晶体玻璃，是多晶体陶瓷形成薄膜的一种方法。

溶胶-凝胶法常采用金属醇盐〔如 $Si(OC_2H_5)_4$、$Al(OC_3H_7)_3$〕作为溶剂，也可以采用金属的乙酰丙酮盐〔如 $In(COCH_2COCH_3)_2$、$Zn(COCH_2COCH_3)_2$〕或其他金属有机酸盐〔如 $Pb(CH_3COO)_2$、$Y(C_{17}H_{35}COO)_3$、$Ba(HCOO)_2$〕作为溶剂。在没有合适的金属化合物时还可采用可溶性的无机化合物，如硝酸盐〔$Y(NO_3)_3 \cdot 6H_2O$〕、含氧氯化物（$ZrOCl_2$、$AlOCl$）和氯化物（$TiCl_4$），甚至直接用氧化物微粒子进行溶胶-凝胶处理。溶胶-凝胶法制备涂膜的工艺流程见图 5-27。

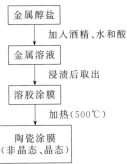

图 5-27 溶胶-凝胶法制备涂膜的工艺流程

由图 5-27 可见，工艺非常简单，大部分熔点在 500℃ 以上的金属、合金以及玻璃等基体都可采用该工艺。图 5-28 给出了用溶胶-凝胶法制备 SiO_2 的例子，首先选可得到氧化物的金属醇盐，其次添加乙醇制成混合溶液。

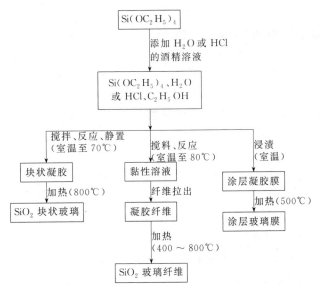

图 5-28 溶胶-凝胶法制备 SiO_2 的说明图

目前用溶胶-凝胶法直接得到的材料主要是氧化物。原则上几乎全部的氧化物都可以通过该法来制得，但是目前被研究的多为功能性玻璃和陶瓷，其可以作为光学功能膜及电磁功能膜使用。

例 5-7：TiO_2-SiO_2 膜作为太阳光反射膜已被实用化。SiO_2 和不同过渡族金属氧化物组成的溶胶-凝胶膜，对光线有不同的透过率，例如，对于 Cr_2O_3、MnO_2、Fe_2O_3、CoO 的含量分别不高于 10％、20％、45％、45％（摩尔分数）时，制成的膜当膜厚为 $0.2 \sim 0.5 \mu m$ 时，对 555nm 波长光的透过率分别为 81％、68％、63％、0％，可用于玻璃窗遮断光线。

5.7.3 化学转移膜技术中的污染问题

应该说明的是，化学转移膜技术与电沉积技术类似，工件一般均要进行除锈、脱脂等前处理。而除锈也往往采用酸与碱等物质，所以工艺过程中也会排出酸性废水和碱性废水。这些废水排入江河湖海中会危害水质量，如果用这些水灌溉也会严重破坏土壤。

前面已经论述，采用铬酸盐转移膜可以大幅度提高镀层的抗腐蚀性能。铬酸盐转移膜技术从防腐蚀角度考虑是一项值得推广的主要技术，但是含铬酸盐的水溶液同样也有较高的污染性。浓度高的铬酸盐的水溶液如果接触皮肤，将会严重损坏皮肤，使皮肤发生过敏。如果废液注入土壤将会严重影响农作物的生长。

同时铬酸盐配制溶液中含有高量的铬，如果进入江河湖泊会严重影响水利资源。所以在采用该技术时一定要事先进行评估，对污染源要有清晰了解，对于排出的废液等务必进行防污染设计。

5.8 热喷涂技术

5.8.1 热喷涂技术的基本原理

热喷涂技术是指采用某种专用设备，将选定的固体材料熔化并雾化加速喷射到零部件表面，形成一种特制薄层的一种表面技术。涂层主要用于防腐蚀、耐磨、耐热等。

热喷涂技术的核心问题是：如何使固体材料雾化？涂层是如何形成的？及涂层组织与性能特点。

（1）雾化喷射原理

最简单的固体材料雾化设备（图 5-29）是利用气焊的氧-乙炔喷枪使固体材料雾化的，这个特点使得一些焊接专业的技术人员从事喷涂技术研究。

由图 5-29 可见，固体材料雾化的基本过程如下。

利用氧-乙炔喷枪通入氧气，乙炔可以在喷嘴处燃烧并产生高温。在喷枪上稍加改进，安装一个装入金属粉末的漏斗，气体在喷枪中流动时，由于流速极高在漏斗的出口处产生低压，粉末被吸入管道内，随氧气输送到喷嘴处，被高温火焰加热熔化。在气体作用下熔化的金属液体被雾化后喷射到工件表面。可见金属的雾化过程是先熔化后在气体作用下被雾化。

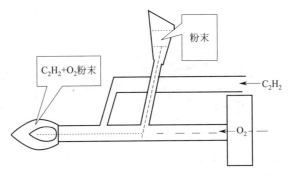

图 5-29　最简单的固体材料雾化设备：氧-乙炔喷枪

显然材料是否易于雾化与材料的性质有关，同时与气体的流速等因素有关。因此提出一个参数作为衡量材料是否容易被雾化的判据，这个参数称为材料雾化难易准数 Web，可以用公式表示。Web 大的材料易于雾化。

$$\text{Web} = \rho_g d (V_c - V_1)/\sigma \tag{5-36}$$

式中，ρ_g 为气体密度；d 为材料液滴直径；σ 为表面张力；V_c 为气体流速；V_1 为液滴流速。

对公式（5-36）进行分析可知：分子实际是熔化质点在气流中运动的惯性力，分母是液体的表面张力。惯性力越大越容易雾化，液体表面张力越小越容易雾化。显然对不同材料而言，黏度越小的材料越容易雾化。粉末被雾化时，在气体作用下得到的微粒的直径一般小于粉末的直径。

进行雾化的先决条件是先将材料熔化，显然高熔点的材料一定难认雾化。为实现材料的熔化，需要高温加热材料。为了达到此目的可以将等离子体技术用于喷涂，开发出了等离子体喷涂技术。根据等离子体的基本原理可知，等离子体有辉光放电阶段及弧光放电阶段。在弧光放电阶段等离子体产生极高的温度，根据这样的原理设计出了等离子体喷枪，其原理见图 5-30。

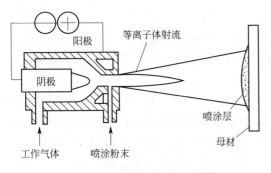

图 5-30　等离子体喷枪的原理图

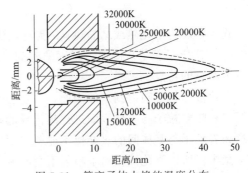

图 5-31　等离子体火焰的温度分布

喷枪中设有阴极，其外壳为阳极。阴极接电源负极，阳极接电源正极，一定压力的气体通入其间。此时工作气体起到两个作用，一是在一定流速下在提供粉末的孔处产生负压，将粉末吸入枪体中；二是气体在电场的作用下将发生气体电离产生等离子体。通过调节电压可以使喷嘴处以弧光放电形成高温等离子体，从而达到极高的温度。等离子体火焰的温度分布见图 5-31，可见最高温度可以达到 35000K，粉末材料在如此高的温度下迅速熔化。

另一种方法是先将材料制备成丝状，然后进行熔化与雾化，其原理见图 5-32。

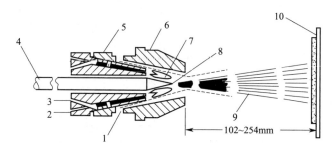

图 5-32　使线材雾化的喷枪的原理图

1—雾化器；2—燃料气；3—氧气；4—线材；5—气体喷嘴；6—空气帽；7—燃烧气体；
8—熔融材料；9—喷涂束流；10—基体

线材被压缩空气驱动的送丝轮推进喷枪，在燃烧气体与氧气的作用下，线丝的尖端被熔化，被压缩空气雾化后喷射出去。

（2）涂层形成原理

喷出的金属液滴在工件表面冷凝，发生结晶过程。雾化粒子冷却到凝固温度的时间 t 可以由下面的公式进行计算：

$$t = \frac{dC\gamma_1}{\sigma\alpha}\ln\frac{T_1-T}{T_m-T} \tag{5-37}$$

式中，d 为粒子直径；C 为粒子热容；γ_1 为粒子密度；σ 为表面张力；α 为放热系数；T_1 为粒子温度；T 为喷雾气体温度；T_m 为粒子熔点。

由式（5-37）可见：

① 液滴的直径越大 t 就越大，这与一般的结晶规律相同。

② t 与材料的热容及密度有关，材料的热容高、密度大，则 t 较大。

③ t 还与材料的表面张力及放热系数有关，材料的表面张力高、放热快，则 t 较小。

粒子结晶潜热放出时间 t' 可以用下式计算：

$$t' = \frac{L}{qF} \tag{5-38}$$

式中，L 为熔化热或结晶热；q 为比热流，W/m^2；F 为粒子表面积。

$t+t'$ 决定了粒子从冷却到凝固的时间。理论计算表明这个时间非常短，这是喷涂技术的一个明显的特点。

雾化液体粒子喷射到工件表面，一定会与工件表面发生传热。粒子从冷却到凝固的时间很短，意味着粒子与工件表面进行热传导的时间很短，所以对基体的热影响范围就很小。也就意味着粒子与基体间的热交换不显著，因此基体表面的热影响区域就非常薄，一般不超过几十微米。所以雾化液体离子喷射不会改变基体内部的组织与性能。正是由于这个特点，喷涂技术可以用于多种材料。

液滴喷射到工件表面后发生凝固结晶，然后形成涂层。其过程可以用图 5-33 说明。

由图 5-33 可见，涂层的形成过程分为以下几个阶段。

① 根据物理化学原理可知，在一定体积条件下，球形的液滴有最小的表面积所以有最小的表面能，因此喷出的雾状液滴一般是球形的。带有一定速度的该液滴冲击到工件表面，形成扁平液滴。

② 如前所述，扁平液滴在工件表面可以瞬间凝固，形成"扁平状固体"，且影响区域仅

有几十微米。

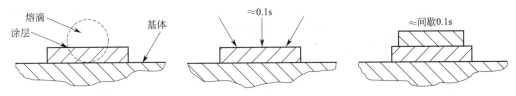

图 5-33　热喷涂层形成过程的示意图

③ 雾状液滴不断从喷枪中喷出，因此约隔 0.1s 第二个雾状液滴又喷射在第一片结晶的液滴上。同样先由球状变成扁平状，然后迅速结晶。

④ 过程如此反复进行，多个雾状液滴不断凝固形成涂层。

根据上述分析可以得出以下结论。

涂层形成的实质是液态金属材料的结晶过程，结晶规律可用于涂层组织的分析与控制。

同时涂层形成与结晶又有不同点，其不同点就是涂层是一个一个的雾状液滴结晶，且在时间上有先有后，所以涂层形成是一个"不断"结晶的过程。可利用结晶原理分析涂层组织特点。

例 5-8： 根据结晶原理分析为什么涂层组织内部存在孔隙？

铸态组织一般均有缩孔等缺陷存在。对金属而言，一般液态的密度小于固态的密度，所以结晶时会发生体积收缩。收缩造成的结果是：原来铸形中的液态金属是填满铸型的，凝固后就不能填满铸型。此时如果没有液体金属继续补充，就会形成缩孔，见图 5-34。

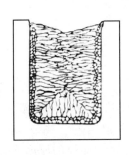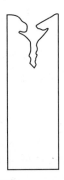

图 5-34　铸锭结晶过程示意图与集中缩孔示意图

铸锭中心部分是最后结晶区域，往往会存在缩孔及其他缺陷。在铸锭的最后凝固区域，如果没有液体补充就会形成集中缩孔。金属结晶一般以树枝晶方式生长，在中心等轴区域由于树枝的相互交叉作用，一部分液体被孤立分割在树枝间，凝固时也得不到其他液体补充而形成分散缩孔。这些规律完全可以用于涂层组织分析。

涂层形成是一个"不断"结晶的过程，涂层是由"扁平状固体"一片一片堆积而成的。而相邻扁平状固体间没有液体补充，所以很容易形成类似铸件中的缩孔，这种缩孔在涂层中就是孔隙。一般涂层中有 4%～20% 的孔隙或空洞。这种孔隙有储油作用，对于用润滑剂的零部件，可以提高其耐磨性能。但是涂层很多情况下是用于防腐蚀的，此时孔隙的危害就很大，一般要进行封闭处理（即表面涂高分子材料）。

例 5-9： 喷涂层的晶粒度控制。涂层组织与铸态组织相近，铸态组织的晶粒度是可控制的。细化晶粒尺寸最常用的方法是控制过冷度，过冷度增加一般使晶粒细化。因此可以将此原则用于控制涂层组织的晶粒尺寸。

在控制铸件组织的晶粒度时还常用变质处理方法，即在金属溶液中加入少量作为变质剂的元素、合金或化合物，增加结晶时异质形核的核心。例如铸造铝合金时，加入 B、Zr、Ti 等作为变质剂后晶粒明显细化。因此从原理上说，如果在丝状喷材中加入一些变质剂也将会细化晶粒。

根据涂层形成原理可推知：高热流密度与粒子飞行速度是涂层的关键质量参数。增加热流密度相当于增加"过冷度"而细化晶粒，飞行速度高将增加致密度与基体结合力。

5.8.2 喷涂层中的残余应力

残余应力主要是涂层制造过程中的加热和冲击能量作用的结果及基体与喷涂材料之间物理、力学性能差别造成的，分为热应力与淬火应力两类。

温度变化，材料发生热胀冷缩，由于基体与涂层材料的热膨胀系数不同从而产生热应力。单层涂层的热应力可以近似采用下面公式计算：

$$\sigma_{\rm th}=E_{\rm c}(\alpha_{\rm s}-\alpha_{\rm c})\Delta t \tag{5-39}$$

式中，$E_{\rm c}$ 是涂层的弹性模量；$\alpha_{\rm c}$ 和 $\alpha_{\rm s}$ 分别是涂层与基体的热膨胀系数；Δt 是涂层冷却过程中的温度差（$\Delta t < 0$）。

采用此公式分析热应力存在一定的误差，但是此公式可以用于定性分析。

由式（5-39）可见，$\alpha_{\rm s}>\alpha_{\rm c}$ 时，$\sigma_{\rm th}<0$，表明产生压应力。其物理解释为：在冷却过程中涂层的收缩比基体材料少，在涂层与基体结合牢固的情况下两者必须等应变，所以涂层产生压应力，反之涂层产生拉应力。

淬火应力是由于单个喷涂颗粒快速冷却到基体温度，颗粒要收缩从而产生的应力。喷涂过程中的最大淬火应力可以表示为：

$$\sigma_0=E_0\alpha_{\rm d}\Delta t' \tag{5-40}$$

式中，$\alpha_{\rm d}$ 是沉积物的热膨胀系数，近似等于室温下涂层材料的热膨胀系数；E_0 是涂层材料的弹性模量；$\Delta t'$ 是涂层材料的熔点与基体温度的差值。

可见淬火应力均是拉应力。材料的性能、基体的温度、涂层的厚度均会影响淬火应力的分布。在固化过程中可能会发生塑性变形、蠕变甚至产生微裂纹，因此淬火应力会被部分释放，所以实际应力低于计算值。

残余应力导致的失效形式主要有涂层开裂、翘曲和分层。在实际情况下许多涂层的失效并不只有一种失效形式。

5.8.3 典型喷涂技术

（1）粉末火焰喷涂

粉末火焰喷涂的典型装置如图 5-35 所示。由图 5-35 可见，粉末火焰喷涂设备非常简单，与普通的气焊装置类似，只不过多了气体流量计、粉末料斗与粉末火焰喷枪。金属粉末雾化原理前面已有论述。图 5-36 是粉末火焰喷枪的剖面图。

燃料气体一般采用乙炔气体。所用的粉末一般分为四类：Ni 基粉末、Co 基粉末、Fe 基粉末与含 WC 型粉末。根据所要求的涂层性能，选择合适的粉末材料。粉末装在料斗内，可以将料斗与喷枪制作成一体结构。要求合金粉末有"自熔性"。所谓自熔性是指在重熔时不加焊接溶剂，合金粉末本身就能自行脱氧还原造渣。为使合金粉末具有自熔性，在粉末中往往加入 B、Si 元素。前面已经论述，喷涂层不可避免会有孔隙。对于具有"自熔性"的合金粉末涂层，将其再次加热，涂层就会重熔，重熔后的涂层的致密度提高，与基体可形成冶金结合。重熔温度一般要高于 1040℃，可采用火焰、电感应、电炉或激光等方法重熔。

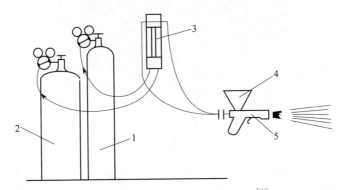

图 5-35　粉末火焰喷涂的典型装置[1]

1—氧气瓶；2—燃料气体；3—气体流量计；4—粉末料斗；5—粉末火焰喷枪

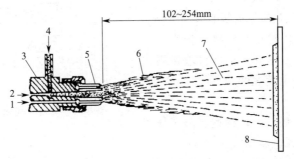

图 5-36　粉末火焰喷枪的剖面图

1—氧气；2—燃料气；3—喷枪；4—粉末；5—喷嘴；6—火焰；7—喷涂束流；8—基体

　　涂层与基体的结合力（黏结强度）是评价涂层质量的主要指标，表面预处理是喷涂工艺中非常重要的环节，涂层的黏结强度直接与基体表面的清洁度和粗糙度有关。对于工件表面首先要清理掉油污、氧化皮等杂物（采用方法与电沉积类似），然后进行喷砂处理。喷砂处理的目的是进一步洁净表面和粗化表面，经过粗化的表面可以进一步提高黏结强度。

　　与其他喷涂工艺相比，火焰喷涂工艺最大的特点是设备简单、成本低廉、可以实现大型构件的喷涂，因此在工程中常常被采用。其主要用于大型构件（如铁桥、铁塔、船体、储水罐等）的防腐蚀和提高耐磨性能。为达到不同目的可以选用不同的喷涂材料。例如为了防腐蚀一般喷涂 Zn、Al、Cd 等金属或合金。火焰喷涂层的金相组织照片见图 5-37。

（2）等离子体喷涂

　　等离子体喷涂设备（图 5-38）较为复杂，主要包括喷枪、送粉器、整流电源、供气系统、水冷系统及控制系统。设备中的关键部件是喷枪，喷枪由阴极、喷嘴（阳极）、进气道与气室、送粉道、水冷密封与绝缘以及枪体组成。阴极是电子发射源，一般选用熔点高和电子发射能力强的钨为基体，内部掺有 $1\%\sim2\%$ 的钍或铈。阴极的直径由最大工作电流、喷嘴孔径和冷却条件等因素确定。根据电源的接线方式不同，等离子体弧分为三种类型。

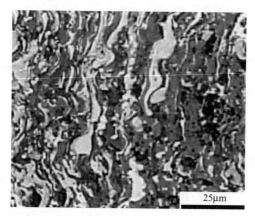

图 5-37 火焰喷涂层的金相组织照片

① 非转移型等离子体弧 钨极接电源负极，喷嘴接电源正极，工件不带电。等离子体弧被控制在喷嘴内部，从喷嘴喷出的是等离子体焰流，可以用于喷涂及表面处理。等离子体喷涂一般采用这种类型的等离子体弧。

② 转移型等离子体弧 钨极接电源负极，工件接电源正极。引弧时喷嘴先接正极，产生小功率非转移弧后，工件再接正极将电弧引出去。该等离子体弧的电流密度与温度均较高，可以用于切割堆焊等。

③ 联合等离子体弧 由转移型等离子体弧及非转移型等离子体弧联合组成。

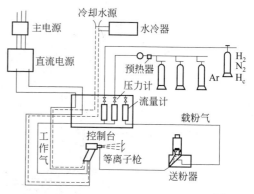

图 5-38 等离子体喷涂设备的示意图[1]

根据等离子体形成原理可知，直流、微波、射频等多种方式均可产生等离子体。在等离子体喷涂中一般均采用直流电源产生等离子体。工业电源一般均是交流电源，所以需要采用整流电源进行整流。整流器采用饱和电抗器式或硅整流电源及可控硅型电源。

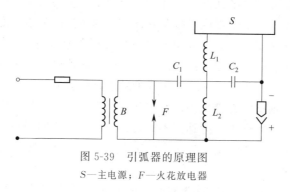

图 5-39 引弧器的原理图

S—主电源；F—火花放电器

在等离子体喷涂设备中还有一个特殊装置即引弧器，其原理见图 5-39。在 F 处有两个电极，在起弧时将一高频高电压施于两极间，击穿两极间气体介质，产生火花引燃电弧。

可见等离子体喷涂设备比火焰喷涂设备要复杂得多。等离子体喷涂与火焰喷涂相比有以下优点。

等离子体焰的流速高、温度也高，可以熔化高熔点材料。例如功率为 4kW 的设备，采用氩气为工作介质，距离喷嘴 2mm 处的温度可以达到 17000～18000K，几乎可以熔化所有固体工程材料，所以喷涂材料的选择范围可以很宽。

喷涂中被雾化的粒子的飞行速度可以为 180～480m/s，而火焰喷涂仅为 45～160m/s。飞行速度高的好处是涂层与基体的结合强度高。等离子体与基体的结合强度可以达到 40～70MPa，而火焰喷涂仅为 5～10MPa。同时由于温度高，粉末可以充分熔化，涂层的结构相对比较致密，孔隙率也小些。

正是由于这些优点，等离子体喷涂技术受到了人们的高度重视。在等离子体喷涂过程中，影响涂层质量的工艺参数很复杂，对于选定后的工件、涂层一般要经过反复试验才能获得最佳工艺参数。一般认为以下几个工艺参数非常关键。

① 等离子气体的选择　气体的选择原则主要是可用性和经济性。氮气很便宜且等离子体焰的热焓高、传热快，利于粉末的加热和熔化。但对于易发生氮化反应的粉末或基体则不可采用。氩等离子体弧稳定且易于引燃，弧焰较短，适用于小件和薄件的喷涂。氩气还有很好的保护作用。但氩气的热焓较低，价格比氮气昂贵。

② 工作气体的流量控制　在一定的功率下，一般均有一个最佳气体流量值。气体流量过大，离子浓度相对减少，中性气体原子就会吸收等离子体焰流的热量，使温度和热焓下降，粉末不能充分熔化，导致涂层组织疏松，气孔增加，结合力降低。反之，气体流量过小，温度下降，速度也将下降。送粉气体的流量要与工作气体的流量相适应，一般为工作气体的流量的 20% 左右。

③ 输入功率和电参数　输入功率大小的选择可以进行理论计算。设涂层是由熔融充分、具有一定过热度的粉末粒子形成的，那么形成涂层的粉末所需的热功率 q_f 应为[1]：

$$q_f = G_f \left[\int_{T_0}^{T_m} C_s(T) \, dT + \Delta H + \int_{T_m}^{T_g} C_m(T) \, dT \right] = G_f H_g \tag{5-41}$$

式中，G_f 是单位时间的送粉量；T_0、T_m、T_g 是粉末原始的温度、粉末熔点和粉末过热的温度；C_s、C_m 是粉末固态和熔态的比热容；H_g 是熔融粉末材料在 T_g 时的热焓增量。

根据等离子体焰流能量利用系数 η_f（数值为 10%～25%），可估算出喷嘴出口处等离子体的热功率 q_D：

$$q_D = q_f / \eta_f \tag{5-42}$$

最后由喷枪效率 η 可估算出所需输入的功率 P：

$$P = IU = q_D / \eta \tag{5-43}$$

一般来说，采用较高的功率值比较好。功率确定后，应尽可能选用较高电压和较低电流，这对喷枪寿命和减少热损失有利。弧电压可通过调节极距和变换工作气体的成分来调节。但在一般操作中，主要靠改变电流来控制输入功率。

④ 喷涂距离和喷涂角　进行喷涂时，金属粉末的喷距常取 75～130mm；陶瓷粉末的喷距常取 50～100mm。喷距太小，会造成基体温度过高，从而影响涂层的结合；喷距太大，粉粒的温度和速率均将下降，结合力、喷涂效率都会明显降低。在基体温度允许的情况下，喷距适当小些为好。

焰流轴线与被喷涂工件表面之间的角度称为喷涂角，喷涂角一般控制在 45°～90°。当喷涂角小于 45°时，由于图 5-40 所示的"遮蔽效应"的影响，涂层结构会恶化而形成空穴，使

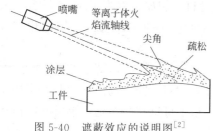

图 5-40 遮蔽效应的说明图[2]

涂层疏松。

等离子体喷涂可用于多种涂层的制备，如耐磨、减磨、固体润滑涂层，耐蚀涂层，抗高温氧化、抗高温气流冲刷涂层，抗表面疲劳涂层，导电、绝缘涂层等，等离子体喷涂层的金相组织照片见图 5-41。

但等离子体喷涂的效率比较低，且工作中会发出约 130dB 的噪声和各种射线，这些因素很大程度上影响了等离子体喷涂技术的应用。

图 5-41 等离子体喷涂层的金相组织照片

 习 题

1. 对某轴类零件进行电镀锌，采用的电流密度为 $2A/cm^2$，要求电镀层厚度为 $25\mu m$，已知锌的密度为 $7.14g/cm^3$，锌的原子量为 65.38。阴极上的电极反应式为 $Zn^{2+} + 2e \longrightarrow Zn$，求电镀所需时间。

2. 热镀锌的零件，表面发生局部点状漏镀锌的现象（即表面有部分没有镀上锌），在做腐蚀试验的时候是否一定会在漏镀的地方出现红锈？为什么？

3. 资料介绍，在热镀锌中如果将锌液体中加入 5% 的铝，可以提高工件表面的耐腐蚀性能。但是试验的结果是，当在纯锌液体中加入 5% 的铝后，虽然耐腐蚀性能提高，但是热镀出的工件的表面非常不光滑，试分析原因（查图 5-42）。

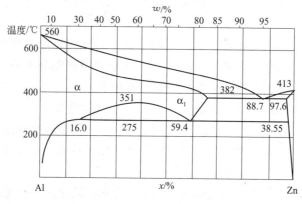

图 5-42 Al-Zn 相图

4. 热镀锌技术对钢材有良好的防护效果。但是在酸雨环境下，热镀锌工件的防护效果很差，试分析原因。

5. 某批零件在酸性镀铜液中进行电镀。电镀前零件重 0.7kg，镀 2.0h 后重 0.95kg，计算电镀铜时的电流密度。

参考文献

[1] 赵文轸. 材料表面工程导论. 西安：西安交通大学出版社，1998.

[2] 胡传炘，宋幼慧. 涂层技术原理及应用. 北京：化学工业出版社，2000.

[3] 安成强，崔作兴，郝建军. 电镀三废治理技术. 北京：国防工业出版社，2002：10-22.

[4] 陈超铭，范平，梁广兴，等. 铜铟镓硒薄膜太阳能电池的研究进展. 真空科学与技术学报，2013.33（10）：1011-1017.

[5] 熊绍珍，朱美芳. 太阳能电池基础与应用. 北京：科学出版社，2009：344-347.

[6] Calixtao M E，Sebastian P J，Bhattacharya R N，et al. Compositional and optoelectronic properties of CIS and CIGS thin films formed by electrodeposition. Solar Energy Materials and Cells，1999，59：75-84.

[7] Cui G D，Zhang Y S，Yang C，et al. Preparation of porous Fe-Ni soft magnetic powders by Fe-N alloys transformation. Applied Mechanics and Materials，2012，217-219：1121-1125.

[8] 麻蒔立男. 薄膜制备技术基础. 陈国荣，刘晓萌，莫晓亮，译. 北京：化学工业出版社，2009：305-311.

[9] 李宁. 化学镀实用技术. 北京：化学工业出版社，2004：499-505.

[10] 李鑫庆，陈迪勤，余静琴. 化学转移膜技术与应用.北京：机械工业出版社，2005：2.

[11] 王国佐，王万智. 钢的化学热处理. 北京：中国铁道出版社，1980.

第**6**章

复合表面处理技术

6.1 表面技术复合的设计原则

单一表面技术均有各自的缺陷与局限性，其应用范围必定会受到一定的限制。有许多方法可解决此类问题，其中复合表面技术便是最佳途径之一。所谓复合表面技术就是将两种或两种以上的表面处理技术同时或先后运用，处理同一工件。显然复合并非是无原则的任意复合，必须要遵守一些原则。这些原则在不同情况下有不同的处理方式，大致可以归纳如下。

① 原则1 复合的目的一定是利用某一表面技术的优点，克服另一表面技术的缺点，使材料同时获得两种（或以上）表面技术的优点；如果采用先后复合，则要求后续表面技术不能损坏前面的表面技术的功能。这是进行复合表面技术设计的基本原则。

例 6-1：氮化与渗硫复合工艺分析。硫一般被认为是钢中的有害元素，它会增加钢的热脆性，从而给锻造、焊接带来困难。在 20 世纪 50 年代有人提出了一种渗硫工艺。钢与铸铁经过渗硫后其表面摩擦系数会大幅度降低，耐磨性能会大幅度提高。根据前述的基本原理，利用相图分析渗硫的难易程度。

由图 6-1 可见，S 在 Fe 中的溶解度极低，在低温下基本不溶解，即使在 900℃时，溶解度仅为 0.065%。这是因为硫原子的半径（0.102nm）较大，远大于碳原子与氮原子，所以其难固溶于 Fe 中。又由于硫原子的最外层电子数为 6，所以容易与金属元素反应形成化合物。上述分析说明：只要有少量的 S 原子存在就会与 Fe 反应形成 FeS。

$$Fe + S \longrightarrow FeS \tag{6-1}$$

查热力学数据手册[1] 可获得表 6-1 中的数据。

表 6-1 热力学数据

类别	$S_{298}^0/[J/(K \cdot mol)]$	$\Delta H_{298}^0/(J/mol)$
$S_{固态}$	31.88	0.0
$\alpha\text{-Fe}$	60.29	0.0
FeS(β 态)	85.16	2385

根据一级近似，式（6-1）的反应自由能 $\Delta G^0(T)$ 可用下式表示：

$$\Delta G^0(T) = \Delta H_{298}^0 - TS_{298}^0 \tag{6-2}$$

可以求出最低反应温度 $T = 91K$。说明在很低的温度下，Fe 与 S 就可以反应生成 FeS。

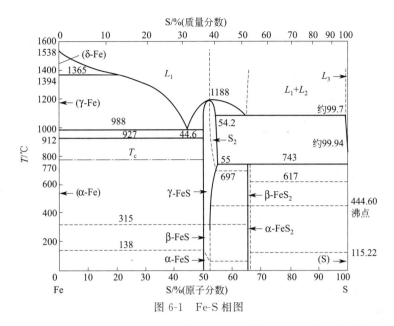

图 6-1　Fe-S 相图

上述计算是很粗略的，因为渗硫所需的硫原子是由吸附在工件表面的介质（如 H_2S）分解而来的，直接用固态 S 的热力学数据计算与实际情况不符合，所以需要在实践中加以验证。而实践表明在很低的温度下 Fe 与 S 确实可以反应生成 FeS、FeS_2 等化合物。

因此开发出低温气体渗硫工艺，具体如下。

将 H_2S 气体通入密闭的渗硫罐体中，将罐体加热到 $150\sim200℃$，H_2S 在工件表面吸附并分解出活性 S 原子，活性 S 原子与基体 Fe 反应生成 FeS 化合物。

氮化是常用的表面改性工艺，经氮化处理后，材料表面的硬度和耐磨性都能得到提高，但此时表面摩擦系数仍维持在较高水平。因此设想如果能够降低表面摩擦系数，将进一步提高材料表面的耐磨性能。所以采用氮化后再进行渗硫处理的复合工艺，复合处理的工艺曲线如图 6-2 所示。

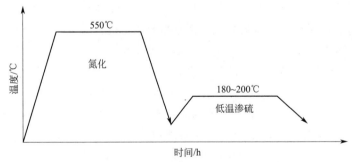

图 6-2　氮化＋渗硫复合处理的工艺曲线[2]

如果将工序反过来进行，不但不能降低工件的表面摩擦系数，还可能将 S 原子渗入氮化层而破坏氮化层的原有性能，从而产生不利作用。

② 原则 2　复合不能破坏材料的心部性能。表面处理技术仅能改变材料表面的组织与性能，但是很多零部件对心部性能都有一定的要求，所以必须将材料表面与心部作为整体进行合理设计。采用不同表面技术复合时要注意复合的表面技术不能损坏材料的心部性能。

例 6-2：模具钢 TCVD 处理与真空淬火复合工艺。采用 TCVD 方法沉积的薄膜，最早是作为功能薄膜用于半导体材料的，后来发现经过 TCVD 方法沉积的 TiN、TiC 等薄膜具有很高的硬度，如果在硬质合金刀片上沉积这类薄膜，可将刀具寿命提高3～10倍。一些试验表明，沉积这类薄膜的刀具，在将其薄膜层磨削掉后，其寿命仍然可以提高。因此人们试图扩大其应用范围。但是TCVD在用于工模具时有一个致命的弱点，由于沉积温度太高，会破坏基体组织的性能，所以TCVD工艺对许多工模具材料是不适用的。为了解决此类问题，提出下面的复合处理工艺。

工模具加工后首先用TCVD方法沉积薄膜，然后采用真空炉加热后进行淬火＋回火工艺，保证基体的硬度。由于真空加热不会使沉积的薄膜氧化，同时在加热过程中薄膜与基体间还可能发生相互扩散，从而使结合力增加。采用这样的复合后可以将TCVD技术的应用范围扩大。

采用这种复合处理工艺，沉积的薄膜必须与基体有良好的结合力是薄膜发挥作用的先决条件。虽然真空加热时有可能通过扩散增加结合力，但是薄膜的比体积、热膨胀系数与基体均有很大差别。如前所述，在钢进行淬火时，仅是采用真空加热淬火也必然会产生相变应力、热应力，同时膨胀系数不同也会产生应力。在这些应力的作用下，在淬火过程中薄膜很可能会脱落，即使保留下来，在界面处也会有较大的内应力，使薄膜与基体的结合力降低，从而使薄膜不能发挥作用。

③ 原则3　应根据基本原理进行表面复合技术设计的创新。采用已经开发出的表面复合技术解决生产中的问题，当然是合情合理的。但是更重要的是应根据各类技术的原理，自己独立设计、试验开发出新的表面复合技术。同时也不一定仅局限在表面技术之间进行复合，可根据要达到的目的，将表面技术与高分子材料加工、整体热处理、加工变形等进行复合，开发出新型有实用价值的表面复合技术。为说明此原则举例如下。

例6-3：冷形变＋渗碳复合技术开发。

在工业生产中有大量工件会产生形变，金属材料的变形分为冷加工变形与热加工变形。20世纪60年代有人就已经将热加工变形与热处理技术结合起来，开发出了形变热处理技术。采用这种方法处理后，不但能够使工件获得与其韧性相匹配的良好的强度，同时还有节能、简化工艺的效果。

例如将钢加热到奥氏体状态，然后迅速冷却到过冷奥氏体转变区域进行变形，在不发生奥氏体再结晶的情况下，进行淬火获得马氏体组织。这样将奥氏体进行变形时引入的高密度位错遗传给马氏体，使马氏体获得位错亚结构。根据马氏体相变原理可知，具有位错亚结构的马氏体的韧性比具有孪晶结构的马氏体的韧性要高。因此经过适当的回火，可以大幅度提高材料的强度，同时还能保证其较好的韧性。这是热变形与淬火处理复合而开发出的新工艺。

在20世纪70年代，文献［3］的作者在创新思想的指导下，将冷变形与表面技术进行复合，开发出了冷形变渗碳、冷变形渗硼等新型表面处理工艺。

在第3章已经论述，渗碳层深度与时间的关系由平方根定律控制，在一定温度下通过延长时间获得很厚的渗层是很难实现的。冷变形渗碳是工件在冷变形后再进行渗碳处理，其可加速渗碳过程。

对于22CrMoNi钢试样进行冷变形后再进行渗碳处理：渗碳温度为930℃，时间设定为2h、7h和13h。经过不同冷变形量渗碳处理后，其渗碳层深度数据见表6-2。

表6-2　经不同冷变形量后22CrMoNi钢的渗碳层深度数据　　　　单位：mm

渗碳时间/h	冷变形量/%			
	0	25	50	75
2	0.80	0.84	0.88	1.00
7	1.06	1.24	1.22	1.21
13	1.20	1.46	1.42	1.30

由表 6-2 可见，在室温对钢件进行变形处理会加速渗碳过程，与没有经过变形的钢件渗碳相比可以获得较深的渗层（提高 20％～25％）。同时可见，不同的变形量促渗作用也不同。可见这种复合为加速化学热处理的过程探索出了一条新的途径。

④ 原则 4　复合技术应该稳定、可靠、环保、有实际应用价值。这个原则是不言而喻的。总之应该建立起复合设计表面处理工艺的思想，同时也要根据不同要求进行创新设计。

6.2　几种复合表面技术

6.2.1　硫与氮共渗复合处理[4]

在钢铁表面进行渗硫处理可以提高钢铁材料的耐磨性能，其原因是渗硫使钢铁材料表面形成了细小的 Fe-S 化合物相，降低了表面的摩擦系数。在例 6-1 中曾经论述的氮化＋渗硫复合处理工艺，也可以采用 S、N 共渗的方法来替代，该 S、N 共渗处理可以在等离子体中进行。

将 S15CK 钢样品放入抽有一定真空的离子氮化炉中，样品作为阴极。通入 H_2、N_2、H_2S、SF_6 等气体，在电场作用下气体电离获得等离子体。温度控制在 $500\sim600℃$，时间为 $1\sim4h$。获得 3 层结构，主要由 Fe_3N、Fe_4N 与 FeS、$Fe_{1-x}S$、Fe_9S_{10} 组成。与盐浴氮碳共渗相比，对 S15CK 渗硫与氮后，材料的耐磨性能大幅度提高。S45C、SCM415、SCM435 的试验结果均表明，在无润滑条件下，三种材料均能获得良好的耐磨性能。与盐浴氮碳共渗相比，对 SUS430 进行渗硫与氮化复合处理后，其抗拉强度与疲劳强度均显著上升。

6.2.2　渗氮与感应表面淬火复合[3]

渗氮后工件表面具有高的硬度与耐磨性，但是由于渗氮温度低，所以渗层一般较浅。渗氮＋感应表面淬火复合处理工艺，是指在工件渗氮后再进行感应表面淬火的热处理工艺。这一复合热处理工艺可得到比仅氮化工艺更深的硬化层深度，同时表面的硬度也更高，具有抗腐蚀、抗疲劳、抗中温软化等优异的综合性能。例如采用不同的钢件，对其分别进行三种不同的处理工艺，然后测定性能与硬化层深度。

① 仅渗氮处理：渗氮工艺为 $530℃$、$9h$，氨分解率为 $25％～35％$；$530℃$、$5h$，氨分解率为 $65％～75％$；$530℃$、$46h$，氨分解率为 $25％～35％$。

② 仅感应表面淬火：工艺为 $300kHz$、$15kW$，$850\sim920℃$ 加热 $2.3\sim2.8s$，水淬。

③ 渗氮＋感应表面淬火复合处理。

经上述不同工艺处理后，试件的硬化层深度及表面硬度如表 6-3 所示。

表 6-3　几种钢经过不同处理后的硬化层深度与表面硬度对比

钢种	硬化层深度/mm		表面硬度 HRC		
	渗氮	感应淬火	渗氮	感应淬火	渗氮＋感应淬火
20	1.14	3.81	24	44	57
30	1.12	3.43	25	53	65
40	1.14	3.43	33	63	66
T8	1.09	3.56	35	64	69
40CrNiMo	0.89	2.79	49	65	68

由表 6-3 可见，采用复合处理后，钢件表面的洛氏硬度有明显提高。洛氏硬度测定时对压头施加 150kgf（1kgf＝9.80665N）的力，硬度提高表明钢件表面硬化层深度有较大的提高。

6.2.3　溅射 Al 膜与离子氮化工艺复合[4]

如前所述，离子氮化是在等离子体中进行的，而溅射镀膜利用的也是等离子体。所以可以方便地将离子氮化与溅射镀膜工艺进行复合。例如，采用溅射方法在 SKD61 钢上获得 Al 膜，然后真空加热进行扩散，最后再进行离子氮化。获得的 Al 扩散层的厚度是原来 Al 膜的 11 倍。在随后的离子氮化中，将氮化层变为两层，最外层组织是含 Al 的氮化相，内层是基体氮化相组织。采用这种复合处理工艺进行耐磨性能对比试验，具体如下。

工艺 1：离子氮化＋氧化处理；工艺 2：溅射 Al 膜＋扩散＋离子氮化处理。结果表明工艺 2 处理的样品的耐磨性能大幅度提高。

一般的钢在熔融铝液中很容易发生溶解（溶损性）。对 SKD61 钢板进行对比试验。

工艺 1：仅进行离子氮化处理；工艺 2：真空蒸镀 Al 膜＋真空加热扩散＋离子氮化。

工艺 2 处理的样品在熔融铝液中长时间浸泡都没有发生溶解，表明其耐溶损性大幅度提高。

6.2.4　多元共渗与高分子材料复合

多元共渗是指将多种元素同时渗入工件表面。对于碳钢采用气体多元共渗方法，在 590～650℃范围通入 C、N、S、O 等多种元素，获得的化合物层具有良好的抗腐蚀性能，同时可以使钢具有高的抗杂散电流腐蚀的效果[5,6]。

为进一步提高抗腐蚀性能，可以将多元共渗后的零件与特殊高分子涂料进行复合。该涂料主要以改性聚苯硫醚材料作为基料，再加入特定的添加剂。根据添加剂种类不同，涂料可以分为多种类型。这种涂料有两个优点：一是属于水性涂料，可以用水进行稀释，涂料本身具有一定的抗腐蚀性能；二是价格低廉。具体工艺操作过程如下。

首先在特定工艺条件下对电力铁附件及金具进行气体多元共渗，得到满足一定要求的化合物层，在除去表面的尘粒之后，放入盛有富锌铝有机涂料的容器内进行浸渍（见图 6-3），然后立即将已浸渍的工件置于甩干机内进行甩干，最后将工件放入烘箱内加热烘干。

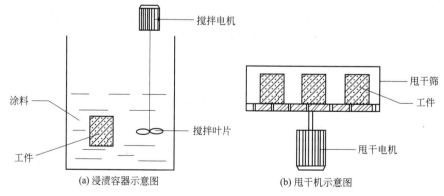

(a) 浸渍容器示意图　　　　(b) 甩干机示意图

图 6-3　多元共渗后涂层复合的原理图

由图 6-3 可见，将气体多元共渗后的工件放入涂料内一定时间之后，工件表面便黏附一层涂料，通过甩干机甩干一定时间，涂料便光滑地附着在工件表面，再通过烘箱烘干，烘烤温度为 300℃ 左右，工件表面形成一层坚硬的有机涂层，其金相组织见图 6-4。

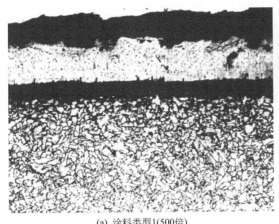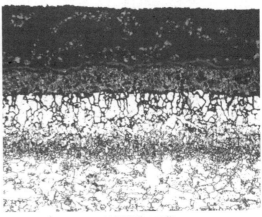

(a) 涂料类型1(500倍)　　　　　　　　　　　　(b) 涂料类型2(500倍)

图 6-4　多元共渗＋聚合涂层的金相组织照片

从图 6-4 中可以看到，涂层在显微镜下呈黑色的形貌，配方 2 涂料中由于铝锌粉的比例较高，所以在涂层中还可以看到白色的小颗粒。

将多元共渗层与高分子涂料进行复合，其结合力是影响使用性能的最关键指标。采用两种测定方法对其结合力进行测定。

第一种方法是粗略的宏观定性方法：取一个厚度为 0.5mm 的薄片，经过多元共渗后涂覆聚合锌铝涂层，然后将薄片弯成 45°、90°，观察涂层是否脱落。检测结果见图 6-5。

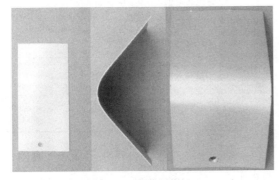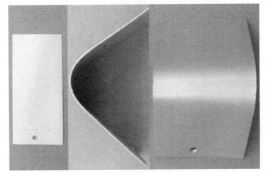

(a) 弯曲45°(无剥落与裂纹)　　　　　　　　　　　(b) 弯曲90°(无剥落与裂纹)

图 6-5　涂层弯曲 45°、90°后的表面状况照片

从图 6-5 中可以看到，样品弯曲 45°、90°后表面仍均结合完好，没有发现裂纹与涂层剥落的现象。

第二种方法是根据 ASTMD 3359-09 标准中的划线和划格试验方法进行，结果见表 6-4。

表 6-4　气体多元共渗＋聚合锌铝涂层的试件的涂层附着强度试验结果

试件				
编号	名称	型号	基体材质	结果
1	直角挂板	Z-1	Q235	未见涂层与气体多元共渗层脱落
2				未见涂层与气体多元共渗层脱落
3				未见涂层与气体多元共渗层脱落

根据试验结果可以看出高分子涂层与气体多元共渗层的结合力很好。

气体多元共渗与高分子材料复合后的突出特点是材料在多种介质中都可以获得优良的抗腐蚀性能。复合处理后的样品按照 GB/T 10125—2012 标准、GB/T 9789—2008 标准进行盐雾与 SO_2 腐蚀试验，腐蚀试验结果见表 6-5。表 6-6 是目前国内外先进标准所规定的腐蚀性能数据，代表了目前国内外抗腐蚀性能的水平。

表 6-5　多元共渗＋聚合锌铝涂层产品与热镀锌产品的腐蚀试验结果对比

产品(腐蚀试验进行单位)	盐雾试验结果	SO_2 试验结果(开始出红锈时间)
电力铁附件及金具热镀锌产品(交大)	72h 大量白锈 800h 开始出红锈	
电力铁附件及金具多元共渗＋聚合锌铝涂层产品(中测院)	不出现白锈 2160h 没有出现红锈	816h 没有出现红锈

表 6-6　国内外表面覆盖层先进标准中关于盐雾试验出红锈时间的规定

标准	规定盐雾试验开始出红锈时间/h
美国材料学会 ASTM B 695-04 机械镀锌标准	钝化后最高级别 300h 不出现红锈
美国通用汽车工程标准 GM 6173-M 铬酸盐/锌涂层标准	最高级别 480h 不出现红锈,但是对螺栓类紧固件仅要求 120h 不出现红锈
中华人民共和国国家标准 GB/T 18684—2002 锌铬涂层标准	3 级 480h 不出现红锈 最高级别(4 级)1000h 不出现红锈
美国材料学会 ASTM B 816-00(2004)机械镀镉锌标准	最高级别 300h 不出现红锈
美国材料学会 ASTM B 696-00(2004)镉机械镀标准	最高级别 144h 不出现红锈
美国材料学会 ASTM B 635-00(2004)镉-锡机械镀标准	最高级别 168h 不出现红锈
美国军用标准 MIL-C-87115 锌片-铬酸盐标准	最高级别 400h 不出现红锈
日本达克罗工业协会标准 JDIS 锌/铬酸盐复合涂层标准	最高级别 2000h 不出现红锈

对比表 6-5 和表 6-6 可知，采用多元共渗＋聚合锌铝涂层进行表面处理后，其抗腐蚀性能高于热镀锌，且达到国内外先进标准所要求的水平。

2007 年冬天我国南方电力系统中的电力铁塔大量倒塌，原因是雪水在电力铁塔及上面的电力铁附件表面结冰。目前虽然对电力铁附件与电力金具没有亲水性能的要求，但作为基础研究，研究测定了复合处理后材料表面与水的接触角，依据接触角越低亲水性能越差的原则，判断表面处理后的亲水性能。测定结果见表 6-7。

表 6-7　热镀锌表面与多元共渗＋高分子复合涂层表面的接触角测定结果

工艺	测点 1	测点 2	测点 3	测点 4	测点 5	平均值
热镀锌	81.4	82.8	95.2	84.1	84.3	85.6
多元＋涂层 1	62.5	66.0	65.0	62.5	68.5	64.9
多元＋涂层 2	90.5	92.5	88.5	89.5	89.0	90.0

从表 6-7 中可以看出，通过改变涂层的配比，可以使材料表面的亲水性能在比较大的范

围内进行调整，通过调整配比可以使其表面亲水性能远低于热镀锌，实现电力金具与铁附件表面积水少的目的，对防止电力铁塔因结冰而倒塌有明显成效。

6.2.5 喷涂与火焰、激光快速加热复合[7]

前面已经论述热喷涂或等离子体喷涂薄膜的形成实质是"不断结晶"的过程，所以必然存在一些孔洞、致密度差等问题，因此限制了其使用范围，但如果与火焰或激光快速加热工艺复合，就可以使孔隙率大幅度降低，并且使涂层由原来的机械结合变为冶金结合，大幅度提高了涂层与基体间的结合力。可以采用下面具体复合处理工艺实现重熔。

方法1：对火焰喷涂层或等离子体喷涂层进行火焰或激光快速加热，使涂层重熔。加热温度较高，一般在1000～1200℃范围内。

方法2：工件预处理及预热——喷粉工件预热后立即喷需要获得涂层材料的粉，喷熔层厚度一般不大于1.2mm（每次），采用喷枪进行重熔加热（喷距一般为100～200mm）。

喷熔过程中工件温度控制在350℃左右。若温度下降，则涂层易开裂或脱落。

所用的重熔喷枪应有足够的火焰能率。从700℃至重熔结束，时间不应超过20min，若在700℃以上停留时间过长，涂层因高温而被氧化，从而产生粉末"脱渣"，使其自熔性被破坏，以致重熔失败。

6.2.6 铸渗复合处理工艺[7]

将铸造方法与渗金属方法复合可以获得铸渗复合工艺，可获得很厚的耐磨涂层。具体方法是：在铸造型腔内首先涂覆一层合金粉末膏剂（渗金属采用的膏剂方法是将膏剂涂覆在工件表面），然后将需要铸造的金属液倒入型腔中。因为涂覆的膏剂合金粉间有一定孔隙，所以液态金属就会渗入这些孔隙间。又由于液态金属有很高的温度，利用其高温产生的热量，可将型腔表面涂覆的合金粉末膏剂熔化，并与基体表面熔合为一体。这样获得的铸件就变成了具有特殊表面层的组织的铸件。

内部是铸造的基体组织，表面是合金粉末膏剂与铸造基体混合在一起的组织。可以将表面组织设计为特殊性能的组织，例如高耐磨性组织。

砂型铸造、精密铸造均可以使用这种方法。其关键是根据零部件需求，设计出合适的铸渗膏剂。

合金粉末设计如下。

因为白口铸铁有良好的耐磨性能，加入铬可以进一步提高其耐磨性能，所以合金粉末中选择熔点较低的高铬白口铁成分。为了进一步提高耐磨性能可以在其中加入碳化物硬质点作为耐磨相。合金粉的粒度大小直接影响铸渗层的厚度，这是因为铸渗层厚度取决于液态金属渗入膏剂毛细孔的距离。如果是制备薄铸渗层，粉末粒度可以细些，例如控制在0.20～0.32mm；相反，若制备厚铸渗层则可选粒度粗些的粉末。

制备膏剂的黏结剂非常重要。黏结剂的主要作用是：将合金粉黏结在一起，并使膏具有一定的强度；改善液态金属与合金膏剂的浸润性。常用的黏结剂是水玻璃，其次是聚乙烯醇（PVA）。

在膏剂中有时还要加入熔剂。其作用是包覆合金颗粒，使之在浇注时不被氧化，受热熔化后能除去颗粒表面的氧化膜，从而增加液态金属对合金膏剂的浸润。常用的熔剂有硼砂、硼酸、氯化钠等，这些既是黏结剂又是熔剂。

选择合适的合金粉末，一般按成分比例加入约1％的熔剂及适量的黏结剂，调成膏状即可。膏剂涂覆后要经过一定的烘烤。

膏剂粘贴厚度与铸渗涂层质量关系很大，表6-8给出了铸渗层厚度与膏剂层厚度的关系。

表6-8　铸渗层厚度与膏剂层厚度的关系[7]

序号	铸件厚度 δ/mm	膏剂层平均厚度 δ_1/mm	铸渗层平均厚度 δ_2/mm	膏剂层相对厚度 δ_1/δ	铸渗层相对厚度 δ_2/δ_1	浇铸温度/℃
1	45	0.5	1.5	0.01	3.0	1850
2	35	1.0	1.4	0.03	1.4	1620
3	35	1.5	4.1	0.04	2.7	1621
4	35	2.0	4.0	0.06	2.0	1630
5	40	2.5	4.0	0.06	1.6	—
6	40	3.0	5.0	0.08	1.7	—
7	40	4.0	4.3	0.10	1.1	1555
8	80	5.0	8.1	0.06	1.6	

一般浇铸温度为高于基体金属液相线温度150℃以上，一般在1300～1600℃范围内。图6-6为铸渗层的金相组织照片。

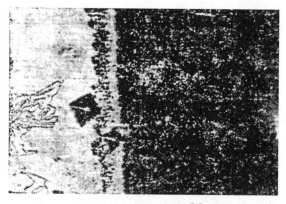

图6-6　铸渗层的金相组织照片[7]（500倍）

 习题

1.根据复合表面技术设计原则分析：如果将高频感应加热淬火与低温渗硫进行复合，是否可以获得比高频感应加热淬火更加优良的耐磨性能？如果不能获得，请说明理由，如果可以获得，则设计渗硫工艺应该安排在感应加热淬火前还是在感应加热淬火后？为什么？

2.立方氮化硼是一种硬度极高的材料。为了在钢表面获得立方氮化硼相，有人试图采用复合表面技术方法对钢进行处理。其基本思路是：首先采用固体粉末方法对钢进行渗硼处理，然后采用离子注入方法再对渗硼后的工件进行氮离子注入。试分析这种设计有无可能在钢表面得到立方氮化硼相？

3.为了在钢表面获得氮化铬相，有人采用下面设计：首先采用粉末渗铬方法对钢进行渗铬处理，然后采用气体氮化方法再对工件进行氮化处理。试分析这种设计有无可能在钢表面获得氮化铬相，从而提高表面硬度？

4.在气体渗碳后，样品表面出现大块状或网状碳化物，导致表面渗层脆性增加、韧塑性下降，在接触应力的作用下易产生表面裂纹和脱落现象，这是什么原因造成的？如何预防和改进？

5.气体渗碳＋淬火后，渗碳层出现粗大的针状马氏体＋大量残余奥氏体组织，导致表面硬度显著降低，达不到技术要求，这是什么原因造成的？如何预防和解决？

参考文献

[1]　叶大伦，胡建华. 实用无机物热力学数据手册. 北京：冶金工业出版社，2002：9.

[2]　王国佐，王万智. 钢的化学热处理. 北京：中国铁道出版社，1980.

[3]　雷廷权，傅家骐. 金属热处理工艺方法 500 种. 北京：机械工业出版社，2004.

[4]　木容. 热处理研究の动向. 热处理（日），1999，41（1）：3-10.

[5]　杨川，高国庆，吴大兴. 碳素结构钢多元共渗后的微观组织结构与抗蚀性的关系. 材料保护，2004，37（11）：42-44.

[6]　赵玉珍，杨川. 低温气体多元共渗工艺抗杂散电流腐蚀的研究. 材料保护，2003，36（2）：22-25.

[7]　胡传炘，宋幼慧. 涂层技术原理及应用. 北京：化学工业出版社，2000.

第 **7** 章

金属粉体材料的表面改性处理及应用

金属粉体材料是金属材料的重要组成部分，广泛应用于冶金、涂料、化工、增材制造等领域，是国民经济的重要组成部分。近年来，制造业对金属粉体材料的要求越来越高，尤其是对金属粉末成分的均匀性和多样性以及金属粉末的环境稳定性提出了更高的要求。采用表面改性技术对金属粉末进行表面改性处理，可以赋予金属粉体材料更多的成分组合和特殊的表面性能，对提升粉末的品质、改善环境稳定性和拓展应用范围具有积极的促进作用。下面介绍几种金属粉体材料的表面改性技术和具体应用。

7.1 高强塑 Fe-Ni-P 合金的制备

加入 Ni 元素可以改善钢铁材料的韧塑性。加入 P 元素可以改善金属材料的强度、切削加工性能以及耐蚀性，然而过量掺杂会在冶金或热处理过程中产生晶界偏析或磷共晶，显著降低韧塑性，产生"冷脆"现象。因此，对于要求高强塑性的金属材料，P 一直被认为是杂质元素，其含量被严格限制 [<0.05%（质量分数）][1]。如何解决大量 P 掺杂引起的金属材料的冷脆性问题，一直是金属材料要解决的难点问题。

基于金属粉末表面镀层改性技术和粉末冶金技术，提出了一种高强塑 Fe-Ni-P 合金的制备方法。合金中较高的 P 含量 [>0.5%（质量分数）] 不仅有效改善了 Fe-Ni 合金的硬度、强度、耐蚀性和烧结性能，还兼顾了 Fe-Ni 合金本身所具有的优异塑性，并没有因大量 P 的掺杂而产生明显的冷脆性[2]。

该合金的具体制备方法如下：以铁粉和 Ni-P 化学镀液为原材料，将铁粉放入 pH 值位于 5.5~6.5 之间的 Ni-P 化学镀液中进行表面化学镀，在施镀过程中不断搅拌，使铁粉表面均匀施镀，获得一层厚度均匀的 Ni-P 镀层。对化学镀 Ni-P 合金后的铁粉先后用去离子水和无水乙醇进行清洗，然后在 35℃ 的条件下烘干，获得 Fe-Ni-P 复合粉末。将 Fe-Ni-P 复合粉末放在模具中进行预压成型，然后在真空环境下进行烧结，烧结后可获得 Fe-Ni-P 合金[3]。Fe-Ni-P 复合粉末的制备及烧结成型示意图见图 7-1，Fe-Ni-P 复合粉末的形貌、950℃ 真空烧结后样品的微观形貌和烧结后样品的应力-应变曲线见图7-2。

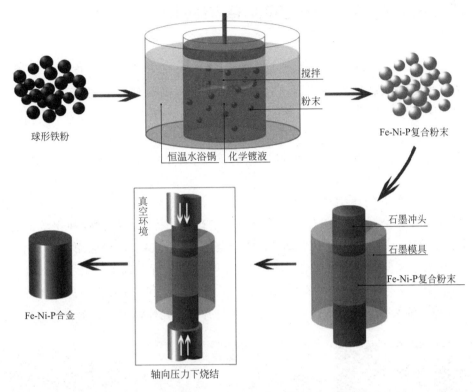

图 7-1 Fe-Ni-P 复合粉末的制备及烧结成型示意图

从图 7-2 中可以看出，经过化学镀后，铁粉表面明显包裹了一层厚度均匀的 Ni-P 合金镀层。烧结后基体组织致密、孔隙率低，沿晶界析出了（FeNi)P 相关的金属间化合物相，没有明显的磷共晶组织形成。烧结后的样品展示了优异的抗压缩性能，具有高的抗压强度和较好的塑性，并没有因大量 P 添加而产生明显的冷脆性[4]。

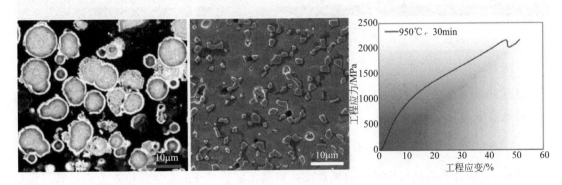

图 7-2 Fe-Ni-P 复合粉末的形貌、950℃真空烧结后样品的微观形貌和烧结后样品的应力-应变曲线[4]

总之，通过镀层的方法可以对金属粉末进行表面改性处理，均匀地将一种或者多种元素添加到金属粉末表面的镀层中，从而获得复合粉体材料。结合烧结技术，将复合粉末烧结成型，可以制备成分多样且分布均匀、性能优异的新型金属材料。

7.2 Fe-N合金粉末的制备与应用

在第3章中，已经提到渗氮技术是一种传统的表面化学热处理技术，常用于金属零部件（尤其是钢铁制件）的表面改性处理，用来提高金属零部件表面的硬度和耐磨性。铁粉是常用的工业原材料，广泛应用于粉末冶金、焊接、化工等领域。相对而言，铁粉越细、表面积越大，其实际应用效果越明显，但是铁的化学稳定性差，在空气中放置易氧化或者燃烧，因变成氧化铁而失去实际应用价值，显著增加了存储与使用成本。

为了提高超细铁粉的化学稳定性，采用气体渗氮技术对超细铁粉表面进行气体渗氮处理，获得Fe-N合金粉末。Fe-N合金粉末具有高的硬度、优异的耐蚀性和化学稳定性，可在空气中长期放置而不变质。可用超细Fe-N合金粉末代替超细铁粉应用于粉末冶金领域，将Fe-N合金粉末预压成型，在真空中进行烧结，可获得接近全致密的微结构（图7-3）。也可将Fe-N合金粉末与一定比例的石墨粉混合，然后预压成型，在真空中进行烧结，可获得具有一定孔隙率的共析钢结构（即含有一定孔隙的片状珠光体结构，见图7-4）。

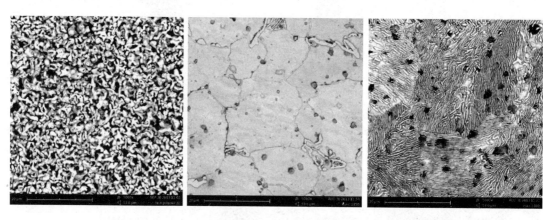

图7-3　Fe-N粉末的微观形貌（左）、Fe-N粉末在1100℃真空烧结后样品的微观形貌（中）和
Fe-N粉末在1100℃渗碳气氛下烧结后样品的微观形貌（右）

根据Fe-N合金的特点，几乎所有的Fe-N合金都是亚稳定的，在高温加热时会分解，发生脱氮反应[5]：

$$Fe-N(高氮) \longrightarrow Fe-N(低氮) + N_2 \longrightarrow Fe + N_2$$

借助Fe-N合金高温加热时的脱氮反应，以高氮浓度的Fe-N合金粉末为原材料，采用烧结的方法可制备具有多孔结构的铁合金。在制备过程中，Fe-N粉末既是原材料，也是发泡剂，省去了额外添加造孔剂或发泡剂的步骤。以Fe-N合金粉末为原材料制备的多孔铁的压缩性能如图7-5所示[6]。

烧结后样品的主要成分由高氮浓度的Fe-N合金转变为α-Fe，表明在烧结过程中Fe-N合金发生了充分的脱氮反应，绝大部分氮以气体的形式被释放出来，从而起到了发泡的效果，促成了多孔结构的形成。

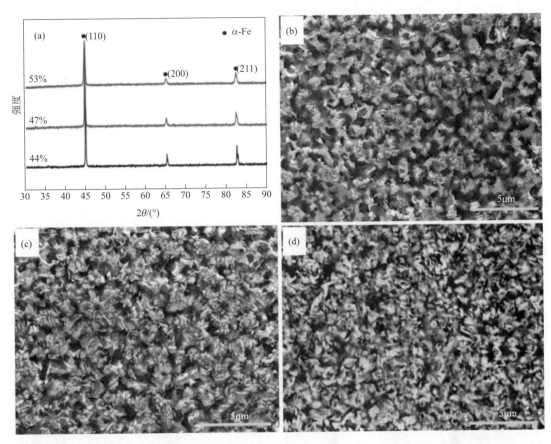

图 7-4　不同孔隙率多孔铁样品的 XRD 谱图和 SEM 的二次电子像[6]
（a）XRD 谱图；（b）44％孔隙率；（c）47％孔隙率；（d）53％孔隙率

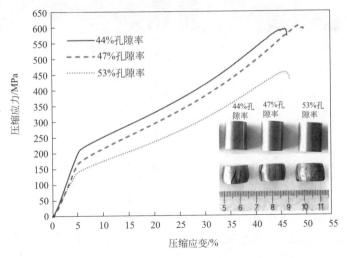

图 7-5　不同孔隙率的多孔铁样品的压缩应力-应变曲线[6]

7.3 Ti-N-O复合材料的制备

　　钛及钛合金具有高强轻质、耐腐蚀、耐高温等特点，广泛应用于航空航天领域，同时其具有良好的生物相容性，广泛应用于生物医学工程领域[7]。对钛或钛合金进行表面渗氮或氧化处理，获得 Ti-N、Ti-O 渗层或 Ti-N-O 薄膜材料，不但可以显著提高表面硬度和耐磨性，还可以显著改善光催化性能和血液相容性，在光催化和生物医学等领域具有较好的应用价值而被广泛研究[7]。目前 Ti-N-O 材料的制备还仅限于薄膜材料，很少有人研究块体 Ti-N-O 复合材料的制备。

　　同样可以应用金属粉体材料表面改性和烧结的方法，制备块体 Ti-N-O 复合材料。以纯钛粉末为原材料，采用气体共渗的方法在 650～750℃ 的温度下对纯钛粉末表面进行 N、O 共渗处理，获得 Ti-N-O 复合粉体材料。图 7-6 为纯钛粉末在 700℃ 气体氮氧共渗前后的微观形貌和成分。

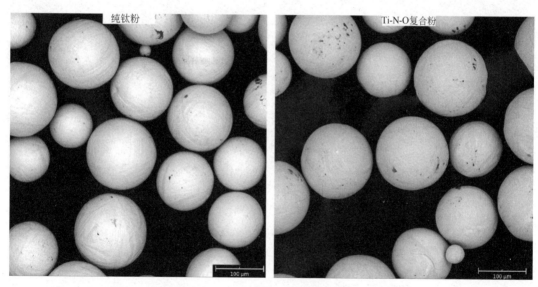

图 7-6　纯钛粉末在 700℃ 气体氮氧共渗前后的微观形貌和成分

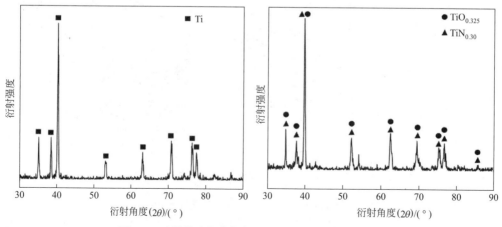

图 7-7　纯钛粉末气体氮氧共渗前后的成分及相组成

从图 7-6 中可以看出，气体氮氧共渗后纯钛粉末的形态并没有发生明显的变化，依然保持共渗前的球形状态。从图 7-7 中可以看出，共渗后的主要成分为 $TiO_{0.325}$ 和 $TiN_{0.30}$，说明气体氮氧共渗处理可以在纯钛粉末表面获得渗层，制备得到一定氮、氧含量的 Ti-N-O 复合粉体材料。将该复合粉末进行预压成型，然后在真空条件下进行加压烧结，烧结后可获得块体 Ti-N-O 复合材料，其微观形貌和应力-应变曲线见图 7-8。从图 7-8 可以看出，烧结后的 Ti-N-O 复合材料接近全致密结构（密度为 $4.50 g/cm^3$），因氮、氧的添加量较高，烧结后的 Ti-N-O 复合材料具有高的硬度（648HV）和强度（1744MPa），但是其塑性较差。

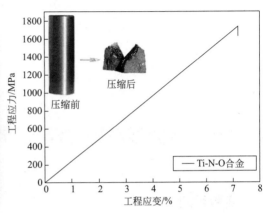

图 7-8　烧结后的 Ti-N-O 复合材料的微观形貌和应力-应变曲线

参考文献

［1］孔见. 钢铁材料学. 北京：化学工业出版社，2008.

［2］Jiang R J，Li A，Cui G D，et al. Comparison of microstructure and mechanical properties of sintered? γ-(Fe-Ni-P) alloys with abundant P doping. Metallurgical and Materials Transactions A，2019（50）2580-2584.

［3］Cui G D，Jiang R J，Zhang C S，et al. Low-temperature induced martensitic transformation enhancing mechanical properties of metastable Fe-Ni-P alloy. Metals，2019，9（7）：785.

［4］Chai W Q，German R M，Olevsky E A，et al. Preparation and properties of high strength Fe-Ni-P ternary alloys. Advanced Engineering Materials，2016，18（11）：1889-1896.

［5］Kardonina N I，Yurovskikh A S，Kolpakov A S. Transformations in the Fe-N system. Metal Science and Heat Treatment，2011，52：457- 467.

［6］Cui G D，Wei X L，Olevsky E A，et al. The manufacturing of high porosity iron with an ultra-fine microstructure via free pressureless spark plasma sintering. Materials，2016，9（495）：1-9.

［7］Liu X Y，Chu P K，Ding C X. Surface modification of titanium，titanium alloys，and related materials for biomedical applications. Materials Science and Engineering R2004，47（3-4）：49-121.

金属材料表面技术实验设计

实验一 表面感应加热淬火与组织性能分析

一、实验目的

1. 了解材料表面感应淬火设备以及设备的发展历史。
2. 掌握材料表面感应淬火的操作方法。
3. 掌握材料表面感应淬火后组织分析与性能检测的方法。

二、实验设备与材料

设备：高频感应加热设备 1 套，超音频感应加热设备 1 套，自制感应加热温度控制系统 1 套，自制感应加热自动推料系统 1 套，显微镜、显微硬度仪等。

材料：经调质处理的 45 钢。

实验工艺：快速加热 3s、3.5s、4s、4.5s、5s 等不同时间进行淬火（水）。

实验流程：见附录图 1-1。

三、实验步骤与过程

1. 了解实验设备及控制系统。
2. 准备实验样品，对样品表面进行调质处理，主要是得到回火 S 组织。
3. 用样品钳将样品夹持好放入感应圈内加热 3~5s，然后迅速取出放入水中搅拌。
4. 制备金相试样和进行表面硬度实验。
5. 整理数据，分析讨论，完成实验报告。

四、分析与讨论

1. 为什么采用调质处理后的样品进行表面淬火？

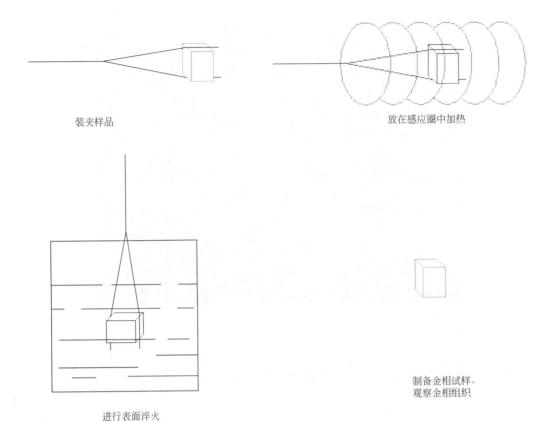

装夹样品

放在感应圈中加热

进行表面淬火

制备金相试样，
观察金相组织

附录图 1-1　感应加热表面淬火工艺流程

2. 表面淬火前后的组织形貌有何不同（见附录图 1-2 和附录图 1-3）？

3. 你觉得本实验哪些地方不够合理，请提出改进方案。

附录图 1-2　45 钢表面淬火后表层的组织形貌（50×）

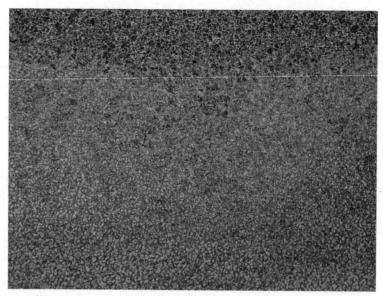

附录图 1-3　45 钢表面淬火后次表层与基体的组织形貌（50×）

实验二　多元共渗工艺与组织性能分析

一、实验目的

1. 了解气体多元共渗的设备与控制系统。
2. 掌握元素通过气体扩散渗入材料表面，改变表面组织性能的基本过程。
3. 掌握气体多元共渗的基本原理与组织特性。
4. 了解材料经过多元共渗后的抗蚀性能。

二、实验设备与材料

实验设备：自制气体多元共渗控制系统与共渗炉。
实验材料：低碳钢样品 2 件（一件做组织分析，一件做腐蚀试验）、氨气、添加气。

三、实验工艺

实验工艺：（600～650℃）×2h，氨气 2.0～2.2m³/h，添加气 1.4m³/h。
低温气体多元共渗温度与气体流量的工艺曲线见附录图 1-4。

四、实验原理

低温气体多元共渗就是在特定的温度下，将含有多种元素的气体通入炉内，使气体在特定温度下分解并产生大量所需要共渗元素的活性原子，这些活性原子吸附到工件表面，并与工件表面的金属原子反应生成化合物，随着工件表面吸附活性原子浓度的增加，表面活性原子逐渐向工件内部扩散，在一定时间内便形成一定厚度的渗层，达到改变材料表面性能的目的。

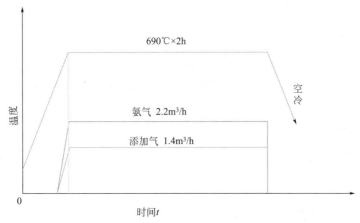

附录图 1-4　低温气体多元共渗温度与气体流量的工艺曲线

本实验主要是利用 NH_3 和添加气分解产生的活性 N、O、C、S 等原子与 45 钢表面的 Fe 原子反应，一定时间内在 45 钢表面生成一层含有 Fe-N、Fe-O、Fe-C、Fe-S 等化合物的渗层，达到提高材料表面抗腐蚀性能的目的。

实验中发生的化学反应如下：

$$2NH_3 \longrightarrow 2[N] + 3H_2 \uparrow$$
$$x\,Fe + y[N] \longrightarrow Fe_x N_y$$
$$x\,Fe + y[O] \longrightarrow Fe_x O_y$$
$$x\,Fe + y[C] \longrightarrow Fe_x C_y$$
$$x\,Fe + y[S] \longrightarrow Fe_x S_y$$

低温气体多元共渗设备与原理图见附录图 1-5。

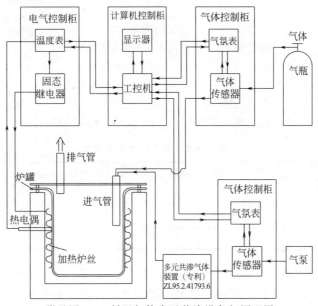

附录图 1-5　低温气体多元共渗设备与原理图

通过金相试验检测处理后渗层的形貌与厚度。

通过中性盐雾腐蚀试验检测处理后材料的抗腐蚀性能。

五、实验步骤与过程

1. 准备实验样品，对样品表面进行前处理，主要是去除表面的氧化层与油污等脏物。

2. 装炉，当炉温达到多元共渗的温度后，将装备好的样品装入共渗炉内。

3. 通入添加气、氨气进行多元共渗。

4. 了解实验设备及控制系统。

5. 当时间达到规定的共渗时间后，样品出炉。

6. 制备金相试样和进行腐蚀试验。

7. 整理数据，分析讨论，完成实验报告。

低温气体多元共渗实验流程图见附录图 1-6。

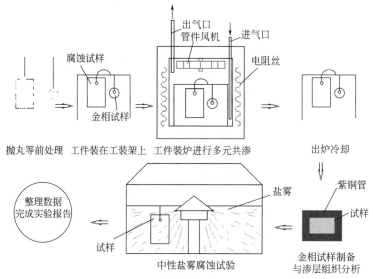

附录图 1-6　低温气体多元共渗实验流程图

实验数据与结果分析：

实验过程中需要记录的数据包括时间（min）、温度（℃）、氨气流量（m³/h）、添加气流量（m³/h），要求每 5min 记录一次数据，记录数据的格式如附录表 1-1 所示。

附录表 1-1　多元共渗工艺数据

时间/min	温度/℃	氨气流量/(m³/h)	添加气流量/(m³/h)	备注
0	655	0	0	
5	685	1.8	1.4	
10	690	2.2	1.4	

实验要求：

根据表格中实际数据绘制实际的工艺曲线，分析自己的金相图片。

腐蚀试验结果分析格式：

样品表面积为 $4500mm^2$，

$$腐蚀率 = \frac{腐蚀面积}{样品总表面积} \times 100\%$$

数据记录格式见附录表 1-2。

附录表 1-2   多元共渗腐蚀试验结果

样品编号	腐蚀时间/h	腐蚀面积/mm²	腐蚀率/%	腐蚀等级
1#	24	0	0	10
	48	0	0	10
	72	2	0.05	8
	96			
690℃×2h 多元共渗	120			
2#	24	0	0	10
	48	0	0	10
	72	1	0.02	9
	96			
690℃×2.5h 多元共渗	120			

注：腐蚀试验，执行标准为 GB/T 10125—2012，腐蚀试验结果评级执行标准为 GB/T 6461—2002。

六、分析与讨论

1.多元共渗的表面渗层是纯扩散形成的还是通过反应扩散形成的？依据是什么？

2.与原材料相比，抗蚀性能是上升还是下降？根据电化学腐蚀原理进行分析。

3.若炉中的［N］原子含量大于 10%，那么根据 Fe-N 相图，试分析表面的组织中应含有何种 Fe-N 化合物？

实验三   化学镀镍工艺与组织性能分析

一、实验目的

1.掌握化学镀镍的基本原理。

2.了解化学镀镍的基本工艺过程。

3.了解钢铁材料化学镀镍层的抗蚀性能。

二、实验材料

实验材料：Q235 钢试片。

化学镀镍的液体：硫酸镍 0.076mol/L；次磷酸钠 0.027mol/L；丙酸 0.027mol/L；乳酸 0.259mmol/L；pH＝4.5。

三、实验内容

1. 准备实验样品，对样品表面进行前处理，主要是去除表面的氧化层与油污等脏物。

2. 将样品放入镀液中 30min 左右，温度控制在 80℃左右，清水冲洗。

3. 制备金相试样，测定镀层的深度。

4. 每组将处理后的样品放入腐蚀试验箱中，进行腐蚀试验并与原材料进行对比。每天观察一次腐蚀情况，共观察三天，并进行详细记录，按标准进行评级。将样品放入盐雾试验箱进行腐蚀试验。

5. 整理数据，分析讨论，完成实验报告。

四、实验报告要求

1. 说明实验的目的。

2. 说明实验用材料及设备情况（画出设备的简图）。

3. 简述化学镀的氢还原的机理。

4. 说明化学镀层的金相组织特征与抗蚀性能的数据（以出红锈的时间为衡量抗蚀性能优劣的标准）。

五、分析与讨论

1. 分析镀层厚度与镀镍时间是否为线性关系？

2. 分析化学镀层的抗蚀性能与多元共渗后的性能，哪种抗蚀性能更优秀？

3. 实验中发现的其他问题。

实验四　二极溅射工艺与组织性能分析

一、实验目的

1. 了解二极溅射制备薄膜的原理与镀膜过程。

2. 掌握二极溅射制备薄膜的基本方法。

3. 了解二极溅射制备的 Fe-O 薄膜的宏观形貌。

二、实验设备与材料

实验设备：PCVD 溅射炉、PCVD 控制系统。

实验用靶材的示意图见附录图 1-7。

实验材料：载玻片、纯铁靶材、氩气。

三、实验原理

气体放电是离子溅射过程的基础，下面讨论一下气体的放电过程。附录图 1-8 （a）为一个直流气体放电体系，在阴阳两极之间由电动势为 E 的直流电源提供电压 V 和电流 I，并以电阻 R 作为限流电阻。在电路中，各参数之间应满足下述关系：

$$V = E - IR$$

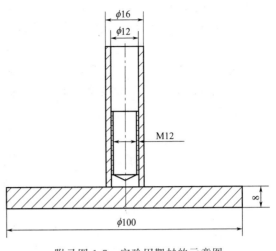

附录图 1-7　实验用靶材的示意图

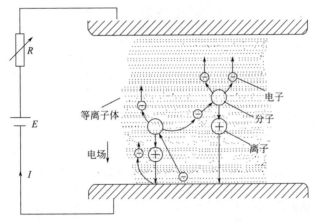

(a) 直流气体放电体系模型

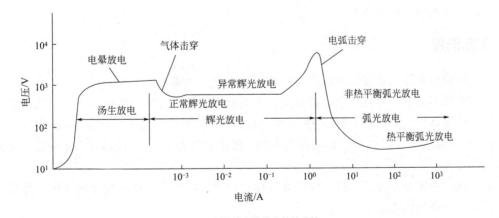

(b) 气体放电的伏安特性曲线

附录图 1-8　直流气体放电体系模型及气体放电的伏安特性曲线

在真空中通入溅射气体，并逐渐提高两极之间的电压。开始时，电极之间几乎没有电流通过，因为这时气体原子大多处于中性状态，只有少数离子在电场作用下做定向运动，形成电流极小，如附录图 1-8（b）中开始部分。随着电压的升高，电离粒子的运动速度加快，电流增加，当电离粒子的运动速度达到饱和时，电流不再随电压的增加而增加，达到饱和［对应于附录图 1-8（b）中曲线的第一个垂直段］。

二极溅射的装置如附录图 1-9 所示，它是由一对阴极和阳极组成的冷阴极辉光放电管结构。被溅射靶与成膜的基片及基片支架（阳极）构成了溅射装置的两个极。一般阴极上接 1～3kV 的直流负高压，阳极接地。工作时先抽真空再通气体，当气压达到溅射气压后，接通电源加高压。

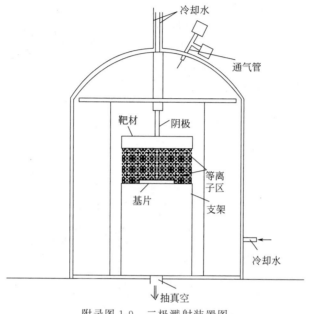

附录图 1-9　二极溅射装置图

阴极靶上的负高压在两极间产生辉光放电，并产生一个等离子区，其中带电的气体离子在阴极附近的阴极电位降作用下，加速轰击阴极靶，使靶物质表面溅射，并以分子或原子状态沉积在基片表面，形成薄膜。

四、工艺流程

1.装镀膜用基体，装好后开通冷却水，检查水管是否漏水。

2.若水管不漏水，开真空泵，抽真空，本实验采用的是旋片式机械真空泵。此真空泵所能达到的极限真空度为 0.0667Pa，抽速为 15L/s，真空室体积约为 200L，可以计算出抽真空 1h 达到的真空度为 0.01Pa，而实际为 1Pa，理论上达到 1Pa 的时间为 170s 左右，与实际情况相差较大。

3.当达到一定真空度后，打开气管通气体，根据实际需要选择所要用的气体，并用气体流量计控制各种气体的流量。

4.当真空室内的气压达到一定数值并基本稳定后，开高压，在加电压的同时观察真空室内气体的变化，并记录气体产生辉光放电时的电压值。

5.继续升高电压达到稳定沉积时，根据实验要求稳定沉积一定的时间。

6.沉积过程完成后，切断高压电源，开真空泵进行冷却，当温度降到一定程度后，切断真空泵电源，关冷却水，充气，取出样品，观察样品表面形貌。

二极溅射工艺流程图见附录图 1-10。

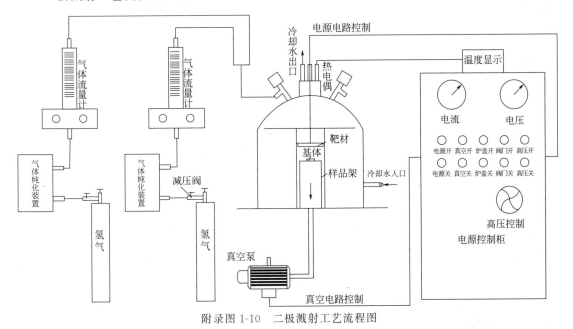

附录图 1-10 二极溅射工艺流程图

五、分析与讨论

1. 分析二极溅射镀膜有哪些优缺点，与磁控溅射镀膜有何不同？
2. 薄膜制备有哪些应用？
3. 设计一种薄膜制备的方法，并说明原理。

实验五 热镀锌工艺与组织及抗蚀性能分析

一、实验目的

1. 掌握使用液体方法使元素渗入材料表面，改变表面组织性能的基本过程。
2. 掌握热镀锌的基本工艺流程及组织特征。
3. 了解材料经过热镀锌后的抗蚀性能。

二、实验设备与材料

实验设备：热镀锌用电阻炉和自制炉温控制系统、金相显微镜、中性盐雾腐蚀试验箱。
实验材料：Q235 钢 2 件，锌合金，助镀剂，钝化剂。

三、实验工艺

实验工艺：450℃×10min。

热镀锌工艺曲线见附录图1-11。

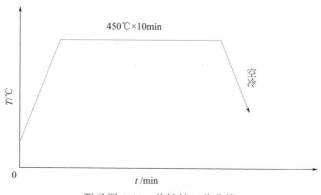

附录图1-11　热镀锌工艺曲线

四、实验原理

热镀锌是通过工件与液态锌接触，发生反应扩散现象，在材料表面形成一层铁锌化合物组织，最外层为纯锌。热镀锌的实验流程图见附录图1-12。

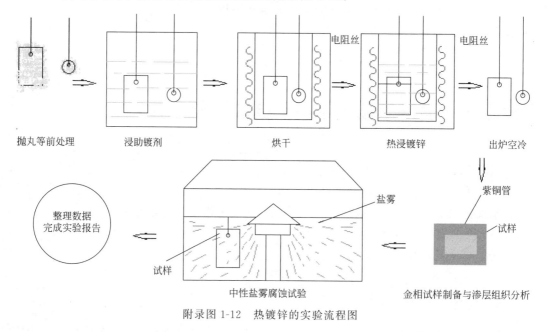

附录图1-12　热镀锌的实验流程图

五、实验内容与过程

1.准备实验样品，对样品表面进行前处理，主要是去除表面的氧化层与油污等脏物。

2.将样品放入助镀液浸泡 5～10min，然后放入炉中烘干，烘干工艺为 150℃×10min。

3.将烘干的样品放入熔有锌液的炉中浸镀 8～10min。

4.了解实验设备及控制系统。

5.时间达到工艺规定的浸镀时间后，取出样品，去除表面残余锌液，空冷。

6.制备金相试样和进行腐蚀试验。

7.整理数据，分析讨论，完成实验报告。

8.每组将处理后的样品放入腐蚀试验箱中，进行腐蚀试验并与原材料进行对比。每天观察一次腐蚀情况，共观察三天，并进行详细记录，按标准进行评级。

六、实验报告要求

1.说明实验的目的。

2.说明实验用材料与设备情况（最好画出简图）。

3.简要说明热镀锌的基本原理及渗层组织形成的过程，附上详细的工艺参数。

4.说明样品抗蚀性能的数据。

5.回答分析问题。

七、分析与讨论

1.结合金相试验结果和合金相图说明热镀锌后材料表面镀层由表及里分别是什么组织与结构？

2.与原材料相比，抗蚀性能是上升还是下降？利用电化学腐蚀原理进行解释。

3.简述热镀锌的性能与应用。

4.通过实验请你设计出一种能够取代热镀锌且能提高材料抗蚀性的方法，并说明设计的理论依据。

5.实验中发现的其他问题。

附录 **2**

总复习题

1. 表面工程技术的内涵、目的和作用是什么？

2. 固体材料的界面种类及其含义是什么？

3. 表面改性与表面加工的区别是什么？

4. 什么是清洁表面？什么是实际表面？

5. 理想表面的特点是什么？

6. 单晶材料的清洁表面原子有什么特点？其趋于能量最低的稳定状态主要采取哪两种方式？

7. 清洁表面分为哪几种？特点是什么？

8. 什么是吸附表面？什么是偏析表面？

9. 什么是表面粗糙度？它与波纹度、宏观几何形状误差有何不同？

10. 为什么会造成表面原子的重组？

11. 物理吸附与化学吸附的区别是什么？

12. 简要说明表面淬火的基本原理。

13. 什么是喷丸处理？喷丸材料一般是什么？

14. 什么是表面淬火？表面淬火的目的是什么？

15. 简述感应加热的物理过程。

16. 感应电流透入深度的定义是什么？写出其表达式。

17. 硬化层深度与感应电流透入深度的关系是什么？

18. 感应加热表面淬火可得到怎样的金相组织？

19. 什么是金属表面的化学热处理？

20. 简述金属表面化学热处理的过程。

21. 化学热处理所得的渗层的基本组织类型有哪三种？

22. 什么是渗碳？其目的是什么？

23. 工业上气体渗碳一般是如何进行的？写出其反应机理并加以说明。

24. 写出固体渗碳的反应原理。

25. 渗碳盐浴的主要组成有哪些？

26. 渗氮处理后在工件表面得到什么组织？

27. 简述气体渗氮原理，写出反应式。

28. 简述等离子渗氮的基本原理。

29. 什么是碳氮共渗？其基本原理是什么？

30. 化学气相沉积与物理气相沉积的区别是什么？它们的主要应用有哪些？

31. 从能量观点分析金属离子的放电位置。

32. 不锈钢的表面电解发色后为什么要进行硬化处理？

33. 物理气相沉积法的基本镀膜技术具体有哪几种？

34. 简述电子束表面淬火的过程。

35. 什么是离子注入表面改性？

36. 简述真空蒸镀的基本原理。

37. 离子溅射镀膜中的入射离子一般通过什么方法得到？

38. 如需在钢件表面沉积 TiC 层，设计工艺过程，写出反应机理。

39. 什么是等离子体化学气相沉积？

40. 分析说明电镀中的基本反应。

41. 电镀之前需要对材料进行预处理，其中脱脂过程主要采取哪两种方式进行？

42. 举出电镀的两种镀后处理工艺，并简要说明。

43. 写出基本的电镀反应，分析电镀锌过程中产生氢脆的原因，并指出解决途径。

44. 分析在钢铁表面镀锌和镀铜分别起什么作用，二者有何不同？

45. 实现金属共沉积需要满足哪两个条件？

46. 复合电镀中使用的固体微粒主要有哪两类？

47. 实现非金属材料的电镀的最关键的工艺是什么？

48. 化学还原镀的反应机理是什么？

49. 化学镀的镀液中，还原剂、络合剂、缓冲剂、稳定剂各起什么作用？

50. 简述次磷酸盐化学镀镍的原子氢态理论和电化学理论。

51. 以甲醛作还原剂的化学镀铜溶液作为对象，简述化学镀铜的原子氢态理论和电化学理论。

52. 试述电镀与化学镀的区别。

53. 化学镀铜溶液由哪两部分组成？

54. 简述化学转化膜的形成机理。

55. 什么是钢铁的化学氧化？其在工业上又被称为什么？

56. 钢铁的高温化学氧化和常温化学氧化分别采用什么处理液？

57. 简述钢铁高温氧化的化学反应机理和电化学反应机理。

58. 钢铁高温氧化过程中为什么容易出现红霜现象？应通过什么方法消除？

59. 简述钢铁常温氧化机理的两种观点。

60. 什么是阳极氧化？

61. 简述铝阳极氧化膜形成机理。

62. 从微观结构角度分析，阳极氧化铝膜可以分为哪三层？

63. 根据铝阳极氧化电压-时间曲线对阳极氧化膜形成过程进行分析。

64. 阳极氧化膜着色有哪三种方式？

65. 简述阳极氧化膜热水封法、重铬酸封闭法、水解盐封闭法的机理。

66. 简述磷化膜形成的化学机理和电化学机理。

67. 什么是金属的铬酸盐处理？工业上又称为什么？

68. 简述铬酸盐膜形成的过程和化学反应机理。

69. 铬酸盐膜的主要成分是什么？

70. 什么叫粘接或黏合？什么是粘涂？

71. 简述热喷涂技术形成涂层的过程和形成机理。

72. 什么是热喷涂工艺？其技术特点是什么？

73. 等离子喷涂的基本原理是什么？

74. 热喷涂工艺选用的基本原则是什么？

75. 什么是热浸镀？其条件是什么？

76. 熔剂法热浸镀预处理过程中进行熔剂处理的目的是什么？

77. 保护器还原发热浸镀典型的生产工艺突出特点是什么？如何进行？

78. 热浸镀的镀后处理主要有哪两种？

79. 什么是电镀液中的主盐作用？

80. 简述镀锌层的形成过程。

81. 干法热镀锌和氧化还原法热镀锌分别如何进行？

82. 激光表面处理的典型特点是什么？

83. 简述激光表面强化的过程。

84. 什么是激光表面合金化？

85. 渗层形成的基本条件是什么？

86. 形成热扩渗层的基本过程是什么？

87. 低碳钢零部件在渗碳时，渗碳温度一般选择在哪个相区中进行？

88. 工件经过电镀锌后，表面起皮和起泡的原因是什么？

89. 助镀剂在热浸镀锌中起到什么作用？

90. 结合热浸镀锌的工艺流程，论述热浸镀锌过程中的环境污染问题以及防治措施。

91. 某含碳量约为 0.25%（质量分数，下同）的低碳钢，在 $950℃$ 的条件下进行气体渗碳处理，渗碳过程中表面碳浓度约为 1.20%，请根据 Fick 第二定律误差函数解计算，经过多长时间在距离表面 $0.5mm$ 处碳浓度达到 0.80%？$950℃$ 时 C 在 Fe 中的扩散系数是 $1.6×10^{-11}\,m^2/s$。

92. 请根据 Fick 第二扩散定律的误差函数解进行计算。

$$\frac{C_{(x,t)}-C_0}{C_s-C_0}=1-\mathrm{erf}\left(\frac{x}{2\sqrt{Dt}}\right)$$

$$D_0=2.3×10^{-5}\,m^2/s$$

$$Q_d=148000J/mol$$

某 20 钢样品在特定温度下进行渗碳处理，渗碳时表面碳浓度为 1.0%，渗碳处理 49.5h 后，在距离样品表面 $4.0mm$ 处的碳浓度为 0.35%，请根据所给资料计算渗碳温度。

误差函数值表

z	$\mathrm{erf}(z)$	z	$\mathrm{erf}(z)$	z	$\mathrm{erf}(z)$
0	0	0.55	0.5633	1.3	0.9340
0.025	0.0282	0.60	0.6039	1.4	0.9523

z	$\mathrm{erf}(z)$	z	$\mathrm{erf}(z)$	z	$\mathrm{erf}(z)$
0.05	0.0564	0.65	0.6420	1.5	0.9661
0.10	0.1125	0.70	0.6778	1.6	0.9763
0.15	0.1680	0.75	0.7112	1.7	0.9838
0.20	0.2227	0.80	0.7421	1.8	0.9891
0.25	0.2763	0.85	0.7707	1.9	0.9928
0.30	0.3286	0.90	0.7970	2.0	0.9953
0.35	0.3794	0.95	0.8209	2.2	0.9981
0.40	0.4284	1.0	0.8427	2.4	0.9993
0.45	0.4755	1.1	0.8802	2.6	0.9998
0.50	0.5205	1.2	0.9103	2.8	0.9999

93. 请根据所学的表面处理知识，设计一种高含氮量块体 316 不锈钢的制备方法。

94. 现有一某装备用重载齿轮，要求心部具有较高的强度和一定的韧塑性，表面具有高的硬度和耐磨性，表面硬化层深度不低于 2mm。请根据以上要求从下面材料中选取一种合适的材料，并选择相应的热处理工艺（一种或几种的组合），简要说明选择的理由。

材质：18Cr2Ni4A；M50NiL；35CrMo；T8（球化退火）；60Si2Mn（正火）。

表面处理工艺：渗碳，渗氮，热镀锌，电镀锌，化学镀 Ni-P 合金。

热处理工艺：淬火，低温回火，调质，中温回火，正火，退火。

95. 简述常用的化学热处理（渗碳、渗氮、碳氮共渗和氮碳共渗）的工艺主要特点、热处理后的组织和性能特点，以及主要适用的材料或零件。

96. 钢的化学热处理的基本过程是什么？

97. 试述加速化学热处理的主要途径有哪些？

98. "渗碳分段控制工艺法"的优越性是什么？

99. 通常情况下低碳钢渗碳淬火后表层和心部的组织是怎样的？

总复习题答案要点（二维码）

材料表面技术国内外标准（二维码）

中国标准

美国标准

ISO标准